Web Design
網頁設計 | 2025版
丙級檢定學術科解題教本
《適用Dreamweaver+Photoshop CS6》

目錄

學科

工作項目 1　作業準備 學-2
工作項目 2　應用軟體安裝及使用 學-31
工作項目 3　系統軟體安裝及使用 學-57
工作項目 4　資訊及安全 學-65
90006 職業安全衛生共同科目 學-71
90007 工作倫理與職業道德共同科目 學-80
90008 環境保護共同科目 學-94
90009 節能減碳共同科目 學-103
90011 資訊相關職類共用工作項目 學-114

術科

CHAPTER 0　基礎教學

01：環境介紹 0-2
02：建立網站 0-8
03：版面設計 0-9
04：CSS 樣式 0-10
05：各題組 CSS 應用範例 0-12
06：對齊方式(align) 0-18
07：跑馬燈 0-18
08：圖片 0-19
09：表格、儲存格 0-22
10：超連結顏色、底線 0-24
11：背景音樂 0-27
12：背景圖片、背景顏色 0-28
13：滑鼠滑過動態效果 0-29
14：表單、訊息方塊 0-31
15：CSS 基礎教學(題二－橫幅文字) 0-37
16：Canvas 基礎教學(題二－橫幅文字) 0-38
17：SVG 基礎教學(題二－橫幅文字) 0-42
18：解題前重點整理 0-45

CHAPTER 1　試題編號：17300-104301　校園社團介紹網

17300-104301 解題說明 1-11
一、建立網站 1-11
二、設計 index.html 首頁 1-14
三、網站標題區 1-17
四、跑馬燈廣告區 1-18
五、選單區 1-18
六、日期更新區 1-21
七、網頁內容區：main 網頁 1-22
八、吉他社社史 1-23
九、吉他社近期活動公告 1-24
十、吉他社教學內容 1-26
十一、頁尾版權區 1-28

CHAPTER 2　試題編號：17300-104302　運動廣場連結網

17300-104302 解題說明 2-8
一、建立網站 2-8
二、設計首頁 2-9
三、網站標題區 2-12
四、選單區 2-14
五、網頁內容 2-16
六、health 網頁 2-23
七、basketball 網頁 2-26
八、baseball 網頁 2-26
九、swimming 網頁 2-27
十、msgboard 網頁 2-28
十一、reference 網頁 2-31
十二、頁尾版權 2-32

CHAPTER 3　試題編號：17300-104303　國家公園介紹網

17300-104303 解題說明 3-7
一、建立網站 3-7
二、設計首頁 3-10
三、網站標題區 3-12
四、跑馬燈廣告區 3-12
五、內容顯示區：main 網頁 3-13
六、選單區 3-14
七、yangmingshan.htm 3-16
八、sheipa.htm 3-17
九、頁尾版權區 3-17

CHAPTER 4　試題編號：17300-104304　網路行銷購物網

17300-104304 解題說明 4-11
一、建立網站 4-11
二、首頁設計 4-14
三、網站標題區 4-16
四、marquee 跑馬燈區 4-16
五、網頁內容區 4-17
六、版權區 4-19
七、purchase 網頁 4-19
八、leather1.htm 4-23
九、leather2.htm 4-24
十、message.html 4-24

CHAPTER 5　試題編號：17300-104305　書曼的旅遊相簿

17300-104305 解題說明 5-9
一、建立網站 5-9
二、設計首頁 5-17
三、選單區 5-20
四、跑馬燈廣告區 5-21
五、網頁內容區：main 網頁 5-22
六、album5 電子相簿 5-22

APPENDIX A　試題編號：17300-104305　附錄

附錄一：Windows 7 IIS
附錄一：啟動與網站主目錄設定 A-2
附錄二：Windows 8、10、11 IIS 啟動 A-4
附錄三：PhotoImpact 圖片處理 A-5
附錄四：參考答案 A-16

───── 術科教學影片及範例下載 ─────

https://gogo123.com.tw/?p=10559

本書試題為勞動部勞動力發展署技能檢定中心公告試題，試題版權為原出題著作者所有。

網頁設計丙級檢定學科

工作項目 1 作業準備

工作項目 2 應用軟體安裝及使用

工作項目 3 系統軟體安裝及使用

工作項目 4 資訊及安全

90006 職業安全衛生共同科目

90007 工作倫理與職業道德共同科目

90008 環境保護共同科目

90009 節能減碳共同科目

90011 資訊相關職類共用工作項目

丙級學科測試試題單選題共計 80 題，測驗範圍包括：

- 作業準備、應用軟體安裝及使用、系統軟體安裝及使用、資訊安全四項。
- 「90006~90009 共同科目 400 題，抽題題數 16 題，總分 20 分（每題 1.25 分）
- 「資訊相關職類」共用科目抽題題數為 12 題，總分 15 分（每題 1.25 分）

工作項目 1　作業準備

1. ( ) 「全球資訊網(WWW)」的英文為何？　(1)
　　(1)World Wide Web　　　　(2)Web Wide World
　　(3)Web World Wide　　　　(4)World Web Wide。

> **解析** WWW 是全球資訊網的縮寫，英文全稱為「World Wide Web」，它可以讓客戶端使用瀏覽器訪問伺服器上的頁面。

2. ( ) 「超文字傳輸協定」的英文簡稱為何？　(1)
　　(1)HTTP　(2)WWW　(3)URL　(4)TANET。

> **解析** HTTP (HyperText Transfer Protocol)，是網際網路上應用最為廣泛的一種網路協議。

3. ( ) 「檔案搜尋服務系統」的英文簡稱為何？　(4)
　　(1)FTP　(2)E-mail　(3)Telnet　(4)Archie。

> **解析** Archie 是 Internet 上一套重要的資訊查詢系統，它會定期收集 FTP 站內的目錄與檔案資料，經過處理之後，放於 Archie 伺服器的資料庫中。當用戶要在網際網路上找檔案時，只要連接至 Archie 伺服器，藉由程式的查詢便可指出所需檔案的所在地(包括 FTP 伺服器名稱、檔案所在目錄及實際檔案名稱)。

4. ( ) 「內容服務供應商」的英文簡稱為何？　(2)
　　(1)ISP　(2)ICP　(3)ERP　(4)LISP。

> **解析** ICP (Internet Content Provider)：稱之為內容服務供應商，專門提供各式各樣訊息的業者，這些訊息是經過整理的影音、圖像、文字資料，如 Yahoo！奇摩、PC home 等皆為內容服務供應商。

5. ( ) 「中央處理單元」的英文簡稱為何？　(2)
　　(1)I/O　(2)CPU　(3)CCD　(4)UPS。

6. ( ) 「全球資源定位法」的英文簡稱為何？　(2)
　　(1)WWW　(2)URL　(3)HTTP　(4)FTP。

> **解析** URL 是 Universal Resource Locator (全球資源定位法)的縮寫，是一種在 Internet 上被廣泛使用的資源定址法。

7. ( ) 「動態伺服器網頁」的英文簡稱為何？　(2)
　　(1)CGI　(2)ASP　(3)HTML　(4)DHTML。

> **解析** DHTML=Dynamic HTML

8. ( ) 「決策支援系統」的英文簡稱為何？　(3)
　　(1)DBMS　(2)DASD　(3)DSS　(4)IMS。

> **解析** 決策支援系統(Decision Support Systems，簡稱 DSS)，為一種協助決策的資訊系統，協助規劃與解決各種行動方案，通常以交談式的方法來解決問題。

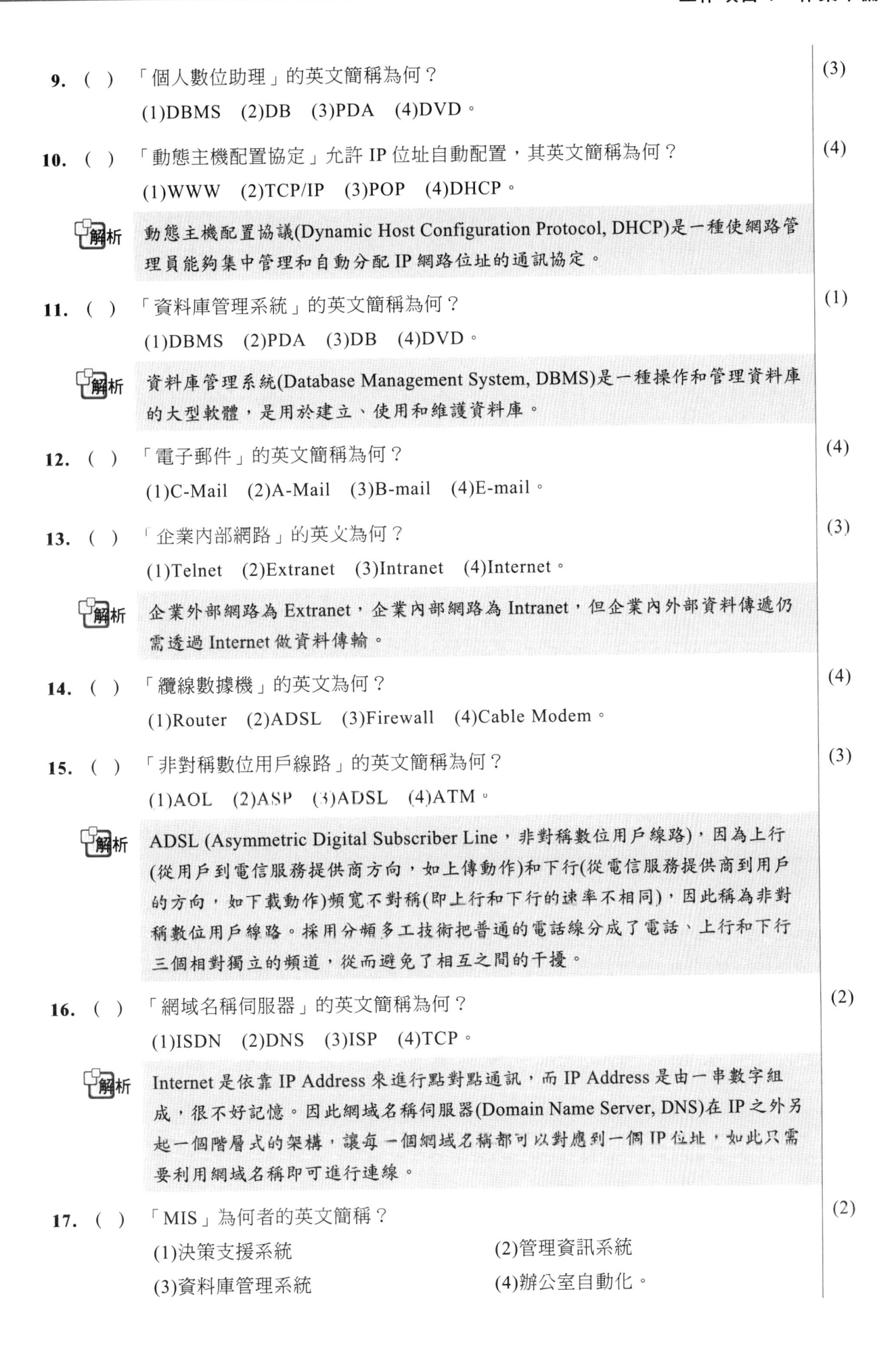

9. (3) 「個人數位助理」的英文簡稱為何？
   (1)DBMS (2)DB (3)PDA (4)DVD。

10. (4) 「動態主機配置協定」允許 IP 位址自動配置，其英文簡稱為何？
    (1)WWW (2)TCP/IP (3)POP (4)DHCP。

    解析　動態主機配置協議(Dynamic Host Configuration Protocol, DHCP)是一種使網路管理員能夠集中管理和自動分配 IP 網路位址的通訊協定。

11. (1) 「資料庫管理系統」的英文簡稱為何？
    (1)DBMS (2)PDA (3)DB (4)DVD。

    解析　資料庫管理系統(Database Management System, DBMS)是一種操作和管理資料庫的大型軟體，是用於建立、使用和維護資料庫。

12. (4) 「電子郵件」的英文簡稱為何？
    (1)C-Mail (2)A-Mail (3)B-mail (4)E-mail。

13. (3) 「企業內部網路」的英文為何？
    (1)Telnet (2)Extranet (3)Intranet (4)Internet。

    解析　企業外部網路為 Extranet，企業內部網路為 Intranet，但企業內外部資料傳遞仍需透過 Internet 做資料傳輸。

14. (4) 「纜線數據機」的英文為何？
    (1)Router (2)ADSL (3)Firewall (4)Cable Modem。

15. (3) 「非對稱數位用戶線路」的英文簡稱為何？
    (1)AOL (2)ASP (3)ADSL (4)ATM。

    解析　ADSL (Asymmetric Digital Subscriber Line，非對稱數位用戶線路)，因為上行(從用戶到電信服務提供商方向，如上傳動作)和下行(從電信服務提供商到用戶的方向，如下載動作)頻寬不對稱(即上行和下行的速率不相同)，因此稱為非對稱數位用戶線路。採用分頻多工技術把普通的電話線分成了電話、上行和下行三個相對獨立的頻道，從而避免了相互之間的干擾。

16. (2) 「網域名稱伺服器」的英文簡稱為何？
    (1)ISDN (2)DNS (3)ISP (4)TCP。

    解析　Internet 是依靠 IP Address 來進行點對點通訊，而 IP Address 是由一串數字組成，很不好記憶。因此網域名稱伺服器(Domain Name Server, DNS)在 IP 之外另起一個階層式的架構，讓每一個網域名稱都可以對應到一個 IP 位址，如此只需要利用網域名稱即可進行連線。

17. (2) 「MIS」為何者的英文簡稱？
    (1)決策支援系統　　　　　　　(2)管理資訊系統
    (3)資料庫管理系統　　　　　　(4)辦公室自動化。

> **解析** 管理資訊系統(Management Information System, MIS)是一個利用電腦硬體、軟體和網路裝置，進行資訊的收集、傳遞、儲存、運算、整理的系統，以提高企業的經營效率。

18. ( ) 「ISDN」為何者的英文簡稱？ (2)
    (1)廣域網路　(2)整體服務數位網路　(3)區域網路　(4)加值型網路。

    > **解析** 整體服務數位網路(Integrated Services Digital Network, ISDN)是一個數位電話網路國際標準，是一種典型的電路交換網路系統(circuit-switching network)。它透過銅纜線以更高的速率和品質傳輸語音和資料。

19. ( ) 「LAN」為何者的英文簡稱？ (3)
    (1)廣域網路　(2)整體服務數位網路　(3)區域網路　(4)加值型網路。

    > **解析** LAN (Local Area Network，區域網路)，是一個通訊系統，它允許適量彼此無關的電腦在適當的範圍內以適當的傳輸速率進行直接的通訊，其範圍通常在 5 公里以內。

20. ( ) 「MAN」最可能為何者的英文簡稱？ (2)
    (1)廣域網路　(2)都會網路　(3)區域網路　(4)加值型網路。

    > **解析** MAN (Metropolitan Area Network，都會網路)，改進區域網路中的傳輸媒介，擴大區域網路的範圍，達到包含同一個城市或都會區。它是較大型的區域網路，需要的成本較高，但可以提供更快的傳輸速率。

21. ( ) 「WAN」為何者的英文簡稱？ (1)
    (1)廣域網路　(2)整體服務數位網路　(3)區域網路　(4)加值型網路。

    > **解析** WAN (Wide Area Network，廣域網路)，所涵蓋的範圍可以說是國與國、地區與地區的通訊網路，它將不同地區的區域網路連接在一起。

22. ( ) 「電子佈告欄」的英文簡稱為何？ (3)
    (1)FTP　(2)ISP　(3)BBS　(4)Archie。

    > **解析** 電子佈告欄系統(Bulletin Board System, BBS)是一種網站系統，是網路論壇的前身，BBS 站台提供佈告欄、分類討論區、新聞閱讀、軟體下載與上傳、與其它使用者線上對話等功能。

23. ( ) 電子商務中的「B2B」英文為何？ (1)
    (1)Business to Business　(2)Business to Boss
    (3)Boss to Business　(4)Boss to Boss。

    > **解析** 按照交易對象進行分類，可以將電子商務分為四類：
    > 1. B2B：企業與企業(Business to Business)之間的電子商務。
    > 2. B2C：企業與消費者(Business to Customer)之間的電子商務。
    > 3. C2B：消費者與企業(Customer to Business)之間的電子商務。
    > 4. C2C：消費者與消費者(Customer to Customer)之間的電子商務。

24. (　　) 「消費者與消費者」之間的電子商務關係,其英文簡稱為何? (4)
    (1)B2B　(2)C2B　(3)B2C　(4)C2C。

    解析 參閱第 23 題解析。

25. (　　) 「企業者與消費者」之間的電子商務關係,其英文簡稱為何? (3)
    (1)B to B　(2)C to C　(3)B to C　(4)C to B。

    解析 參閱第 23 題解析。

26. (　　) 在「校園網路的實習商城」中,廠商提供多樣的購書選擇,使學生可以自行上 (2)
    網訂購書籍,此一交易模式係屬於「電子商務」中的何種模式?
    (1)C2C　(2)B2C　(3)C2B　(4)B2B。

    解析 參閱第 23 題解析。

27. (　　) 電子商務中所提到的「C to B」,其英文為何? (1)
    (1)Consumer to Business　　　　(2)Consumer to Boss
    (3)Commerce to Business　　　　(4)Commerce to Boss。

    解析 參閱第 23 題解析。

28. (　　) 網路商場中,當廠商收到客戶的訂單後,系統將自動對其上游供應商的訂貨系 (4)
    統下訂單,則該兩廠商系統間的交易模式係屬於「電子商務」中的何種模式?
    (1)C to C　(2)B to C　(3)C to B　(4)B to B。

    解析 參閱第 23 題解析。

29. (　　) 使用電腦網路來做產品廣告行銷、網路訂購、付款等工作稱之為何? (2)
    (1)視訊會議　(2)電子商務　(3)虛擬實境　(4)電子佈告欄。

30. (　　) 透過 Internet 連線到網站購買電腦,這是使用網際網路上的何種服務? (3)
    (1)視訊會議　(2)虛擬實境　(3)網路購物　(4)電子佈告欄。

31. (　　) 在「電子商務」中,廠商或業界經常採用的銷售管道為何? (4)
    (1)Telnet　(2)Extranet　(3)Intranet　(4)Internet。

32. (　　) 何者屬於「企業單位」的網域名稱? (3)
    (1).edu　(2).gov　(3).com　(4).org。

    解析 常用表示類別的網域名稱有:
    - .com 代表企業機構
    - .edu 為教育研究等單位
    - .net 為提供網路服務的網路組織
    - .org 非營利機構
    - .int 為國際性組織
    - .gov 政府部門
    - .mil 軍事單位
    - .idv 個人網站,社群網頁、部落格皆為此類網站

33. ( ) 何者屬於「政府機構」的網域名稱？ (2)
(1).edu　(2).gov　(3).com　(4).org。

解析 參閱第 32 題解析。

34. ( ) 何者屬於「教育單位」的網域名稱？ (1)
(1).edu　(2).gov　(3).com　(4).org。

解析 參閱第 32 題解析。

35. ( ) 何者屬於「個人」的網域名稱？ (2)
(1).edu　(2).idv　(3).com　(4).org。

解析 參閱第 32 題解析。

36. ( ) 何者屬於「組織單位或財團法人」的網域名稱？ (4)
(1).edu　(2).idv　(3).com　(4).org。

解析 參閱第 32 題解析。

37. ( ) 何者為「臺灣」的網域名稱？ (4)
(1).jp　(2).cn　(3).hk　(4).tw。

解析 在網域名稱中，通常以國家或地區名稱的兩字母縮寫來表示該網站所在的國家或地區，如.jp 表示日本，.hk 表示香港。

38. ( ) 關於「網域名稱」之敘述何者錯誤？ (3)
(1)gov 為政府機構　　　　(2)edu 為教育機構
(3)org 為商業機構　　　　(4)mil 為軍方單位。

解析 參閱第 32 題解析。

39. ( ) 負責臺灣網域名稱(Do Main Name)管理的單位為何？ (4)
(1)國防部　(2)內政部　(3)新聞部　(4)TWNIC。

解析 公司或個人要申請專屬 IP 位址或網域必須向 InterNIC 國際組織提出申請，而國內部分則由台灣網路資訊中心(TWNIC)負責。

40. ( ) 若以網址 http://www.evta.gov.tw/index.html 為例，其中的「index.html」表示為何？ (1)
(1)網頁名稱　(2)檔案目錄名稱　(3)協定種類名稱　(4)伺服器網路位址。

解析 一個完整的 URL 位址包括：通訊協定://伺服器網路位址/檔案名稱。http 是通訊協定，www.evta.gov.tw 是伺服器網路位址。

41. ( ) 若以網址 http://www.evta.gov.tw/index.html 為例，其中的「http」表示為何？ (3)
(1)網頁名稱　(2)檔案目錄名稱　(3)協定種類名稱　(4)伺服器網路位址。

解析 參閱第 40 題解析。

42. ( ) 若以網址 http://www.evta.gov.tw/index.html 為例,其中的「www.evta.gov.tw」表示為何? (4)
(1)網頁名稱 (2)檔案目錄名稱 (3)協定種類名稱 (4)伺服器網域名稱。

解析 參閱第 40 題解析。

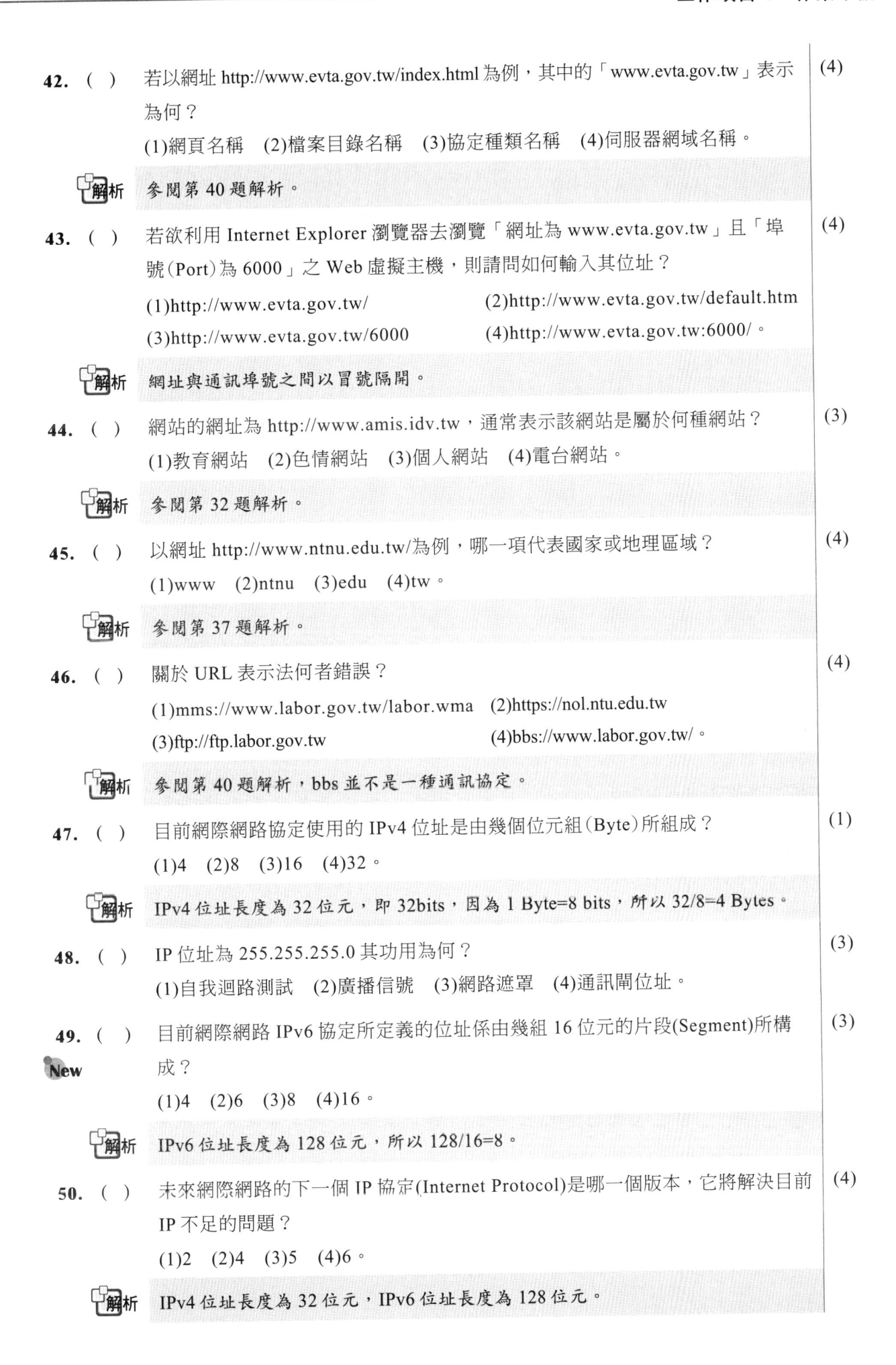

43. ( ) 若欲利用 Internet Explorer 瀏覽器去瀏覽「網址為 www.evta.gov.tw」且「埠號(Port)為 6000」之 Web 虛擬主機,則請問如何輸入其位址? (4)
(1)http://www.evta.gov.tw/　　(2)http://www.evta.gov.tw/default.htm
(3)http://www.evta.gov.tw/6000　　(4)http://www.evta.gov.tw:6000/。

解析 網址與通訊埠號之間以冒號隔開。

44. ( ) 網站的網址為 http://www.amis.idv.tw,通常表示該網站是屬於何種網站? (3)
(1)教育網站 (2)色情網站 (3)個人網站 (4)電台網站。

解析 參閱第 32 題解析。

45. ( ) 以網址 http://www.ntnu.edu.tw/為例,哪一項代表國家或地理區域? (4)
(1)www (2)ntnu (3)edu (4)tw。

解析 參閱第 37 題解析。

46. ( ) 關於 URL 表示法何者錯誤? (4)
(1)mms://www.labor.gov.tw/labor.wma　　(2)https://nol.ntu.edu.tw
(3)ftp://ftp.labor.gov.tw　　(4)bbs://www.labor.gov.tw/。

解析 參閱第 40 題解析,bbs 並不是一種通訊協定。

47. ( ) 目前網際網路協定使用的 IPv4 位址是由幾個位元組(Byte)所組成? (1)
(1)4 (2)8 (3)16 (4)32。

解析 IPv4 位址長度為 32 位元,即 32bits,因為 1 Byte=8 bits,所以 32/8=4 Bytes。

48. ( ) IP 位址為 255.255.255.0 其功用為何? (3)
(1)自我迴路測試 (2)廣播信號 (3)網路遮罩 (4)通訊閘位址。

49. ( ) 目前網際網路 IPv6 協定所定義的位址係由幾組 16 位元的片段(Segment)所構成? (3)
New
(1)4 (2)6 (3)8 (4)16。

解析 IPv6 位址長度為 128 位元,所以 128/16=8。

50. ( ) 未來網際網路的下一個 IP 協定(Internet Protocol)是哪一個版本,它將解決目前 IP 不足的問題? (4)
(1)2 (2)4 (3)5 (4)6。

解析 IPv4 位址長度為 32 位元,IPv6 位址長度為 128 位元。

51. ( ) 何者 IP 位址不屬於私有位址(Private Address)，供內部網路來使用？ (4)
(1)10.0.0.1　(2)172.16.0.1　(3)192.168.0.1　(4)127.0.0.1。

52. ( ) 一個網際網路的 IP 位址為 140.*.*.*，它是屬於哪一類級位址？ (2)
(1)A　(2)B　(3)C　(4)D。

> **解析** IPv4 位址由 4 組數字組成，每組數字之間用「.」隔開。根據第 1 組數字分為 A、B、C、D、E 五個等級。
>
> | IP 分級 | IP 等級 | IP 可分配數量 | 子網路遮罩 |
> |---|---|---|---|
> | Class A | 1~126 | 2^{24} | 255.0.0.0 |
> | Class B | 128~191 | 2^{16} | 255.255.0.0 |
> | Class C | 192~223 | 2^{8} | 255.255.255.0 |
> | Class D | 224~239 | | |
> | Class E | 240~255 | | |

53. ( ) 關於 IPv4 (Internet Protocol Version 4)之敘述何者錯誤？ (3)
(1)區分為網路別碼與主機識別碼兩部分　(2)長度為 32 個位元
(3)劃分為 A、B、C、D 四個等級　(4)一台電腦允許擁有兩個 IP。

> **解析** 參閱第 52 題解析。

54. ( ) 屬於 Class C 等級作為私用的 IP 範圍為何？ (4)
(1)1.0.0.0~126.255.255.255　(2)10.0.0.0~10.255.255.255
(3)172.16.0.0~172.31.255.255　(4)192.168.0.0~192.168.255.255。

> **解析** 參閱第 52 題解析。

55. ( ) Class C 等級的 IP 每一區組數量有多少？ (1)
(1)256　(2)512　(3)1024　(4)2048。

> **解析** 參閱第 52 題解析，$2^8=256$。

56. ( ) IP 屬於 Class C 等級的網路遮罩為何？ (2)
(1)255.255.255.255　(2)255.255.255.0　(3)255.255.0.0　(4)255.0.0.0。

> **解析** 參閱第 52 題解析。

57. ( ) 安裝 Internet Information Services 之後，在瀏覽器的網址列上輸入哪一個 IP 位址，可測試 IIS 是否運作正常？ (4)
(1)100.0.0.1　(2)107.0.0.1　(3)117.0.0.1　(4)127.0.0.1。

58. ( ) 在網際網路上，將網路主機名稱(如：www.mol.gov.tw)翻譯成 IP 位址的電腦設備為何？ (4)
(1)Proxy Server　(2)File Server　(3)Mail Server　(4)Domain Name Server。

> **解析** 參閱第 16 題解析。

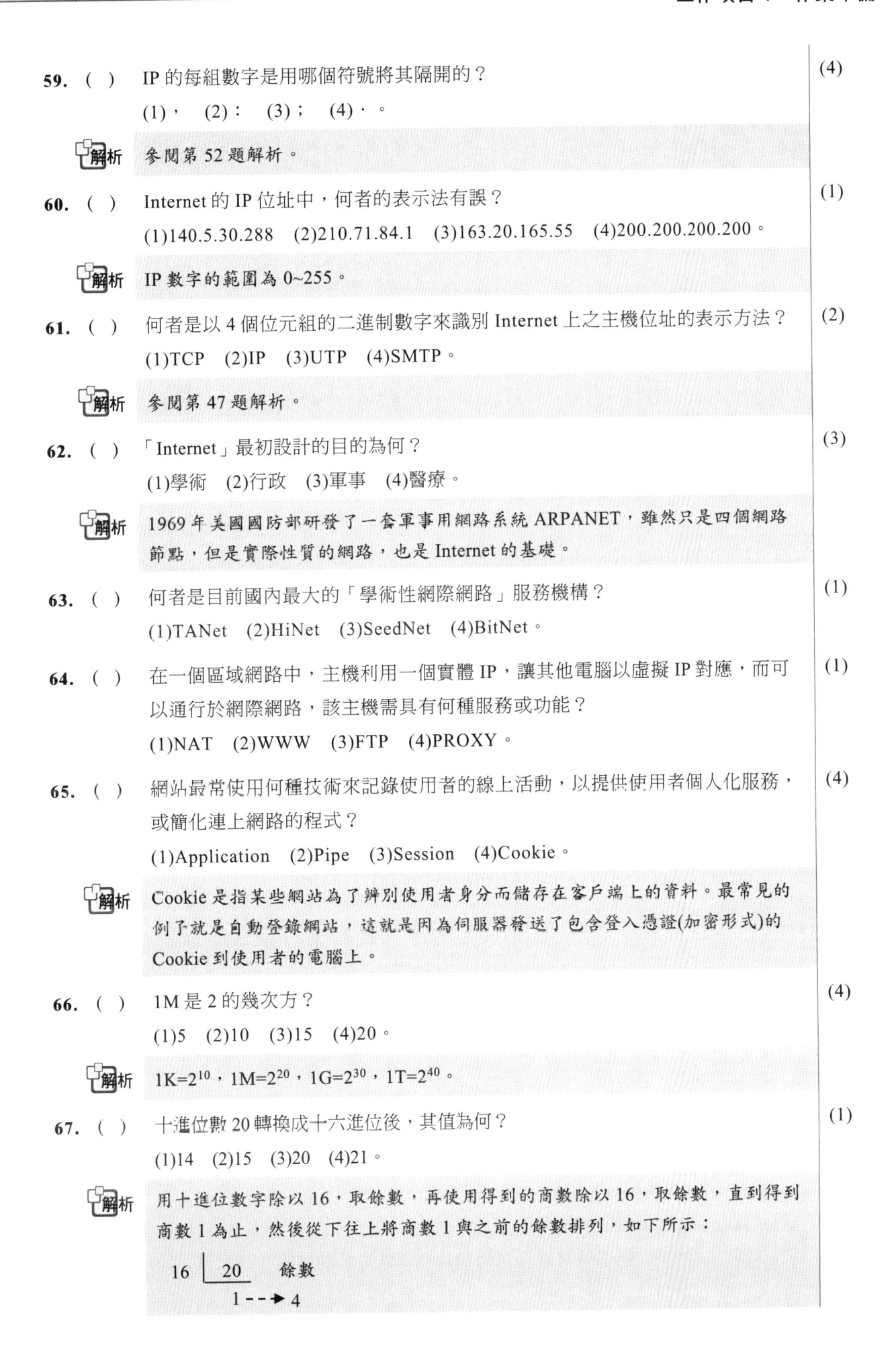

59. (4) IP 的每組數字是用哪個符號將其隔開的？
    (1)， (2)： (3)； (4)‧。

    解析 參閱第 52 題解析。

60. (1) Internet 的 IP 位址中，何者的表示法有誤？
    (1)140.5.30.288 (2)210.71.84.1 (3)163.20.165.55 (4)200.200.200.200。

    解析 IP 數字的範圍為 0~255。

61. (2) 何者是以 4 個位元組的二進制數字來識別 Internet 上之主機位址的表示方法？
    (1)TCP (2)IP (3)UTP (4)SMTP。

    解析 參閱第 47 題解析。

62. (3) 「Internet」最初設計的目的為何？
    (1)學術 (2)行政 (3)軍事 (4)醫療。

    解析 1969 年美國國防部研發了一套軍事用網路系統 ARPANET，雖然只是四個網路節點，但是實際性質的網路，也是 Internet 的基礎。

63. (1) 何者是目前國內最大的「學術性網際網路」服務機構？
    (1)TANet (2)HiNet (3)SeedNet (4)BitNet。

64. (1) 在一個區域網路中，主機利用一個實體 IP，讓其他電腦以虛擬 IP 對應，而可以通行於網際網路，該主機需具有何種服務或功能？
    (1)NAT (2)WWW (3)FTP (4)PROXY。

65. (4) 網站最常使用何種技術來記錄使用者的線上活動，以提供使用者個人化服務，或簡化連上網路的程序？
    (1)Application (2)Pipe (3)Session (4)Cookie。

    解析 Cookie 是指某些網站為了辨別使用者身分而儲存在客戶端上的資料。最常見的例子就是自動登錄網站，這就是因為伺服器發送了包含登入憑證(加密形式)的 Cookie 到使用者的電腦上。

66. (4) 1M 是 2 的幾次方？
    (1)5 (2)10 (3)15 (4)20。

    解析 $1K=2^{10}$，$1M=2^{20}$，$1G=2^{30}$，$1T=2^{40}$。

67. (1) 十進位數 20 轉換成十六進位後，其值為何？
    (1)14 (2)15 (3)20 (4)21。

    解析 用十進位數字除以 16，取餘數，再使用得到的商數除以 16，取餘數，直到得到商數 1 為止，然後從下往上將商數 1 與之前的餘數排列，如下所示：

    16 | 20   餘數
       1 --→ 4

68. ( ) 十進制數 50.875 以二進位表示，其值為何？　　(1)
(1)110010.111　(2)110010.110　(3)110100.111　(4)110100.110。

解析 整數部分和第 69 題的算法相同，答案如左下所示 110010，小數部分用乘法取整數部分，如右下所示：

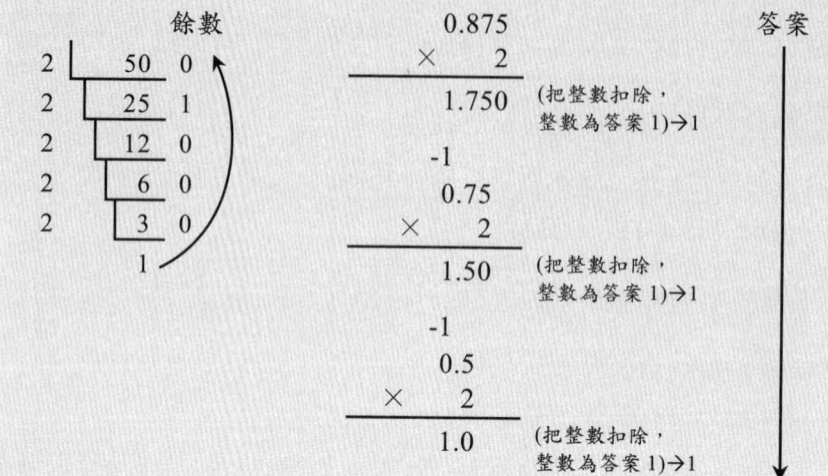

69. ( ) 二進位數 1011011111001110 以十六進位表示，其值為何？　　(2)
(1)C7BE　(2)B7CE　(3)B9CE　(4)C8EF。

解析 $2^4=16$，從右邊起，將二進位數拆分為 4 個一組，然後轉換為十進位，只取 1 下的數字相加：

1	0	1	1	0	1	1	1	1	1	0	0	1	1	1	0
$2^3=8$	$2^2=4$	$2^1=2$	$2^0=1$	$2^3=8$	$2^2=4$	$2^1=2$	$2^0=1$	$2^3=8$	$2^2=4$	$2^1=2$	$2^0=1$	$2^3=8$	$2^2=4$	$2^1=2$	$2^0=1$
8+2+1=11(B)				4+2+1=7				8+4=12(C)				8+4+2=14(E)			

十六進位 0~9 A:10 B:11 C:12 D:13 E:14 F:15

70. ( ) 十六進位數 A5 轉換為二進位後，其值為何？　　(4)
(1)10111001　(2)10110101　(3)10101000　(4)10100101。

解析 與上題目同方法，只是由表格下方去推論上面 0 與 1 的值。

1	0	1	0	0	1	0	1
$2^3=8$	$2^2=4$	$2^1=2$	$2^0=1$	$2^3=8$	$2^2=4$	$2^1=2$	$2^0=1$
A(10)				5			

71. ( ) 二進位數值 11000101 之 2 的補數為何？　　(2)
(1)11001010　(2)00111011　(3)00110101　(4)00111010。

解析 1 補數：把二進位數的 0 變 1，1 變 0
例如：$(11000101)_2$ 其 1 補數為 00111010

2 補數：把 1 補數 +1
例如：$(11000101)_2$ 其 1 補數為 00111010，2 補數為 00111011

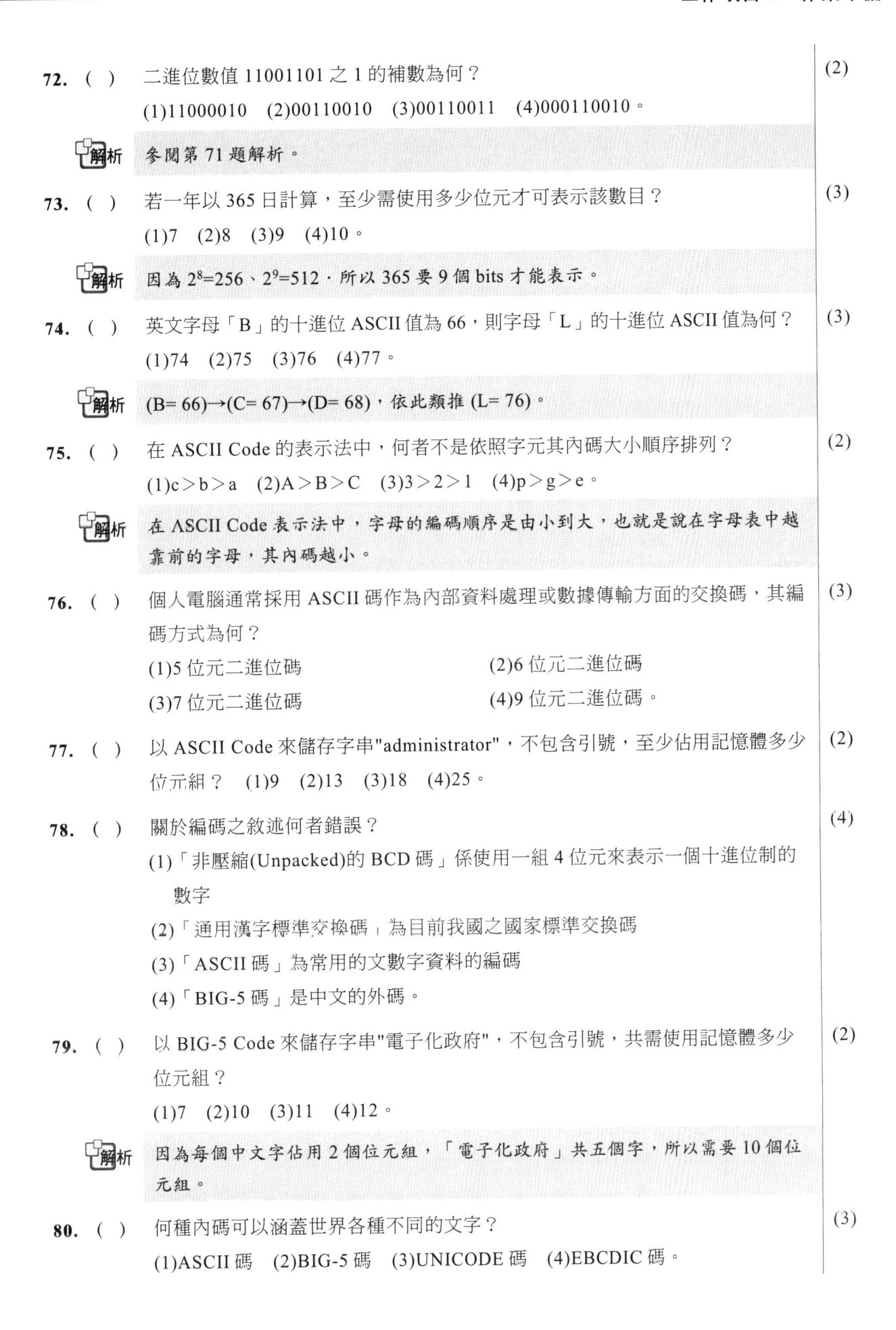

72. (　) 二進位數值 11001101 之 1 的補數為何？ (2)
    (1)11000010　(2)00110010　(3)00110011　(4)000110010。

    解析　參閱第 71 題解析。

73. (　) 若一年以 365 日計算，至少需使用多少位元才可表示該數目？ (3)
    (1)7　(2)8　(3)9　(4)10。

    解析　因為 $2^8=256$、$2^9=512$，所以 365 要 9 個 bits 才能表示。

74. (　) 英文字母「B」的十進位 ASCII 值為 66，則字母「L」的十進位 ASCII 值為何？ (3)
    (1)74　(2)75　(3)76　(4)77。

    解析　(B= 66)→(C= 67)→(D= 68)，依此類推 (L= 76)。

75. (　) 在 ASCII Code 的表示法中，何者不是依照字元其內碼大小順序排列？ (2)
    (1)c＞b＞a　(2)A＞B＞C　(3)3＞2＞1　(4)p＞g＞e。

    解析　在 ASCII Code 表示法中，字母的編碼順序是由小到大，也就是說在字母表中越靠前的字母，其內碼越小。

76. (　) 個人電腦通常採用 ASCII 碼作為內部資料處理或數據傳輸方面的交換碼，其編碼方式為何？ (3)
    (1)5 位元二進位碼　　　　　　　(2)6 位元二進位碼
    (3)7 位元二進位碼　　　　　　　(4)9 位元二進位碼。

77. (　) 以 ASCII Code 來儲存字串"administrator"，不包含引號，至少佔用記憶體多少位元組？　(1)9　(2)13　(3)18　(4)25。 (2)

78. (　) 關於編碼之敘述何者錯誤？ (4)
    (1)「非壓縮(Unpacked)的 BCD 碼」係使用一組 4 位元來表示一個十進位制的數字
    (2)「通用漢字標準交換碼」為目前我國之國家標準交換碼
    (3)「ASCII 碼」為常用的文數字資料的編碼
    (4)「BIG-5 碼」是中文的外碼。

79. (　) 以 BIG-5 Code 來儲存字串"電子化政府"，不包含引號，共需使用記憶體多少位元組？ (2)
    (1)7　(2)10　(3)11　(4)12。

    解析　因為每個中文字佔用 2 個位元組，「電子化政府」共五個字，所以需要 10 個位元組。

80. (　) 何種內碼可以涵蓋世界各種不同的文字？ (3)
    (1)ASCII 碼　(2)BIG-5 碼　(3)UNICODE 碼　(4)EBCDIC 碼。

> **解析** Unicode 又被稱為萬國碼、國際碼,它對世界上大部分的文字系統進行了整理、編碼,使得電腦可以用更為簡單的方式來呈現和處理文字。

81. ( ) 同位檢查(Parity Checking)是一項資料錯誤檢查的技術,何者不具有偶同位性? (4)
(1)110011110　(2)101110101　(3)010101001　(4)011110100。

> **解析** 奇同位:傳送資料中(包含資料與同位位元)中含有奇數個1。
> 偶同位:傳送資料中(包含資料與同位位元)中含有偶數個1。

82. ( ) 二進位編碼所組成的資料在運用時,通常會加一個bit,用來檢查資料是否正確,此bit稱之為何? (1)
(1)Parity bit　(2)Extended bit　(3)Sign bit　(4)Redundancy bit。

83. ( ) 若利用8bit來表達整數型態資料,且最左位元0代表正數,1代表負數,負數與正數間互為2的補數,則可表示之範圍為何? (2)
(1)0～255　(2)-128～127　(3)-127～127　(4)-128～128。

> **解析** 若使用N位元2補數表示法來表示正負整數資料時,因為會出現+0及-0,因此正數可表示的個數少1個,其能表示之範圍為 $-(2^{N-1})$ 到 $+(2^{N-1}-1)$。

84. ( ) 電腦內部用何種方法表示負的整數? (4)
(1)16的補數表示法　　　(2)10的補數表示法
(3)8的補數表示法　　　(4)2的補數表示法。

85. ( ) 電腦處理小數問題時是採取何種方法自動調整小數點的位置? (3)
(1)小數　(2)標準　(3)浮點　(4)一般標記法。

86. ( ) 一個邏輯閘,若有任一輸入為1時,其輸出即為0,此為何種邏輯閘? (1)
(1)NOR閘　(2)AND閘　(3)XOR閘　(4)OR閘。

> **解析** 常見邏輯閘輸出結果如下:
>
> | A | B | A AND B | A OR B | XOR | NOR |
> |---|---|---------|--------|-----|-----|
> | 0 | 0 | 0 | 0 | 0 | 1 |
> | 0 | 1 | 0 | 1 | 1 | 0 |
> | 1 | 0 | 0 | 1 | 1 | 0 |
> | 1 | 1 | 1 | 1 | 0 | 0 |
>
> AND(與閘):A、B都為0時輸出為0。A、B都為1時輸出為1。
> OR(或閘):A或B只要有一個為1,則輸出為1。
> XOR(互斥或閘):A和B只要不同,輸出為1。
> NOR(或非閘):A和B只要有1個為1,輸出為0。

87. ( ) 二進位數00100011和11111100做邏輯AND運算結果,表示成十進位為何? (2)
(1)3　(2)32　(3)35　(4)220。

即將相同位的數字進行比較，相同得 1，不同得 0，然後再轉換成十進位數。轉換方法為：

AND	0	0	1	0	0	0	1	1
	1	1	1	1	1	1	0	0
結果	0	0	1	0	0	0	0	0
	$2^7=128$	$2^6=64$	$2^5=32$	$2^4=16$	$2^3=8$	$2^2=4$	$2^1=2$	$2^0=1$
十進位	0 +	0 +	32 +	0 +	0 +	0 +	0 +	0

88. ( ) 計算機使用的二進位運算法中，10111100、11000011 的互斥或(XOR)結果應為何？ (1)
 (1)01111111 (2)00001111 (3)10000000 (4)11111111。

 參閱第 86 題解析。

XOR	1	0	1	1	1	1	0	0
	1	1	0	0	0	0	1	1
結果	0	1	1	1	1	1	1	1

89. ( ) 資料單位由小而大的排列順序為何？ (1)
 (1)bit byte KB MB GB (2)bit MB KB GB Byte
 (3)bit GB byte KB MB (4)bit byte MB GB KB。

解析 bit<byte<KB<MB<GB。

90. ( ) 一微秒(Micro seconds)是幾分之幾秒？ (3)
 (1)萬分之一秒 (2)十萬分之一秒 (3)百萬分之一秒 (4)千分之一秒。

91. ( ) 「MIPS」為何者之衡量單位？ (1)
 (1)CPU 之處理速度 (2)印表機之印字速度
 (3)螢幕之解析度 (4)磁碟機之讀取速度。

92. ( ) 「PPM (Page Per Minute)」為何者之衡量單位？ (4)
 (1)磁碟機讀取速度 (2)CPU 的處理速度
 (3)螢幕的解析度 (4)印表機的列印速度。

解析 PPM (Page Per Minute)：衡量印表機或其他印刷機器速度的單位，每分鐘所印張數。

93. ( ) 網路資料的傳輸速度之單位為何？ (4)
 (1)bpi (2)cpi (3)cps (4)bps。

解析 BPS (Bit Per Second)：單位時間內傳輸或處理的位元(bit)的數量，代表網路傳輸速率。

94. ( ) 第一代電腦使用的元件為何？ (1)
(1)真空管　(2)電晶體　(3)積體電路　(4)超大型積體電路。

95. ( ) 何者為計算機的心臟，由控制單元與算術邏輯單元所組成？ (3)
(1)ALU　(2)CU　(3)CPU　(4)Register。

> **解析** 記憶單元(MU)+算術邏輯單元(ALU)+控制單元(CU)=CPU。

96. ( ) 何者不是電腦使用的匯流排？ (2)
(1)位址匯流排　(2)程式匯流排　(3)資料匯流排　(4)控制匯流排。

> **解析** 電腦上一般有三種匯流排：
> - 資料匯流排(Data Bus)：在CPU與RAM之間來回傳送需要處理或是需要儲存的資料。
> - 位址匯流排(Address Bus)：用來指定在RAM之中儲存的資料的位址。
> - 控制匯流排(Control Bus)：將微處理器控制單元的訊號，傳送到周邊裝置。

97. ( ) 所謂32位元個人電腦之32位元是指CPU的何者為32位元？ (3)
(1)控制匯流排　(2)位址匯流排　(3)資料匯流排　(4)輸入／輸出匯流排。

> **解析** 參閱第96題解析。

98. ( ) CPU的位址線有16條，最多可定址出多少實體記憶空間？ (3)
(1)16K　(2)16M　(3)64K　(4)64M。

> **解析** 因為 $1K=2^{10}$ Bytes，所以 $2^{16}=2^6*2^{10}$ Bytes=64K。

99. ( ) 何者不是週邊設備？ (4)
(1)印表機　(2)CD-ROM　(3)鍵盤　(4)中央處理機。

100. ( ) 資料在停電時不會立即消失的記憶體為何？ (4)
(1)揮發性記憶體　　　　　　(2)靜態隨機存取記憶體(SRAM)
(3)動態隨機存取記憶體(DRAM)　(4)快閃記憶體(Flash Memory)。

> **解析**
> - 揮發性記憶體是指當電流關掉後，所儲存的資料便會消失的電腦記憶體，主要包括靜態隨機存取記憶體(SRAM)及動態隨機存取記憶體(DRAM)兩種類型。
> - 而非揮發性記憶體在電源供應中斷後，記憶體所儲存的資料也不會消失，只要重新供電後，就能夠讀取內存資料，快閃記憶體(Flash Memory)便屬於非揮發性記憶體。

101. ( ) 將軟體程式儲存於ROM，PROM或EPROM內的元件稱之為何？ (2)
(1)晶體　(2)韌體　(3)軟體　(4)硬體。

102. ( ) 何種儲存媒體內的資料會隨電源中斷而消失？ (3)
(1)VCD　(2)ROM　(3)RAM　(4)DVD。

> **解析** 參閱第100題解析。

103. (　)　何者不是目前在 PC 上常見的記憶體種類？　　(4)
　　　　(1)DRAM　(2)DDR2　(3)Flash ROM　(4)DROM。

104. (　)　電腦的記憶體容量為 128KB，其可儲存的資料有多少位元組？　　(3)
　　　　(1)128　(2)128000　(3)131072　(4)131000。

解析　因為 1KB=1024 Bytes，所以 128KB=128*1024＝131072 Bytes。

105. (　)　記憶體容量 1474560Bytes 約等於多少？　　(3)
　　　　(1)1.44KB　(2)144KB　(3)1.44MB　(4)1.44GB。

解析　因為 1MB=1024KB，1KB=1024 Bytes，所以
　　　　1474560÷1024÷1024=1.4MB，最接近第 3 選項。

106. (　)　電源關掉後記憶體內容會隨著消失，即使再重新開機也無法再恢復其內容，此類記憶體稱之為何？　　(2)
　　　　(1)ROM　(2)RAM　(3)EPROM　(4)PROM。

107. (　)　何種記憶體更新資料時不需使用燒錄器，而其寫入資料是以區塊為單位？　　(1)
　　　　(1)Flash ROM　(2)PROM　(3)EEPROM　(4)Mask ROM。

108. (　)　記憶體讀取資料的速度何者最快？　　(2)
　　　　(1)隨機存取記憶體(RAM)
　　　　(2)L1 快取記憶體(Cache Memory Level 1)
　　　　(3)L2 快取記憶體(Cache Memory Level 2)
　　　　(4)快閃記憶體(Flash Memory)。

解析　L1>L2>RAM>Flash Memory

109. (　)　記憶體讀取資料的速度何者最快？　　(3)
　　　　(1)隨機存取記憶體(RAM)　　　　(2)唯讀光碟機(DVD-ROM)
　　　　(3)快取記憶體(Cache Memory)　　(4)快閃記憶體(Flash Memory)。

解析　參閱第 108 題解析。

110. (　)　何種記憶體裝置存取資料的速度最快？　　(2)
　　　　(1)唯讀記憶體　(2)快取記憶體　(3)隨機記憶體　(4)虛擬記憶體。

解析　參閱第 108 題解析。

111. (　)　何者為輔助記憶體？　(1)BIOS　(2)RAM　(3)Disk　(4)ROM。　　(3)

112. (　)　硬式磁碟每一面都由很多同心圓圈組成，這些圓圈稱之為何？　　(3)
　　　　(1)磁頭(Head)　(2)磁區(Sector)　(3)磁軌(Track)　(4)磁柱(Cylinder)。

113. (　)　磁帶採用何種方式存取資料？　　(3)
　　　　(1)索引存取　(2)直接存取　(3)循序存取　(4)隨機存取。

114. ( ) 何者為循序存取(Sequential Access)的輸出入媒體？ (4)
(1)可抽取式硬碟(Hard Disk)　　(2)光碟(CD-ROM)
(3)磁片(Floppy Disk)　　(4)磁帶(Tape)。

115. ( ) 何者不是常用的記憶卡？ (3)
(1)MS卡　(2)SD卡　(3)NIC卡　(4)MMC卡。

> 解析　NIC卡又被稱為網路介面卡，是一塊被設計用來允許電腦在電腦網路上進行通訊的電腦硬體，不是記憶卡。

116. ( ) 利用光學原理製成的DVD-ROM數位式影音光碟機，其單倍速為何？ (2)
(1)150KB/S　(2)1350KB/S　(3)18500KB/S　(4)300KB/S。

117. ( ) 「數位影像唯讀光碟機」的英文簡稱為何？ (2)
(1)CD-ROM　(2)DVD-ROM　(3)LD-ROM　(4)EPROM。

118. ( ) 一個50倍速之CD-ROM代表其讀取速度為50乘以何者？ (1)
(1)150KB/S　(2)1350KB/S　(3)1850KB/S　(4)300KB/S。

119. ( ) 何者為CD音效的取樣頻率？ (4)
(1)11.025KHz　(2)22.05KHz　(3)33.75KHz　(4)44.1KHz。

120. ( ) 何者不屬於光碟原理之儲存設備？ (1)
(1)ZIP　(2)CD-ROM　(3)DVD-ROM　(4)CD-R/W。

121. ( ) 輔助記憶裝置中，何者存取速度最快？ (1)
(1)固態硬碟　(2)軟碟　(3)光碟　(4)磁帶。

122. ( ) 何種記憶體裝置存取資料的速度最慢？ (2)
(1)傳統硬碟(HDD)　(2)光碟　(3)固態硬碟(SSD)　(4)RAM。

123. ( ) 兼具輸入及輸出功能的裝置為何？ (1)
(1)磁碟機　(2)列表機　(3)繪圖機　(4)滑鼠。

124. ( ) 何者同時是輸入及輸出裝置？ (4)
(1)唯讀式光碟機　(2)數位板　(3)鍵盤　(4)隨身碟。

> 解析　前三者都是單純的輸入裝置，只有隨身碟兼具輸入及輸出功能。

125. ( ) 何種裝置只能做輸出設備使用，無法作輸入設備使用？ (3)
(1)觸摸式螢幕　(2)鍵盤　(3)印表機　(4)光筆。

126. ( ) 何者為撞擊式的印表機？ (1)
(1)點陣印表機　(2)噴墨印表機　(3)雷射印表機　(4)繪圖機。

127. ( ) 噴墨印表機列印圖片檔時，採用何種輸出解析度，列印出來的圖片會比較大？ (1)
(1)150dpi　(2)300dpi　(3)600dpi　(4)1200dpi。

解析 DPI (Dots Per Inch)表示印表機每英吋所包含的點數,如果要列印一張相同點數的圖片,DPI 值越小,列印出來的圖片越大。

128. ( ) 個人電腦想要列印需要哪一項設備? (2)
 (1)數據機 (2)印表機 (3)燒錄機 (4)掃描機。

129. ( ) 印表機通常連接在主機的何處? (2)
 (1)Game Port (2)LPT1 或 USB (3)COM2 (4)COM1。

130. ( ) 若印表機的列印密度為 360dpi,其代表的意義為每一什麼單位可列印 360 點 (2)
 數? (1)公尺 (2)英吋 (3)英呎 (4)公分。

解析 參閱第 127 題解析。

131. ( ) 鍵盤是屬於哪類設備? (1)
 (1)輸入設備 (2)輸入媒體 (3)輸出設備 (4)輸出媒體。

132. ( ) 螢幕的輸出品質取決於哪項標準? (1)
 (1)解析度 (2)輸出速度 (3)重量 (4)大小。

133. ( ) 何者是計算螢幕(顯示器)對角線尺寸的向度? (3)
 (1)寬度 (2)厚度 (3)長度 (4)深度。

134. ( ) 何者僅能做輸入裝置? (1)
 (1)讀卡機 (2)磁碟機 (3)螢幕 (4)列表機。

135. ( ) 能閱讀銀行支票上金額的輸入裝置為何? (3)
 (1)BCR (2)OMR (3)MICR (4)POS。

解析 磁字票據 MICR 英文全名 Magnetic Ink Characteristic Recognition。主要功用是為避免票據處理時間繁雜,並可作票據分類之用途,因此也可以閱讀銀行支票上的金額。

136. ( ) QR Code 在資料處理作業上係屬於何者? (3)
 (1)儲存設備 (2)輸出設備 (3)輸入媒體 (4)輸出媒體。

137. ( ) 條碼閱讀機屬於哪類設備? (1)
 (1)輸入設備 (2)輸出設備 (3)儲存設備 (4)保密設備。

138. ( ) 在安裝介面卡時,若 PC 內已有其他介面卡存在,則應該注意 I/O 位址、 (4)
 IRQ、以及何者是否相衝突?
 (1)Baud Rate (2)Fra 2000 Size (3)Packet Size (4)DMA。

139. ( ) 何者可用來將數位訊號轉換成類比訊號? (2)
 (1)掃描器 (2)數據機 (3)印表機 (4)數位相機。

解析 數據機又稱為調制解調器(Modem),是一個將數位訊號調制到模擬載波訊號上進行傳輸,並解調收到的類比訊號以得到數位訊息的電子裝置。

140. ( ) 連接主機與週邊的介面卡需插於何處？ (3)
(1)CPU　(2)電源　(3)擴充槽　(4)記憶單元。

141. ( ) 個人電腦想要上網需要哪一項設備？ (1)
(1)數據機　(2)印表機　(3)燒錄機　(4)掃描機。

142. ( ) 同軸電纜線使用什麼編號來分級？ (3)
(1)NG-58　(2)PG-58　(3)RG-58　(4)YG-58。

> **解析** 同軸電纜較雙絞線快，使用RG-58編號來分級及有線電視的RG-59。

143. ( ) 無遮蔽雙絞線使用類似電話電纜所用的接頭來附加到電腦上，此接頭稱之為何？ (3)
(1)MJ-45　(2)PJ-45　(3)RJ-45　(4)WJ-45。

144. ( ) RJ-45腳位在乙太網路100 BASE-T Category 6 UTP纜線中傳送和接收資料被使用的有1和2線，以及哪二條線？ (2)
(1)3和4　(2)3和6　(3)4和5　(4)7和8。

> **解析** RJ-45接頭接腳中的1、2線用來傳送資料；3、6線用來接收資料。

145. ( ) 大量資料能以光速在極細的玻璃纖維中傳送的是哪一種媒介？ (3)
(1)同軸電纜　(2)微波　(3)光纖電纜　(4)數據機。

146. ( ) 彙集星狀網路上各節點的裝備稱之為何？ (2)
(1)伺服器　(2)集線器　(3)路由器　(4)橋接器。

> **解析** 星狀網路(Star Topology)是指網絡中的各節點設備通過一個網絡集中設備(如集線器者交換機)連接在一起，各節點呈星狀分布的網絡連接方式。

147. ( ) 何者不是網路連線設備？ (4)
(1)數據機　(2)路由器　(3)橋接器　(4)掃描器。

148. ( ) 集線器(Hub)的網路接線屬於哪類型的網路？ (2)
(1)環狀型(Ring)　(2)星狀型(Star)　(3)直線型　(4)曲線型(Curve)。

149. ( ) 何者不是常見的網路架構？ (2)
(1)環狀網路　(2)球狀網路　(3)星狀網路　(4)匯流排狀網路。

150. ( ) 網際網路的網路拓樸為何？ (3)
(1)匯流排網路　(2)星狀網路　(3)網狀網路　(4)環狀網路。

151. ( ) 何者不屬於區域網路的標準？ (2)
(1)Token Ring　(2)HiNet　(3)ARCnet　(4)Ethernet。

152. ( ) 100Mb/50Mb寬頻ADSL上網，上傳100MB大小的資料，理論上約需多少時間？ (4)
(1)1秒　(2)2秒　(3)8秒　(4)16秒。

解析 首先我們要弄清楚這裡的 100Mb/50Mb，100Mb 指的是下行速度，與本題無關，50Mb 才指的是上行速度，而且 50Mb 是 50Mbps(bit per second)的簡稱。因為 1B=8bits，所以 100MB=100M*8bits，那麼 100M*8bits/50Mbps=16 秒。

153. ( ) 100Mb/50Mb 寬頻 ADSL 上網，下載 100MB 大小的資料，理論上約需多少時間？ (1)1 秒 (2)2 秒 (3)8 秒 (4)16 秒。 (3)

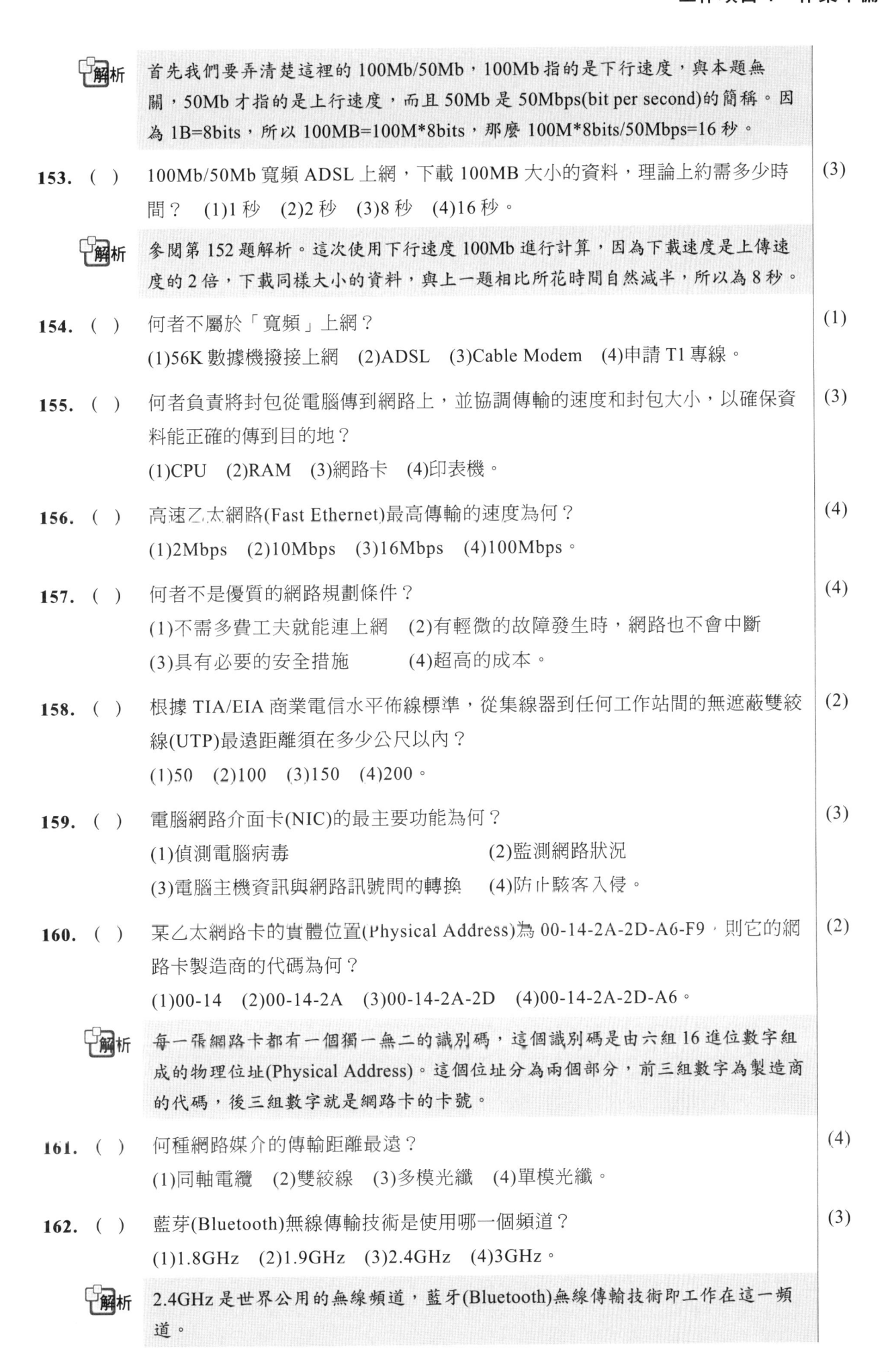

解析 參閱第 152 題解析。這次使用下行速度 100Mb 進行計算，因為下載速度是上傳速度的 2 倍，下載同樣大小的資料，與上一題相比所花時間自然減半，所以為 8 秒。

154. ( ) 何者不屬於「寬頻」上網？ (1)
(1)56K 數據機撥接上網 (2)ADSL (3)Cable Modem (4)申請 T1 專線。

155. ( ) 何者負責將封包從電腦傳到網路上，並協調傳輸的速度和封包大小，以確保資料能正確的傳到目的地？ (3)
(1)CPU (2)RAM (3)網路卡 (4)印表機。

156. ( ) 高速乙太網路(Fast Ethernet)最高傳輸的速度為何？ (4)
(1)2Mbps (2)10Mbps (3)16Mbps (4)100Mbps。

157. ( ) 何者不是優質的網路規劃條件？ (4)
(1)不需多費工夫就能連上網 (2)有輕微的故障發生時，網路也不會中斷
(3)具有必要的安全措施 (4)超高的成本。

158. ( ) 根據 TIA/EIA 商業電信水平佈線標準，從集線器到任何工作站間的無遮蔽雙絞線(UTP)最遠距離須在多少公尺以內？ (2)
(1)50 (2)100 (3)150 (4)200。

159. ( ) 電腦網路介面卡(NIC)的最主要功能為何？ (3)
(1)偵測電腦病毒 (2)監測網路狀況
(3)電腦主機資訊與網路訊號間的轉換 (4)防止駭客入侵。

160. ( ) 某乙太網路卡的實體位置(Physical Address)為 00-14-2A-2D-A6-F9，則它的網路卡製造商的代碼為何？ (2)
(1)00-14 (2)00-14-2A (3)00-14-2A-2D (4)00-14-2A-2D-A6。

解析 每一張網路卡都有一個獨一無二的識別碼，這個識別碼是由六組 16 進位數字組成的物理位址(Physical Address)。這個位址分為兩個部分，前三組數字為製造商的代碼，後三組數字就是網路卡的卡號。

161. ( ) 何種網路媒介的傳輸距離最遠？ (4)
(1)同軸電纜 (2)雙絞線 (3)多模光纖 (4)單模光纖。

162. ( ) 藍芽(Bluetooth)無線傳輸技術是使用哪一個頻道？ (3)
(1)1.8GHz (2)1.9GHz (3)2.4GHz (4)3GHz。

解析 2.4GHz 是世界公用的無線頻道，藍牙(Bluetooth)無線傳輸技術即工作在這一頻道。

163. ( ) 何者對電腦的通訊效率影響最低？　(1)
　　(1)顯示卡處理速率　　　　　　(2)網路介面卡速率
　　(3)主記憶體存取速率　　　　　(4)主機板匯流排速率。

164. ( ) 網際網路涵蓋的範圍是屬於哪類型的網路？　(3)
　　(1)區域網路　(2)校園網路　(3)廣域網路　(4)都會網路。

165. ( ) 網際網路上提供各式各樣服務的電腦主機稱之為何？　(2)
　　(1)PC　(2)Sever　(3)Workstation　(4)Notebook。

166. ( ) 關於網路的敘述何者錯誤？　(3)
　　(1)E-mail 可用以傳遞文字、影像、聲音等以電子信號儲存的檔案
　　(2)TCP/IP 是目前 Internet 網際網路普遍採用的通訊協定
　　(3)URL 是種電腦網路的連接架構
　　(4)TANet 是台灣學術網路。

167. ( ) 何者為一般無線網路上網的加密技術？　(4)
　　(1)SSL　(2)HTTPs　(3)Encode　(4)WEP。

168. ( ) 何者並非網際網路(Internet)所提供之服務？　(4)
　　(1)E-mail　(2)WWW　(3)BBS　(4)UPS。

169. ( ) 何者係利用家用電話線路作為資料傳遞的媒介，其上傳與下傳資料之速度並不　(4)
　　相等？　(1)Cable Modem　(2)ISDN　(3)ATM　(4)ADSL。

> **解析** 參閱第 15 題解析。

170. ( ) 個人電腦透過 ADSL 寬頻連上 Internet 時，何種設備在家中不需用到？　(2)
　　(1)電話線　(2)Router　(3)數據機　(4)電腦。

171. ( ) 關於 ADSL 敘述何者錯誤？　(3)
　　(1)中文稱為非對稱數位用戶線路　　(2)使用電話線做傳輸媒介
　　(3)無法同時上網及講電話　　　　　(4)上傳及下載資料時的傳輸速率不對稱。

172. ( ) 何者是利用有線電視的頻道做為資料傳輸的媒介？　(2)
　　(1)ATM　(2)Cable Modem　(3)ADSL　(4)ISDN。

173. ( ) 網際網路(Internet)是藉由何種技術來完成資料交換？　(3)
　　(1)電路交換　(2)數位整合交換　(3)分封交換　(4)訊息交換。

174. ( ) 有關網路之敘述何者錯誤？ (2)
    (1)廣域網路之範圍較區域網路為大
    (2)中繼器可用來串接兩個不同的網路
    (3)一般家庭用戶大部分是利用數據機連上 ISP
    (4)Telnet 是 Internet 提供的一種服務。

175. ( ) 何種設備可連接兩個(或以上)的 TCP/IP 網路，並具有路徑選擇的能力？ (2)
    (1)Bridge (2)Router (3)Hub (4)Switch。

176. ( ) MODEM 之功能為何？ (2)
    (1)轉換 ASCII 碼與 EBCDIC 碼   (2)轉換類比與數位訊號
    (3)轉換內碼與外碼   (4)轉換原始碼與目的碼。

解析 參閱第 139 題解析。

177. ( ) 使用 Category 6 的 UTP 纜線，用於乙太網路傳輸，其內部絞線共幾對？ (3)
    (1)2 (2)3 (3)4 (4)5。

178. ( ) 在 10 BASE T 架構中從 HUB 到工作站最大傳送距離是多少公尺？ (2)
    (1)50 (2)100 (3)185 (4)500。

179. ( ) 乙太網路中，使用 10 BASE T 規格的纜線時，它必須採用哪一種標準接頭？ (4)
    (1)AUI (2)BNC (3)RJ-11 (4)RJ-45。

180. ( ) 乙太網路的傳輸速度在 1Gbps 時，至少需採用哪一種等級的 UTP 纜線？ (3)
    (1)Cat.4 (2)Cat.5 (3)Cat.5e (4)Cat.6。

181. ( ) 無線寬頻網路卡之制定標準為何？ (1)
    (1)IEEE 802.11 (2)IEEE 802.12 (3)IEEE 802.13 (4)IEEE 802.14。

解析 IEEE 802.11 是由 IEEE(電機電子工程師學會 Institute of Electrical and Electronics Engineers)所定義的無線網路通訊標準，而一般無線網路被通稱的 Wi-Fi(Wireless Fidelity)，則是 Wi-Fi 聯盟(Wi-Fi Alliance)的商標，用於確保各個 IEEE 802.11 產品間相容性認證，而 802.11n 則是隸屬於 Wi-Fi 旗下無線網路的最新規範。

182. ( ) 哪一個無線網路標準運作在 5GHz 傳送範圍且有 54Mbps 的資料傳送率？ (2)
    (1)802.11 (2)802.11a (3)802.11b (4)802.11g。

解析

Wi-Fi 規範比較		
版本	標準頻寬	最高速度
802.11a	5.15-5.35/5.47-5.725/5.725-5.875 GHz	54Mbps
802.11b	2.4-2.5GHz	11Mbps
802.11g	2.4-2.5GHz	54Mbps
802.11n	2.4GHz/5GHz	54Mbps

183. ( ) 欲將有線的區域網路轉換成無線的乙太區域網路,何者必須改變? (3)
(1)不需要作任何改變 (2)每台主機將需要新的 IP 位址 (3)每台主機將需要適當的網路卡或轉接器 (4)每台主機將需要升級作業系統。

184. ( ) 何種網路傳輸媒體的訊號在超過 100 公尺需再生(Repeat)? (3)
(1)10 BASE 2 (2)10 BASE 5 (3)100 BASE-T (4)100 BASE-FX。

185. ( ) 乙太網路網段的 CSMA/CD 在碰撞發生後,如何管理訊框的重傳? (4)
(1)偵測到碰撞的第一個設備有重傳的優先權
(2)具較低 MAC 位址的設備決定重傳的優先權
(3)網路上的設備舉行選舉以決定重傳資料的優先權
(4)當碰撞發生時在傳送的設備沒有重傳的優先權。

186. ( ) 網路卡上的 MAC 位址是屬於 OSI 模式的哪一層? (4)
(1)實體層 (2)應用層 (3)網路層 (4)資料鏈結層。

解析 OSI 是由國際化標準組織(ISO)針對開放式網路架構所制定的電腦互連標準,依據網路運作方式共切分成七個不同的層級:

層級	名稱	說明	相關技術
7	應用層 (Application)	主要功能是處理應用程式,進而提供使用者網路應用服務。例如:BBS、WWW、FTP、E-Mail、SKYPE…等	POP3/IMAP、Telnet、Http、FTP、Mailto、SMTP、NNTP、SNMP
6	表達層 (Presentation)	負責協調與建立資料的交換格式。它負責兩個裝置之間所需的字元集對照或數字轉換規則	ASCII、EBCDIC、BIG-5、Unicode
5	交談層 (Session)	負責建立、主控一個交談,利用會話技巧或對話,協調系統之間的資料交換	DNS
4	傳輸層 (Transport)	負責網路整體的資料傳輸及控制,可以將一個較大的資料切割成多個適合傳輸的資料	TCP、UDP、SPX
3	網路層 (Network)	定義網路路由及定址功能,讓資料能夠在網路間傳遞。負責網路中封包的「路徑選擇」	IP、路由器、Ping、IPX、RIP/OSPF、ARP/RARP
2	資料連結層 (Data Link)	主要是在網路之間建立邏輯連結,並且在傳輸過程中處理流量控制及錯誤偵測,讓資料傳送與接收更穩定	橋接器、交換式集線器、網路卡(MAC)、Ethernet、FDDI、Token-Ring
1	實體層 (Physical)	定義網路裝置之間的位元資料傳輸,也就是在電線或其他物理線材上,傳遞 0 與 1 電子訊號,形成網路	集線器、中繼器

187. ( ) MAC 位址來源在哪裡？ (3)
(1)DHCP 伺服器資料庫　　　　　(2)由管理者組態設定
(3)燒在網路卡的 ROM　　　　　(4)在電腦上的網路組態。

188. ( ) 1000 BASE-T 如何使用 UTP 線對來完成傳輸？ (3)
(1)兩對線用來傳送，且兩對線用來接收
(2)一對線用來傳送，一對線用來接收，一對線用來作時脈，而一對線用來作錯誤更正
(3)所有四對線被兩台主機並行使用來同時傳輸和接收
(4)兩對線被如 10 BASE-T 和 1000 BASE-TX 一樣地使用。

189. ( ) 數位傳輸方式中，所謂的「傳輸速率」為何？ (2)
(1)傳輸線的粗細　　　　　　　(2)速度每秒多少個位元(bps)
(3)頻道的最高頻率和最低頻率的差　(4)網路卡的傳輸能力。

190. ( ) 類比傳輸頻道中，所謂的「頻寬」為何？ (3)
(1)傳輸線的粗細　　　　　　　(2)速度每秒多少個位元(bps)
(3)頻道的最高頻率和最低頻率的差　(4)網路卡的傳輸能力。

191. ( ) 國際標準組織(ISO)所制定的開放式系統連結(OSI)參考模式中，何者與硬體最密切相關？ (3)
(1)資料鏈結層　(2)會議層　(3)實體層　(4)網路層。

解析 參閱第 186 題解析。

192. ( ) 國際標準組織(ISO)所制定的開放式系統連結(OSI)參考模式中，何者的主要功能是負責傳送路徑的選擇？ (4)
(1)資料鏈結層　(2)會議層　(3)實體層　(4)網路層。

解析 參閱第 186 題解析。

193. ( ) 國際標準組織(ISO)所制定的開放式系統連結(OSI)參考模式中，電子郵件(E-mail)是通信協定哪一層的功能？ (3)
(1)網路層　(2)實體層　(3)應用層　(4)交談層。

解析 參閱第 186 題解析。

194. ( ) 何種網路設備，其主要運作層次為 OSI 七層中的「網路層」？ (3)
(1)網路卡(NIC)　　　　　　　(2)橋接器(bridge)
(3)路由器(router)　　　　　　(4)中繼器(repeater)。

解析 參閱第 186 題解析。

195. ( ) 可將數位訊號與類比訊號作相互轉換的裝置為何？ (2)
(1)前端處理機(Front-end processor)　　(2)數據機(Modem)
(3)通訊閘道(Communication Channel)　　(4)終端機(Terminal)。

> **解析** 參閱第139題解析。

196. ( ) 只能單向傳送資料的傳輸方法稱之為何？ (3)
(1)多工　(2)半雙工　(3)單工　(4)全雙工。

> **解析** 依資料傳輸方向分為：
> - 單工：只能單一方向傳送，如滑鼠、鍵盤。
> - 半雙工：同時間只能一個方向傳送，但可以雙向傳輸，如無線對講機。
> - 全雙工：可以同時間不同方向傳輸，如電話。

197. ( ) 在不同時間可作雙向相傳輸，當某一方處於接收狀況時就不能傳送資料的方式稱之為何？ (4)
(1)區域網路(LAN)　　　　　　(2)單工(Simplex)
(3)全雙工(Duplex)　　　　　　(4)半雙工(Half-Duplex)。

198. ( ) 在區域網路，一台工作站可同時傳送及接收資料，這是屬於何種方式的傳輸？ (3)
(1)混合式　(2)半雙工　(3)全雙工　(4)多工。

199. ( ) 無線電視台將信號傳輸至家中電視機，這是屬於何種方式的傳輸？ (4)
(1)全雙工(Full-duplex)　　　　(2)半雙工(Half-duplex)
(3)全多工(Full-multiplexer)　　(4)單工(Simplex)。

200. ( ) 以電腦創造出多媒體的立體空間稱之為何？ (3)
(1)創造實境　(2)電腦實境　(3)虛擬實境　(4)天外實境。

201. ( ) 以數種媒體組合呈現資訊的方式稱之為何？ (3)
(1)單媒體　(2)雙媒體　(3)多媒體　(4)大媒體。

202. ( ) "熱插拔"就是可以在不關機的情況下，任意加入或拔出週邊設備，哪種介面屬於"熱插拔"？ (1)
(1)USB介面　(2)PCI介面　(3)SCSI介面　(4)AGP介面。

203. ( ) 哪一個十六進位的RGB顏色組合不是網頁安全顏色(Web Safe Color)？ (3)
(1)#CC00FF　(2)#663399　(3)#BB00EE　(4)#9900CC。

> **解析** 安全顏色可以用十六進位數字方法表示，其數值為0、3、6、9、C、F。

204. ( ) 在網際網路(Internet)上，用什麼來識別電腦？ (2)
(1)URL　(2)IP Address　(3)computer ID　(4)computer name。

205. ( ) 一部專門用來過濾內外部網路間通訊的電腦稱之為何？ (4)
(1)熱站　(2)疫苗　(3)冷站　(4)防火牆。

> **解析** 在電腦運算領域中，防火牆(Firewall)是一項協助確保資訊安全的裝置，會依照特定的規則，允許或是限制傳輸的資料通過。

206. ( ) 何者不是網路防火牆的建置區域？ (1)
(1)交通網路　(2)內部網路　(3)外部網路　(4)網際網路。

207. ( ) 何者不是網路防火牆的管理功能？ (4)
(1)支援遠端管理　(2)存取控制　(3)日誌記錄　(4)價格管理。

208. ( ) 哪類伺服器提供網頁快取及防火牆的功能？ (2)
(1)FTP server　(2)Proxy server　(3)DHCP server　(4)Web server。

> **解析** Proxy Server(代理伺服器)具備文件快取與存取控制的功能，可保存備份連線使用者拜訪過的網站。

209. ( ) 何者不是色彩配色與設計中必須考量的重要項目？ (3)
(1)對比　(2)平衡　(3)花俏　(4)調和。

210. ( ) 何者不是色彩的三屬性？ (4)
(1)色相(Hue)　(2)明度(Brightness)　(3)彩度(Saturation)　(4)淡色(Tints)。

> **解析** 色彩的三屬性為色相(Hue)、明度(Brightness)、彩度(Saturation)。

211. ( ) 何者不是網頁的檔案格式？ (4)
(1)dhtml　(2)htm　(3)html　(4)pml。

212. ( ) 哪一個網頁瀏覽器的功能運用，可能對使用者的網路隱私權造成威脅？ (2)
(1)刪除瀏覽紀錄
(2)以 Cookie 記錄上網動作與資訊
(3)播放串流視訊
(4)使用 HTTPS 的協定。

213. ( ) 何者不是行動支付(Mobile Payment)的特色？ (3)
(1)快速方便　(2)無時間空間限制　(3)可找現金零錢　(4)應用範圍廣。

214. ( ) 關於行動條碼(QRCode)的描述何者正確？ (3)
(1)一般 GSM 的手機都支援行動條碼
(2)行動條碼是由一長串數字組合而成
(3)行動條碼內含許多服務資訊
(4)行動條碼必須透過 Barcode 掃描器來讀取。

215. ( ) 電子商務的四流不包括何者？ (3)
(1)資訊流　(2)金流　(3)服務流　(4)物流。

> **解析** 電子商業的交易模式包含：資料處理的「資訊流」、交易訊息的「資訊流」、付款轉帳的「金流」、商品配送的「物流」。

216. ( ) 何者不是設計網頁時最主要考量的原則？ (3)
(1)購物網站的商品應做適當分類
(2)網頁內容要條理分明方便使用者找尋資料
(3)運用高解析度之動畫、影片及圖片以強調視覺效果
(4)網頁內容易更新。

217. ( ) 何者是網頁圖片執行最佳化壓縮的主要目的？ (2)
(1)轉換檔案格式 (2)縮短下載時間
(3)調整圖片尺寸大小 (4)增加影像解析度。

218. ( ) 哪一個表格寬度的設定方式，可以讓網頁內的表格隨著瀏覽器變化自動縮放？ (3)
(1)# (2)px (3)% (4)cm。

219. ( ) 網頁中建立電子郵件超連結，欲自動填入郵件主旨，需在哪一個參數中設定？ (3)
(1)cc (2)bcc (3)subject (4)body。

> **解析** 以下列為例便可透過 subject 設定郵件主旨：
> `<a href="mailto:test@mail.com.tw?subject=郵件主旨">郵件內容</a>`

220. ( ) 物聯網的應用系統中，在居家環境中無線感測器於低頻寬的網路，主要的應用考量為哪一項？ (1)
(1)實現家庭自動化 (2)居家保全監控
(3)住戶健康照護 (4)自由連結網路環境。

> **解析** 物聯網(Internet of Things，縮寫 IoT)將所有物品透過智慧感知、識別技術等資訊傳感設備與網際網路連接起來，實現智慧化識別與管理。例如在公事包中安裝感測器，會提醒主人別忘記帶什麼東西；例如讓冷氣機根據溫度變化自動開啟或關閉等。

221. ( ) 物聯網的應用系統中，貼附 RFID 冷藏車的冷凍食品棧板，在閘門收貨時讀取錯誤，最有可能造成原因為哪一項？ (1)
(1)棧板標籤上的水滴
(2)棧板上的標籤不是設計為零度以下的溫度運作
(3)棧板上的標籤因為低溫而毀壞
(4)棧板標籤上有紙屑遮蔽。

> **解析** RFID 是 Radio Frequency IDentification 無線射頻辨識的縮寫，藉由射頻技術辨識貼附於物品上之微小 IC 晶片無線標籤 RFID Tag 中的資料，再將辨識資料傳到系統端作追蹤、統計、查核、結帳、庫存管理等處理的一種非接觸式、短距離的自動辨識技術。RFID 特高頻標籤因電磁反向散射特點，對金屬和液體等環境比較敏感，可能導致這種工作頻率的被動標籤難以在具有金屬表面的物體或液體環境下進行工作。

222. ( ) 物聯網的應用系統中,利用RFID進行零售商店貨品追蹤管理的定義為哪一項? (3)
(1)其定義為追蹤牲畜的動向,例如在動物園或農場,追蹤這些牲畜目前所在的位置
(2)其定義包含追蹤公司的資產
(3)其定義包含實時追蹤倉庫裡的貨品動向,包括進、出貨等
(4)其定義包含追蹤零售商店的手推車及貨架,並輔助店內的自動付款系統及存貨管理等設備。

223. ( ) 物聯網的應用系統中,哪一項是自動收費系統的應用? (4)
(1)包括追蹤像是在農場或動物園的動物並引導到適當的位置
(2)包括追蹤並辨識在醫療中心或醫院的病人,與正確的醫藥、醫生或護士做正確的連結,辨識沒有反應的病人等工作
(3)包括追蹤供應鏈的物品與倉儲管理,供應鏈是早期主要採用RFID的案例
(4)在高速公路架設ETC感應門架及讀取器,並於車輛擋風玻璃上貼上eTag標籤,如此可以自動扣款,也免除必須停車與人工付費的動作。

224. ( ) 物聯網的應用系統中,哪一項不是感測節點須符合的條件? (2)
(1)具低功率消耗　　(2)非獨立且需有人操作
(3)能適應環境　　(4)能符合高節點密度的工作環境。

225. ( ) 造成RFID Tag讀取率不佳的因素中,哪一項情境不會影響讀取率? (3)
(1)成衣賣場中,附有EPC標籤掛牌的服飾緊密的排列在衣架上
(2)整箱紅酒每瓶均貼附Near Field的UHF標籤於瓶身
(3)在無線網路密佈的廠房進行外箱及棧板上標籤的盤點
(4)數條生產線上多部密集排列讀取器同時讀取大量標籤。

226. ( ) 何者不是巨量資料分析的核心資訊知識? (4)
(1)雲端計算　(2)資料探勘　(3)平行化程式設計　(4)電腦硬體裝修。

解析 顧名思義,「巨量資料分析」的核心為數據資料的計算分析,而不是電腦硬體。

227. ( ) 何者不是巨量資料運用的案例? (2)
(1)電腦AlphaGo戰勝南韓棋王
(2)銀行提供金融卡轉帳服務
(3)Google運用關鍵字預測流感爆發
(4)Twitter從發文中預測Facebook的股價。

解析 根據美國國家標準與技術研究院(NIST)定義:「巨量資料」由具有龐大資料量、高速度、多樣性(多重異質資料格式)、變異性等特徵的資料集所組成,它需要可擴延的架構來進行有效儲存、處理與分析。銀行轉帳服務需要處理的資料很單一,並不具有多樣性、變異性的特點。

228. ( ) 關於巨量資料特點之敘述何者錯誤？ (3)
(1)數據體量巨大　(2)數據類型多樣　(3)處理速度緩慢　(4)價值密度低。

> 解析　巨量資料基本上是指資料的四大特性：數量大(volume)、變化的速度很快(velocity)、多樣性高(variety)、以及可能帶有變異性(veracity)。這四大特性只要有部分符合，就可以稱之為巨量資料。

229. ( ) 關於「巨量資料」之敘述何者錯誤？ (4)
(1)大量(Volume)　　　(2)快速(Velocity)
(3)多樣性(Variety)　　(4)振動性(Vibration)。

> 解析　參閱第228題解析。

230. ( ) 何者經常成為巨量資料計算的單位？ (4)
(1)KB　(2)MB　(3)GB　(4)TB。

> 解析　巨量資料的最大特徵就是龐大的資料量，如一般桌上型電腦的記憶體是以GB為計量單位，硬碟的容量則是以TB為主。

231. ( ) 關於「綠色環保電腦」之敘述何者錯誤？ (4)
(1)必須是省電的　　　(2)必須符合人體工學
(3)必須是低污染，低輻射　(4)必須是木製外殼。

> 解析　所謂「綠色電腦」就是指具備環保標準的電腦，主要內容包括省電節能、無污染、可再生、符合人體工學要求等。

232. ( ) 在CSS樣式中，何者可用來偵測媒體裝置的尺寸與方向？ (1)
(1)CSS Media Queries　　(2)CSS Flex Box
(3)CSS Box Model　　　(4)CSS Pseudo Element。

> 解析　媒體查詢(Media Queries)是CSS3中提出的一個概念，它允許為頁面設置不同的媒體條件，並根據條件來套用相應的樣式。媒體查詢的基本語法為：
> media_query: [only | not] ? <media_type> [and expression]*
> expression : (media_feature [: value]?)
>
> 媒體查詢主要包括三部分內容，分別是媒體類型(media_type)、媒體特性(media_feature)和關鍵字。CSS Media Queries可以根據媒體裝置的特性(如視窗寬度Viewport Width、螢幕比例、設備方向橫向或縱向)提供偵測該媒體裝置尺寸與方向的功能。

233. ( ) 欲使網頁圖片具70%透明效果，其CSS樣式屬性設定為何？ (4)
(1)opacity: 70　(2)opacity: 30　(3)opacity: 0.7　(4)opacity:0.3。

234. ( ) 在CSS樣式中，何種設定可使用網路上的字型檔來顯示網頁中的文字，無需考慮用戶端的電腦是否有安裝字型？ (3)
(1)font family　(2)@media　(3)@font-face　(4)font style。

解析 在@font-face網路字型技術之前，瀏覽器顯示網頁上文字使用的字型只能限制在電腦中已安裝的幾款字型；但是每個人電腦所安裝的字型是不同的。@font-face的作用是從網上下載並使用自定義字型，無需考慮用戶端的電腦是否有安裝該字型。

235. ( ) 在 CSS 樣式中，何者不是絕對的度量單位？ (3)
　　(1)px　(2)pt　(3)em　(4)in。

236. ( ) 在 CSS3 樣式中，何者不是色彩表示方式？ (4)
　　(1)HEX　(2)RGBA　(3)@HSLA　(4)OCT。

237. ( ) 關於響應式網頁設計的描述，下列何者有誤？ (3)
　　(1)英文全名為 Responsive Web Design，簡稱 RWD
　　(2)又可稱為回應式網頁設計
　　(3)是一種網頁設計開發的技術，使用 HTML 5 的語法，以百分比的設定方式及彈性的畫面設計
　　(4)瀏覽器在不同解析度下，會自動改變網頁版面內的元件的佈局排版，讓不同的裝置設備都可以正常瀏覽同一網站，提供最佳的視覺效果體驗。

解析 響應式網頁設計(Responsive Web Design)簡稱RWD，又稱為回應式網站設計，是指該網站能跨平台使用，自動偵測使用者上網的裝置尺寸，能針對不同螢幕的大小而自動調整網頁圖文內容。瀏覽器在不同解析度下，會自動改變網頁版面內的元件的佈局排版，讓不同的裝置設備都可以正常瀏覽同一網站，提供最佳的視覺效果體驗。採用 RWD 的優點之一，是您只需要維護單一網站版本。無論使用者透過何種裝置瀏覽網頁(包括桌上型電腦、平板電腦或手機)，該網頁一律使用相同的網址和程式碼，只不過網頁的顯示效果會依據螢幕尺寸進行調整。

238. ( ) 關於響應式網頁設計的敘述何者有誤？ (1)
　　(1)響應式網頁設計是一個網站除設計電腦版網頁外，再另設計一個內容一樣或接近的手機版網頁，此兩個網頁採不同的連結網址(Link)
　　(2)網頁可以跨平台瀏覽，解決多種裝置的瀏覽的問題
　　(3)網頁後台管理只需管理維護一個網站的內容，管理成本較節省
　　(4)方便使用者瀏覽，改善使用者經驗，提升搜尋引擎曝光度及網頁排名(Page Rank)。

解析 參閱第 237 題解析。

239. ( ) 響應式網站設計原理，主要是運用下列那一個 CSS 的語法來指定不同螢幕寬度進行不同的樣式調整？ (1)
　　(1) @media only screen and (…)　(2)selector　(3)margin　(4)padding。

解析 在響應式布局設置中，@media only screen and (min-width:xxx) and (max-width:xxx){ 這段是只針對螢幕設備寬度進行樣式調整。

240. ( ) 響應式網站設計指令「」,何者敘述有誤? (2)
(1)HTML 5 使用一種新的設定方式,讓網頁設計人員可透過標籤來控制瀏覽器如何呈現網頁內容
(2)網頁版面的寬度不會跟隨設備螢幕寬度變動而變動
(3)瀏覽器可控制檢視區寬度和縮放比例
(4)於 CSS 像素和裝置獨立像素之間建立 1:1 的關係。

 參閱第 237 題解析。

241. ( ) 下列響應式網頁設計指令,何者敘述有誤? (3)
(1)設定瀏覽器檢視區寬度小於 600px 時的版面顯示為同一種效果
(2)設定瀏覽器檢視區寬度 600px 到 767px 時的版面顯示為同一種效果
(3)設定瀏覽器檢視區寬度小於 768px 時的版面顯示為同一種效果
(4)設定瀏覽器檢視區寬度等於或大於 1200px 時的版面顯示為同一種效果。

```
@media only screen and (max-width: 600px) {...}
@media only screen and (min-width: 600px) {...}
@media only screen and (min-width: 768px) {...}
@media only screen and (min-width: 1200px) {...}
```

解析
```
@media only screen and (max-width:600px) {...}
```
只有在螢幕尺寸小於 600 像素時版面顯示為同一種效果。

```
@media only screen and (min-width:600px) {...}
```
只有在螢幕尺寸大於 600 像素時版面顯示為同一種效果。

```
@media only screen and (min-width:768px) {...}
```
只有在螢幕尺寸大於 768 像素時版面顯示為同一種效果。

```
@media only screen and (min-width:1200px) {...}
```
只有在螢幕尺寸大於 1200 像素時版面顯示為同一種效果。

工作項目 2　應用軟體安裝及使用

1. (4)　"Access"是屬於哪類軟體？
   (1)視訊編輯軟體　(2)文書編輯軟體　(3)圖形編輯軟體　(4)資料庫軟體。

2. (3)　"After Effects"是屬於哪類軟體？
   (1)系統軟體　(2)簡報軟體　(3)視訊特效軟體　(4)文書編輯軟體。

3. (2)　"Kaspersky"是屬於哪類軟體？
   (1)系統軟體　(2)防毒軟體　(3)簡報軟體　(4)文書編輯軟體。

4. (3)　"AutoCAD"是屬於哪類軟體？
   (1)系統軟體　(2)簡報軟體　(3)製圖軟體　(4)資料庫軟體。

5. (2)　"CorelDraw"是屬於哪類軟體？
   (1)系統軟體　(2)美工繪圖軟體　(3)簡報軟體　(4)文書編輯軟體。

6. (2)　"WinZip"是屬於哪類軟體？
   (1)系統軟體　(2)壓縮及解壓縮工具軟體　(3)簡報軟體　(4)文書編輯軟體。

7. (2)　"Adobe Director"是屬於哪類軟體？
   (1)系統軟體　(2)多媒體軟體　(3)簡報軟體　(4)文書編輯軟體。

8. (2)　"Dreamweaver"是屬於哪類軟體？
   (1)系統軟體　(2)網頁設計軟體　(3)簡報軟體　(4)文書編輯軟體。

9. (3)　"Excel"是屬於哪類軟體？
   (1)系統軟體　(2)簡報軟體　(3)試算表軟體　(4)資料庫軟體。

10. (2)　"Premiere"是屬於哪類軟體？
    (1)系統軟體　(2)視訊編輯軟體　(3)簡報軟體　(4)文書編輯軟體。

11. (2)　"Google Web Designer"是屬於哪類軟體？
    (1)彩繪軟體　(2)網頁設計軟體　(3)簡報軟體　(4)文書編輯軟體。

12. (2)　"Illustrator"是屬於哪類軟體？
    (1)系統軟體　(2)繪圖影像軟體　(3)簡報軟體　(4)文書編輯軟體。

13. (2)　"Word"是屬於哪類軟體？
    (1)視訊編輯軟體　(2)文書編輯軟體　(3)圖形編輯軟體　(4)資料庫軟體。

14. (1)　"Maya"是屬於哪類軟體？
    (1)3D視訊動畫工具軟體　(2)程式語言　(3)簡報軟體　(4)文書編輯軟體。

15. (1)　"Painter"是屬於哪類軟體？
    (1)彩繪軟體　(2)程式語言　(3)簡報軟體　(4)文書編輯軟體。

16. ( ) "PC-cillin"是屬於哪類軟體？ (2)
    (1)系統軟體　(2)防毒及掃毒軟體　(3)簡報軟體　(4)文書編輯軟體。

17. ( ) "PhotoCap"是屬於哪類軟體？ (2)
    (1)系統軟體　(2)影像繪圖軟體　(3)簡報軟體　(4)文書編輯軟體。

18. ( ) "PhotoImpact"是屬於哪類軟體？ (2)
    (1)系統軟體　(2)影像處理軟體　(3)簡報軟體　(4)文書編輯軟體。

19. ( ) "Photoshop"是屬於哪類軟體？ (3)
    (1)視訊編輯軟體　(2)文書編輯軟體　(3)圖形編輯軟體　(4)資料庫軟體。

20. ( ) "PowerPoint"是屬於哪類軟體？ (2)
    (1)視訊編輯軟體　(2)簡報編輯軟體　(3)圖形編輯軟體　(4)資料庫軟體。

21. ( ) "Project"是屬於哪類軟體？ (3)
    (1)系統軟體　(2)簡報軟體　(3)專案管理軟體　(4)文書編輯軟體。

22. ( ) "JavaScript"是屬於哪類軟體？ (2)
    (1)系統軟體　(2)腳本語言　(3)簡報軟體　(4)文書編輯軟體。

23. ( ) "Python"是屬於哪類軟體？ (2)
    (1)系統軟體　(2)程式語言　(3)簡報軟體　(4)文書編輯軟體。

24. ( ) "Visual Basic.NET"是屬於哪類軟體？ (2)
    (1)系統軟體　(2)程式語言　(3)簡報軟體　(4)資料庫軟體。

25. ( ) "Oracle"是屬於哪類軟體？ (3)
    (1)系統軟體　(2)簡報軟體　(3)資料庫軟體　(4)文書編輯軟體。

26. ( ) "Visual Studio"是屬於哪類軟體？ (2)
    (1)作業系統　　　　　　　　(2)程式設計整合開發環境
    (3)多媒體開發環境　　　　　(4)文書處理介面。

27. ( ) "C#"是屬於哪類軟體？ (3)
    (1)系統軟體　(2)簡報軟體　(3)程式語言　(4)文書編輯軟體。

28. ( ) "Linux"是屬於哪類軟體？ (1)
    (1)系統軟體　(2)繪圖軟體　(3)簡報軟體　(4)文書編輯軟體。

29. ( ) Microsoft 的 "Internet Explorer"是屬於哪類軟體？ (3)
    (1)掃描器　(2)伺服器　(3)瀏覽器　(4)作業系統。

30. ( ) 何者是「製作動畫及透明圖」的應用軟體？ (1)
    (1)Gif Animator　(2)Media Player　(3)Word　(4)Win RAR。

31. ( ) 何者是「看圖及秀圖」的應用軟體？ (1)
    (1)XnView (2)WinZip (3)WinRAR (4)7-Zip。

32. ( ) 何者不是「網頁製作」的應用軟體？ (3)
    (1)Dreamweaver (2)SharePoint (3)Chrome (4)Google Web Designer。

    解析 Chrome 是網頁瀏覽器軟體。

33. ( ) 何者是「應用軟體」？ (2)
    (1)Linux (2)Word (3)Windows (4)OS X。

34. ( ) 英文名稱所對應之中文名稱何者錯誤？ (1)
    (1)FTP「檔案搜尋系統」 (2)TANet「台灣學術網路」
    (3)IRC「多人線上聊天系統」 (4)Telnet「遠端登入」。

35. ( ) 中文名稱所對應之英文名稱何者錯誤？ (4)
    (1)「檔案傳輸協定」FTP (2)「電子佈告欄」BBS
    (3)「電子郵件」E-mail (4)「區域網路」WAN。

36. ( ) 當播放串流媒體時，檔案會在播放之前先部分下載，並儲存在電腦緩衝區 (3)
    (Buffer)中，此種處理方式稱為何？
    (1)暫存處理 (2)及時處理 (3)緩衝處理 (4)平行處理。

37. ( ) 何者是「網頁製作」所使用的標記(Tag)語言？ (2)
    (1)C# (2)HTML (3)VB.NET (4)Python。

    解析 HTML(Hyper Text Markup Language，超文件標記語言)，是為「網頁建立和其它可在網頁瀏覽器中看到的資訊」設計的一種標記語言。其餘三個選項都是程式設計語言。

38. ( ) 何者是「全球資訊網(World Wide Web)」使用最普遍的副檔名？ (4)
    (1).exe (2).com (3).sys (4).htm。

39. ( ) 何者是「向量影像檔」的副檔名？ (1)
    (1).ai (2).tiff (3).gif (4).bmp。

    解析 AI 是 Illustrator 繪圖軟體的檔案格式，為向量圖的一種。

40. ( ) 何者是常用於行動裝置「視訊檔」的副檔名？ (1)
    (1) mp4 (2).pdf (3).xml (4).gif。

    解析 常見的用於行動裝置的視訊格式有.mp4 及.3GP 等。

41. ( ) 何者不是「壓縮檔」的副檔名？ (4)
    (1).arj (2).zip (3).rar (4).bmp。

42. ( ) 何者不是「影音播放檔」的副檔名？ (2)
    (1).mp4　(2).mp3　(3).avi　(4).wmv。

    解析　常見的音樂格式：.mp3、.mid、.wav、.au、.wma 等。

43. ( ) 何者不是「音效檔」的副檔名？ (4)
    (1).au　(2).mp3　(3).wma　(4).rar。

    解析　參閱第 42 題解析。

44. ( ) 何者是「動態圖形」的副檔名？ (3)
    (1).cgm　(2).bmp　(3).gif　(4).jpg。

45. ( ) 關於 JPG 圖檔格式的敘述何者錯誤？ (2)
    (1)瀏覽器可直接開啟　　　　(2)是向量式的圖片格式
    (3)支援全彩顯示　　　　　　(4)採破壞性壓縮方式。

    解析　jpg 圖檔為點陣圖格式。

46. ( ) 關於 GIF 圖檔格式的敘述何者錯誤？ (2)
    (1)副檔名為 gif
    (2)存成交錯式與透明式的 GIF 格式，檔案大小大約相同
    (3)僅支援 256 色
    (4)可製作動畫圖片效果。

47. ( ) 何種圖形適合應用於儲存網頁上的小型圖示或按鈕？ (1)
    (1)GIF　(2)TIF　(3)BMP　(4)WMF。

48. ( ) 何種圖形檔格式無法將圖片的某部分設成透明色？ (2)
    (1)GIF　(2)JPEG　(3)PNG　(4)TIFF。

49. ( ) 副檔名為 GIF 之檔案是何種資料？ (1)
    (1)圖形　(2)文字　(3)程式　(4)指令。

50. ( ) 何者非網頁文件的副檔名？ (2)
    (1).htm　(2).dwg　(3).aspx　(4).php。

    解析　.dwg 是電腦輔助設計軟體 AutoCAD 圖檔的副檔名。

51. ( ) 網站的第一頁稱之為何？ (3)
    (1)黃頁　(2)封面　(3)首頁　(4)目錄。

    解析　一個網站的第一頁稱之為首頁(homepage)，通常命名為 index.htm 或 default.htm。

52. ( ) 製作動畫時，決定螢幕每秒鐘出現畫面數，屬於影像處理中的哪一項功能？ (1)
    (1)取樣　(2)辨識　(3)編碼　(4)複製。

    解析　「取樣」代表動畫中每秒多少畫格數。

53. ( ) 何者不是正確的網頁檔案名稱？ (3)
    (1)homepage.htm　　　　　　(2)homepage.html
    (3)home*page.htm　　　　　　(4)home_page.htm。

    解析 網頁檔案的命名規則如下：
    1. 務必以英文小寫命名，不要以中文命名，以免有些伺服器無法辨識，而讀不到網頁。
    2. 檔案名稱中不要有空格。
    3. 檔案名稱可以使用數字，但是不要使用奇怪的符號，例如：斜線(/)，冒號(:)，分號(;)，頓號(、)，逗號(,)及句號(。)。
    4. 可以使用下列特殊符號命名：底線(_)，連字號(-)，滑號(~)及點(.)。

54. ( ) 何者不是在網頁設定標題(Title)的目的？ (4)
    (1)顯示在瀏覽器標題列
    (2)顯示在瀏覽器的書籤或我的最愛
    (3)搜尋引擎用來分類並將網站增加到它們的資料庫
    (4)加速網頁的開啟與執行。

    解析 使用<TITLE>標題</TITLE>標記來設定顯示在瀏覽器標題列的標題文字。

55. ( ) 一個 96×96 pixel 的 256 色圖示(icon)，共佔用電腦記憶體多少 KB？ (3)
    (1)3　(2)6　(3)9　(4)12。

    解析 在 256 色的影像中，每一個像素(pixel)佔有一個位元組(1 Byte)，而 1KB=1024 Bytes，那麼 96×96=/1024=9KB。

56. ( ) 何者可用來檢視目前電腦上的資源被網路上其他使用者使用的狀況？ (4)
    (1)網路安裝精靈　(2)遠端桌面連線　(3)超級終端機　(4)網路監控程式。

57. ( ) 在 Internet 的服務項目中，何者未提供網路使用者即時互動的功能？ (1)
    (1)Wikipedia　(2)Line　(3)Instagram　(4)Facebook。

58. ( ) 何者不是關聯式資料庫的優點？ (3)
    (1)達成資料的一致性(Data Consistency)
    (2)達成資料的獨立性(Data Independence)
    (3)達成傳輸資料加速(Transfer Data Acceleration)
    (4)達成資料的安全性(Data Security)。

    解析 關聯式資料庫是一組資料項目，這些項目會整理成由直欄和橫列構成的一組表格。表格的每一直欄儲存特定類型的資料，而表格中的橫列代表一個物件或實體的一組相關數值。表格的每一橫列可以用稱為主索引鍵的唯一識別符加以標記，而多個表格之間的橫列可使用外部索引鍵建立關聯。

59. ( ) 當使用「搜尋引擎」執行資料搜尋時,若欲使用兩個以上的關鍵字做複合查詢,且希望被查詢到的文件或網站同時包含有這些關鍵字,則應使用何種邏輯運算查詢? (2)
(1)或(OR) (2)和(AND) (3)互斥(XOR) (4)反(NOT)。

60. ( ) POP3 是設定網路連線時的何種伺服器? (3)
(1)檔案伺服器 (2)網站伺服器 (3)收信伺服器 (4)寄信伺服器。

解析 POP3 (Post Office Protocol 3):電子郵件接收協定,負責郵件伺服器與使用者端電子郵件接收。

61. ( ) SMTP 是設定網路連線時的何種伺服器? (4)
(1)檔案伺服器 (2)網站伺服器 (3)收信伺服器 (4)寄信伺服器。

解析 SMTP(Simple Mail Transfer Protocol),簡易電子郵件傳輸協定,主要功能為寄信。

62. ( ) Telnet 是 Internet 上的一項服務,其功能為何? (1)
(1)遠端登入 (2)電子郵件服務 (3)檔案傳輸服務 (4)電傳視訊。

解析 Telnet 協議是TCP/IP協議家族的其中之一,是Internet遠端登錄服務的標準協議和主要方式,常用於網頁伺服器的遠端控制,可供使用者在本地主機執行遠端主機上的工作。

63. ( ) 何者不是 Google Gmail 的功能? (4)
(1)回信 (2)轉信 (3)附加檔案 (4)即時通訊。

64. ( ) 寄送電子郵件後,預設狀況下會保留一份在何處? (4)
(1)收件匣 (2)寄件匣 (3)草稿 (4)寄件備份。

65. ( ) 何者是「檔案傳送」所使用的通訊協定? (2)
(1)HTTP (2)FTP (3)ISP (4)MAILTO。

解析 FTP (File Transfer Protocol),翻成中文為「檔案傳輸協定」,顧名思義是一種能讓電腦與電腦透過網路互相傳遞檔案的通訊規範。

66. ( ) 何者是「全球資訊網(WWW)」所使用的通訊協定? (3)
(1)FTP (2)SMTP (3)HTTP (4)POP3。

解析 HTTP (HyperText Transfer Protocol,超文字傳輸協定),是網際網路上應用最為廣泛的一種網路協定。

67. ( ) 何者不是「網路」所使用的通訊協定? (4)
(1)Zigbee (2)TCP/IP (3)HTTP (4)ASPX。

68. ( ) 何者是電子郵件「內收郵件」所使用的通訊協定? (2)
(1)FTP (2)POP3 (3)SMTP (4)IPX。

解析 參閱第60題解析。

69. ( ) 何者是電子郵件「外寄郵件」所使用的通訊協定？ (3)
    (1)FTP (2)POP3 (3)SMTP (4)IMAP。

    解析 參閱第61題解析。

70. ( ) Internet 的 DNS 伺服器預設通訊埠號為何？ (2)
    (1)110 (2)53 (3)21 (4)25。

    解析 通訊埠(port)，是一種經由軟體建立的服務，在一個電腦作業系統中扮演通訊的端點。一個通訊階段作業的完成，除了需要資料來源及目標位址外，還需要指定通訊埠才能完成。每個IP位址及協定使用的通訊埠編號範圍為0到65535，這被稱為通訊埠號(port number)。下面列出了幾種常用通訊協定的通訊埠號：

通訊協定	通訊埠號	通訊協定	通訊埠號
ftp	21	DNS	53
telnet	23	http	80
SMTP	25	POP3	110

71. ( ) 用瀏覽器瀏覽網頁時通常使用的通訊埠號為何？ (4)
    (1)21 (2)23 (3)25 (4)80。

    解析 參閱第70題解析，因為用瀏覽器瀏覽網頁時使用的是http通訊協定，因此通訊埠號為80。

72. ( ) Internet 的 FTP 協定，其預設的通訊埠為何？ (2)
    (1)80 (2)21 (3)25 (4)110。

    解析 參閱第70題解析。

73. ( ) Internet 的 HTTP 協定，其預設的通訊埠為何？ (1)
    (1)80 (2)21 (3)25 (4)110。

    解析 參閱第70題解析。

74. ( ) Internet 的 SMTP 協定，其預設的通訊埠為何？ (3)
    (1)80 (2)21 (3)25 (4)110。

    解析 參閱第70題解析。

75. ( ) 在電腦網路中，使用者與遠端伺服主機連線進行檔案傳輸，所使用的協定稱之為何者？ (3)
    (1)DNS (2)BBS (3)FTP (4)TCP/IP。

    解析 FTP：File Transfer Protocol 的縮寫，用於在電腦網絡上在用戶端及伺服器之間進行檔案傳輸的一種協議。

76. ( ) 在網站中設計動畫效果，其作用不包括何者？ (2)
    (1)吸引目光 (2)提升傳輸速度 (3)模擬真實 (4)豐富視覺形式。

77. ( ) 何者不是 ISP(Internet Service Provider)所提供的服務？ (3)
(1)提供連網服務 　　　　　　　　　(2)提供網頁空間
(3)提供國安局機密資料全文免費查詢 　(4)提供電子郵件服務。

78. ( ) 關於 Internet 的敘述何者錯誤？ (2)
(1)TANet 是台灣學術網路
(2)FTP 是一種電腦網路的連接架構
(3)TCP/IP 是 Internet 常用的通訊協定
(4)E-mail 可以傳遞文字、影像及聲音。

79. ( ) 何種伺服器具有備份使用者拜訪過網站的功能？ (2)
(1)FTP Server(檔案傳輸伺服器)
(2)Proxy Server(代理伺服器)
(3)DNS Server(網域名稱伺服器)
(4)News Server(新聞伺服器)。

> 解析　Proxy Server(代理伺服器)：具備文件快取與存取控制的功能，可保存備份連線使用者拜訪過的網站。

80. ( ) 何者不是 Internet 所提供的服務？ (4)
(1)SSH　(2)WWW　(3)MMS　(4)CSS。

81. ( ) 何者不是 WWW 的瀏覽器？ (4)
(1)Safari　(2)Chrome　(3)Firefox　(4)Sniffer。

> 解析　Sniffer 原本是一個網路監聽側錄產品名稱，隨著監測技術應用普及，sniffer 已經成為封包監聽的代名詞。sniffer 封包監聽目前已經成為全世界網路資訊監聽標準名稱。

82. ( ) 何者不是常見的網頁搜尋入口網站？ (1)
(1)http://ftp.isu.edu.tw/ 　　　　　(2)http://www.google.com.tw
(3)http://www. pchome.com.tw 　(4)http://tw.yahoo.com。

83. ( ) 何者不是圖片超連結可以設定的功能？ (4)
(1)顯示低解析度圖片 　　(2)替代顯示文字
(3)指定圖片類型與品質 　(4)圖片排序。

84. ( ) 何者無法用來架設 Web 伺服器？ (4)
(1)GWS(Google Web Server) 　(2)IIS (Internet Information Services)
(3)Apache Tomcat 　　　　　　(4)FileZilla Server。

85. ( ) 何者不屬於自由軟體？ (2)
(1)PHP-Nuke 　　(2)Norton Internet Security
(3)XOOPS 　　　(4)LibreOffice。

> 解析　Norton Internet Security 為需付費之防毒軟體，其餘為免費之自由軟體。

86. (3) 何者是匿名登入 FTP 站所使用的帳號？
(1)everyone (2)anyone (3)anonymous (4)root。

87. (2) 何者是常用的 Web 伺服器？
(1)YouTube (2)IIS (3)SQL (4)App Store。

88. (4) 何者為 ASP.NET 的語法的起始符號？
(1)<! (2)<& (3)<# (4)<%。

解析 PHP 和 ASP 的語法大致相同，但其語法符號不同，ASP 為<% ASP 程式 %>，而 PHP 為<? PHP 程式 ?>。

89. (4) 何者為 TANet 之中文意義？
(1)全球資訊網 (2)網際網路 (3)電子郵件 (4)台灣學術網路。

90. (1) 提供檔案下載功能的是哪類伺服器？
(1)FTP server (2)Proxy server (3)DHCP server (4)DNS server。

91. (2) 哪個 FTP 指令可以用來查看遠端 FTP 伺服器目前所在目錄之位置？
(1)get (2)pwd (3)put (4)bin。

解析
get：將伺服器端的檔案拷貝至用戶端現在目錄下。
pwd：查看遠端 FTP 伺服器目前所在目錄之位置。
put：將用戶端的檔案拷貝至伺服器端現在目錄下。
bin：設定傳輸模式為二進位檔方式。

92. (3) 哪個 FTP 指令可以將本地端機器的檔案傳輸至遠端 FTP 伺服器上？
(1)get (2)pwd (3)put (4)bin。

解析 參閱第 91 題解析。

93. (3) FTP 是 Internet 上的一項服務，其功能為何？
(1)遠端登入 (2)電子郵件服務 (3)檔案傳輸服務 (4)電傳視訊。

解析 參閱第 75 題解析。

94. (2) 何者為 PHP 語言的起始標記符號？
(1)<@ (2)<? (3)<# (4)<$。

解析 參閱第 88 題解析。

95. (2) 內容管理系統(Content Management System, CMS)常用來製作入口網站，何者不屬於 CMS？
(1)XOOPS (2)Opera (3)Moodle (4)Joomla。

解析 CMS 組織和協助共同合作的內容的結果，是指用於管理及方便內容管理系統使用者在網站中增加、修改、管理內容。目前開放原始碼且可以免費使用的 CMS 很多，像 Moodle、XOOPS 等，都是很知名的系統。

96. ( ) 何種語言可以編撰網頁的動態效果？ (2)
    (1)BASIC　(2)HTML 5　(3)FORTRAN　(4)COBOL。

97. ( ) 何者為電子郵件軟體？ (4)
    (1)PhotoImpact　(2)Flash　(3)Visio　(4)Outlook。

98. ( ) 關於 E-mail 之敘述何者錯誤？ (3)
    (1)寄發電子郵件必須要有收件人的 E-mail Address
    (2)E-mail 可以透過電話線來傳送
    (3)E-mail 傳送時，沒有指定主旨的信件一定無法傳送
    (4)發信人可以同時將信件傳送給二位以上的收信人。

99. ( ) 何種功能可使電子郵件的附件在寄送時，節省傳送的時間？ (1)
    (1)壓縮　(2)回傳給本人　(3)加密　(4)密件副本。

100. ( ) 何種功能可使電子郵件在寄送時，不想讓收件者知道何者收到此信件？ (4)
    (1)壓縮　(2)回傳給本人　(3)加密　(4)密件副本。

101. ( ) 網路日誌又稱為「部落格」，何者無法用來架設個人網路日誌？ (2)
    (1)Xuite　(2)WordPad　(3)WordPress　(4)Blogger。

102. ( ) 關於圖形檔案格式的敘述何者錯誤？ (4)
    (1)GIF89a 只能支援 256 色　(2)PNG 格式支援全彩
    (3)TIF 格式必須轉換才能置於網頁上　(4)GIF 檔案採用失真壓縮技術。

103. ( ) 以 Photoshop 去除圖片背景時，要快速選取背景顏色很接近的區域，最好使用何種工具按鈕？ (4)
    (1)標準選取　(2)貝茲曲線　(3)索套　(4)魔術棒。

104. ( ) 何種方法可以將使用 Internet Explorer 瀏覽過的網站分類保存起來，讓下次可以快速地進入該網站？ (3)
    (1)加到「搜尋」　(2)加到「記錄」
    (3)加到「我的最愛」　(4)加入到通訊錄中。

105. ( ) 在 Internet 上，何種伺服器可將網路主機名稱(如：www.labor.gov.tw)翻譯成 IP 位址？ (4)
    (1)Mail Server　(2)File Server　(3)Proxy Server　(4)DNS Server。

    解析 因為網際網路中只認識 IP 的數字，並不認得網域名稱，所以必須藉由網域名稱伺服器(DNS, Domain Name Server)來轉換。

106. ( ) Microsoft Word 軟體要將目前正在編輯的文件內容儲存成網頁，應如何完成？ (3)
    (1)存成 RTF 格式檔案　(2)存成 Word 文件檔案
    (3)存成網頁類型檔案　(4)存成 XPS 類型檔案。

107. ( ) 有關於 Excel 的敘述何者為非？ (4)
    (1)工作表可以儲存成互動式網頁
    (2)透過 IE 瀏覽器可以瀏覽工作表
    (3)可透過 IE 瀏覽器排序工作表的內容
    (4)不支援另存成*.mht 單一檔案網頁功能。

    解析 在 Microsoft Office 家族中，Excel 與 Word 一樣可以將檔案另存為網頁。

108. ( ) 哪一個應用軟體所產生的檔案無法直接存成網頁格式？ (4)
    (1)Word　(2)Excel　(3)PowerPoint　(4)Access。

    解析 在 Microsoft Office 家族中，除了 Access 無法直接存成網頁格式外，其餘皆可。

109. ( ) 瀏覽器無法直接讀取的檔案格式，須藉由何種技術才能順利呈現？ (2)
    (1)Widget　(2)Plug-In　(3)SSL　(4)InPrivate。

110. ( ) 輸入哪個文字是無法建立超連結的？ (4)
    (1)mailto:　(2)http://　(3)ftp://　(4)TCP/IP。

111. ( ) 網頁中之 Applet 及 Servlet 是用何種語言來撰寫的？ (1)
    (1)Java　(2)R　(3)Java Script　(4)Golang。

112. ( ) 何者不是網頁 client 端執行的程式？ (4)
    (1)ActiveX　(2)JavaScript　(3)VBScript　(4)Servlet。

113. ( ) 影像處理時，將圖片由全彩轉成 256 色灰階，則該圖片的每一個像素使用多少位元來描述表示？ (3)
    (1)2 位元　(2)4 位元　(3)8 位元　(4)24 位元。

    解析 計算機圖形學領域用「n 位元顏色」表示色彩深度，若色彩深度是 n 位元，即有 2^n 種顏色選擇，而儲存每像素所用的位元數目就是 n。因為 $2^8=256$，所以為 8 位元。

114. ( ) 替 ActiveX 控制項命名時，何者不可以使用？ (2)
    (1)英文字母　(2)空格　(3)阿拉伯數字　(4)大寫文字。

115. ( ) 網頁中的表單處理程式，在使用者按下傳送鈕後，無法將結果傳送到何處？ (4)
    (1)指定的檔案　(2)指定的資料庫　(3)指定電子郵件地址　(4)指定的 CD-ROM。

116. ( ) 網頁表單處理程式無法使用何種語言來撰寫？ (4)
    (1)ASP.NET　(2)PHP　(3)JSP　(4)FORTRAN。

    解析 ASP.NET、PHP、JSP 皆為網頁使用之程式語言，Fortran 為數值計算之程式語言。

117. ( ) 關於超連結的敘述何者錯誤？ (3)
    (1)圖片可以設定超連結　(2)可以使用書籤連結網頁內其它位置
    (3)超連結只能使用絕對路徑連結　(4)E-mail 位址也可以設定連結。

解析 超連結必須使用相對路徑。

118. ( ) 網頁設計之影像地圖具有何種功能？ (2)
(1)文字超連結 (2)圖片超連結 (3)資料夾超連結 (4)不屬於超連結功能。

解析 影像地圖是一種讓網頁圖片能夠規劃出不同區塊，每個區塊成為超連結效果的網頁設計技巧。

119. ( ) 何者不屬於可以添加在網頁上的動畫元件？ (4)
(1)跑馬燈 (2)廣告橫幅 (3)計數器 (4)CAD 圖檔。

120. ( ) 何者是傳遞填寫表單資料的控制項？ (1)
(1)提交(submit)　　　　　(2)重新設定(reset)
(3)核取方塊(checkbox)　　(4)文字欄位(text)。

解析 只有提交(submit)控制項可以將表單資料送出，其餘控制項只是用來填寫或重置表單資料。

121. ( ) 設定同一網頁內的超連結，必須事先設定何者？ (2)
(1)頁首 (2)書籤 (3)頁尾 (4)圖形。

解析 書籤是網頁內被標記的位置或選中的文字，書籤可當做超連結的目的端。我們可以使用一個或多個書籤來幫助瀏覽者尋找網頁上的位置。

122. ( ) 設定的超連結文字在預設狀態下為何？ (1)
(1)加上底線的文字　　(2)變成斜體字的文字
(3)變成浮動的文字　　(4)加上動態閃爍效果的字。

123. ( ) 運用何種方式可以節省網頁設計所佔的空間？ (4)
(1)將網頁分類　　(2)使用動態 GIF 檔案
(3)將圖片排序　　(4)降低圖片的大小及解析度。

124. ( ) 何者具備網頁製作及網站內容管理的功能？ (1)
(1)Dreamweaver (2)WordPad (3)Word (4)PowerPoint。

125. ( ) Dreamweaver 設計網頁，當滑鼠移入某個連結點時會出現預先設計好的圖層文字，在行為指令中應選取何者？ (3)
(1)onClick (2)onDblClick (3)onMouseOver (4)onMouseOut。

解析 onClick點擊滑鼠、onDblClick雙擊滑鼠、onMouseOver滑鼠移入、onMouseOut滑鼠移出。

126. ( ) 關於 Dreamweaver 的敘述何者錯誤？ (3)
(1)可使用 CSS 樣式　　(2)可建立表單
(3)可影音剪輯　　　　(4)可製作影像地圖。

解析 Dreamweaver 只是網頁製作應用軟體，並不具有影音剪輯功能。

127. ( ) 建立網頁表單文字輸入欄位時，maxlength 屬性值為 10，下列敘述何者最符合？ (1)
(1)最多允許輸入 10 個字元　　(2)欄位寬度 10 個字元
(3)預設值長度為 10 個字元　　(4)最多允許輸入 5 個中文字。

128. ( ) Dreamweaver 建立內部 CSS 樣式表時，應將 CSS 語法寫在哪個標記內？ (1)
(1)<style>與</style>　(2)<img>　(3)<link>　(4)<p>與</p>。

解析 記憶方法：樣式的英文為 style。

129. ( ) Dreamweaver 建立網頁時，新增一個行為，其實是套用何種語法？ (2)
(1)ASP　(2)Java Script　(3)PHP　(4)VBScript。

130. ( ) Dreamweaver 製作表單時，何種控制項適合單一選項的應用？ (1)
(1)選項按鈕　(2)選取清單　(3)文字欄位　(4)一般按鈕。

解析 選項按鈕為單選，選取清單為複選，文字欄位用於填寫文字，一般按鈕通常用於觸發事件。

131. ( ) 何者不是 Dreamweaver 可以匯入的表格資料格式？ (3)
(1)Excel 文件　　　　　　(2)Access 文件
(3)PowerPoint 文件　　　 (4)具表格樣式之純文字檔。

132. ( ) Dreamweaver 中要連續繪製多個 AP 元素，需按住哪個快速鍵不放並拖曳？ (2)
(1)Alt 鍵　(2)Ctrl 鍵　(3)Shift 鍵　(4)Tab 鍵。

133. ( ) Dreamweaver 繪製 AP 元素時，產生對應的 HTML 標記為何？ (2)
(1)<ap></ap>　　　　　(2)<div></div>
(3)<span></span>　　　(4)<style></style>。

134. ( ) 何者不是 Dreamweaver 匯入表格式資料時預設的分隔符號？ (2)
(1)冒號　(2)空白鍵　(3)逗點　(4)分號。

135. ( ) 安裝何種軟體可以架設及管理網站伺服器？ (2)
(1)IE　(2)XAMPP　(3)Writer　(4)Impress。

136. ( ) 使用 Dreamweaver 編輯網頁時，要強迫換列的按鍵方式為何？ (2)
(1)Ctrl+Enter　(2)Shift+Enter　(3)Alt+Enter　(4)Enter。

137. ( ) 網頁超連結設定，「開新視窗」的目標設定為何？ (1)
(1)_blank　(2)_top　(3)_parent　(4)_home。

解析
_self：在本來的視窗開啟。
_blank：在新的視窗開啟。
_parent：在父層視窗開啟。
_top：以 top 模式開啟。

138. ( ) 欲在同一張圖片上製作多個超連結到多個目的網頁之作法為何？ (3)
(1)建立文字超連結　　　　(2)建立書籤超連結
(3)建立影像地圖超連結　　(4)建立電子郵件超連結。

139. ( ) Google Web Designer 製作網頁之敘述何者錯誤？ (3)
(1)若將圖片縮小，並不會使得圖檔佔用空間變小
(2)若進行圖片的裁剪，也會使得圖檔佔用空間變小
(3)GIF 檔案不支援透明色
(4)您可以使文字方塊在插入的圖片上編輯文字。

> **解析** GIF 檔案格式本身就支援透明色。

140. ( ) 哪一種語言是專門用來撰寫全球資訊網(World Wide Web)中的網頁？ (3)
(1)Assembly Language
(2)Data Control Language
(3)Hypertext Markup Language
(4)Structured Query Language。

> **解析** 參閱第 37 題解析。

141. ( ) 何者不是常用的網頁標記格式？ (3)
(1)HTML　(2)DHTML　(3)JavaScript　(4)XHTML。

> **解析** JavaScript 是一種程式設計語言，其餘三項都是常用網頁標記格式。

142. ( ) HTML(HyperText Markup Language)標準是由哪一個單位制定的？ (2)
(1)IEEE　(2)W3C　(3)ISO　(4)EIA。

> **解析** W3C(World Wide Web Consortium)，全球資訊網協會，又名 W3C 理事會。

143. ( ) 首頁的檔案名稱通常預設為何？ (1)
(1)index.htm　(2)first.htm　(3)start.htm　(4)head.htm。

> **解析** 參閱第 51 題解析。

144. ( ) 何者語言無法展現在網頁文件上？ (3)
(1)JavaApplet　(2)HTML 語言　(3)BASIC 語言　(4)VB Script。

> **解析** BASIC 不是網頁設計語言。

145. ( ) 表格的製作上，HTML 原始碼所使用的標記為何？ (2)
(1)tab　(2)table　(3)tag　(4)表格。

> **解析** 表格的英文即為 table。

146. ( ) HTML 的標記是以何種符號標示？ (3)
(1){…}　(2)(…)　(3)<…>　(4)[…]。

147. ( ) HTML 的語法中，哪個標記名稱(tag)用來表示文件的主體？ (4)
(1)html　(2)title　(3)head　(4)body。

解析　body 的中文即有主要部分的意思。

148. ( ) HTML 的語法中，哪個標記名稱(tag)是用來設定對齊方式的？ (1)
(1)align　(2)style　(3)width　(4)div。

解析　align 的中文即有對準對齊的意思。

149. ( ) HTML 的語法中，哪個標記名稱(tag)是用來加入超連結？ (1)
(1)href　(2)font　(3)img　(4)align。

解析　標記用法舉例：<a href="連結檔案" target="連結目標">。

150. ( ) HTML 的語法中，<a>標記裡哪個屬性是用來定義連結書籤？ (3)
(1)href　(2)object　(3)name　(4)base。

151. ( ) HTML 的語法中，哪個標記可以設定背景聲音？ (4)
(1)<frame>　(2)<form>　(3)<table>　(4)<audio>。

解析　標記用法舉例：< audio src="檔案">輸入瀏覽器不支援audio時顯示內容</audio>。

152. ( ) HTML 的語法中，哪個標記無法設定播放聲音？ (3)
(1)<embed src="hi.wav">　　(2)<body onload="location.href='hi.wav'">
(3)<img src="hi.wav">　　(4)<audio src="hi.wav">。

解析　img是連接圖像的標記，因此無法設定播放聲音。

153. ( ) HTML 5 的語法<video width="320" height="240" autoplay><source src="movie.mp4" type="video/mp4"><source src="movie.ogg" type="video/ogg">目前瀏覽器沒有支援視訊播放</video>，何者敘述有誤？ (3)
(1)影片會自動播放
(2)影片寬度為 320
(3)會輪流播放 movie.mp4 及 movie.ogg 兩段影片
(4)瀏覽器沒有支援視訊播放時會出現文字「目前瀏覽器沒有支援視訊播放」。

154. ( ) HTML 5 的語法<audio controls><source src="dog1.ogg" type="audio/ogg"><source src="dog2.mp3" type="audio/mpeg">目前瀏覽器沒有支援聲音播放</audio>，何者敘述有誤？ (1)
(1)聲音會自動播放
(2)網頁會出現聲音播放控制按鈕
(3)瀏覽器會優先嘗試播放 dog1.ogg，若無支援再嘗試播放 dog2.mp3，但只會播放其中一個聲音
(4)瀏覽器沒有支援聲音播放時會出現文字「目前瀏覽器沒有支援聲音播放」。

155. ( ) 何者為 HTML 5 文件的根元素(Root Element)？ (2)
(1)<!doctype> (2)<html> (3)<head> (4)<body>。

> 解析：<html>為 HTML 文件的根元素，所有的 HTML 文件資料與內容都需要放在 <html> 到</html>之間，結構如下：
>
> <html>
>   <!-- 文件資料與內容 -->
> </html>

156. ( ) 哪個 HTML 5 的元素最適合用來標示獨立的內容？ (1)
(1)<article> (2)<hgroup> (3)<nav> (4)<section>。

> 解析：<article>為 HTML 文件的區域元素(element)，<article>用來放網頁的主要內容，也就是文章區域。

157. ( ) 哪個 HTML 5 的元素最適合用來標示擁有者資訊、建議瀏覽器解析度、版權聲明、隱私權政策等內容？ (4)
(1)<aside> (2)<header> (3)<hgroup> (4)<footer>。

> 解析：<footer>為 HTML 文件的區域元素(element)，<footer>用來放網頁內容的置底版權區域。

158. ( ) 哪個 HTML 5 的元素最適合用來建立一個繪圖區，供繪製圖形與文字、填入色彩與漸層或設計動畫？ (1)
(1)<canvas> (2)<figure> (3)<progress> (4)<output>。

> 解析：<canvas>是 HTML 5 的元素，可透過 JavaScript 繪製圖形。可用於畫圖、組合圖像，或做簡單的動畫。

159. ( ) 哪個元素可讓支援 HTML 5 的瀏覽器無需再外掛程式即能播放影片？ (4)
(1)<audio> (2)<embed> (3)<output> (4)<video>。

> 解析：<video>是 HTML 5 的影片標籤，可以在瀏覽器中很容易的插入影片，還能夠設定影片長、寬、增加影片播放控制列、是否自動播放、是否自動重覆播放等功能。

160. ( ) 哪個元素可讓支援 HTML 5 的瀏覽器無需再外掛程式即能播放聲音？ (1)
(1)<audio> (2)<embed> (3)<output> (4)<video>。

> 解析：<audio>是 HTML 5 的音樂標籤，可以在瀏覽器中很容易的插入音效檔，還能夠設定音效檔播放控制列、是否自動播放、是否自動重覆播放等功能。

161. ( ) 哪個 HTML 5 的元素會產生一對金鑰，其中公鑰將傳送至伺服器，而私鑰會存放在用戶端？ (1)
(1)<keygen> (2)<meter> (3)<mark> (4)<output>。

> 解析：HTML 5 的<keygen>標籤用於在實施安全措施的通訊中，控制密鑰對的產生。在提交表單時，瀏覽器會產生密鑰對，私鑰儲存在本地，然後將公鑰發送到伺服器。

162. ( ) 哪個 HTML 5 的元素用來嵌入外掛程式？ (2)
(1)<canvas>　(2)<embed>　(3)<output>　(4)<progress>。

解析　HTML 5 的<embed>標籤可用於嵌入外掛程式。

163. ( ) 哪個 HTML 5 的元素最適合用來顯示程式碼？ (3)
(1)<p>　(2)<div>　(3)<code>　(4)<cite>。

解析　<code>為 HTML 文件的文字階層元素，用來標記程式碼內容。

164. ( ) HTML 5 的語法中，要使元素成為可拖曳的元素，需設定哪一屬性？ (2)
(1)drag　(2)draggable　(3)ondragstart　(4)ondragover。

165. ( ) HTML 的語法中，哪一個標記(Tag)與文字設定無關？ (4)
(1)<b>…</b>　(2)<i>…</i>　(3)<u>…</u>　(4)<hr>…</hr>。

解析　若需要在網站中加入一條水平分隔線最快速的方式就是使用<HR>指令。而其中包含可以設定水平線寬度、長度、顏色以及置左、置右、置中等設定。

166. ( ) HTML 的語法<html>…</html>其作用為何？ (1)
(1)宣告 HTML 文件的開始與結束　(2)宣告 HTML 文件的開頭部分
(3)宣告 HTML 的主體部分　(4)宣告 HTML 文件的結尾部分。

解析　HTML 網頁的基本結構：
```
<HTML>                          //html 文件開始

<HEAD>                          //開頭部分
<TITLE>網頁標題</TITLE>         //網頁標題
</HEAD>

<BODY>                          //網頁主體
網頁內容
</BODY>

</HTML>                         //html 文件結束
```

167. ( ) HTML 的語法<body>…</body>其作用為何？ (3)
(1)宣告 HTML 文件的開始與結束　(2)宣告 HTML 文件的開頭部分
(3)宣告 HTML 的主體部分　(4)宣告 HTML 文件的結尾部分。

解析　參閱第 166 題解析。

168. ( ) HTML 的語法<head>…</head>其作用為何？ (2)
(1)宣告 HTML 文件的開始與結束　(2)宣告 HTML 文件的開頭部分
(3)宣告 HTML 的主體部分　(4)宣告 HTML 文件的結尾部分。

解析　參閱第 166 題解析。

169. ( ) HTML 的語法<table>…</table>其作用為何？ (4)
(1)插入水平分隔線　(2)插入圖片　(3)插入背景　(4)插入表格。

> **解析** 參閱第 145 題解析。

170. (1) HTML 的語法<hr>其作用為何？
(1)插入水平分隔線　(2)插入圖片　(3)插入背景　(4)插入表格。

> **解析** <HR>為水平分隔線的標記。

171. (2) HTML 的語法<img src="samatha.jpg" border="5" width="400" heigth="300">其作用為何？
(1)插入水平分隔線　(2)插入圖片　(3)插入背景　(4)插入表格。

> **解析** <img>為插入圖片的標記。

172. (1) HTML 的語法中，超連結的網頁欲在原來視窗開啟，target 應設為何？
(1)_self　(2)_blank　(3)_top　(4)_parent。

> **解析**
> _self：在原來視窗開啟。
> _blank：新開一個視窗開啟。
> _top：在上一級視窗開啟。
> _parent：在父層框架中開啟。

173. (1) HTML 的語法<title>...</title>其作用為何？
(1)設定標題　(2)設定框架　(3)設定文字　(4)設定表格。

> **解析** 參閱第 166 題解析。

174. (3) 根據美國國家標準與技術研究院(NIST)對雲端的定義，何者非雲端運算(Cloud Computing)之佈署模式？
(1)私有雲(Private Cloud)　　(2)公用雲(Public Cloud)
(3)企業雲(Business Cloud)　(4)社群雲(Community Cloud)。

> **解析** 根據 NIST 提出的定義，雲端運算有四種佈署模式：公用雲(Public Cloud)、私有雲(Private Cloud)、混合雲(Hybrid Cloud)、社群雲(Community Cloud)。

175. (3) CSS 語法 a:active {color: #00F}，其功能表示何種超連結的顏色為藍色？
(1)原始的超連結　　　　　(2)點選過的超連結
(3)作用中的超連結　　　　(4)不能作用的超連結。

176. (1) 根據美國國家標準與技術研究院(NIST)對雲端的定義，何者非雲端運算(Cloud Computing)之服務模式？
(1)內容即服務(Content as a Service, CaaS)
(2)基礎架構即服務(Infrastructure as a Service, IaaS)
(3)平台即服務(Platformas a Service, PaaS)
(4)軟體即服務(Software as a Service, SaaS)。

> **解析** 根據 NIST 提出的定義，雲端服務架構可依服務類型指標劃分為基礎架構、平台以及應用三大層次，分別為基礎架構即服務(IaaS)、平台即服務(PaaS)以及軟體即服務(SaaS)。

177. ( ) CSS 語法 a:visited {color: #F00}，其功能表示何種超連結的顏色為紅色？ (2)
(1)原始的超連結　　　　　　　　　(2)點選過的超連結
(3)作用中的超連結　　　　　　　　(4)不能作用的超連結。

解析 CSS 超連結設定語法：
a:link 設定當連接過去的網頁尚未被看過時，該連結的樣式。
a:visited 設定當連接過去的網頁已經看過時，該連結的樣式。
a:hover 設定當滑鼠移至該連結上面時，該連結的樣式。
a:active 設定當連結被點擊時，該連結的樣式。

178. ( ) 何種網頁設計技術可使頁面具有統一的外觀？ (1)
(1)CSS　(2)URL　(3)HTML　(4)DHTML。

179. ( ) CSS 語法定義新的 class 樣式名稱，其前面須加上何種符號？ (2)
(1)&　(2).　(3)?　(4)#。

180. ( ) CSS 語法 mycss: hover{color: #0000FF;}，表示該超連結文字做何種操作會讓超連結文字變成藍色？ (3)
(1)滑鼠左鍵按下且未放開時　　　　(2)滑鼠游標離開時
(3)滑鼠游標移到該連結上　　　　　(4)滑鼠游標點選連結後。

解析 參閱第 177 題解析。

181. ( ) 何種 CSS 語法可設定字體顏色的屬性？ (1)
(1)color　(2)text-color　(3)font-color　(4)foreground-color。

解析 CSS 語法可用 color 設定字體顏色的屬性。

182. ( ) CSS 屬性設定何者不正確？ (2)
(1)color: #00FF00;　　　　　　　(2)font-type: Arial;
(3)font-style: italic;　　　　　　　(4)font-weight: 600;。

解析 CSS 語法可用 font-family 設定字體的類別。

183. ( ) CSS 屬性何者可設定英文字首為大寫？ (2)
(1)text-indent: capitalize;　　　　　(2)text-transform: capitalize;
(3)text-decoration: capitalize;　　　(4)CSS 無法做到。

解析 CSS 語法 text-transform 可設定英文字大小寫：
text-transform:uppercase; 定義每個英文單字的字母均為大寫字體。
text-transform:lowercase; 定義每個英文單字的字母均為小寫字體。
text-transform:capitalize; 定義每個英文單字的第一個字母為大寫字體，其餘字母為小寫字體。

184. ( ) 何種 CSS 語法可使網頁捲動時,背景圖案會跟著移動? (2)
(1){background-attachment: move;}
(2){background-attachment: scroll;}
(3){background-image: scroll;}
(4){background-repeat: repeat;}。

> **解析** CSS 語法 background-attachment 屬性是用來指定背景圖案是否在螢幕上固定。
> background-attachment: fixed 當網頁捲動時,背景圖案固定不動。
> background-attachment: scroll 當網頁捲動時,背景圖案會跟著移動。

185. ( ) 何種 CSS 語法屬性可設定樣式表之內容與邊框的留白範圍? (3)
(1)margin (2)border (3)padding (4)blank。

> **解析** CSS 元素邊框 padding 屬性是用來設定留白範圍,是在內容外、邊框內的部分。

186. ( ) 何種 CSS 語法屬性可設定樣式表的邊界? (2)
(1)border (2)margin (3)padding (4)form。

> **解析** CSS 元素邊框 margin 屬性是用來設定邊界距離的一個重要語法,透過 margin 可以設定各元素間的間距,margin 是屬於外邊界距,用法與 padding 內邊界距不同。

187. ( ) 關於 CSS 屬性設定圖片加上外框的效果何者不正確? (2)
(1)使用 border 設定圖片框線的寬度
(2)使用 area 設定圖片與邊框的留白範圍
(3)使用 border-style 設定圖片框線的樣式
(4)使用 background 設定圖片的底色。

188. ( ) 社群網站 Facebook 屬於何種雲端部署模式? (1)
(1)公有雲(Public Cloud) (2)私有雲(Private Cloud)
(3)混合雲(Hybrid Cloud) (4)社群雲(Community Cloud)。

> **解析** 各種部屬模式的定義如下:
> - 私有雲(Private Cloud):雲基礎設施專為組織而運作,這可能是由組織本身或第三方管理者就地部署(On premise)或遠端部署(Off premise)。
> - 社群雲(Community Cloud):雲基礎設施由眾多利益相仿的組織掌控及使用,社群成員可共同使用雲端資料及應用程式,他們擁有共同的關注問題。
> - 公有雲(Public Cloud):雲基礎設施提供給一般大眾或一個大產業集團,由銷售雲服務的組織所擁有,除彈性之外,又能具備成本效益。
> - 混合雲(Hybrid Cloud):雲基礎設施是由兩個或兩個以上組成的雲(私有、社群或公用),此種雲維持單一實體,但是藉由標準或專有技術聯繫在一起,使資料和應用程序具可移植性。

189. ( ) 何者不是 CSS 樣式表的主要特點? (1)
(1)連結資料庫 (2)易於管理
(3)可重新定義所有的 HTML 標記 (4)在不同的物件套用相同的樣式設定。

190. ( ) 哪一個 CSS 樣式表標記不需要設定指定值？ (4)
    (1)margin (2)font-size (3)color (4)br。

    解析
為行內元素(inline element)，這是個獨立標籤，瀏覽器一旦解讀到這個標籤就會換行。

191. ( ) HTML 的語法中，要連結至書籤時，何者正確？ (2)
    (1)<a name="myphoto">   (2)<a href="#myphoto">
    (3)<a href="http://www.kimo.com.tw"> (4)<a link="myphoto">。

192. ( ) HTML 的語法中，何者可以在文字上加入粗體及斜體的效果？ (1)
    (1)<b><i> (2)<b><p> (3)<em><strong> (4)<em><tt>。

    解析 <b>為粗體，<i>為斜體。

193. ( ) HTML 的語法中，何者可以將文字的段落和字元按照原本的編排樣式顯示出來 (4)
    (即換行字元及空白字元完全被保留)？
    (1)<body> (2)<p> (3)<em> (4)<pre>。

194. ( ) 在利用「HTML 語言」撰寫網頁時，若撰寫此行<title>勞動部全球資訊網</title> (2)
    的語法，則「勞動部全球資訊網」將會被顯示在何處？
    (1)瀏覽視窗   (2)瀏覽器的標題列或分頁標籤
    (3)在這份文件內容的最上面   (4)狀態列。

    解析 參閱第 166 題解析。

195. ( ) 何者是 HTML 所使用的註解格式？ (2)
    (1)//網頁註解 (2)<!-- 網頁註解--> (3)'網頁註解 (4)/*網頁註解*/。

196. ( ) 何者為 HTML 語法的起始與結束標記？ (1)
    (1)<html>與</html>   (2)<body>與</body>
    (3)<title>與</title>   (4)<p>與</p>。

    解析 參閱第 166 題解析。

197. ( ) HTML 的語法中，哪個標記可以在網頁上顯示 labor.jpg 的圖形檔？ (1)
    (1)<img src="labor.jpg">   (2)<input src="labor.jpg">
    (3)<object="labor.jpg">   (4)<name="labor.jpg">。

    解析 <img>標記與圖形檔有關。

198. ( ) 若在網頁中加入 HTML 語言：<a href="taiwan.jpg"><img src= (1)
    "taiwan.gif" alt="按我可以放大"></a>，則訪客在圖形上按下滑鼠時，執行結果
    為何？
    (1)超連結到 taiwan.jpg 圖形上   (2)出現文字"按我可以放大"
    (3)將 taiwan.gif 圖片存檔   (4)將 taiwan.jpg 圖片存檔。

> **解析** 這裡是在 taiwan.gif 圖片上建立連結到 taiwan.jpg 圖片的超連結，因此按下滑鼠，即連接到 taiwan.jpg 圖片上。

199. ( ) JavaScript 程式執行結果為何？ (4)
  (1)2 (2)4 (3)18 (4)36。
```
<Script>
    document.write (9<<2) ;
</Script>
```

> **解析**
> 1. <Script>.....</Script> 代表 Java Script 的開始和結束，與 HTML 語法相似。
> 2. document.write( )將( )內的字串或結果輸出至螢幕上。
> 3. << 代表左位移，也就是要先轉換成二進位再進行位移，例如 9<<2，也就是 (1001)₂ 經過位移二個位置後變成了(100100)₂，補上了二個 0，則變成了 32+4=36。

200. ( ) JavaScript 程式執行結果為何？ (4)
  (1)LI=2 (2)LI=3 (3)‧x%y=2 (4)‧x%y=3。
```
<Script>
    var  x = 15 ;
    var  y = 6 ;
    document.write ("< LI > x % y =", x % y ) ;
</Script>
```

> **解析** 參考第 199 題解析
> 1. var 代表宣告變數，變數是一個我們自訂的名稱，這名稱可用來代表一個數值、一個字或一句文字，而這代表的數值或文字可隨程式的進展而改變。
> 2. % 取餘數，x%y 是將 15 除以 6，然後取其餘數得 3。
> 3. <LI>代表為項目符號，在 JavaScript 中代表『‧』。

201. ( ) 何者不是 HTML 5 規範的視訊格式？ (4)
New (1)OGG (2)MP4 (3)WebM (4)WAV。

202. ( ) 何種軟體無法透過電腦與朋友線上影音交談？ (4)
  (1)Line (2)Instagram (3)TeamViewer (4)Media Player。

203. ( ) 電子郵件信箱 E-mail 帳號中必須有哪一個符號？ (4)
  (1)! (2)& (3)* (4)@。

204. ( ) 網頁色彩之 RGB 值為(255,255,0)時，其顯示的顏色為何？ (4)
  (1)淡藍色 (2)綠色 (3)紫色 (4)黃色。

> **解析** R(紅)+G(綠)=黃色。

205. ( ) 網頁色彩之 RGB 值為(255,255,255)時，其顯示的顏色為何？ (2)
  (1)黑色 (2)白色 (3)灰色 (4)金色。

> **解析** RGB 每種顏色的取值為 0~255，全部取最大值就是白色，全部取最小值就是黑色(0,0,0)。

206. ( ) 何者不是安裝 Web Server 的軟體？ (4)
(1)Apache Tomcat　(2)Google Web Server　(3)IIS　(4)DHCP。

> 解析　DHCP 是可自動將 IP 位址指派給登入 TCP/IP 網路客戶端的一種軟體。

207. ( ) 對於 JAVA 語言而言，運用在瀏覽器環境上的程式稱為？ (4)
(1)MIDlet　(2)Spotlet　(3)Asplet　(4)Applet。

208. ( ) 用來服務用戶端網頁瀏覽的伺服器為何？ (4)
(1)FTP server　(2)Proxy server　(3)DHCP server　(4)Web server。

209. ( ) 何者不是伺服端(Server Side)的腳本語言(Script)？ (1)
(1)JavaScript　(2)ASP.NET　(3)JSP　(4)PHP。

> 解析　JavaScript 是客戶端使用的腳本語言，其餘三項都是伺服器端使用的腳本語言。

210. ( ) 何者不是所見所得(What you see is what you get)的網頁編輯軟體？ (1)
(1)Notepad　(2)Pingendo　(3)Dreamweaver　(4)Google Web Designer。

211. ( ) 何種圖形檔案格式最不適合使用網頁上？ (1)
(1)TIF　(2)GIF　(3)JPEG　(4)PNG。

212. ( ) 何種視訊檔案格式最不適合使用網頁上？ (3)
(1)QuickTime　(2)MPEG　(3)AVI　(4)WMV。

> 解析　因為 AVI 格式的視訊檔體積大，不利於在網路上傳輸。

213. ( ) 何者為電子郵件應用軟體通常使用的連接埠？ (3)
(1)21　(2)23　(3)25　(4)80。

> 解析　參閱第 70 題解析。

214. ( ) 電子郵件的位址格式何者正確？ (3)
(1)https://www.google.com.tw　　(2)ftp://210.85.82.20
(3)amis@wda.gov.tw　　(4)gopher://gopher.ntnu.edu.tw。

215. ( ) 何者不是 Internet 上使用的瀏覽器？ (4)
(1)Google Chrome　(2)Mozilla Firefox　(3)Opera　(4)Fedora。

> 解析　Fedora 是一款基於 Linux 架構的作業系統，而不是瀏覽器。

216. ( ) Microsoft 發行之軟體 Edge 是屬於哪一用途之軟體？ (2)
(1)文書編輯器　(2)網路瀏覽器　(3)統計分析　(4)電腦輔助設計。

217. ( ) 定義網頁資料顯示、格式化、特殊效果的標準稱之為何？ (4)
(1)GIS　(2)CCS　(3)SSL　(4)CSS。

> 解析　CSS(Cascading Style Sheets)，中文名為層疊樣式表，是一種用來為結構化文件(如 HTML 文件或 XML 應用)添加樣式(字型、間距和顏色等)的電腦語言，由 W3C 定義和維護。

218. ( ) 何種軟體無法播放 MPEG 影片？ (2)
(1)Media Player (2)Adobe Acrobat
(3)PowerDVD (4)RealPlayer。

219. ( ) 何者不是用在網頁中以增強網頁效果或功能？ (2)
(1)PHP (2)QQ (3)CSS (4)ASP.NET。

220. ( ) 在設計網頁時，欲使用聲音效果，何種聲音檔案格式最不利網路傳輸速度的考量？ (1)
(1)WAV (2)MIDI (3)MP3 (4)WMA。

> **解析** 因為 WAV 音訊格式未經過特別的壓縮處理，所以檔案的體積在眾多音訊格式中較大，因此不利於網路傳輸。

221. ( ) Windows Media Player 無法播放何種影音檔案？ (1)
(1)Fla (2)cda (3)wma (4)mp4。

222. ( ) PuTTY/PieTTY 軟體其功能為何？ (1)
(1)伺服器連線工具 (2)電子郵件服務 (3)簡報製作 (4)部落格。

> **解析** PuTTY 是個小巧精緻的 Telnet/SSH 安全遠端連線程式，但用於非英語系文字時有非常多的問題，而且它對於初學者來說過於複雜的使用界面也不夠親民。PieTTY 舊稱 pputty 則是源自於 PuTTY，完整支援亞洲等多國語系字元，並在使用界面上大幅改進更易學易用。

223. ( ) 何者常見於網頁設計，用來呈現網頁動態效果的程式語言；例如在購物網站進行購物，將商品選取並加入購物車時，頁面顯示「您選擇的商品已進入購物車」的訊息提示效果？ (1)
(1)JavaScript (2)R (3)Swift (4) Kotlin。

> **解析** JavaScript 是一種腳本語言，也能稱為一種程式語言，它可以讓你在網頁中實現複雜的功能，為網頁呈現不只靜態的內容，另外提供了像是內容即時更新、地圖互動、繪製 2D/3D 圖形、影片播放控制等動態效果。

224. ( ) JavaScript 部分程式如下圖，其 sum 函式透過 return 的功能將運算值回傳，執行 sum(5,4)結果為何？ (1)
(1)9 (2)5 (3)4 (4)20。

```
function sum(a,b)
{
  result=a+b;
  return result;
}
sum(5,4);
```

225. ( ) JavaScript 部分程式如下圖，其 div 函式透過 return 的功能將運算值回傳，執行 div(4,2)結果為何？ (1)
(1)2　(2)4　(3)8　(4)6。

```
function div(a,b)
{
   result=a/b;
   return result;
}
div(4,2);
```

226. ( ) JavaScript 程式中「&」符號表示？ (4)
(1)賦值運算子　(2)算數運算子　(3)比較運算子　(4)邏輯運算子。

227. ( ) JavaScript 程式中「=」符號表示？ (1)
(1)賦值運算子　(2)算數運算子　(3)比較運算子　(4)邏輯運算子。

228. ( ) JavaScript 程式中「*」符號表示？ (2)
(1)賦值運算子　(2)算數運算子　(3)比較運算子　(4)邏輯運算子。

229. ( ) JavaScript 程式中「>」符號表示？ (3)
(1)賦值運算子　(2)算數運算子　(3)比較運算子　(4)邏輯運算子。

230. ( ) 關於 HTML5 之敘述，下列何者有誤？ (1)
(1)HTML5 以 cookie 取代 localStorage
(2)HTML5 減少瀏覽器對於需要外掛程式的豐富性網路應用服務(RIA)的需求
(3)HTML5 是一套 HTML、CSS 和 JavaScript 技術之組合
(4)HTML5 新增<video>、<audio>和<canvas>等語法。

解析：localStorage / sessionStorage 是 HTML5 提供兩種在客戶端儲存資料的方法，彌補了 cookie 儲存量小、不適用於大量資料本地儲存的問題。從字面上的意思就可以看出，sessionStorage 將資料儲存在 session 中，瀏覽器關閉也就沒了；而 localStorage 則一直將資料儲存在客戶端本地，並且在 HTML5 面世後，內建了本地儲存和本地資料庫功能，更為便捷的管理客戶端資料。

231. ( ) 關於 HTML5 之敘述，下列何者有誤？ (2)
(1)目前各大主流瀏覽器均支援 HTML5 的語法
(2)HTML5 新增許多功能，可以完全取代 JavaScript、VBScript 等語言，使得網頁設計更簡單
(3)HTML5 的標籤不區分大小寫
(4)HTML5 可以省略如 html、head、body 等元素的起始和結束標籤。

解析 HTML5 其實是廣義的包括 HTML、JavaScript 和 CSS 在內的一套新技術組合規範！HTML5 只是瀏覽器中可用的 Web 技術的規範，JavaScript 用於訪問和控制許多這些技術。因此 HTML5 無法替代 JavaScript，反之亦然。而網路技術包含以下操作：HTML、DOM、CSS、JavaScript、VBScript 等等，因此 HTML、JavaScript、CSS 以及其他技術不能彼此取代，它們以不可分割的方式相互補充。

232. (　) 關於 CSS 之敘述，下列何者有誤？ (1)
    (1)整份 CSS 文件必須嵌入在 HTML5 的網頁文件中，瀏覽器方可正確讀取
    (2)CSS 是一種專門描述結構文件的表示方式，可描述如何在螢幕上顯示，亦可描述列印及聲音等效果
    (3)HTML5 已經刪除了傳統的 font、big、strike、…等控制頁面的標籤，將這些控制交由 CSS 處理
    (4)CSS 除了可控制 HTML 文件的顯示外，亦可用於控制 XML 文件的顯示格式。

解析 我們可以用以下四種方式將 CSS 套用入 HTML 文件中：行內套用(Inline)、嵌入套用(Embed)、外部連接套用(External Link)、匯入套用(Import)。

233. (　) 何種技術或工具不支援多媒體網頁的功能？ (2)
    (1)HTML5　(2)HTML2　(3)Java　(4)JavaScript。

解析 標記<audio>和<video>可能是 HTML5 中最有用的新增功能了。正如標記名稱所述，它們是用來嵌入音訊和視訊檔的。

234. (　) 相較於傳統的 Cookie，HTML5 結合 JavaScript 儲存功能，其優點不包括下列那一項？ (4)
    (1)容量更大，儲存更具彈性
    (2)可快取部分常用的網頁
    (3)提供本地端資料庫
    (4)運用 Key-Value 來快速存取遠端資料庫。

解析 參閱第 230 題解析。

工作項目 3　系統軟體安裝及使用

1. ( ) 作業系統的主要功能為記憶體管理、處理機管理、設備管理，以及哪一項？ (1)
   (1)I/O 管理　(2)資料管理　(3)程式管理　(4)中文管理。

   > 解析　作業系統為一種系統軟體，用其來管理處理器 (Processor)、記憶體 (Memory)、輸入輸出資訊 (I/O) 與設備 (Device) 四種資源。

2. ( ) 何者為行動裝置的作業系統？ (4)
   (1)Windows Server　(2)Unix　(3)Mac OS　(4)Android。

3. ( ) 何種作業系統之檔案名稱對英文字母大小寫不區分？ (3)
   (1)Solaris　(2)Unix　(3)Windows　(4)Linux。

4. ( ) 何種作業系統最不可能具有遠端登入的功能？ (1)
   (1)MS-DOS　(2)Solaris　(3)Windows Server　(4)Linux。

5. ( ) 何者不是多人多工的作業系統？ (4)
   (1)Mac OS X　(2)Linux　(3)Solaris　(4)Windows 10。

6. ( ) 程式多工處理(Multi-processing)的工作原理為何？ (4)
   (1)處理完一件工作後，才處理下一件工作
   (2)電腦同時段內可處理多件工作
   (3)同時段內處理所有工作的輸出入動作(I/O operation)
   (4)電腦可處理多個工作(process)，但同一時段內只處理一件。

7. ( ) 何者不是網路作業系統(NOS)？ (2)
   (1)Windows Server　(2)MS DOS　(3)Unix　(4)Linux。

8. ( ) 哪一種作業系統不支援長檔名？ (1)
   (1)MS DOS　(2)OS/2　(3)Windows 10　(4)Unix。

9. ( ) 何種作業系統無法安裝在實體 PC 上被使用？ (2)
   (1)Linux　(2)Android　(3)Windows Server　(4)Mac OS。

10. ( ) 何者不是一般的作業系統可以提供的功能？　(1)分時(Time-sharing)作業 (4)
    (2)多工(Multi-tasking)作業　(3)硬碟管理　(4)程式翻譯(Language Translation)作業。

11. ( ) 安裝 Linux 時，若主記憶體為 4GB 則建立 SWAP 分割區的大小為多少較適當？ (3)
    (1)2GB　(2)4GB　(3)8GB　(4)16GB。

12. ( ) Windows 執行哪一個指令可以查詢本地電腦的 IP 組態？ (1)
    (1)ipconfig　(2)tracert　(3)route　(4)ping。

    > 解析　Windows XP 及其後面版本的 Windows 系統，查詢本地電腦的 IP 組態的指令都為 ipconfig。

13. ( ) Windows 執行哪一個指令可以查詢本地電腦傳送資料到遠端電腦的路徑？ (2)
    (1)ipconfig (2)tracert (3)route (4)ping。

    解析 tracert 是一種電腦網路工具，可顯示封包在 IP 網路經過的路由器IP位址。

14. ( ) 何者是 Windows 預設的通訊協定？ (1)
    (1)TCP/IP (2)IPX/SPX 相容通訊協定 (3)NetBEUI (4)AppleTalk。

15. ( ) Windows 10「裝置管理員」中，無法依哪些分類方式來檢視電腦中的硬體裝置？ (3)
    (1)依裝置類型 (2)依裝置連線 (3)依裝置位置 (4)依資源類型。

16. ( ) 在 Windows 系統中，若要更改顯示器的解析度，則應在哪一個標記下設定？ (3)
    (1)調整亮度 (2)調整背景 (3)調整解析度 (4)調整大小。

17. ( ) 筆記型電腦安裝 Windows 10 系統，其「控制台」的「電源選項」不可設定哪一 (2)
    項目？
    (1)按下電腦電源按鈕時的行為   (2)按下螢幕電源按鈕時的行為
    (3)蓋上螢幕時的行為   (4)設定關閉顯示器的時機。

18. ( ) Windows 的「搜尋」功能，若選擇「檔案或資料夾」的選項，哪一個敘述是錯 (1)
    誤的？ (1)可以指定要尋找檔案的屬性 (2)可以指定要尋找檔案的大小範圍
    (3)可以指定要尋找檔案的資料夾 (4)可以指定要尋找檔案的修改日期範圍。

19. ( ) Windows 10 要查詢一個中文字的內碼，則可使用何種方式達成？ (4)
    (1)「控制台」中的「字型」   (2)「控制台」中的「鍵盤」
    (3)「控制台」中的「地區」   (4)字元對應表。

20. ( ) Windows 系統中預設滑鼠左鍵點一下不放，並移動滑鼠是要執行什麼動作？ (2)
    (1)選取 (2)拖放 (3)執行 (4)點選。

21. ( ) Windows 系統中預設滑鼠左鍵點一下是要執行什麼動作？ (4)
    (1)選單 (2)拖放 (3)執行 (4)點選。

22. ( ) 在 Windows 中，使用何種介面的技術，可讓電腦能夠更容易辨識出其硬體裝置？ (1)
    (1)Plug&Play (2)IDE (3)SCSI (4)PCIe。

    解析 Plug&Play 隨插即用(簡稱 PnP)，是一種電腦硬體的一般術語，指在電腦上加上一
    個新的外部裝置時，能自動偵測與配置系統的資源，而不需要重新組態或手動安
    裝驅動程式。

23. ( ) Windows 要「更改檔案屬性」，則在選取該檔案後，再按一下滑鼠右鍵，然後 (2)
    在「快顯功能表」中選取哪一個選項去完成？
    (1)更名 (2)內容 (3)建立捷徑 (4)傳送到。

24. ( ) Windows 要偵測本端主機和遠端主機間的網路是否為連通狀態時，則應執行哪 (1)
    一個指令？ (1)ping (2)ipconfig (3)telnet (4)route。

解析 指令 ping 用來測試兩個網路節點間的封包傳輸是否正常,亦即用來偵測某一主機是否存活,或者網路是否可以正常連線。

25. ( ) Windows 要連上全球資訊網,則必須在網路中設定哪一種通訊協定? (1)
    (1)TCP/IP　(2)PPP　(3)NetBEUI　(4)IPX/SPX。

26. ( ) Windows 要截取「某一個工作中的視窗」成為一個圖案時,則應按哪一組按鍵? (3)
    (1)PrintScreen　(2)Shift+PrintScreen
    (3)Alt+PrintScreen　(4)Ctrl+PrintScreen。

27. ( ) Windows 要截取「整個螢幕」成為一個圖案時,則應按哪一組按鍵? (1)
    (1)PrintScreen　(2)Shift+PrintScreen
    (3)Alt+PrintScreen　(4)Ctrl+PrintScreen。

28. ( ) Windows 內的「媒體播放程式(Media Player)」,無法播放哪一種格式的檔案? (3)
    (1)mp3　(2)wmv　(3)swf　(4)mid。

29. ( ) 關於 Windows 檔案與資料夾設定,何者為正確? (2)
    (1)檔案可共用,資料夾可共用　(2)檔案不可共用,資料夾可共用
    (3)檔案可共用,資料夾不可共用　(4)檔案不可共用,資料夾不可共用。

30. ( ) Windows 要切換不同的輸入法,其預設值為按下哪一組按鍵? (2)
    (1)Ctrl+Alt　(2)Ctrl+Shift　(3)Ctrl+Space　(4)Shift+Space。

31. ( ) Windows 要開啟和關閉「中文輸入法」,其預設值為按下哪一組按鍵? (3)
    (1)Ctrl+Alt　(2)Ctrl+Shift　(3)Ctrl+Space　(4)Shift+Space。

32. ( ) Windows 的「裝置管理員」中,若有未安裝驅動程式的裝置,則會在該裝置前面顯示什麼符號?　(1)?　(2)!　(3)X　(4)$。 (2)

33. ( ) Windows 設定「超過 20 分鐘未使用電腦」時,要自動關閉監視器,可以在「控制台」下哪一個功能選項設定? (4)
    (1)系統　(2)程式和功能　(3)使用者帳戶　(4)電源選項。

34. ( ) Windows 要「移除一個硬體的設定值」,則應在「控制台」下哪一個選項執行? (2)
    (1)程式和功能　(2)裝置管理員
    (3)使用者帳戶　(4)行動作業中心。

35. ( ) Windows 要「要觀看 CPU 的使用率」,則應在哪一個選項執行? (1)
    (1)工作管理員　(2)裝置管理員
    (3)認證管理員　(4)行動作業中心。

36. ( ) Windows「工作管理員」無法執行哪一個工作?　(1)觀看 CPU 的使用率 (4)
    (2)觀看執行中的應用程式列表及狀態　(3)觀看使用者的處理程序列表及記憶體使用情形　(4)觀看共用資料夾遠端使用者使用的情形。

37. ( ) Windows「工作管理員」中「資源監視器」無法執行哪一個工作？ (4)
(1)觀看 CPU 的使用率　　　　(2)觀看記憶體的使用情形
(3)觀看程式對磁碟的讀寫速度　(4)觀看使用者的登入登出情形。

38. ( ) 何者不是 Windows「磁碟重組程式」的目的？ (1)
(1)重組目錄　　　　　　(2)重組檔案
(3)重組可用空間　　　　(4)同時重組檔案及可用空間。

> **解析** 磁碟重組程式用來進行磁碟重組，透過重新將檔案排序，增加檔案的連續性，優化檔案的讀取和寫入速度。

39. ( ) Windows 系統中，「網路」若要顯示本機的電腦名稱為「HAPPY」，則應該在哪一功能選項去設定？　(1)電腦說明　(2)電腦名稱　(3)組態　(4)工作群組。 (2)

40. ( ) Windows 中，若先選取 C 磁碟中的一個檔案或資料夾，成功地拖曳至 D 磁碟中，則其執行的動作為何？　(1)複製　(2)搬移　(3)刪除　(4)剪下。 (1)

41. ( ) Windows 中，若先選取 D 磁碟中的一個檔案或資料夾，成功地拖曳至 D 磁碟的另一個資料夾中，則其執行的動作為何？
(1)複製　(2)搬移　(3)刪除　(4)剪下。 (2)

42. ( ) Windows 10 的「電腦」中，若先選取某一個檔案後，再選取「傳送到」的「抽取式磁碟(F:)」選項，則其執行的動作為何？ (3)
(1)在 F:磁碟機中建立一個指到該檔案的捷徑
(2)將該檔案由 F:磁碟複製到硬碟內
(3)將該檔案複製到 F:磁碟
(4)將該檔案搬移到 F:磁碟。

43. ( ) Windows10 的「電腦」中，使用者對於某一個 abc 資料夾及該同一層所有資料具有存取的權限，若選取 abc 資料夾後，再選取「傳送到」的「壓縮的(zipped)資料夾」選項，則其執行的動作為何？ (3)
(1)在桌面上建立 abc.zip 壓縮檔
(2)在桌面上建立 abc 資料夾的捷徑
(3)在與 abc 資料夾同一層目錄下建立 abc.zip 壓縮檔
(4)在 Downloads 目錄下建立 abc.zip 壓縮檔。

44. ( ) Windows 10 的「電腦」中，使用者對於某一個 abc 資料夾及該同一層所有資料具有存取的權限，若選取 abc 資料夾後，再選取「傳送到」的「桌面(建立捷徑)」選項，則其執行的動作為何？ (2)
(1)在桌面上建立 abc.zip 壓縮檔
(2)在桌面上建立指向 abc 資料夾的捷徑
(3)在與 abc 資料夾同一層目錄下建立指向 abc 資料夾的捷徑
(4)在桌面上建立 abc 資料夾。

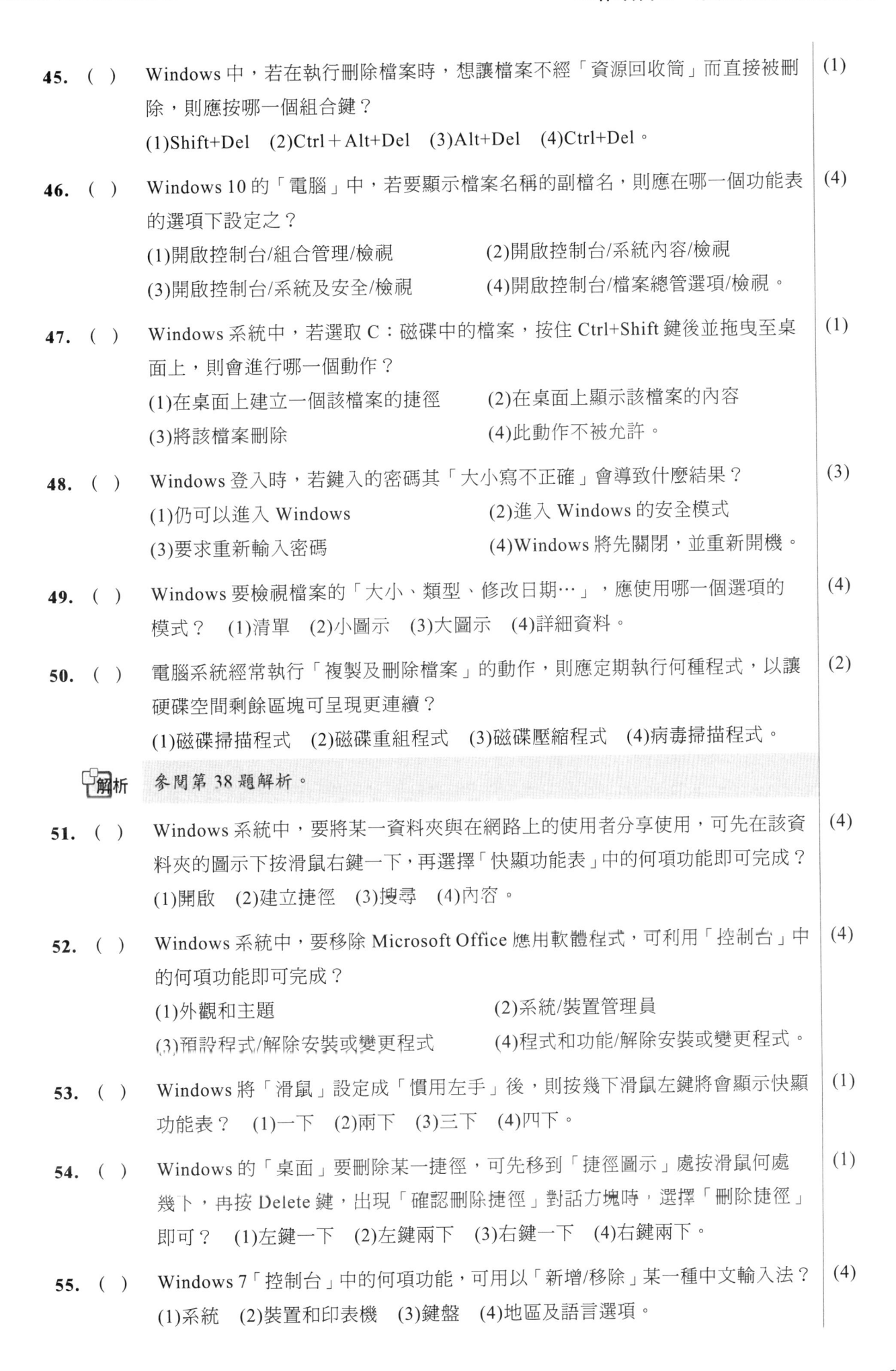

45. ( ) Windows 中，若在執行刪除檔案時，想讓檔案不經「資源回收筒」而直接被刪除，則應按哪一個組合鍵？ (1)Shift+Del (2)Ctrl＋Alt+Del (3)Alt+Del (4)Ctrl+Del。 (1)

46. ( ) Windows 10 的「電腦」中，若要顯示檔案名稱的副檔名，則應在哪一個功能表的選項下設定之？ (4)
(1)開啟控制台/組合管理/檢視　(2)開啟控制台/系統內容/檢視
(3)開啟控制台/系統及安全/檢視　(4)開啟控制台/檔案總管選項/檢視。

47. ( ) Windows 系統中，若選取 C：磁碟中的檔案，按住 Ctrl+Shift 鍵後並拖曳至桌面上，則會進行哪一個動作？ (1)
(1)在桌面上建立一個該檔案的捷徑　(2)在桌面上顯示該檔案的內容
(3)將該檔案刪除　(4)此動作不被允許。

48. ( ) Windows 登入時，若鍵入的密碼其「大小寫不正確」會導致什麼結果？ (3)
(1)仍可以進入 Windows　(2)進入 Windows 的安全模式
(3)要求重新輸入密碼　(4)Windows 將先關閉，並重新開機。

49. ( ) Windows 要檢視檔案的「大小、類型、修改日期…」，應使用哪一個選項的模式？ (1)清單 (2)小圖示 (3)大圖示 (4)詳細資料。 (4)

50. ( ) 電腦系統經常執行「複製及刪除檔案」的動作，則應定期執行何種程式，以讓硬碟空間剩餘區塊可呈現更連續？ (2)
(1)磁碟掃描程式 (2)磁碟重組程式 (3)磁碟壓縮程式 (4)病毒掃描程式。

解析 參閱第 38 題解析。

51. ( ) Windows 系統中，要將某一資料夾與在網路上的使用者分享使用，可先在該資料夾的圖示下按滑鼠右鍵一下，再選擇「快顯功能表」中的何項功能即可完成？ (1)開啟 (2)建立捷徑 (3)搜尋 (4)內容。 (4)

52. ( ) Windows 系統中，要移除 Microsoft Office 應用軟體程式，可利用「控制台」中的何項功能即可完成？ (4)
(1)外觀和主題　(2)系統/裝置管理員
(3)預設程式/解除安裝或變更程式　(4)程式和功能/解除安裝或變更程式。

53. ( ) Windows 將「滑鼠」設定成「慣用左手」後，則按幾下滑鼠左鍵將會顯示快顯功能表？ (1)一下 (2)兩下 (3)三下 (4)四下。 (1)

54. ( ) Windows 的「桌面」要刪除某一捷徑，可先移到「捷徑圖示」處按滑鼠何處幾下，再按 Delete 鍵，出現「確認刪除捷徑」對話方塊時，選擇「刪除捷徑」即可？ (1)左鍵一下 (2)左鍵兩下 (3)右鍵一下 (4)右鍵兩下。 (1)

55. ( ) Windows 7「控制台」中的何項功能，可用以「新增/移除」某一種中文輸入法？ (1)系統 (2)裝置和印表機 (3)鍵盤 (4)地區及語言選項。 (4)

56. ( ) Windows 10「設定」中的何項功能,可用以執行「新增印表機」的動作? (2)
(1)系統 (2)裝置 (3)網路和網際網路 (4)個人化。

57. ( ) Windows 若要以滑鼠選取多個連續的檔案,可先以滑鼠點選第一個檔案,然後按住何項功能鍵後,再以滑鼠選取最後一個檔案即可? (4)
(1)Ctrl (2)Enter (3)Ctrl+Shift (4)Shift。

58. ( ) Windows 若要以滑鼠選取多個不連續的檔案,可先以滑鼠點選第一個檔案,然後按住何項功能鍵後,再以滑鼠逐一選取其他檔案即可? (1)
(1)Ctrl (2)Enter (3)Ctrl+Shift (4)Shift。

59. ( ) 影音分享平台 YouTube 屬於何種類型的雲端服務? (3)
(1)IaaS (Infrastructure as a Service) (2)PaaS (Platform as a Service)
(3)SaaS (Software as a Service) (4)CaaS (Content as a Service)。

> 解析
> 1. IaaS 即「基礎架構即服務」,是虛擬化後的硬體資源和相關管理功能的集合,此層的消費者使用處理能力、儲存空間、網路元件或中介軟體等「基礎運算資源」,還能掌控作業系統、儲存空間、已部署的應用程式及防火牆、負載平衡器等,但並不掌控雲端的底層架構,而是直接享用 IaaS 帶來的便利服務。
> 2. PaaS 即「平台即服務」,為雲端應用提供了開發、運行、管理和監控的環境,此層的消費者可透過平台供應商提供的程式開發工具來將自身應用建構於雲端架構之上,雖能掌控運作應用程式的環境(也擁有主機部分掌控權),但並不掌控作業系統、硬體或運作的網絡基礎架構。
> 3. SaaS 即「軟體即服務」,是軟體的集合,此層提供的應用可讓其使用者透過多元連網裝置(端)取用服務,僅需打開瀏覽器或連網介面即可,不再需要擔心軟體的安裝與升級,也不必一次買下軟體授權,而是根據實際使用情況來付費。

60. ( ) 使用 Gmail 或 Hotmail 收發電子郵件,屬於哪一項類型雲端服務? (3)
(1)IaaS (Infrastructure as a Service) (2)PaaS (Platform as a Service)
(3)SaaS (Software as a Service) (4)CaaS (Content as a Service)。

> 解析 參閱第 59 題解析。

61. ( ) 雲端運算的資料不會儲存在何種設備中? (1)
(1)本機設備 (2)網路硬碟 (3)雲端伺服器 (4)區域網路儲存設備。

> 解析 雲端運算是一種基於網際網路的運算方式,其運算的資料都儲存在網際網路儲存設備上。

62. ( ) 雲端運算用「雲(Cloud)」表示的目的,何者最妥適? (3)
(1)表示此技術無需使用硬體設備
(2)表示此技術需建置在空中
(3)表示使用此技術,無需了解底層架構方式,只要會使用即可
(4)表示此技術絕對安全。

> **解析** 雲端運算(Cloud Computing)，是一種基於網際網路的運算方式，其資料運算都在網際網路上進行，用戶不需要了解「雲端」中底層架構的細節，不必具有相對應的專業知識，也無需直接進行控制。

63. ( ) 有關 Linux Shell Script 的敘述，何者最適當？ (4)
(1)簡報軟體　(2)文書編輯軟體　(3)繪圖指令碼　(4)直譯式程式化指令碼。

64. ( ) 欲查詢 Linux 本地電腦的 IP 組態，可執行那一個指令？ (1)
(1)ifconfig　(2)ipconfig　(3)route　(4)ping。

> ifconfig：查詢、設定網路卡與 IP 網域等相關組態參數。
> route：查詢、設定路由表。
> ping：追蹤路徑中的最大 MTU 數值。判斷一個主機(網站等)能否連通。
> ipconfig：這是 Windows 的指令。

65. ( ) 欲檢查 Linux 網路連線狀態與品質，可執行那一個指令？ (1)
(1)ping　(2)apt　(3)read　(4)clear。

> ping 會不斷嘗試連線，如果能夠連通則顯示來自對方的回應(回應時間、TTL)；否則顯示錯誤資訊。如果連通而且回應時間不長，說明網路連接狀況應該很好。如果出現錯誤，則表示自己或對方的網路可能出現問題(網路故障、網路不穩定等)。

66. ( ) LAMP 是由多套自由軟體一起整合運作，用來執行動態網站或者網站伺服器的解決方案，其自由軟體名稱首字母的縮寫不包含何者？ (3)
(1)Linux　(2)PHP　(3)AJAX　(4)MySQL。

> LAMP 是指一組使用來執行動態網站或者伺服器的自由軟體名稱首字母縮寫：
> Linux 作業系統
> Apache 網頁伺服器
> MariaDB 或 MySQL 資料庫管理系統
> PHP、Perl 或 Python 腳本語言

67. ( ) 何者較適合使用於開發跨平台網頁設計？ (1)
(1)HTML5+CSS+JavaScript　(2)VBScript+Oracle
(3)Assembly+MySQL　(4)Fortran+SQL Server。

> HTML5 的優點主要在於可以進行跨平台的使用，比如你開發了一款 HTML5 的遊戲，可以很輕易地移植到其他應用平台，可以通過封裝的技術發佈到 App Store 或 Google Play 上，所以它的跨平台能力非常強大。

68. ( ) 何者是開放資料(Open Data)常用的資料交換格式？ (1)
(1)JSON　(2)RAR　(3)RTF　(4)AAC。

> JSON (JavaScript Object Notation)是一種輕量級資料交換格式。其內容由屬性和數值所組成，因此也有易於閱讀和處理的優勢。JSON 是獨立於程式語言的資料格式，許多程式語言都能夠將其解析和字串化，因此使其成為通用的資料格式。

69. ( ) JSON 是行動裝置中常被使用的資料格式,何者敘述不正確? (3)
(1)JSON 陣列以 "[" 開頭, "]" 結尾　(2)JSON 的每一個欄位是以 key-value 的方式決定　(3)電話欄位資料(如：0422595700)宜用整數型別　(4)JSON 格式可使用巢狀結構,即 JSON 物件內可以再有 JSON 物件。

> JSON 格式簡單來說就是：
> 物件(object)用大括號 { }　以「**key:vlue**」為描述方式
> 陣列(array)用中括號 [ ]　以「**數值**」為描述方式
>
> JSON 內建含有基本型態如：字串、數字、布林值等,其他格式直接是以字串形式存在。所以我們可以以字串讀入,再以 parser 去解析就好。比如我們要建立資料表,可以建立 JSON 格式如下：
>
> {"name":"Alexenda Smith","age":36,"address":{"street":"801 First Ave.", "city":" San Jose, CA 95126","country":"United States"},"children": [{"name":"Nikas","age":6},{"name":"Kate","age":3}]}

70. ( ) 跨平台網頁在連結雲端服務時,何者最不適宜作為資料交換的格式? (1)
(1)HTML　(2)XML　(3)JSON　(4)CSV。

71. ( ) 透過 AJAX 方式交換 JSON 資料,使用者在網頁中點選線上產品縮圖時,用以連結產品資料,系統執行下列動作順序為何? (1)
(1)abc　(2)acd　(3)bca　(4)cab。

a. JavaScript 透過 AJAX 方式將產品 ID 傳送給伺服器端。

b. 伺服器端收到 ID,將產品資料（如：價格、說明）編碼（Encode）成 JSON 資料,並且回傳給瀏覽器。

c. JavaScript 收到 JSON 資料,將其解碼（Decode）並顯示在網頁上。

工作項目 4　資訊及安全

1. (1)　關於資料安全之敘述何者不重要？
   (1)變更光碟機速度　　　　　　　　(2)檔案的機密等級分類
   (3)消防設備　　　　　　　　　　　(4)門禁管制。

2. (2)　關於資訊安全的威脅，何種類型最難預防？
   (1)人為過失　(2)蓄意破壞　(3)停電　(4)電腦病毒。

3. (4)　何者對於預防電腦犯罪最有效？
   (1)裝設空調設備　　　　　　　　　(2)裝設不斷電設置
   (3)定期保養電腦　　　　　　　　　(4)建置資訊安全管制系統。

4. (3)　何者不是資訊安全的防護措施？
   (1)備份軟體　　　　　　　　　　　(2)採用合法軟體
   (3)小問題組合成大問題　　　　　　(4)可確認檔案的傳輸。

5. (2)　關於「防治天然災害威脅資訊安全措施」之敘述何者最不適宜？
   (1)設置防災監視中心　　　　　　　(2)經常清潔，不用除濕
   (3)設置不斷電設備　　　　　　　　(4)設置空調設備。

6. (1)　何者無法有效避免電腦災害的資料安全防護？
   (1)不定期格式化硬碟　　　　　　　(2)資料經常備份
   (3)常駐防毒程式　　　　　　　　　(4)備份資料存放於不同地點。

7. (3)　何種措施不利於資訊系統的安全？
   (1)設置密碼　　　　　　　　　　　(2)資料備份
   (3)每個使用者的使用權限相同　　　(4)定期保存日誌檔。

8. (4)　為避免電腦中資料遺失，何種方法最適當？
   (1)電腦專人操作　(2)安裝防毒軟體　(3)設定密碼　(4)定期備份。

9. (1)　資訊系統之安全與管理，除了可藉由密碼控制使用者之權限外，最積極之例行工作為何？
   (1)定期備份　(2)經常變更密碼　(3)硬體設鎖　(4)監控系統使用人員。

10. (2)　何者是網路安全之使用原則？
    (1)寫下你的密碼　　　　　　　　　(2)密碼中最好包含字母及非字母字元
    (3)用你名字或帳號當作密碼　　　　(4)用你個人的資料當作密碼。

11. (1)　何者是錯誤的系統安全措施？
    (1)系統操作者統一保管密碼　　　　(2)資料加密
    (3)密碼變更　　　　　　　　　　　(4)公佈之電子文件設定成唯讀檔。

12. ( ) 關於密碼之敘述何者較不妥？ (4)
    (1)利用亂數產生 (2)密碼越長越安全 (3)常更換密碼 (4)用電話當密碼。

13. ( ) 何者對於預防電腦犯罪無效？ (4)
    (1)設定使用權限 (2)設定密碼 (3)設置防火牆 (4)裝設空調設備。

14. ( ) 關於資料備份，尋找第二個儲存空間的安全作法之敘述何者不適宜？ (4)
    (1)存放在另一棟建築物內　　　　(2)與專業儲存公司合作
    (3)儲存在防火除溼之保險櫃　　　(4)儲存在同一部電腦的不同硬碟中。

15. ( ) 關於「電腦安全防護措施」的敘述中，何者是同時針對「實體」及「資料」來做的防護措施？ (3)
    (1)人員定期輪調　　　　　　　　(2)保留日誌檔
    (3)不斷電系統　　　　　　　　　(4)管制上機次數與時間。

16. ( ) 關於防範電腦犯罪的敘述何者錯誤？ (1)
    (1)未設定使用權限　　　　　　　(2)加強機房門禁管制
    (3)資料檔案加密　　　　　　　　(4)明確劃分使用者權限。

17. ( ) 我國身分證字號的第一個數值碼是用來進行何種檢驗？ (3)
    (1)正確性 (2)一致性 (3)性別 (4)地區別。

    解析　我國身份證字號的第一個數值用來檢驗性別，判別是男性或女性。

18. ( ) 我國身分證字號的最前面的英文碼是用來進行何種檢驗？ (4)
    (1)正確性 (2)一致性 (3)性別 (4)地區別。

    解析　我國身份證字號的最前面的英文碼用來檢驗地區。

19. ( ) 我國身分證字號的最後一碼是用來檢查號碼的何種檢驗？ (1)
    (1)正確性 (2)一致性 (3)性別 (4)地區別。

    解析　我國身份證字號的最後一碼是用來檢查號碼的正確性。

20. ( ) 程式設計師在某一系統中插入一段程式，只要他的姓名從公司的人事檔案中被刪除時，則該程式會將公司整個檔案破壞掉，這是屬於何種電腦犯罪行為？ (3)
    (1)資料竄改(Data diddling)　　　(2)制壓(Super zapping)
    (3)邏輯炸彈(Logic bombs)　　　　(4)特洛依木馬(Trojan horse)。

    解析　邏輯炸彈是一些嵌入在正常軟體中並在特定情況下執行的惡意程式碼。這些特定情況可能是更改檔案、特別的程式輸入序列、或是特定的時間或日期。惡意程式碼可能會將檔案刪除、使電腦主機當機、或是造成其他的損害。

21. ( ) 何者是兩大國際信用卡發卡機構 Visa 及 Master Card 聯合制定的網路信用卡安全交易標準？ (4)
    (1)私人通訊技術(PCT)協定　　　(2)安全超文字傳輸協定(S-HTTP)
    (3)BBS 傳輸協定　　　　　　　　(4)安全電子交易(SET)協定。

解析 SET 協定(Secure Electronic Transaction)，被稱之為安全電子交易協定，是B2C上基於信用卡支付模式而設計的，它保證了開放網路上使用信用卡進行線上購物的安全。SET 主要是為瞭解決用戶，商家，銀行之間通過信用卡的交易而設計的，它具有的保證交易數據的完整性，交易的不可抵賴性等種種優點，因此它成為目前公認的信用卡網上交易的國際標準。

22. ( ) 網際網路上用來防止駭客入侵的裝置為何？ (1)
    (1)防火牆 (2)防毒軟體 (3)閘道器 (4)路由器。

23. ( ) 關於網路防火牆之敘述何者錯誤？ (4)
    (1)外部防火牆無法防止內部網路使用者對內部的侵害
    (2)防火牆能管制封包的流向
    (3)防火牆可以管制外部網路進入內部系統
    (4)防火牆可以防止任何病毒的入侵。

24. ( ) 何者不是選購網路防火牆的重要考慮因素？ (4)
    (1)安全 (2)效能 (3)價格 (4)體積。

25. ( ) 何者不是病毒侵入家庭中的個人電腦後，所造成的損害？ (4)
    (1)電腦故障 (2)無法開機 (3)無法上網 (4)停電。

26. ( ) 何者可能會造成電腦程式執行的速度愈來愈慢？ (4)
    (1)主記憶體容量太大　　　　(2)中央處理器等級太高
    (3)螢幕太小　　　　　　　　(4)感染病毒。

27. ( ) 關於電腦防毒措施之敘述何者錯誤？ (2)
    (1)系統安裝防毒軟體　　　　(2)可隨意拷貝他人軟體
    (3)不下載來路不明的軟體　　(4)定期更新病毒碼。

28. ( ) 何者無法辨識病毒感染？ (4)
    (1)檔案儲存容量改變　　　　(2)檔案儲存日期改變
    (3)螢幕出現亂碼　　　　　　(4)電源電壓變小。

29. ( ) 一部電腦最多可能會感染幾種病毒？ (4)
    (1)一種病毒 (2)二種病毒 (3)三種病毒 (4)多種病毒。

30. ( ) 何者與避免病毒災害無關？ (2)
    (1)使用原版軟體　　　　　　(2)公司集中電腦操作
    (3)定期備份　　　　　　　　(4)勤於更新病毒碼。

31. ( ) 何種途徑可能會感染病毒？ (2)
    (1)螢幕解析度設定 (2)傳送電子郵件 (3)圖形輸出 (4)資料列印。

解析 病毒的感染途徑主要有兩種：
1. 經由軟體傳輸電腦檔案、使用磁片或光碟片感染。
2. 經由網路感染，其中常見的就是接收並開啟有病毒的電子郵件。

32. (　　) 關於電腦感染病毒之敘述何者錯誤？　　　　　　　　　　　　　　　　　　　　　(4)
    (1)侵入　(2)潛伏　(3)發作　(4)自我消失。

33. (　　) 何種裝置會傳染電腦病毒？　　　　　　　　　　　　　　　　　　　　　　　　(3)
    (1)印表機　(2)鍵盤　(3)磁片　(4)滑鼠。

    解析 參閱第 31 題解析。

34. (　　) 何種裝置不會感染電腦病毒？　　　　　　　　　　　　　　　　　　　　　　　(4)
    (1)個人電腦　(2)個人數位助理　(3)手機　(4)滑鼠。

35. (　　) 關於電腦病毒之敘述何者錯誤？　　　　　　　　　　　　　　　　　　　　　　(2)
    (1)能使檔案不能執行　　　　　　　(2)能使操作者中毒
    (3)能自我複製　　　　　　　　　　(4)能破壞硬碟資料。

    解析 電腦中毒後的症狀如下：
    1. 系統速度變慢與當機
    2. 不尋常的錯誤訊息出現。
    3. 程式載入時間比平常久。
    4. 可執行檔的大小改變系統。
    5. 記憶體容量忽然大量減少。
    6. 記憶體內增加來路不明的常駐程式。
    7. 磁碟壞軌突然增加。
    8. 硬碟容量變小
    9. 網路系統當機
    10. 資料毀損與電腦無法使用

36. (　　) 若程式具有自行複製的能力，且會破壞資料檔案，則此程式稱之為何？　　　　　(1)
    (1)電腦病毒　(2)電腦遊戲　(3)電腦試算表　(4)電腦文書處理。

37. (　　) 個人電腦如果已感染病毒時，何者較為適宜？　　　　　　　　　　　　　　　　(1)
    (1)進行解毒　　　　　　　　　　　(2)按 Ctrl+Alt+Del 鍵重新開機
    (3)更換光碟機　　　　　　　　　　(4)更換主記憶體。

38. (　　) 病毒入侵電腦發作後，會隱藏在電腦的哪個元件中？　　　　　　　　　　　　　(4)
    (1)ROM　(2)PROM　(3)EPROM　(4)RAM。

39. (　　) 程式若已中毒，則在執行時，病毒會被載入記憶體中發作，此病毒稱之為何？　　(4)
    (1)混合型病毒　(2)開機型病毒　(3)網路型病毒　(4)檔案型病毒。

40. (　　) 電子郵件在傳輸時，加入哪個動作有助於防止被竊取資料？　　　　　　　　　　(3)
    (1)壓縮　(2)回傳給本人　(3)加密　(4)副本。

41. (　　) 電腦病毒不會造成何種現象？　　　　　　　　　　　　　　　　　　　　　　　(4)
    (1)破壞硬體　(2)破壞軟體　(3)潛伏記憶體中　(4)隨身磁燒毀。

42. (　　) 電腦病毒的侵入是屬於何種災害？　　　　　　　　　　　　　　　　　　　　　(3)
    (1)機件故障　(2)天然災害　(3)惡意破壞　(4)交通事故。

43. (　　) 「電腦病毒」其實是為何？　　　　　　　　　　　　　　　　　　　　　　　　(2)
    (1)破壞硬體的細菌　　　　　　　　(2)破壞電腦運作的程式
    (3)感染黴菌的資料　　　　　　　　(4)毒藥。

44. ( ) 系統資料安全之威脅，輕則致使作業中斷、短路，重則造成資料損毀，設備傾覆，因此加強事前之預防措施乃是避免遭受損壞的重要手段之一，因此面對日益嚴重的「電腦犯罪」，何項預防措施錯誤？
(1)內部管制、稽核　　(2)絕對不使用網路
(3)技術性管制　　(4)警衛、門禁。 (2)

45. ( ) 一般資訊中心為確保電腦作業而採取各種防護的措施，何者不在防護的項目之內？ (1)實體設備 (2)資料 (3)軟體系統 (4)差假記錄。 (4)

46. ( ) 何者是數位簽名的功能？
(1)確認發信人身分　(2)回傳給本人　(3)加密　(4)密件副本。 (1)

47. ( ) 將原執行檔程式的程序中斷，佈下陷阱後，再回頭繼續原始程式的病毒為何種？
(1)記憶體病毒　(2)開機型病毒　(3)檔案型病毒　(4)CPU病毒。 (3)

48. ( ) 何者不是電腦病毒的特性？
(1)病毒一旦病發就一定無法解毒
(2)病毒會寄生在正常程式中，伺機將自己複製並感染給其它正常程式
(3)有些病毒發作時會降低CPU的執行速度
(4)當病毒感染正常程式中，並不一定會立即發作，有時須條件成立時，才會發病。 (1)

49. ( ) 關於「防治電腦病毒」的敘述何者正確？
(1)一般電腦病毒可以分為開機型、檔案型及混合型三種
(2)電腦病毒只存在記憶體、開機磁區及執行檔中
(3)受病毒感染的檔案，不執行也會發作
(4)遇到開機型病毒，只要無毒的開機磁片重新開機後即可清除。 (1)

50. ( ) 何者無法有效避免電腦災害發生後的資料安全防護？
(1)經常對磁碟作格式化動作(Format)
(2)經常備份磁碟資料
(3)在執行程式過程中，重要資料分別存在硬碟及USB隨身碟上
(4)備份資料存放於不同地點。 (1)

51. ( ) 關於「電腦病毒防治方式」之敘述何者錯誤？
(1)只要將被感染之程式刪除就不會再被感染
(2)用乾淨無毒的開機系統開機
(3)不使用來路不明之軟體
(4)電腦上加裝防毒軟體。 (1)

52. ( ) 硬式磁碟機為防資料流失或中毒，應常定期執行何種工作？
(1)查檔 (2)備份 (3)規格化 (4)用清潔片清洗。 (2)

53. ( ) 關於「電腦病毒」的敘述何者錯誤？ (3)
(1)開機型病毒，開機後，即有病毒侵入記憶體
(2)中毒的檔案，由於病毒程式的寄居，檔案通常會變大
(3)主記憶體無毒，此時 COPY 無毒的檔案到 USB 隨身碟，將使其中毒
(4)檔案型病毒，將隨著檔案的執行，載入記憶體。

> **解析** 電腦病毒的種類：
> 1. 檔案型：寄生在可執行檔內，執行這個檔案時，就會先執行到電腦病毒程式。
> 2. 開機型：寄生在硬碟或磁片開機啟動部位的病毒，一旦開機，即有病毒侵入記憶體。
> 3. 混合型：同時兼具有「檔案型」與「開機型」電腦病毒的特色，也就是同時寄生、感染你系統的可執行檔與開機區域。
> 4. 巨集型：巨集病毒又名為「文件病毒」，它總是伴隨文件檔一起散播。
> 5. 網路型：透過網路傳播的電腦病毒的通稱，如最常見的特洛依木馬病毒以及蠕蟲病毒。

54. ( ) 電腦病毒的發作起因為何？ (2)
(1)操作不當　(2)程式產生　(3)記憶體突變　(4)細菌感染。

55. ( ) 何種程式軟體是以竊取資料為主，並不希望被駭者發現它的存在，才能繼續躲藏，並藉由網路將被竊資料傳送給駭客？ (1)
(1)間諜程式　(2)電腦病毒　(3)P2P 軟體　(4)備份程式。

56. ( ) 關於「電腦設備」之管理何者錯誤？　(1)所有設備專人管理　(2)定期保養設備　(3)允許使用者因個人方便隨意搬移設備　(4)使用電源穩壓器。 (3)

57. ( ) 何種系統可以確保穩定的電腦電源？ (1)
(1)不斷電系統　(2)網路系統　(3)廣播系統　(4)保全系統。

58. ( ) 不斷電系統(UPS)的主要功能為何？ (3)
(1)防毒　(2)傳送檔案　(3)維護電源品質　(4)通訊協定。

59. ( ) 學校的電腦中心若發生火災時，使用何種滅火器材最適宜？ (1)
(1)二氧化碳滅火器　(2)泡沫滅火器　(3)水　(4)乾粉滅火器。

> **解析** 二氧化碳滅火器的工作原理是使用二氧化碳排擠出空氣，令火失去氧氣熄滅。因為二氧化碳是氣體不會殘留，因此用於電火可避免損壞設備。

60. ( ) 集線器(Hub)的網路運作是屬於 OSI 七層的那一層？ (1)
(1)實體層　(2)應用層　(3)網路層　(4)資料鏈結層。

61. ( ) 交換器(L2 Switch)的網路運作是屬於 OSI 七層的那一層？ (4)
(1)實體層　(2)應用層　(3)傳輸層　(4)資料鏈結層。

62. ( ) SSH(Secure SHell protocol)伺服器為較為安全的遠端連線伺服器，其預設通訊埠號為何？　(1)22　(2)53　(3)80　(4)110。 (1)

90006 職業安全衛生共同科目

單選題

1. ( ) 對於核計勞工所得有無低於基本工資，下列敘述何者有誤？ (2)
   (1)僅計入在正常工時內之報酬　　(2)應計入加班費
   (3)不計入休假日出勤加給之工資　(4)不計入競賽獎金。

2. ( ) 下列何者之工資日數得列入計算平均工資？ (3)
   (1)請事假期間　　　　　　　　　(2)職災醫療期間
   (3)發生計算事由之當日前 6 個月　(4)放無薪假期間。

3. ( ) 有關「例假」之敘述，下列何者有誤？ (4)
   (1)每 7 日應有例假 1 日　　　　　(2)工資照給
   (3)天災出勤時，工資加倍及補休　(4)須給假，不必給工資。

4. ( ) 勞動基準法第 84 條之 1 規定之工作者，因工作性質特殊，就其工作時間，下列何者正確？ (4)
   (1)完全不受限制　　　　　　　　(2)無例假與休假
   (3)不另給予延時工資　　　　　　(4)得由勞雇雙方另行約定。

5. ( ) 依勞動基準法規定，雇主應置備勞工工資清冊並應保存幾年？ (3)
   (1)1 年　(2)2 年　(3)5 年　(4)10 年。

6. ( ) 事業單位僱用勞工多少人以上者，應依勞動基準法規定訂立工作規則？ (1)
   (1)30 人　(2)50 人　(3)100 人　(4)200 人。

7. ( ) 依勞動基準法規定，雇主延長勞工之工作時間連同正常工作時間，每日不得超過多少小時？ (3)
   (1)10 小時　(2)11 小時　(3)12 小時　(4)15 小時。

8. ( ) 依勞動基準法規定，下列何者屬不定期契約？ (4)
   (1)臨時性或短期性的工作　　　　(2)季節性的工作
   (3)特定性的工作　　　　　　　　(4)有繼續性的工作。

9. ( ) 依職業安全衛生法規定，事業單位勞動場所發生死亡職業災害時，雇主應於多少小時內通報勞動檢查機構？ (1)
   (1)8 小時　(2)12 小時　(3)24 小時　(4)48 小時。

10. ( ) 事業單位之勞工代表如何產生？ (1)
    (1)由企業工會推派之　　　　　　(2)由產業工會推派之
    (3)由勞資雙方協議推派之　　　　(4)由勞工輪流擔任之。

11. ( ) 職業安全衛生法所稱有母性健康危害之虞之工作，不包括下列何種工作型態？ (4)
    (1)長時間站立姿勢作業　　　　　(2)人力提舉、搬運及推拉重物
    (3)輪班及工作負荷　　　　　　　(4)駕駛運輸車輛。

12. ( ) 依職業安全衛生法施行細則規定，下列何者非屬特別危害健康之作業？ (3)
    (1)噪音作業　(2)游離輻射作業　(3)會計作業　(4)粉塵作業。

13. ( ) 從事於易踏穿材料構築之屋頂修繕作業時，應有何種作業主管在場執行主管業務？ (3)
    (1)施工架組配　(2)擋土支撐組配　(3)屋頂　(4)模板支撐。

14. ( ) 有關「工讀生」之敘述，下列何者正確？ (4)
    (1)工資不得低於基本工資之80%　　(2)屬短期工作者，加班只能補休
    (3)每日正常工作時間得超過8小時　(4)國定假日出勤，工資加倍發給。

15. ( ) 勞工工作時手部嚴重受傷，住院醫療期間公司應按下列何者給予職業災害補償？ (3)
    (1)前6個月平均工資　(2)前1年平均工資　(3)原領工資　(4)基本工資。

16. ( ) 勞工在何種情況下，雇主得不經預告終止勞動契約？ (2)
    (1)確定被法院判刑6個月以內並諭知緩刑超過1年以上者
    (2)不服指揮對雇主暴力相向者
    (3)經常遲到早退者
    (4)非連續曠工但1個月內累計3日者。

17. ( ) 對於吹哨者保護規定，下列敘述何者有誤？ (3)
    (1)事業單位不得對勞工申訴人終止勞動契約
    (2)勞動檢查機構受理勞工申訴必須保密
    (3)為實施勞動檢查，必要時得告知事業單位有關勞工申訴人身分
    (4)事業單位不得有不利勞工申訴人之處分。

18. ( ) 職業安全衛生法所稱有母性健康危害之虞之工作，係指對於具生育能力之女性勞工從事工作，可能會導致的一些影響。下列何者除外？ (4)
    (1)胚胎發育　(2)妊娠期間之母體健康　(3)哺乳期間之幼兒健康　(4)經期紊亂。

19. ( ) 下列何者非屬職業安全衛生法規定之勞工法定義務？ (3)
    (1)定期接受健康檢查　　　　　　(2)參加安全衛生教育訓練
    (3)實施自動檢查　　　　　　　　(4)遵守安全衛生工作守則。

20. ( ) 下列何者非屬應對在職勞工施行之健康檢查？ (2)
    (1)一般健康檢查　　　　　　　　(2)體格檢查
    (3)特殊健康檢查　　　　　　　　(4)特定對象及特定項目之檢查。

21. ( ) 下列何者非為防範有害物食入之方法？ (4)
    (1)有害物與食物隔離　　　　　　(2)不在工作場所進食或飲水
    (3)常洗手、漱口　　　　　　　　(4)穿工作服。

22. ( ) 原事業單位如有違反職業安全衛生法或有關安全衛生規定,致承攬人所僱勞工發生職業災害時,有關承攬管理責任,下列敘述何者正確? (1)
(1)原事業單位應與承攬人負連帶賠償責任
(2)原事業單位不需負連帶補償責任
(3)承攬廠商應自負職業災害之賠償責任
(4)勞工投保單位即為職業災害之賠償單位。

23. ( ) 依勞動基準法規定,主管機關或檢查機構於接獲勞工申訴事業單位違反本法及其他勞工法令規定後,應為必要之調查,並於幾日內將處理情形,以書面通知勞工? (4)
(1)14日 (2)20日 (3)30日 (4)60日。

24. ( ) 我國中央勞動業務主管機關為下列何者? (3)
(1)內政部 (2)勞工保險局 (3)勞動部 (4)經濟部。

25. ( ) 對於勞動部公告列入應實施型式驗證之機械、設備或器具,下列何種情形不得免驗證? (4)
(1)依其他法律規定實施驗證者 (2)供國防軍事用途使用者
(3)輸入僅供科技研發之專用機型 (4)輸入僅供收藏使用之限量品。

26. ( ) 對於墜落危險之預防設施,下列敘述何者較為妥適? (4)
(1)在外牆施工架等高處作業應盡量使用繫腰式安全帶
(2)安全帶應確實配掛在低於足下之堅固點
(3)高度 2m 以上之邊緣開口部分處應圍起警示帶
(4)高度 2m 以上之開口處應設護欄或安全網。

27. ( ) 對於感電電流流過人體可能呈現的症狀,下列敘述何者有誤? (3)
(1)痛覺 (2)強烈痙攣
(3)血壓降低、呼吸急促、精神亢奮 (4)造成組織灼傷。

28. ( ) 下列何者非屬於容易發生墜落災害的作業場所? (2)
(1)施工架 (2)廚房 (3)屋頂 (4)梯子、合梯。

29. ( ) 下列何者非屬危險物儲存場所應採取之火災爆炸預防措施? (1)
(1)使用工業用電風扇 (2)裝設可燃性氣體偵測裝置
(3)使用防爆電氣設備 (4)標示「嚴禁煙火」。

30. ( ) 雇主於臨時用電設備加裝漏電斷路器,可減少下列何種災害發生? (3)
(1)墜落 (2)物體倒塌、崩塌 (3)感電 (4)被撞。

31. ( ) 雇主要求確實管制人員不得進入吊舉物下方,可避免下列何種災害發生? (3)
(1)感電 (2)墜落 (3)物體飛落 (4)缺氧。

32. ( ) 職業上危害因子所引起的勞工疾病,稱為何種疾病? (1)
(1)職業疾病 (2)法定傳染病 (3)流行性疾病 (4)遺傳性疾病。

33. ( ) 事業招人承攬時，其承攬人就承攬部分負雇主之責任，原事業單位就職業災害補償部分之責任為何？ (4)
    (1)視職業災害原因判定是否補償　　(2)依工程性質決定責任
    (3)依承攬契約決定責任　　(4)仍應與承攬人負連帶責任。

34. ( ) 預防職業病最根本的措施為何？ (2)
    (1)實施特殊健康檢查　　(2)實施作業環境改善
    (3)實施定期健康檢查　　(4)實施僱用前體格檢查。

35. ( ) 在地下室作業，當通風換氣充分時，則不易發生一氧化碳中毒、缺氧危害或火災爆炸危險。請問「通風換氣充分」係指下列何種描述？ (1)
    (1)風險控制方法　(2)發生機率　(3)危害源　(4)風險。

36. ( ) 勞工為節省時間，在未斷電情況下清理機臺，易發生危害為何？ (1)
    (1)捲夾感電　(2)缺氧　(3)墜落　(4)崩塌。

37. ( ) 工作場所化學性有害物進入人體最常見路徑為下列何者？ (2)
    (1)口腔　(2)呼吸道　(3)皮膚　(4)眼睛。

38. ( ) 活線作業勞工應佩戴何種防護手套？ (3)
    (1)棉紗手套　(2)耐熱手套　(3)絕緣手套　(4)防振手套。

39. ( ) 下列何者非屬電氣災害類型？ (4)
    (1)電弧灼傷　(2)電氣火災　(3)靜電危害　(4)雷電閃爍。

40. ( ) 下列何者非屬於工作場所作業會發生墜落災害的潛在危害因子？ (3)
    (1)開口未設置護欄　　(2)未設置安全之上下設備
    (3)未確實配戴耳罩　　(4)屋頂開口下方未張掛安全網。

41. ( ) 在噪音防治之對策中，從下列何者著手最為有效？ (2)
    (1)偵測儀器　(2)噪音源　(3)傳播途徑　(4)個人防護具。

42. ( ) 勞工於室外高氣溫作業環境工作，可能對身體產生之熱危害，下列何者非屬熱危害之症狀？ (4)
    (1)熱衰竭　(2)中暑　(3)熱痙攣　(4)痛風。

43. ( ) 下列何者是消除職業病發生率之源頭管理對策？ (3)
    (1)使用個人防護具　(2)健康檢查　(3)改善作業環境　(4)多運動。

44. ( ) 下列何者非為職業病預防之危害因子？ (1)
    (1)遺傳性疾病　(2)物理性危害　(3)人因工程危害　(4)化學性危害。

45. ( ) 依職業安全衛生設施規則規定，下列何者非屬使用合梯，應符合之規定？ (3)
    (1)合梯應具有堅固之構造　　(2)合梯材質不得有顯著之損傷、腐蝕等
    (3)梯腳與地面之角度應在80度以上　　(4)有安全之防滑梯面。

46. ( ) 下列何者非屬勞工從事電氣工作安全之規定？ (4)
    (1)使其使用電工安全帽　　　　　(2)穿戴絕緣防護具
    (3)停電作業應斷開、檢電、接地及掛牌　(4)穿戴棉質手套絕緣。

47. ( ) 為防止勞工感電，下列何者為非？ (3)
    (1)使用防水插頭　　　　　　　　(2)避免不當延長接線
    (3)設備有金屬外殼保護即可免接地　(4)電線架高或加以防護。

48. ( ) 不當抬舉導致肌肉骨骼傷害或肌肉疲勞之現象，可歸類為下列何者？ (2)
    (1)感電事件　(2)不當動作　(3)不安全環境　(4)被撞事件。

49. ( ) 使用鑽孔機時，不應使用下列何護具？ (3)
    (1)耳塞　(2)防塵口罩　(3)棉紗手套　(4)護目鏡。

50. ( ) 腕道症候群常發生於下列何種作業？ (1)
    (1)電腦鍵盤作業　(2)潛水作業　(3)堆高機作業　(4)第一種壓力容器作業。

51. ( ) 對於化學燒傷傷患的一般處理原則，下列何者正確？ (1)
    (1)立即用大量清水沖洗
    (2)傷患必須臥下，而且頭、胸部須高於身體其他部位
    (3)於燒傷處塗抹油膏、油脂或發酵粉
    (4)使用酸鹼中和。

52. ( ) 下列何者非屬防止搬運事故之一般原則？ (4)
    (1)以機械代替人力　　　　　　　(2)以機動車輛搬運
    (3)採取適當之搬運方法　　　　　(4)儘量增加搬運距離。

53. ( ) 對於脊柱或頸部受傷患者，下列何者不是適當的處理原則？ (3)
    (1)不輕易移動傷患
    (2)速請醫師
    (3)如無合用的器材，需 2 人作徒手搬運
    (4)向急救中心聯絡。

54. ( ) 防止噪音危害之治本對策為下列何者？ (3)
    (1)使用耳塞、耳罩　　　　　　　(2)實施職業安全衛生教育訓練
    (3)消除發生源　　　　　　　　　(4)實施特殊健康檢查。

55. ( ) 安全帽承受巨大外力衝擊後，雖外觀良好，應採下列何種處理方式？ (1)
    (1)廢棄　(2)繼續使用　(3)送修　(4)油漆保護。

56. ( ) 因舉重而扭腰係由於身體動作不自然姿勢，動作之反彈，引起扭筋、扭腰及形成 (2)
    類似狀態造成職業災害，其災害類型為下列何者？
    (1)不當狀態　(2)不當動作　(3)不當方針　(4)不當設備。

57. ( ) 下列有關工作場所安全衛生之敘述何者有誤？ (3)
(1)對於勞工從事其身體或衣著有被污染之虞之特殊作業時，應備置該勞工洗眼、洗澡、漱口、更衣、洗濯等設備
(2)事業單位應備置足夠急救藥品及器材
(3)事業單位應備置足夠的零食自動販賣機
(4)勞工應定期接受健康檢查。

58. ( ) 毒性物質進入人體的途徑，經由那個途徑影響人體健康最快且中毒效應最高？ (1)
(1)吸入 (2)食入 (3)皮膚接觸 (4)手指觸摸。

59. ( ) 安全門或緊急出口平時應維持何狀態？ (3)
(1)門可上鎖但不可封死 (2)保持開門狀態以保持逃生路徑暢通
(3)門應關上但不可上鎖 (4)與一般進出門相同，視各樓層規定可開可關。

60. ( ) 下列何種防護具較能消減噪音對聽力的危害？ (3)
(1)棉花球 (2)耳塞 (3)耳罩 (4)碎布球。

61. ( ) 勞工若面臨長期工作負荷壓力及工作疲勞累積，沒有獲得適當休息及充足睡眠，便可能影響體能及精神狀態，甚而較易促發下列何種疾病？ (2)
(1)皮膚癌 (2)腦心血管疾病 (3)多發性神經病變 (4)肺水腫。

62. ( ) 「勞工腦心血管疾病發病的風險與年齡、吸菸、總膽固醇數值、家族病史、生活型態、心臟方面疾病」之相關性為何？ (2)
(1)無 (2)正 (3)負 (4)可正可負。

63. ( ) 下列何者不屬於職場暴力？ (3)
(1)肢體暴力 (2)語言暴力 (3)家庭暴力 (4)性騷擾。

64. ( ) 職場內部常見之身體或精神不法侵害不包含下列何者？ (4)
(1)脅迫、名譽損毀、侮辱、嚴重辱罵勞工
(2)強求勞工執行業務上明顯不必要或不可能之工作
(3)過度介入勞工私人事宜
(4)使勞工執行與能力、經驗相符的工作。

65. ( ) 下列何種措施較可避免工作單調重複或負荷過重？ (3)
(1)連續夜班 (2)工時過長 (3)排班保有規律性 (4)經常性加班。

66. ( ) 減輕皮膚燒傷程度之最重要步驟為何？ (1)
(1)儘速用清水沖洗 (2)立即刺破水泡
(3)立即在燒傷處塗抹油脂 (4)在燒傷處塗抹麵粉。

67. ( ) 眼內噴入化學物或其他異物，應立即使用下列何者沖洗眼睛？ (3)
(1)牛奶 (2)蘇打水 (3)清水 (4)稀釋的醋。

68. ( ) 石綿最可能引起下列何種疾病？ (3)
(1)白指症 (2)心臟病 (3)間皮細胞瘤 (4)巴金森氏症。

69. ( ) 作業場所高頻率噪音較易導致下列何種症狀？ (2)
    (1)失眠 (2)聽力損失 (3)肺部疾病 (4)腕道症候群。

70. ( ) 廚房設置之排油煙機為下列何者？ (2)
    (1)整體換氣裝置 (2)局部排氣裝置 (3)吹吸型換氣裝置 (4)排氣煙囪。

71. ( ) 下列何者為選用防塵口罩時，最不重要之考量因素？ (4)
    (1)捕集效率愈高愈好 (2)吸氣阻抗愈低愈好
    (3)重量愈輕愈好 (4)視野愈小愈好。

72. ( ) 若勞工工作性質需與陌生人接觸、工作中需處理不可預期的突發事件或工作場所 (2)
    治安狀況較差，較容易遭遇下列何種危害？
    (1)組織內部不法侵害 (2)組織外部不法侵害 (3)多發性神經病變 (4)潛涵症。

73. ( ) 下列何者不是發生電氣火災的主要原因？ (3)
    (1)電器接點短路 (2)電氣火花 (3)電纜線置於地上 (4)漏電。

74. ( ) 依勞工職業災害保險及保護法規定，職業災害保險之保險效力，自何時開始起 (2)
    算，至離職當日停止？
    (1)通知當日 (2)到職當日 (3)雇主訂定當日 (4)勞雇雙方合意之日。

75. ( ) 依勞工職業災害保險及保護法規定，勞工職業災害保險以下列何者為保險人，辦 (4)
    理保險業務？
    (1)財團法人職業災害預防及重建中心 (2)勞動部職業安全衛生署
    (3)勞動部勞動基金運用局 (4)勞動部勞工保險局。

76. ( ) 有關「童工」之敘述，下列何者正確？ (1)
    (1)每日工作時間不得超過 8 小時
    (2)不得於午後 8 時至翌晨 8 時之時間內工作
    (3)例假日得在監視下工作
    (4)工資不得低於基本工資之 70%。

77. ( ) 依勞動檢查法施行細則規定，事業單位如不服勞動檢查結果，可於檢查結果通知 (4)
    書送達之次日起 10 日內，以書面敘明理由向勞動檢查機構提出？
    (1)訴願 (2)陳情 (3)抗議 (4)異議。

78. ( ) 工作者若因雇主違反職業安全衛生法規定而發生職業災害、疑似罹患職業病或身 (2)
    體、精神遭受不法侵害所提起之訴訟，得向勞動部委託之民間團體提出下列何者？
    (1)災害理賠 (2)申請扶助 (3)精神補償 (4)國家賠償。

79. ( ) 計算平日加班費須按平日每小時工資額加給計算，下列敘述何者有誤？ (4)
    (1)前 2 小時至少加給 1/3 倍
    (2)超過 2 小時部分至少加給 2/3 倍
    (3)經勞資協商同意後，一律加給 0.5 倍
    (4)未經雇主同意給加班費者，一律補休。

80. ( ) 下列工作場所何者非屬勞動檢查法所定之危險性工作場所？ (2)
    (1)農藥製造　(2)金屬表面處理
    (3)火藥類製造　(4)從事石油裂解之石化工業之工作場所。

81. ( ) 有關電氣安全，下列敘述何者錯誤？ (1)
    (1)110伏特之電壓不致造成人員死亡
    (2)電氣室應禁止非工作人員進入
    (3)不可以濕手操作電氣開關，且切斷開關應迅速
    (4)220伏特為低壓電。

82. ( ) 依職業安全衛生設施規則規定，下列何者非屬於車輛系營建機械？ (2)
    (1)平土機　(2)堆高機　(3)推土機　(4)鏟土機。

83. ( ) 下列何者非為事業單位勞動場所發生職業災害者,雇主應於8小時內通報勞動檢查機構？ (2)
    (1)發生死亡災害
    (2)勞工受傷無須住院治療
    (3)發生災害之罹災人數在3人以上
    (4)發生災害之罹災人數在1人以上，且需住院治療。

84. ( ) 依職業安全衛生管理辦法規定，下列何者非屬「自動檢查」之內容？ (4)
    (1)機械之定期檢查　(2)機械、設備之重點檢查
    (3)機械、設備之作業檢點　(4)勞工健康檢查。

85. ( ) 下列何者係針對於機械操作點的捲夾危害特性可以採用之防護裝置？ (1)
    (1)設置護圍、護罩　(2)穿戴棉紗手套　(3)穿戴防護衣　(4)強化教育訓練。

86. ( ) 下列何者非屬從事起重吊掛作業導致物體飛落災害之可能原因？ (4)
    (1)吊鉤未設防滑舌片致吊掛鋼索鬆脫　(2)鋼索斷裂
    (3)超過額定荷重作業　(4)過捲揚警報裝置過度靈敏。

87. ( ) 勞工不遵守安全衛生工作守則規定，屬於下列何者？ (2)
    (1)不安全設備　(2)不安全行為　(3)不安全環境　(4)管理缺陷。

88. ( ) 下列何者不屬於局限空間內作業場所應採取之缺氧、中毒等危害預防措施？ (3)
    (1)實施通風換氣　(2)進入作業許可程序
    (3)使用柴油內燃機發電提供照明　(4)測定氧氣、危險物、有害物濃度。

89. ( ) 下列何者非通風換氣之目的？ (1)
    (1)防止游離輻射　(2)防止火災爆炸
    (3)稀釋空氣中有害物　(4)補充新鮮空氣。

90. ( ) 已在職之勞工，首次從事特別危害健康作業，應實施下列何種檢查？ (2)
    (1)一般體格檢查　(2)特殊體格檢查
    (3)一般體格檢查及特殊健康檢查　(4)特殊健康檢查。

91. ( ) 依職業安全衛生設施規則規定,噪音超過多少分貝之工作場所,應標示並公告噪音危害之預防事項,使勞工周知? (1)75分貝 (2)80分貝 (3)85分貝 (4)90分貝。 (4)

92. ( ) 下列何者非屬工作安全分析的目的? (1)發現並杜絕工作危害 (2)確立工作安全所需工具與設備 (3)懲罰犯錯的員工 (4)作為員工在職訓練的參考。 (3)

93. ( ) 可能對勞工之心理或精神狀況造成負面影響的狀態,如異常工作壓力、超時工作、語言脅迫或恐嚇等,可歸屬於下列何者管理不當? (1)職業安全 (2)職業衛生 (3)職業健康 (4)環保。 (3)

94. ( ) 有流產病史之孕婦,宜避免相關作業,下列何者為非? (1)避免砷或鉛的暴露 (2)避免每班站立7小時以上之作業 (3)避免提舉3公斤重物的職務 (4)避免重體力勞動的職務。 (3)

95. ( ) 熱中暑時,易發生下列何現象? (1)體溫下降 (2)體溫正常 (3)體溫上升 (4)體溫忽高忽低。 (3)

96. ( ) 下列何者不會使電路發生過電流? (1)電氣設備過載 (2)電路短路 (3)電路漏電 (4)電路斷路。 (4)

97. ( ) 下列何者較屬安全、尊嚴的職場組織文化? (1)不斷責備勞工 (2)公開在眾人面前長時間責罵勞工 (3)強求勞工執行業務上明顯不必要或不可能之工作 (4)不過度介入勞工私人事宜。 (4)

98. ( ) 下列何者與職場母性健康保護較不相關? (1)職業安全衛生法 (2)妊娠與分娩後女性及未滿十八歲勞工禁止從事危險性或有害性工作認定標準 (3)性別平等工作法 (4)動力堆高機型式驗證。 (4)

99. ( ) 油漆塗裝工程應注意防火防爆事項,下列何者為非? (1)確實通風 (2)注意電氣火花 (3)緊密門窗以減少溶劑擴散揮發 (4)嚴禁煙火。 (3)

100. ( ) 依職業安全衛生設施規則規定,雇主對於物料儲存,為防止氣候變化或自然發火發生危險者,下列何者為最佳之採取措施? (1)保持自然通風 (2)密閉 (3)與外界隔離及溫濕控制 (4)靜置於倉儲區,避免陽光直射。 (3)

90007 工作倫理與職業道德共同科目

單選題

1. ( ) 下列何者「違反」個人資料保護法？ (4)
   (1)公司基於人事管理之特定目的，張貼榮譽榜揭示績優員工姓名
   (2)縣市政府提供村里長轄區內符合資格之老人名冊供發放敬老金
   (3)網路購物公司為辦理退貨，將客戶之住家地址提供予宅配公司
   (4)學校將應屆畢業生之住家地址提供補習班招生使用。

2. ( ) 非公務機關利用個人資料進行行銷時，下列敘述何者錯誤？ (1)
   (1)若已取得當事人書面同意，當事人即不得拒絕利用其個人資料行銷
   (2)於首次行銷時，應提供當事人表示拒絕行銷之方式
   (3)當事人表示拒絕接受行銷時，應停止利用其個人資料
   (4)倘非公務機關違反「應即停止利用其個人資料行銷」之義務，未於限期內改正者，按次處新臺幣2萬元以上20萬元以下罰鍰。

3. ( ) 個人資料保護法規定為保護當事人權益，幾人以上的當事人提出告訴，就可以進行團體訴訟？ (4)
   (1)5人 (2)10人 (3)15人 (4)20人。

4. ( ) 關於個人資料保護法的敘述，下列何者錯誤？ (2)
   (1)公務機關執行法定職務必要範圍內，可以蒐集、處理或利用一般性個人資料
   (2)間接蒐集之個人資料，於處理或利用前，不必告知當事人個人資料來源
   (3)非公務機關亦應維護個人資料之正確，並主動或依當事人之請求更正或補充
   (4)外國學生在臺灣短期進修或留學，也受到我國個人資料保護法的保障。

5. ( ) 關於個人資料保護法的敘述，下列何者錯誤？ (2)
   (1)不管是否使用電腦處理的個人資料，都受個人資料保護法保護
   (2)公務機關依法執行公權力，不受個人資料保護法規範
   (3)身分證字號、婚姻、指紋都是個人資料
   (4)我的病歷資料雖然是由醫生所撰寫，但也屬於是我的個人資料範圍。

6. ( ) 對於依照個人資料保護法應告知之事項，下列何者不在法定應告知的事項內？ (3)
   (1)個人資料利用之期間、地區、對象及方式
   (2)蒐集之目的
   (3)蒐集機關的負責人姓名
   (4)如拒絕提供或提供不正確個人資料將造成之影響。

7. ( ) 請問下列何者非為個人資料保護法第 3 條所規範之當事人權利？ (2)
   (1)查詢或請求閱覽
   (2)請求刪除他人之資料
   (3)請求補充或更正
   (4)請求停止蒐集、處理或利用。

8. ( ) 下列何者非安全使用電腦內的個人資料檔案的做法？ (4)
   (1)利用帳號與密碼登入機制來管理可以存取個資者的人
   (2)規範不同人員可讀取的個人資料檔案範圍
   (3)個人資料檔案使用完畢後立即退出應用程式，不得留置於電腦中
   (4)為確保重要的個人資料可即時取得，將登入密碼標示在螢幕下方。

9. ( ) 下列何者行為非屬個人資料保護法所稱之國際傳輸？ (1)
   (1)將個人資料傳送給地方政府
   (2)將個人資料傳送給美國的分公司
   (3)將個人資料傳送給法國的人事部門
   (4)將個人資料傳送給日本的委託公司。

10. ( ) 有關智慧財產權行為之敘述，下列何者有誤？ (1)
    (1)製造、販售仿冒註冊商標的商品雖已侵害商標權，但不屬於公訴罪之範疇
    (2)以 101 大樓、美麗華百貨公司做為拍攝電影的背景，屬於合理使用的範圍
    (3)原作者自行創作某音樂作品後，即可宣稱擁有該作品之著作權
    (4)著作權是為促進文化發展為目的，所保護的財產權之一。

11. ( ) 專利權又可區分為發明、新型與設計三種專利權，其中發明專利權是否有保護期限？期限為何？ (2)
    (1)有，5 年
    (2)有，20 年
    (3)有，50 年
    (4)無期限，只要申請後就永久歸申請人所有。

12. ( ) 受僱人於職務上所完成之著作，如果沒有特別以契約約定，其著作人為下列何者？ (2)
    (1)雇用人
    (2)受僱人
    (3)雇用公司或機關法人代表
    (4)由雇用人指定之自然人或法人。

13. ( ) 任職於某公司的程式設計工程師，因職務所編寫之電腦程式，如果沒有特別以契約約定，則該電腦程式之著作財產權歸屬下列何者？ (1)
    (1)公司
    (2)編寫程式之工程師
    (3)公司全體股東共有
    (4)公司與編寫程式之工程師共有。

14. ( ) 某公司員工因執行業務，擅自以重製之方法侵害他人之著作財產權，若被害人提起告訴，下列對於處罰對象的敘述，何者正確？ (3)
    (1)僅處罰侵犯他人著作財產權之員工
    (2)僅處罰雇用該名員工的公司
    (3)該名員工及其雇主皆須受罰
    (4)員工只要在從事侵犯他人著作財產權之行為前請示雇主並獲同意，便可以不受處罰。

15. ( ) 受僱人於職務上所完成之發明、新型或設計，其專利申請權及專利權如未特別約定屬於下列何者？ (1)
(1)僱用人
(2)受僱人
(3)僱用人所指定之自然人或法人
(4)僱用人與受僱人共有。

16. ( ) 任職大發公司的郝聰明，專門從事技術研發，有關研發技術的專利申請權及專利權歸屬，下列敘述何者錯誤？ (4)
(1)職務上所完成的發明，除契約另有約定外，專利申請權及專利權屬於大發公司
(2)職務上所完成的發明，雖然專利申請權及專利權屬於大發公司，但是郝聰明享有姓名表示權
(3)郝聰明完成非職務上的發明，應即以書面通知大發公司
(4)大發公司與郝聰明之雇傭契約約定，郝聰明非職務上的發明，全部屬於公司，約定有效。

17. ( ) 有關著作權的敘述，下列何者錯誤？ (3)
(1)我們到表演場所觀看表演時，不可隨便錄音或錄影
(2)到攝影展上，拿相機拍攝展示的作品，分贈給朋友，是侵害著作權的行為
(3)網路上供人下載的免費軟體，都不受著作權法保護，所以我可以燒成大補帖光碟，再去賣給別人
(4)高普考試題，不受著作權法保護。

18. ( ) 有關著作權的敘述，下列何者錯誤？ (3)
(1)撰寫碩博士論文時，在合理範圍內引用他人的著作，只要註明出處，不會構成侵害著作權
(2)在網路散布盜版光碟，不管有沒有營利，會構成侵害著作權
(3)在網路的部落格看到一篇文章很棒，只要註明出處，就可以把文章複製在自己的部落格
(4)將補習班老師的上課內容錄音檔，放到網路上拍賣，會構成侵害著作權。

19. ( ) 有關商標權的敘述，下列何者錯誤？ (4)
(1)要取得商標權一定要申請商標註冊
(2)商標註冊後可取得 10 年商標權
(3)商標註冊後，3 年不使用，會被廢止商標權
(4)在夜市買的仿冒品，品質不好，上網拍賣，不會構成侵權。

20. ( ) 有關營業秘密的敘述，下列何者錯誤？ (1)
(1)受雇人於非職務上研究或開發之營業秘密，仍歸雇用人所有
(2)營業秘密不得為質權及強制執行之標的
(3)營業秘密所有人得授權他人使用其營業秘密
(4)營業秘密得全部或部分讓與他人或與他人共有。

21. ( ) 甲公司將其新開發受營業秘密法保護之技術，授權乙公司使用，下列何者錯誤？ (1)
    (1)乙公司已獲授權，所以可以未經甲公司同意，再授權丙公司使用
    (2)約定授權使用限於一定之地域、時間
    (3)約定授權使用限於特定之內容、一定之使用方法
    (4)要求被授權人乙公司在一定期間負有保密義務。

22. ( ) 甲公司嚴格保密之最新配方產品大賣，下列何者侵害甲公司之營業秘密？ (3)
    (1)鑑定人A因司法審理而知悉配方
    (2)甲公司授權乙公司使用其配方
    (3)甲公司之B員工擅自將配方盜賣給乙公司
    (4)甲公司與乙公司協議共有配方。

23. ( ) 故意侵害他人之營業秘密，法院因被害人之請求，最高得酌定損害額幾倍之賠償？ (3)
    (1)1倍 (2)2倍 (3)3倍 (4)4倍。

24. ( ) 受雇者因承辦業務而知悉營業秘密，在離職後對於該營業秘密的處理方式，下列敘述何者正確？ (4)
    (1)聘雇關係解除後便不再負有保障營業秘密之責
    (2)僅能自用而不得販售獲取利益
    (3)自離職日起3年後便不再負有保障營業秘密之責
    (4)離職後仍不得洩漏該營業秘密。

25. ( ) 按照現行法律規定，侵害他人營業秘密，其法律責任為 (3)
    (1)僅需負刑事責任 (2)僅需負民事損害賠償責任 (3)刑事責任與民事損害賠償責任皆須負擔 (4)刑事責任與民事損害賠償責任皆不須負擔。

26. ( ) 企業內部之營業秘密，可以概分為「商業性營業秘密」及「技術性營業秘密」二大類型，請問下列何者屬於「技術性營業秘密」？ (3)
    (1)人事管理 (2)經銷據點 (3)產品配方 (4)客戶名單。

27. ( ) 某離職同事請求在職員工將離職前所製作之某份文件傳送給他，請問下列回應方式何者正確？ (3)
    (1)由於該項文件係由該離職員工製作，因此可以傳送文件
    (2)若其目的僅為保留檔案備份，便可以傳送文件
    (3)可能構成對於營業秘密之侵害，應予拒絕並請他直接向公司提出請求
    (4)視彼此交情決定是否傳送文件。

28. ( ) 行為人以竊取等不正當方法取得營業秘密，下列敘述何者正確？ (1)
    (1)已構成犯罪
    (2)只要後續沒有洩漏便不構成犯罪
    (3)只要後續沒有出現使用之行為便不構成犯罪
    (4)只要後續沒有造成所有人之損害便不構成犯罪。

29. ( ) 針對在我國境內竊取營業秘密後，意圖在外國、中國大陸或港澳地區使用者，營業秘密法是否可以適用？ (3)
    (1)無法適用
    (2)可以適用，但若屬未遂犯則不罰
    (3)可以適用並加重其刑
    (4)能否適用需視該國家或地區與我國是否簽訂相互保護營業秘密之條約或協定。

30. ( ) 所謂營業秘密，係指方法、技術、製程、配方、程式、設計或其他可用於生產、銷售或經營之資訊，但其保障所需符合的要件不包括下列何者？ (4)
    (1)因其秘密性而具有實際之經濟價值者　(2)所有人已採取合理之保密措施者
    (3)因其秘密性而具有潛在之經濟價值者　(4)一般涉及該類資訊之人所知者。

31. ( ) 因故意或過失而不法侵害他人之營業秘密者，負損害賠償責任該損害賠償之請求權，自請求權人知有行為及賠償義務人時起，幾年間不行使就會消滅？ (1)
    (1)2年　(2)5年　(3)7年　(4)10年。

32. ( ) 公司負責人為了要節省開銷，將員工薪資以高報低來投保全民健保及勞保，是觸犯了刑法上之何種罪刑？ (1)
    (1)詐欺罪　(2)侵占罪　(3)背信罪　(4)工商秘密罪。

33. ( ) A受僱於公司擔任會計，因自己的財務陷入危機，多次將公司帳款轉入妻兒戶頭，是觸犯了刑法上之何種罪刑？ (2)
    (1)洩漏工商秘密罪　(2)侵占罪　(3)詐欺罪　(4)偽造文書罪。

34. ( ) 某甲於公司擔任業務經理時，未依規定經董事會同意，私自與自己親友之公司訂定生意合約，會觸犯下列何種罪刑？ (3)
    (1)侵占罪　(2)貪污罪　(3)背信罪　(4)詐欺罪。

35. ( ) 如果你擔任公司採購的職務，親朋好友們會向你推銷自家的產品，希望你要採購時，你應該 (1)
    (1)適時地婉拒，說明利益需要迴避的考量，請他們見諒
    (2)既然是親朋好友，就應該互相幫忙
    (3)建議親朋好友將產品折扣，折扣部分歸於自己，就會採購
    (4)可以暗中地幫忙親朋好友，進行採購，不要被發現有親友關係便可。

36. ( ) 小美是公司的業務經理，有一天巧遇國中同班的死黨小林，發現他是公司的下游廠商老闆。最近小美處理一件公司的招標案件，小林的公司也在其中，私下約小美見面，請求她提供這次招標案的底標，並馬上要給予幾十萬元的前謝金，請問小美該怎麼辦？ (3)
    (1)退回錢，並告訴小林都是老朋友，一定會全力幫忙
    (2)收下錢，將錢拿出來給單位同事們分紅
    (3)應該堅決拒絕，並避免每次見面都與小林談論相關業務問題
    (4)朋友一場，給他一個比較接近底標的金額，反正又不是正確的，所以沒關係。

37. ( ) 公司發給每人一台平板電腦提供業務上使用，但是發現根本很少在使用，為了讓它有效的利用，所以將它拿回家給親人使用，這樣的行為是 (3)
(1)可以的，這樣就不用花錢買
(2)可以的，反正放在那裡不用它，也是浪費資源
(3)不可以的，因為這是公司的財產，不能私用
(4)不可以的，因為使用年限未到，如果年限到報廢了，便可以拿回家。

38. ( ) 公司的車子，假日又沒人使用，你是鑰匙保管者，請問假日可以開出去嗎？ (3)
(1)可以，只要付費加油即可
(2)可以，反正假日不影響公務
(3)不可以，因為是公司的，並非私人擁有
(4)不可以，應該是讓公司想要使用的員工，輪流使用才可。

39. ( ) 阿哲是財經線的新聞記者，某次採訪中得知 A 公司在一個月內將有一個大的併購案，這個併購案顯示公司的財力，且能讓 A 公司股價往上飆升。請問阿哲得知此消息後，可以立刻購買該公司的股票嗎？ (4)
(1)可以，有錢大家賺
(2)可以，這是我努力獲得的消息
(3)可以，不賺白不賺
(4)不可以，屬於內線消息，必須保持記者之操守，不得洩漏。

40. ( ) 與公務機關接洽業務時，下列敘述何者正確？ (4)
(1)沒有要求公務員違背職務，花錢疏通而已，並不違法
(2)唆使公務機關承辦採購人員配合浮報價額，僅屬偽造文書行為
(3)口頭允諾行賄金額但還沒送錢，尚不構成犯罪
(4)與公務員同謀之共犯，即便不具公務員身分，仍可依據貪污治罪條例處刑。

41. ( ) 與公務機關有業務往來構成職務利害關係者，下列敘述何者正確？ (1)
(1)將餽贈之財物請公務員父母代轉，該公務員亦已違反規定
(2)與公務機關承辦人飲宴應酬為增進基本關係的必要方法
(3)高級茶葉低價售予有利害關係之承辦公務員，有價購行為就不算違反法規
(4)機關公務員藉子女婚宴廣邀業務往來廠商之行為，並無不妥。

42. ( ) 廠商某甲承攬公共工程，工程進行期間，甲與其工程人員經常招待該公共工程委辦機關之監工及驗收之公務員喝花酒或招待出國旅遊，下列敘述何者正確？ (4)
(1)公務員若沒有收現金，就沒有罪
(2)只要工程沒有問題，某甲與監工及驗收等相關公務員就沒有犯罪
(3)因為不是送錢，所以都沒有犯罪
(4)某甲與相關公務員均已涉嫌觸犯貪污治罪條例。

43. ( ) 行（受）賄罪成立要素之一為具有對價關係，而作為公務員職務之對價有「賄賂」或「不正利益」，下列何者不屬於「賄賂」或「不正利益」？ (1)
(1)開工邀請公務員觀禮　　　　(2)送百貨公司大額禮券
(3)免除債務　　　　　　　　　(4)招待吃米其林等級之高檔大餐。

44. ( ) 下列有關貪腐的敘述何者錯誤？ (4)
(1)貪腐會危害永續發展和法治　(2)貪腐會破壞民主體制及價值觀
(3)貪腐會破壞倫理道德與正義　(4)貪腐有助降低企業的經營成本。

45. ( ) 下列何者不是設置反貪腐專責機構須具備的必要條件？ (4)
(1)賦予該機構必要的獨立性
(2)使該機構的工作人員行使職權不會受到不當干預
(3)提供該機構必要的資源、專職工作人員及必要培訓
(4)賦予該機構的工作人員有權力可隨時逮捕貪污嫌疑人。

46. ( ) 檢舉人向有偵查權機關或政風機構檢舉貪污瀆職，必須於何時為之始可能給與獎金？ (2)
(1)犯罪未起訴前　(2)犯罪未發覺前　(3)犯罪未遂前　(4)預備犯罪前。

47. ( ) 檢舉人應以何種方式檢舉貪污瀆職始能核給獎金？ (3)
(1)匿名　(2)委託他人檢舉　(3)以真實姓名檢舉　(4)以他人名義檢舉。

48. ( ) 我國制定何種法律以保護刑事案件之證人，使其勇於出面作證，俾利犯罪之偵查、審判？ (4)
(1)貪污治罪條例　(2)刑事訴訟法　(3)行政程序法　(4)證人保護法。

49. ( ) 下列何者非屬公司對於企業社會責任實踐之原則？ (1)
(1)加強個人資料揭露　(2)維護社會公益　(3)發展永續環境　(4)落實公司治理。

50. ( ) 下列何者並不屬於「職業素養」規範中的範疇？ (1)
(1)增進自我獲利的能力　　　　(2)擁有正確的職業價值觀
(3)積極進取職業的知識技能　　(4)具備良好的職業行為習慣。

51. ( ) 下列何者符合專業人員的職業道德？ (4)
(1)未經雇主同意，於上班時間從事私人事務
(2)利用雇主的機具設備私自接單生產
(3)未經顧客同意，任意散佈或利用顧客資料
(4)盡力維護雇主及客戶的權益。

52. ( ) 身為公司員工必須維護公司利益，下列何者是正確的工作態度或行為？ (4)
(1)將公司逾期的產品更改標籤
(2)施工時以省時、省料為獲利首要考量，不顧品質
(3)服務時優先考量公司的利益，顧客權益次之
(4)工作時謹守本分，以積極態度解決問題。

53. ( ) 身為專業技術工作人士,應以何種認知及態度服務客戶? (3)
(1)若客戶不瞭解,就儘量減少成本支出,抬高報價
(2)遇到維修問題,儘量拖過保固期
(3)主動告知可能碰到問題及預防方法
(4)隨著個人心情來提供服務的內容及品質。

54. ( ) 因為工作本身需要高度專業技術及知識,所以在對客戶服務時應如何? (2)
(1)不用理會顧客的意見　　　　(2)保持親切、真誠、客戶至上的態度
(3)若價錢較低,就敷衍了事　　(4)以專業機密為由,不用對客戶說明及解釋。

55. ( ) 從事專業性工作,在與客戶約定時間應 (2)
(1)保持彈性,任意調整　　　　(2)儘可能準時,依約定時間完成工作
(3)能拖就拖,能改就改　　　　(4)自己方便就好,不必理會客戶的要求。

56. ( ) 從事專業性工作,在服務顧客時應有的態度為何? (1)
(1)選擇最安全、經濟及有效的方法完成工作
(2)選擇工時較長、獲利較多的方法服務客戶
(3)為了降低成本,可以降低安全標準
(4)不必顧及雇主和顧客的立場。

57. ( ) 以下那一項員工的作為符合敬業精神? (4)
(1)利用正常工作時間從事私人事務　(2)運用雇主的資源,從事個人工作
(3)未經雇主同意擅離工作崗位　　　(4)謹守職場紀律及禮節,尊重客戶隱私。

58. ( ) 小張獲選為小孩學校的家長會長,這個月要召開會議,沒時間準備資料,所以,利用上班期間有空檔非休息時間來完成,請問是否可以? (3)
(1)可以,因為不耽誤他的工作
(2)可以,因為他能力好,能夠同時完成很多事
(3)不可以,因為這是私事,不可以利用上班時間完成
(4)可以,只要不要被發現。

59. ( ) 小吳是公司的專用司機,為了能夠隨時用車,經過公司同意,每晚都將公司的車開回家,然而,他發現反正每天上班路線,都要經過女兒學校,就順便載女兒上學,請問可以嗎? (2)
(1)可以,反正順路　　　　　　(2)不可以,這是公司的車不能私用
(3)可以,只要不被公司發現即可　(4)可以,要資源須有效使用。

60. ( ) 小江是職場上的新鮮人,剛進公司不久,他應該具備怎樣的態度? (4)
(1)上班、下班,管好自己便可
(2)仔細觀察公司生態,加入某些小團體,以做為後盾
(3)只要做好人脈關係,這樣以後就好辦事
(4)努力做好自己職掌的業務,樂於工作,與同事之間有良好的互動,相互協助。

61. ( ) 在公司內部行使商務禮儀的過程，主要以參與者在公司中的何種條件來訂定順序？ (4)
(1)年齡 (2)性別 (3)社會地位 (4)職位。

62. ( ) 一位職場新鮮人剛進公司時，良好的工作態度是 (1)
(1)多觀察、多學習，了解企業文化和價值觀
(2)多打聽哪一個部門比較輕鬆，升遷機會較多
(3)多探聽哪一個公司在找人，隨時準備跳槽走人
(4)多遊走各部門認識同事，建立自己的小圈圈。

63. ( ) 根據消除對婦女一切形式歧視公約（CEDAW），下列何者正確？ (1)
(1)對婦女的歧視指基於性別而作的任何區別、排斥或限制
(2)只關心女性在政治方面的人權和基本自由
(3)未要求政府需消除個人或企業對女性的歧視
(4)傳統習俗應予保護及傳承，即使含有歧視女性的部分，也不可以改變。

64. ( ) 某規範明定地政機關進用女性測量助理名額，不得超過該機關測量助理名額總數二分之一，根據消除對婦女一切形式歧視公約（CEDAW），下列何者正確？ (1)
(1)限制女性測量助理人數比例，屬於直接歧視
(2)土地測量經常在戶外工作，基於保護女性所作的限制，不屬性別歧視
(3)此項二分之一規定是為促進男女比例平衡
(4)此限制是為確保機關業務順暢推動，並未歧視女性。

65. ( ) 根據消除對婦女一切形式歧視公約（CEDAW）之間接歧視意涵，下列何者錯誤？ (4)
(1)一項法律、政策、方案或措施表面上對男性和女性無任何歧視，但實際上卻產生歧視女性的效果
(2)察覺間接歧視的一個方法，是善加利用性別統計與性別分析
(3)如果未正視歧視之結構和歷史模式，及忽略男女權力關係之不平等，可能使現有不平等狀況更為惡化
(4)不論在任何情況下，只要以相同方式對待男性和女性，就能避免間接歧視之產生。

66. ( ) 下列何者不是菸害防制法之立法目的？ (4)
(1)防制菸害　　　　　　　　　(2)保護未成年免於菸害
(3)保護孕婦免於菸害　　　　　(4)促進菸品的使用。

67. ( ) 按菸害防制法規定，對於在禁菸場所吸菸會被罰多少錢？ (1)
(1)新臺幣 2 千元至 1 萬元罰鍰　(2)新臺幣 1 千元至 5 千元罰鍰
(3)新臺幣 1 萬元至 5 萬元罰鍰　(4)新臺幣 2 萬元至 10 萬元罰鍰。

68. ( ) 請問下列何者不是個人資料保護法所定義的個人資料？ (3)
(1)身分證號碼 (2)最高學歷 (3)職稱 (4)護照號碼。

69. ( ) 有關專利權的敘述，下列何者正確？ (1)
(1)專利有規定保護年限，當某商品、技術的專利保護年限屆滿，任何人皆可免費運用該項專利
(2)我發明了某項商品，卻被他人率先申請專利權，我仍可主張擁有這項商品的專利權
(3)製造方法可以申請新型專利權
(4)在本國申請專利之商品進軍國外，不需向他國申請專利權。

70. ( ) 下列何者行為會有侵害著作權的問題？ (4)
(1)將報導事件事實的新聞文字轉貼於自己的社群網站
(2)直接轉貼高普考考古題在 FACEBOOK
(3)以分享網址的方式轉貼資訊分享於社群網站
(4)將講師的授課內容錄音，複製多份分贈友人。

71. ( ) 有關著作權之概念，下列何者正確？ (1)
(1)國外學者之著作，可受我國著作權法的保護
(2)公務機關所函頒之公文，受我國著作權法的保護
(3)著作權要待向智慧財產權申請通過後才可主張
(4)以傳達事實之新聞報導的語文著作，依然受著作權之保障。

72. ( ) 某廠商之商標在我國已經獲准註冊，請問若希望將商品行銷販賣到國外，請問是否需在當地申請註冊才能主張商標權？ (1)
(1)是，因為商標權註冊採取屬地保護原則
(2)否，因為我國申請註冊之商標權在國外也會受到承認
(3)不一定，需視我國是否與商品希望行銷販賣的國家訂有相互商標承認之協定
(4)不一定，需視商品希望行銷販賣的國家是否為 WTO 會員國。

73. ( ) 下列何者不屬於營業秘密？ (1)
(1)具廣告性質的不動產交易底價
(2)須授權取得之產品設計或開發流程圖示
(3)公司內部管制的各種計畫方案
(4)不是公開可查知的客戶名單分析資料。

74. ( ) 營業秘密可分為「技術機密」與「商業機密」，下列何者屬於「商業機密」？ (3)
(1)程式 (2)設計圖 (3)商業策略 (4)生產製程。

75. ( ) 某甲在公務機關擔任首長，其弟弟乙是某協會的理事長，乙為舉辦協會活動，決定向甲服務的機關申請經費補助，下列有關利益衝突迴避之敘述，何者正確？ (3)
(1)協會是舉辦慈善活動，甲認為是好事，所以指示機關承辦人補助活動經費
(2)機關未經公開公平方式，私下直接對協會補助活動經費新臺幣 10 萬元
(3)甲應自行迴避該案審查，避免瓜田李下，防止利益衝突
(4)乙為順利取得補助，應該隱瞞是機關首長甲之弟弟的身分。

76. ( ) 依公職人員利益衝突迴避法規定,公職人員甲與其小舅子乙(二親等以內的關係人)間,下列何種行為不違反該法? (3)
(1)甲要求受其監督之機關聘用小舅子乙
(2)小舅子乙以請託關說之方式,請求甲之服務機關通過其名下農地變更使用申請案
(3)關係人乙經政府採購法公開招標程序,並主動在投標文件表明與甲的身分關係,取得甲服務機關之年度採購標案
(4)甲、乙兩人均自認為人公正,處事坦蕩,任何往來都是清者自清,不需擔心任何問題。

77. ( ) 大雄擔任公司部門主管,代表公司向公務機關投標,為使公司順利取得標案,可以向公務機關的採購人員為以下何種行為? (3)
(1)為社交禮俗需要,贈送價值昂貴的名牌手錶作為見面禮
(2)為與公務機關間有良好互動,招待至有女陪侍場所飲宴
(3)為了解招標文件內容,提出招標文件疑義並請說明
(4)為避免報價錯誤,要求提供底價作為參考。

78. ( ) 下列關於政府採購人員之敘述,何者未違反相關規定? (1)
(1)非主動向廠商求取,是偶發地收到廠商致贈價值在新臺幣500元以下之廣告物、促銷品、紀念品
(2)要求廠商提供與採購無關之額外服務
(3)利用職務關係向廠商借貸
(4)利用職務關係媒介親友至廠商處所任職。

79. ( ) 下列敘述何者錯誤? (4)
(1)憲法保障言論自由,但散布假新聞、假消息仍須面對法律責任
(2)在網路或Line社群網站收到假訊息,可以敘明案情並附加截圖檔,向法務部調查局檢舉
(3)對新聞媒體報導有意見,向國家通訊傳播委員會申訴
(4)自己或他人捏造、扭曲、竄改或虛構的訊息,只要一小部分能證明是真的,就不會構成假訊息。

80. ( ) 下列敘述何者正確? (4)
(1)公務機關委託的代檢(代驗)業者,不是公務員,不會觸犯到刑法的罪責
(2)賄賂或不正利益,只限於法定貨幣,給予網路遊戲幣沒有違法的問題
(3)在靠北公務員社群網站,覺得可受公評且匿名發文,就可以謾罵公務機關對特定案件的檢查情形
(4)受公務機關委託辦理案件,除履行採購契約應辦事項外,對於蒐集到的個人資料,也要遵守相關保護及保密規定。

81. ( ) 有關促進參與及預防貪腐的敘述，下列何者錯誤？ (1)
(1)我國非聯合國會員國，無須落實聯合國反貪腐公約規定
(2)推動政府部門以外之個人及團體積極參與預防和打擊貪腐
(3)提高決策過程之透明度，並促進公眾在決策過程中發揮作用
(4)對公職人員訂定執行公務之行為守則或標準。

82. ( ) 為建立良好之公司治理制度，公司內部宜納入何種檢舉人制度？ (2)
(1)告訴乃論制度　(2)吹哨者（whistleblower）保護程序及保護制度
(3)不告不理制度　(4)非告訴乃論制度。

83. ( ) 有關公司訂定誠信經營守則時，下列何者錯誤？ (4)
(1)避免與涉有不誠信行為者進行交易
(2)防範侵害營業秘密、商標權、專利權、著作權及其他智慧財產權
(3)建立有效之會計制度及內部控制制度
(4)防範檢舉。

84. ( ) 乘坐轎車時，如有司機駕駛，按照國際乘車禮儀，以司機的方位來看，首位應為 (1)
(1)後排右側　(2)前座右側　(3)後排左側　(4)後排中間。

85. ( ) 今天好友突然來電，想來個「說走就走的旅行」，因此，無法去上班，下列何者 (2)
作法不適當？
(1)發送 E-MAIL 給主管與人事部門，並收到回覆
(2)什麼都無需做，等公司打電話來確認後，再告知即可
(3)用 LINE 傳訊息給主管，並確認讀取且有回覆
(4)打電話給主管與人事部門請假。

86. ( ) 每天下班回家後，就懶得再出門去買菜，利用上班時間瀏覽線上購物網站，發現 (4)
有很多限時搶購的便宜商品，還能在下班前就可以送到公司，下班順便帶回家，
省掉好多時間，下列何者最適當？
(1)可以，又沒離開工作崗位，且能節省時間
(2)可以，還能介紹同事一同團購，省更多的錢，增進同事情誼
(3)不可以，應該把商品寄回家，不是公司
(4)不可以，上班不能從事個人私務，應該等下班後再網路購物。

87. ( ) 宜樺家中養了一隻貓，由於最近生病，獸醫師建議要有人一直陪牠，這樣會恢復 (4)
快一點，辦公室雖然禁止攜帶寵物，但因為上班家裡無人陪伴，所以準備帶牠到
辦公室一起上班，下列何者最適當？
(1)可以，只要我放在寵物箱，不要影響工作即可
(2)可以，同事們都答應也不反對
(3)可以，雖然貓會發出聲音，大小便有異味，只要處理好不影響工作即可
(4)不可以，可以送至專門機構照護或請專人照顧，以免影響工作。

88. ( ) 根據性別平等工作法，下列何者非屬職場性騷擾？ (4)
    (1)公司員工執行職務時，客戶對其講黃色笑話，該員工感覺被冒犯
    (2)雇主對求職者要求交往，作為僱用與否之交換條件
    (3)公司員工執行職務時，遭到同事以「女人就是沒大腦」性別歧視用語加以辱罵，該員工感覺其人格尊嚴受損
    (4)公司員工下班後搭乘捷運，在捷運上遭到其他乘客偷拍。

89. ( ) 根據性別平等工作法，下列何者非屬職場性別歧視？ (4)
    (1)雇主考量男性賺錢養家之社會期待，提供男性高於女性之薪資
    (2)雇主考量女性以家庭為重之社會期待，裁員時優先資遣女性
    (3)雇主事先與員工約定倘其有懷孕之情事，必須離職
    (4)有未滿2歲子女之男性員工，也可申請每日六十分鐘的哺乳時間。

90. ( ) 根據性別平等工作法，有關雇主防治性騷擾之責任與罰則，下列何者錯誤？ (3)
    (1)僱用受僱者30人以上者，應訂定性騷擾防治措施、申訴及懲戒規範
    (2)雇主知悉性騷擾發生時，應採取立即有效之糾正及補救措施
    (3)雇主違反應訂定性騷擾防治措施之規定時，處以罰鍰即可，不用公布其姓名
    (4)雇主違反應訂定性騷擾申訴管道者，應限期令其改善，屆期未改善者，應按次處罰。

91. ( ) 根據性騷擾防治法，有關性騷擾之責任與罰則，下列何者錯誤？ (1)
    (1)對他人為性騷擾者，如果沒有造成他人財產上之損失，就無需負擔金錢賠償之責任　(2)對於因教育、訓練、醫療、公務、業務、求職，受自己監督、照護之人，利用權勢或機會為性騷擾者，得加重科處罰鍰至二分之一　(3)意圖性騷擾，乘人不及抗拒而為親吻、擁抱或觸摸其臀部、胸部或其他身體隱私處之行為者，處2年以下有期徒刑、拘役或科或併科10萬元以下罰金　(4)對他人為權勢性騷擾以外之性騷擾者，由直轄市、縣（市）主管機關處1萬元以上10萬元以下罰鍰。

92. ( ) 根據性別平等工作法規範職場性騷擾範疇，下列何者錯誤？ (3)
    (1)上班執行職務時，任何人以性要求、具有性意味或性別歧視之言詞或行為，造成敵意性、脅迫性或冒犯性之工作環境
    (2)對僱用、求職或執行職務關係受自己指揮、監督之人，利用權勢或機會為性騷擾
    (3)與朋友聚餐後回家時，被陌生人以盯梢、守候、尾隨跟蹤
    (4)雇主對受僱者或求職者為明示或暗示之性要求、具有性意味或性別歧視之言詞或行為。

93. ( ) 根據消除對婦女一切形式歧視公約（CEDAW）之直接歧視及間接歧視意涵，下列何者錯誤？ (3)
    (1)老闆得知小黃懷孕後，故意將小黃調任薪資待遇較差的工作，意圖使其自行離開職場，小黃老闆的行為是直接歧視

(2) 某餐廳於網路上招募外場服務生，條件以未婚年輕女性優先錄取，明顯以性或性別差異為由所實施的差別待遇，為直接歧視

(3) 某公司員工值班注意事項排除女性員工參與夜間輪值，是考量女性有人身安全及家庭照顧等需求，為維護女性權益之措施，非直接歧視

(4) 某科技公司規定男女員工之加班時數上限及加班費或津貼不同，認為女性能力有限，且無法長時間工作，限制女性獲取薪資及升遷機會，這規定是直接歧視。

94. (1) 目前菸害防制法規範，「不可販賣菸品」給未滿幾歲的人？
(1)20　(2)19　(3)18　(4)17。

95. (1) 按菸害防制法規定，下列敘述何者錯誤？
(1)只有老闆、店員才可以出面勸阻在禁菸場所抽菸的人
(2)任何人都可以出面勸阻在禁菸場所抽菸的人
(3)餐廳、旅館設置室內吸菸室，需經專業技師簽證核可
(4)加油站屬易燃易爆場所，任何人都可以勸阻在禁菸場所抽菸的人。

96. (3) 關於菸品對人體危害的敘述，下列何者正確？
(1)只要開電風扇、或是抽風機就可以去除菸霧中的有害物質
(2)指定菸品（如：加熱菸）只要通過健康風險評估，就不會危害健康，因此工作時如果想吸菸，就可以在職場拿出來使用
(3)雖然自己不吸菸，同事在旁邊吸菸，就會增加自己得肺癌的機率
(4)只要不將菸吸入肺部，就不會對身體造成傷害。

97. (4) 職場禁菸的好處不包括
(1)降低吸菸者的菸品使用量，有助於減少吸菸導致的疾病而請假
(2)避免同事因為被動吸菸而生病
(3)讓吸菸者菸癮降低，戒菸較容易成功
(4)吸菸者不能抽菸會影響工作效率。

98. (4) 大多數的吸菸者都嘗試過戒菸，但是很少自己戒菸成功。吸菸的同事要戒菸，怎樣建議他是無效的？
(1)鼓勵他撥打戒菸專線 0800-63-63-63，取得相關建議與協助
(2)建議他到醫療院所、社區藥局找藥物戒菸
(3)建議他參加醫院或衛生所辦理的戒菸班
(4)戒菸是自己的事，別人幫不了忙。

99. (2) 禁菸場所負責人未於場所入口處設置明顯禁菸標示，要罰該場所負責人多少元？
(1)2千至1萬　(2)1萬至5萬　(3)1萬至25萬　(4)20萬至100萬。

100. (3) 目前電子煙是非法的，下列對電子煙的敘述，何者錯誤？
(1)跟吸菸一樣會成癮　　　　　　(2)會有爆炸危險
(3)沒有燃燒的菸草，也沒有二手煙的問題　(4)可能造成嚴重肺損傷。

90008 環境保護共同科目

單選題

1. ( ) 世界環境日是在每一年的那一日？ (1)
   (1)6月5日　(2)4月10日　(3)3月8日　(4)11月12日。

2. ( ) 2015年巴黎協議之目的為何？ (3)
   (1)避免臭氧層破壞　　　　　　(2)減少持久性污染物排放
   (3)遏阻全球暖化趨勢　　　　　(4)生物多樣性保育。

3. ( ) 下列何者為環境保護的正確作為？ (3)
   (1)多吃肉少蔬食　(2)自己開車不共乘　(3)鐵馬步行　(4)不隨手關燈。

4. ( ) 下列何種行為對生態環境會造成較大的衝擊？ (2)
   (1)種植原生樹木　(2)引進外來物種　(3)設立國家公園　(4)設立自然保護區。

5. ( ) 下列哪一種飲食習慣能減碳抗暖化？ (2)
   (1)多吃速食　(2)多吃天然蔬果　(3)多吃牛肉　(4)多選擇吃到飽的餐館。

6. ( ) 飼主遛狗時，其狗在道路或其他公共場所便溺時，下列何者應優先負清除責任？ (1)
   (1)主人　(2)清潔隊　(3)警察　(4)土地所有權人。

7. ( ) 外食自備餐具是落實綠色消費的哪一項表現？ (1)
   (1)重複使用　(2)回收再生　(3)環保選購　(4)降低成本。

8. ( ) 再生能源一般是指可永續利用之能源，主要包括哪些：A.化石燃料　B.風力　C.太陽能　D.水力？ (2)
   (1)ACD　(2)BCD　(3)ABD　(4)ABCD。

9. ( ) 依環境基本法第3條規定，基於國家長期利益，經濟、科技及社會發展均應兼顧環境保護。但如果經濟、科技及社會發展對環境有嚴重不良影響或有危害時，應以何者優先？ (4)
   (1)經濟　(2)科技　(3)社會　(4)環境。

10. ( ) 森林面積的減少甚至消失可能導致哪些影響：A.水資源減少 B.減緩全球暖化 C.加劇全球暖化 D.降低生物多樣性？ (1)
    (1)ACD　(2)BCD　(3)ABD　(4)ABCD。

11. ( ) 塑膠為海洋生態的殺手，所以政府推動「無塑海洋」政策，下列何項不是減少塑膠危害海洋生態的重要措施？ (3)
    (1)擴大禁止免費供應塑膠袋　(2)禁止製造、進口及販售含塑膠柔珠的清潔用品
    (3)定期進行海水水質監測　　(4)淨灘、淨海。

12. ( ) 違反環境保護法律或自治條例之行政法上義務，經處分機關處停工、停業處分或處新臺幣五千元以上罰鍰者，應接受下列何種講習？ (1)道路交通安全講習 (2)環境講習 (3)衛生講習 (4)消防講習。 (2)

13. ( ) 下列何者為環保標章？ (1)

14. ( )「聖嬰現象」是指哪一區域的溫度異常升高？
(1)西太平洋表層海水 (2)東太平洋表層海水
(3)西印度洋表層海水 (4)東印度洋表層海水。 (2)

15. ( )「酸雨」定義為雨水酸鹼值達多少以下時稱之？
(1)5.0 (2)6.0 (3)7.0 (4)8.0。 (1)

16. ( ) 一般而言，水中溶氧量隨水溫之上升而呈下列哪一種趨勢？
(1)增加 (2)減少 (3)不變 (4)不一定。 (2)

17. ( ) 二手菸中包含多種危害人體的化學物質，甚至多種物質有致癌性，會危害到下列何者的健康？
(1)只對12歲以下孩童有影響 (2)只對孕婦比較有影響
(3)只對65歲以上之民眾有影響 (4)對二手菸接觸民眾皆有影響。 (4)

18. ( ) 二氧化碳和其他溫室氣體含量增加是造成全球暖化的主因之一，下列何種飲食方式也能降低碳排放量，對環境保護做出貢獻：A.少吃肉，多吃蔬菜；B.玉米產量減少時，購買玉米罐頭食用；C.選擇當地食材；D.使用免洗餐具，減少清洗用水與清潔劑？
(1)AB (2)AC (3)AD (4)ACD。 (2)

19. ( ) 上下班的交通方式有很多種，其中包括：A.騎腳踏車；B.搭乘大眾交通工具；C.自行開車，請將前述幾種交通方式之單位排碳量由少至多之排列方式為何？
(1)ABC (2)ACB (3)BAC (4)CBA。 (1)

20. ( ) 下列何者「不是」室內空氣污染源？
(1)建材 (2)辦公室事務機 (3)廢紙回收箱 (4)油漆及塗料。 (3)

21. ( ) 下列何者不是自來水消毒採用的方式？
(1)加入臭氧 (2)加入氯氣 (3)紫外線消毒 (4)加入二氧化碳。 (4)

22. ( ) 下列何者不是造成全球暖化的元凶？
(1)汽機車排放的廢氣 (2)工廠所排放的廢氣
(3)火力發電廠所排放的廢氣 (4)種植樹木。 (4)

23. ( ) 下列何者不是造成臺灣水資源減少的主要因素？
(1)超抽地下水 (2)雨水酸化 (3)水庫淤積 (4)濫用水資源。 (2)

24. ( ) 下列何者是海洋受污染的現象？ (1)
(1)形成紅潮 (2)形成黑潮 (3)溫室效應 (4)臭氧層破洞。

25. ( ) 水中生化需氧量（BOD）愈高，其所代表的意義為下列何者？ (2)
(1)水為硬水 (2)有機污染物多 (3)水質偏酸 (4)分解污染物時不需消耗太多氧。

26. ( ) 下列何者是酸雨對環境的影響？ (1)
(1)湖泊水質酸化 (2)增加森林生長速度 (3)土壤肥沃 (4)增加水生動物種類。

27. ( ) 下列哪一項水質濃度降低會導致河川魚類大量死亡？ (2)
(1)氨氮 (2)溶氧 (3)二氧化碳 (4)生化需氧量。

28. ( ) 下列何種生活小習慣的改變可減少細懸浮微粒（$PM_{2.5}$）排放，共同為改善空氣品質盡一份心力？ (1)
(1)少吃燒烤食物 (2)使用吸塵器 (3)養成運動習慣 (4)每天喝 500cc 的水。

29. ( ) 下列哪種措施不能用來降低空氣污染？ (4)
(1)汽機車強制定期排氣檢測 (2)汰換老舊柴油車
(3)禁止露天燃燒稻草 (4)汽機車加裝消音器。

30. ( ) 大氣層中臭氧層有何作用？ (3)
(1)保持溫度 (2)對流最旺盛的區域 (3)吸收紫外線 (4)造成光害。

31. ( ) 小李具有乙級廢水專責人員證照，某工廠希望以高價租用證照的方式合作，請問下列何者正確？ (1)
(1)這是違法行為 (2)互蒙其利 (3)價錢合理即可 (4)經環保局同意即可。

32. ( ) 可藉由下列何者改善河川水質且兼具提供動植物良好棲地環境？ (2)
(1)運動公園 (2)人工溼地 (3)滯洪池 (4)水庫。

33. ( ) 台灣自來水之水源主要取自 (2)
(1)海洋的水 (2)河川或水庫的水 (3)綠洲的水 (4)灌溉渠道的水。

34. ( ) 目前市面清潔劑均會強調「無磷」，是因為含磷的清潔劑使用後，若廢水排至河川或湖泊等水域會造成甚麼影響？ (2)
(1)綠牡蠣 (2)優養化 (3)秘雕魚 (4)烏腳病。

35. ( ) 冰箱在廢棄回收時應特別注意哪一項物質，以避免逸散至大氣中造成臭氧層的破壞？ (1)
(1)冷媒 (2)甲醛 (3)汞 (4)苯。

36. ( ) 下列何者不是噪音的危害所造成的現象？ (1)
(1)精神很集中 (2)煩躁、失眠 (3)緊張、焦慮 (4)工作效率低落。

37. ( ) 我國移動污染源空氣污染防制費的徵收機制為何？ (2)
(1)依車輛里程數計費 (2)隨油品銷售徵收
(3)依牌照徵收 (4)依照排氣量徵收。

38. ( ) 室內裝潢時,若不謹慎選擇建材,將會逸散出氣狀污染物。其中會刺激皮膚、眼、鼻和呼吸道,也是致癌物質,可能為下列哪一種污染物? (2)
(1)臭氧 (2)甲醛 (3)氟氯碳化合物 (4)二氧化碳。

39. ( ) 高速公路旁常見農田違法焚燒稻草,其產生下列何種污染物除了對人體健康造成不良影響外,亦會造成濃煙影響行車安全? (1)
(1)懸浮微粒 (2)二氧化碳（CO_2） (3)臭氧（O_3） (4)沼氣。

40. ( ) 都市中常產生的「熱島效應」會造成何種影響? (2)
(1)增加降雨 (2)空氣污染物不易擴散 (3)空氣污染物易擴散 (4)溫度降低。

41. ( ) 下列何者不是藉由蚊蟲傳染的疾病? (4)
(1)日本腦炎 (2)瘧疾 (3)登革熱 (4)痢疾。

42. ( ) 下列何者非屬資源回收分類項目中「廢紙類」的回收物? (4)
(1)報紙 (2)雜誌 (3)紙袋 (4)用過的衛生紙。

43. ( ) 下列何者對飲用瓶裝水之形容是正確的:A.飲用後之寶特瓶容器為地球增加了一個廢棄物;B.運送瓶裝水時卡車會排放空氣污染物;C.瓶裝水一定比經煮沸之自來水安全衛生? (1)
(1)AB (2)BC (3)AC (4)ABC。

44. ( ) 下列哪一項是我們在家中常見的環境衛生用藥? (2)
(1)體香劑 (2)殺蟲劑 (3)洗滌劑 (4)乾燥劑。

45. ( ) 下列何者為公告應回收的廢棄物?A.廢鋁箔包 B.廢紙容器 C.寶特瓶 (1)
(1)ABC (2)AC (3)BC (4)C。

46. ( ) 小明拿到「垃圾強制分類」的宣導海報,標語寫著「分3類,好OK」,標語中的分3類是指家戶日常生活中產生的垃圾可以區分哪三類? (4)
(1)資源垃圾、廚餘、事業廢棄物
(2)資源垃圾、一般廢棄物、事業廢棄物
(3)一般廢棄物、事業廢棄物、放射性廢棄物
(4)資源垃圾、廚餘、一般垃圾。

47. ( ) 家裡有過期的藥品,請問這些藥品要如何處理? (2)
(1)倒入馬桶沖掉 (2)交由藥局回收 (3)繼續服用 (4)送給相同疾病的朋友。

48. ( ) 台灣西部海岸曾發生的綠牡蠣事件是與下列何種物質污染水體有關? (2)
(1)汞 (2)銅 (3)磷 (4)鎘。

49. ( ) 在生物鏈越上端的物種其體內累積持久性有機污染物（POPs）濃度將越高,危害性也將越大,這是說明POPs具有下列何種特性? (4)
(1)持久性 (2)半揮發性 (3)高毒性 (4)生物累積性。

50. ( ) 有關小黑蚊的敘述，下列何者為非？ (3)
    (1)活動時間以中午十二點到下午三點為活動高峰期
    (2)小黑蚊的幼蟲以腐植質、青苔和藻類為食
    (3)無論雄性或雌性皆會吸食哺乳類動物血液
    (4)多存在竹林、灌木叢、雜草叢、果園等邊緣地帶等處。

51. ( ) 利用垃圾焚化廠處理垃圾的最主要優點為何？ (1)
    (1)減少處理後的垃圾體積　　(2)去除垃圾中所有毒物
    (3)減少空氣污染　　(4)減少處理垃圾的程序。

52. ( ) 利用豬隻的排泄物當燃料發電，是屬於下列哪一種能源？ (3)
    (1)地熱能　(2)太陽能　(3)生質能　(4)核能。

53. ( ) 每個人日常生活皆會產生垃圾，有關處理垃圾的觀念與方式，下列何者不正確？ (2)
    (1)垃圾分類，使資源回收再利用
    (2)所有垃圾皆掩埋處理，垃圾將會自然分解
    (3)廚餘回收堆肥後製成肥料
    (4)可燃性垃圾經焚化燃燒可有效減少垃圾體積。

54. ( ) 防治蚊蟲最好的方法是 (2)
    (1)使用殺蟲劑　(2)清除孳生源　(3)網子捕捉　(4)拍打。

55. ( ) 室內裝修業者承攬裝修工程，工程中所產生的廢棄物應該如何處理？ (1)
    (1)委託合法清除機構清運　　(2)倒在偏遠山坡地
    (3)河岸邊掩埋　　(4)交給清潔隊垃圾車。

56. ( ) 若使用後的廢電池未經回收，直接廢棄所含重金屬物質曝露於環境中可能產生哪些影響？A.地下水污染、B.對人體產生中毒等不良作用、C.對生物產生重金屬累積及濃縮作用、D.造成優養化 (1)
    (1)ABC　(2)ABCD　(3)ACD　(4)BCD。

57. ( ) 哪一種家庭廢棄物可用來作為製造肥皂的主要原料？ (3)
    (1)食醋　(2)果皮　(3)回鍋油　(4)熟廚餘。

58. ( ) 世紀之毒「戴奧辛」主要透過何者方式進入人體？ (3)
    (1)透過觸摸　(2)透過呼吸　(3)透過飲食　(4)透過雨水。

59. ( ) 臺灣地狹人稠，垃圾處理一直是不易解決的問題，下列何種是較佳的因應對策？ (1)
    (1)垃圾分類資源回收　(2)蓋焚化廠　(3)運至國外處理　(4)向海爭地掩埋。

60. ( ) 購買下列哪一種商品對環境比較友善？ (3)
    (1)用過即丟的商品　　(2)一次性的產品
    (3)材質可以回收的商品　　(4)過度包裝的商品。

61. ( ) 下列何項法規的立法目的為預防及減輕開發行為對環境造成不良影響,藉以達成環境保護之目的? (2)
(1)公害糾紛處理法 (2)環境影響評估法 (3)環境基本法 (4)環境教育法。

62. ( ) 下列何種開發行為若對環境有不良影響之虞者,應實施環境影響評估?A.開發科學園區;B.新建捷運工程;C.採礦 (4)
(1)AB (2)BC (3)AC (4)ABC。

63. ( ) 主管機關審查環境影響說明書或評估書,如認為已足以判斷未對環境有重大影響之虞,作成之審查結論可能為下列何者? (1)
(1)通過環境影響評估審查 (2)應繼續進行第二階段環境影響評估
(3)認定不應開發 (4)補充修正資料再審。

64. ( ) 依環境影響評估法規定,對環境有重大影響之虞的開發行為應繼續進行第二階段環境影響評估,下列何者不是上述對環境有重大影響之虞或應進行第二階段環境影響評估的決定方式? (4)
(1)明訂開發行為及規模 (2)環評委員會審查認定
(3)自願進行 (4)有民眾或團體抗爭。

65. ( ) 依環境教育法,環境教育之戶外學習應選擇何地點辦理? (2)
(1)遊樂園 (2)環境教育設施或場所 (3)森林遊樂區 (4)海洋世界。

66. ( ) 依環境影響評估法規定,環境影響評估審查委員會審查環境影響說明書,認定下列對環境有重大影響之虞者,應繼續進行第二階段環境影響評估,下列何者非屬對環境有重大影響之虞者? (2)
(1)對保育類動植物之棲息生存有顯著不利之影響
(2)對國家經濟有顯著不利之影響
(3)對國民健康有顯著不利之影響
(4)對其他國家之環境有顯著不利之影響。

67. ( ) 依環境影響評估法規定,第二階段環境影響評估,目的事業主管機關應舉行下列何種會議? (4)
(1)研討會 (2)聽證會 (3)辯論會 (4)公聽會。

68. ( ) 開發單位申請變更環境影響說明書、評估書內容或審查結論,符合下列哪一情形,得檢附變更內容對照表辦理? (3)
(1)既有設備提昇產能而污染總量增加在百分之十以下
(2)降低環境保護設施處理等級或效率
(3)環境監測計畫變更
(4)開發行為規模增加未超過百分之五。

69. ( ) 開發單位變更原申請內容有下列哪一情形,無須就申請變更部分,重新辦理環境影響評估? (1)
    (1)不降低環保設施之處理等級或效率
    (2)規模擴增百分之十以上
    (3)對環境品質之維護有不利影響
    (4)土地使用之變更涉及原規劃之保護區。

70. ( ) 工廠或交通工具排放空氣污染物之檢查,下列何者錯誤? (2)
    (1)依中央主管機關規定之方法使用儀器進行檢查
    (2)檢查人員以嗅覺進行氨氣濃度之判定
    (3)檢查人員以嗅覺進行異味濃度之判定
    (4)檢查人員以肉眼進行粒狀污染物不透光率之判定。

71. ( ) 下列對於空氣污染物排放標準之敘述,何者正確:A.排放標準由中央主管機關訂定;B.所有行業之排放標準皆相同? (1)
    (1)僅 A (2)僅 B (3)AB 皆正確 (4)AB 皆錯誤。

72. ( ) 下列對於細懸浮微粒(PM$_{2.5}$)之敘述何者正確:A.空氣品質測站中自動監測儀所測得之數值若高於空氣品質標準,即判定為不符合空氣品質標準;B.濃度監測之標準方法為中央主管機關公告之手動檢測方法;C.空氣品質標準之年平均值為 15μg/m^3? (2)
    (1)僅 AB (2)僅 BC (3)僅 AC (4)ABC 皆正確。

73. ( ) 機車為空氣污染物之主要排放來源之一,下列何者可降低空氣污染物之排放量:A.將四行程機車全面汰換成二行程機車;B.推廣電動機車;C.降低汽油中之硫含量? (2)
    (1)僅 AB (2)僅 BC (3)僅 AC (4)ABC 皆正確。

74. ( ) 公眾聚集量大且滯留時間長之場所,經公告應設置自動監測設施,其應量測之室內空氣污染物項目為何? (1)二氧化碳 (2)一氧化碳 (3)臭氧 (4)甲醛。 (1)

75. ( ) 空氣污染源依排放特性分為固定污染源及移動污染源,下列何者屬於移動污染源? (3)
    (1)焚化廠 (2)石化廠 (3)機車 (4)煉鋼廠。

76. ( ) 我國汽機車移動污染源空氣污染防制費的徵收機制為何? (3)
    (1)依牌照徵收 (2)隨水費徵收 (3)隨油品銷售徵收 (4)購車時徵收。

77. ( ) 細懸浮微粒(PM$_{2.5}$)除了來自於污染源直接排放外,亦可能經由下列哪一種反應產生? (1)光合作用 (2)酸鹼中和 (3)厭氧作用 (4)光化學反應。 (4)

78. ( ) 我國固定污染源空氣污染防制費以何種方式徵收? (4)
    (1)依營業額徵收   (2)隨使用原料徵收
    (3)按工廠面積徵收   (4)依排放污染物之種類及數量徵收。

79. ( ) 在不妨害水體正常用途情況下,水體所能涵容污染物之量稱為 (1)
    (1)涵容能力 (2)放流能力 (3)運轉能力 (4)消化能力。

80. ( ) 水污染防治法中所稱地面水體不包括下列何者？ (4)
(1)河川 (2)海洋 (3)灌溉渠道 (4)地下水。

81. ( ) 下列何者不是主管機關設置水質監測站採樣的項目？ (4)
(1)水溫 (2)氫離子濃度指數 (3)溶氧量 (4)顏色。

82. ( ) 事業、污水下水道系統及建築物污水處理設施之廢（污）水處理，其產生之污泥， (1)
依規定應作何處理？
(1)應妥善處理，不得任意放置或棄置 (2)可作為農業肥料
(3)可作為建築土方 (4)得交由清潔隊處理。

83. ( ) 依水污染防治法，事業排放廢（污）水於地面水體者，應符合下列哪一標準之規定？ (2)
(1)下水水質標準 (2)放流水標準 (3)水體分類水質標準 (4)土壤處理標準。

84. ( ) 放流水標準，依水污染防治法應由何機關定之：A.中央主管機關；B.中央主管機 (3)
關會同相關目的事業主管機關；C.中央主管機關會商相關目的事業主管機關？
(1)僅 A (2)僅 B (3)僅 C (4)ABC。

85. ( ) 對於噪音之量測，下列何者錯誤？ (1)
(1)可於下雨時測量
(2)風速大於每秒 5 公尺時不可量測
(3)聲音感應器應置於離地面或樓板延伸線 1.2 至 1.5 公尺之間
(4)測量低頻噪音時，僅限於室內地點測量，非於戶外量測。

86. ( ) 下列對於噪音管制法之規定，何者敘述錯誤？ (4)
(1)噪音指超過管制標準之聲音
(2)環保局得視噪音狀況劃定公告噪音管制區
(3)人民得向主管機關檢舉使用中機動車輛噪音妨害安寧情形
(4)使用經校正合格之噪音計皆可執行噪音管制法規定之檢驗測定。

87. ( ) 製造非持續性但卻妨害安寧之聲音者，由下列何單位依法進行處理？ (1)
(1)警察局 (2)環保局 (3)社會局 (4)消防局。

88. ( ) 廢棄物、剩餘土石方清除機具應隨車持有證明文件且應載明廢棄物、剩餘土石方 (1)
之：A 產生源；B 處理地點；C 清除公司
(1)僅 AB (2)僅 BC (3)僅 AC (4)ABC 皆是。

89. ( ) 從事廢棄物清除、處理業務者，應向直轄市、縣（市）主管機關或中央主管機關 (1)
委託之機關取得何種文件後，始得受託清除、處理廢棄物業務？
(1)公民營廢棄物清除處理機構許可文件 (2)運輸車輛駕駛證明
(3)運輸車輛購買證明 (4)公司財務證明。

90. ( ) 在何種情形下，禁止輸入事業廢棄物：A.對國內廢棄物處理有妨礙；B.可直接固 (4)
化處理、掩埋、焚化或海拋；C.於國內無法妥善清理？
(1)僅 A (2)僅 B (3)僅 C (4)ABC。

91. ( ) 毒性化學物質因洩漏、化學反應或其他突發事故而污染運作場所周界外之環境，運作人應立即採取緊急防治措施，並至遲於多久時間內，報知直轄市、縣（市）主管機關？　(1)1 小時　(2)2 小時　(3)4 小時　(4)30 分鐘。　(4)

92. ( ) 下列何種物質或物品，受毒性及關注化學物質管理法之管制？　(4)
(1)製造醫藥之靈丹　　　　　　(2)製造農藥之蓋普丹
(3)含汞之日光燈　　　　　　　(4)使用青石綿製造石綿瓦。

93. ( ) 下列何行為不是土壤及地下水污染整治法所指污染行為人之作為？　(4)
(1)洩漏或棄置污染物
(2)非法排放或灌注污染物
(3)仲介或容許洩漏、棄置、非法排放或灌注污染物
(4)依法令規定清理污染物。

94. ( ) 依土壤及地下水污染整治法規定，進行土壤、底泥及地下水污染調查、整治及提供、檢具土壤及地下水污染檢測資料時，其土壤、底泥及地下水污染物檢驗測定，應委託何單位辦理？　(1)
(1)經中央主管機關許可之檢測機構　(2)大專院校　(3)政府機關　(4)自行檢驗。

95. ( ) 為解決環境保護與經濟發展的衝突與矛盾，1992 年聯合國環境發展大會（UN Conference on Environment and Development, UNCED）制定通過：　(3)
(1)日內瓦公約　(2)蒙特婁公約　(3)21 世紀議程　(4)京都議定書。

96. ( ) 一般而言，下列哪一個防治策略是屬經濟誘因策略？　(1)
(1)可轉換排放許可交易　(2)許可證制度　(3)放流水標準　(4)環境品質標準。

97. ( ) 對溫室氣體管制之「無悔政策」係指　(1)
(1)減輕溫室氣體效應之同時，仍可獲致社會效益
(2)全世界各國同時進行溫室氣體減量
(3)各類溫室氣體均有相同之減量邊際成本
(4)持續研究溫室氣體對全球氣候變遷之科學證據。

98. ( ) 一般家庭垃圾在進行衛生掩埋後，會經由細菌的分解而產生甲烷氣體，有關甲烷氣體對大氣危機中哪一種效應具有影響力？　(3)
(1)臭氧層破壞　(2)酸雨　(3)溫室效應　(4)煙霧（smog）效應。

99. ( ) 下列國際環保公約，何者限制各國進行野生動植物交易，以保護瀕臨絕種的野生動植物？　(1)華盛頓公約　(2)巴塞爾公約　(3)蒙特婁議定書　(4)氣候變化綱要公約。　(1)

100. ( ) 因人類活動導致哪些營養物過量排入海洋，造成沿海赤潮頻繁發生，破壞了紅樹林、珊瑚礁、海草，亦使魚蝦銳減，漁業損失慘重？　(2)
(1)碳及磷　(2)氮及磷　(3)氮及氯　(4)氯及鎂。

90009 節能減碳共同科目

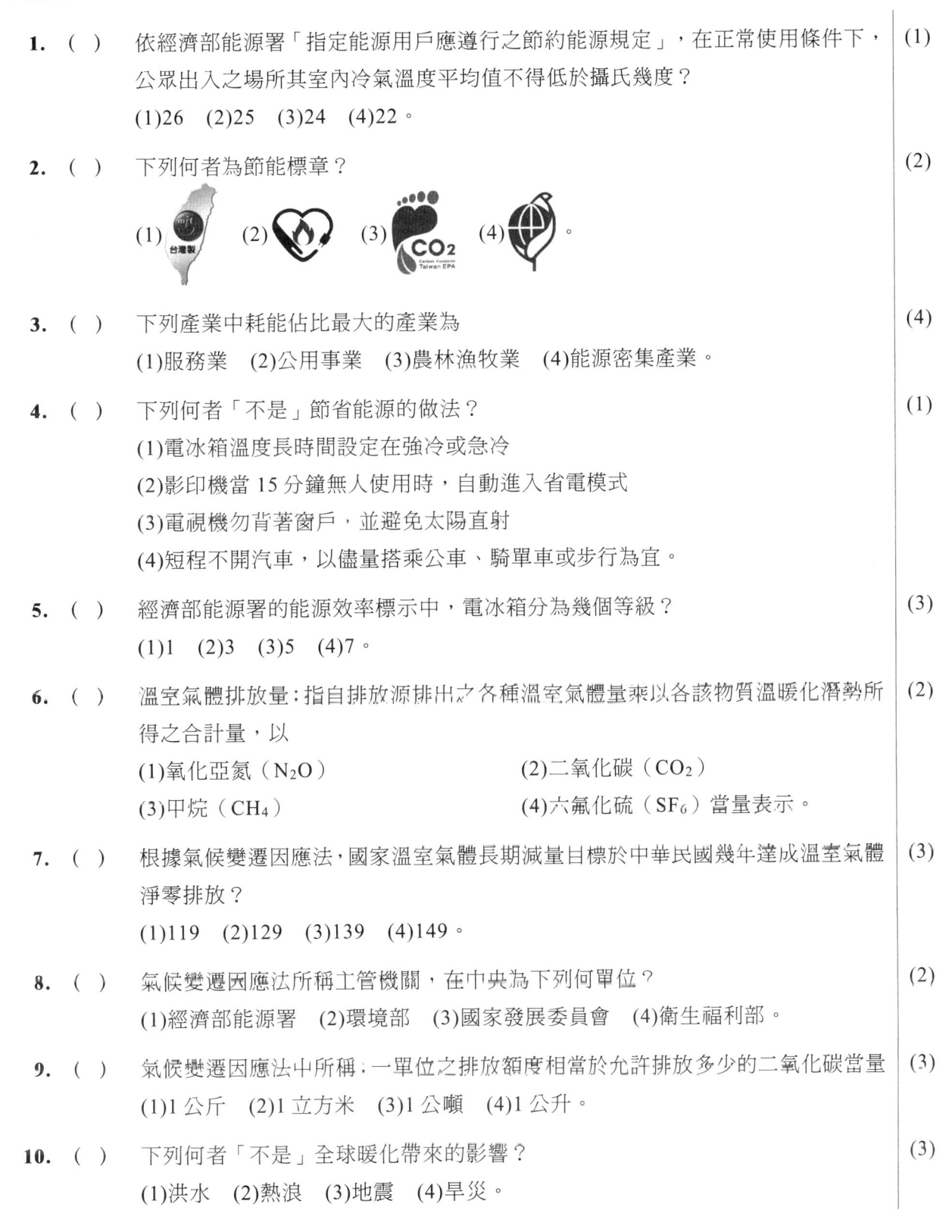

單選題

1. (1) 依經濟部能源署「指定能源用戶應遵行之節約能源規定」，在正常使用條件下，公眾出入之場所其室內冷氣溫度平均值不得低於攝氏幾度？
   (1)26　(2)25　(3)24　(4)22。

2. (2) 下列何者為節能標章？

3. (4) 下列產業中耗能佔比最大的產業為
   (1)服務業　(2)公用事業　(3)農林漁牧業　(4)能源密集產業。

4. (1) 下列何者「不是」節省能源的做法？
   (1)電冰箱溫度長時間設定在強冷或急冷
   (2)影印機當 15 分鐘無人使用時，自動進入省電模式
   (3)電視機勿背著窗戶，並避免太陽直射
   (4)短程不開汽車，以儘量搭乘公車、騎單車或步行為宜。

5. (3) 經濟部能源署的能源效率標示中，電冰箱分為幾個等級？
   (1)1　(2)3　(3)5　(4)7。

6. (2) 溫室氣體排放量：指自排放源排出之各種溫室氣體量乘以各該物質溫暖化潛勢所得之合計量，以
   (1)氧化亞氮（N_2O）
   (2)二氧化碳（CO_2）
   (3)甲烷（CH_4）
   (4)六氟化硫（SF_6）當量表示。

7. (3) 根據氣候變遷因應法，國家溫室氣體長期減量目標於中華民國幾年達成溫室氣體淨零排放？
   (1)119　(2)129　(3)139　(4)149。

8. (2) 氣候變遷因應法所稱主管機關，在中央為下列何單位？
   (1)經濟部能源署　(2)環境部　(3)國家發展委員會　(4)衛生福利部。

9. (3) 氣候變遷因應法中所稱：一單位之排放額度相當於允許排放多少的二氧化碳當量
   (1)1 公斤　(2)1 立方米　(3)1 公噸　(4)1 公升。

10. (3) 下列何者「不是」全球暖化帶來的影響？
    (1)洪水　(2)熱浪　(3)地震　(4)旱災。

11. ( ) 下列何種方法無法減少二氧化碳？ (1)
    (1)想吃多少儘量點，剩下可當廚餘回收
    (2)選購當地、當季食材，減少運輸碳足跡
    (3)多吃蔬菜，少吃肉
    (4)自備杯筷，減少免洗用具垃圾量。

12. ( ) 下列何者不會減少溫室氣體的排放？ (3)
    (1)減少使用煤、石油等化石燃料　(2)大量植樹造林，禁止亂砍亂伐
    (3)增高燃煤氣體排放的煙囪　(4)開發太陽能、水能等新能源。

13. ( ) 關於綠色採購的敘述，下列何者錯誤？ (4)
    (1)採購由回收材料所製造之物品
    (2)採購的產品對環境及人類健康有最小的傷害性
    (3)選購對環境傷害較少、污染程度較低的產品
    (4)以精美包裝為主要首選。

14. ( ) 一旦大氣中的二氧化碳含量增加，會引起那一種後果？ (1)
    (1)溫室效應惡化　(2)臭氧層破洞　(3)冰期來臨　(4)海平面下降。

15. ( ) 關於建築中常用的金屬玻璃帷幕牆，下列敘述何者正確？ (3)
    (1)玻璃帷幕牆的使用能節省室內空調使用
    (2)玻璃帷幕牆適用於臺灣，讓夏天的室內產生溫暖的感覺
    (3)在溫度高的國家，建築物使用金屬玻璃帷幕會造成日照輻射熱，產生室內「溫室效應」
    (4)臺灣的氣候濕熱，特別適合在大樓以金屬玻璃帷幕作為建材。

16. ( ) 下列何者不是能源之類型？ (4)
    (1)電力　(2)壓縮空氣　(3)蒸汽　(4)熱傳。

17. ( ) 我國已制定能源管理系統標準為 (1)
    (1)CNS 50001　(2)CNS 12681　(3)CNS 14001　(4)CNS 22000。

18. ( ) 台灣電力股份有限公司所謂的三段式時間電價於夏月平日（非週六日）之尖峰用電時段為何？ (3)
    (1)9：00~24：00　(2)6：00~11：00　(3)16：00~22：00　(4)9：00~16：00。

19. ( ) 基於節能減碳的目標，下列何種光源發光效率最低，不鼓勵使用？ (1)
    (1)白熾燈泡　(2)LED 燈泡　(3)省電燈泡　(4)螢光燈管。

20. ( ) 下列的能源效率分級標示，哪一項較省電？ (1)
    (1)1　(2)2　(3)3　(4)4。

21. ( ) 下列何者「不是」目前台灣主要的發電方式？ (4)
    (1)燃煤　(2)燃氣　(3)水力　(4)地熱。

22. ( ) 有關延長線及電線的使用，下列敘述何者錯誤？ (2)
(1)拔下延長線插頭時，應手握插頭取下
(2)使用中之延長線如有異味產生，屬正常現象不須理會
(3)應避開火源，以免外覆塑膠熔解，致使用時造成短路
(4)使用老舊之延長線，容易造成短路、漏電或觸電等危險情形，應立即更換。

23. ( ) 有關觸電的處理方式，下列敘述何者錯誤？ (1)
(1)立即將觸電者拉離現場　　　(2)把電源開關關閉
(3)通知救護人員　　　　　　　(4)使用絕緣的裝備來移除電源。

24. ( ) 目前電費單中，係以「度」為收費依據，請問下列何者為其單位？ (2)
(1)kW　(2)kWh　(3)kJ　(4)kJh。

25. ( ) 依據台灣電力公司三段式時間電價（尖峰、半尖峰及離峰時段）的規定，請問哪 (4)
個時段電價最便宜？
(1)尖峰時段　(2)夏月半尖峰時段　(3)非夏月半尖峰時段　(4)離峰時段。

26. ( ) 當用電設備遭遇電源不足或輸配電設備受限制時，導致用戶暫停或減少用電的情 (2)
形，常以下列何者名稱出現？
(1)停電　(2)限電　(3)斷電　(4)配電。

27. ( ) 照明控制可以達到節能與省電費的好處，下列何種方法最適合一般住宅社區兼顧 (2)
節能、經濟性與實際照明需求？
(1)加裝 DALI 全自動控制系統
(2)走廊與地下停車場選用紅外線感應控制電燈
(3)全面調低照明需求
(4)晚上關閉所有公共區域的照明。

28. ( ) 上班性質的商辦大樓為了降低尖峰時段用電，下列何者是錯的？ (2)
(1)使用儲冰式空調系統減少白天空調用電需求
(2)白天有陽光照明，所以白天可以將照明設備全關掉
(3)汰換老舊電梯馬達並使用變頻控制
(4)電梯設定隔層停止控制，減少頻繁啟動。

29. ( ) 為了節能與降低電費的需求，應該如何正確選用家電產品？ (2)
(1)選用高功率的產品效率較高
(2)優先選用取得節能標章的產品
(3)設備沒有壞，還是堪用，繼續用，不會增加支出
(4)選用能效分級數字較高的產品，效率較高，5級的比1級的電器產品更省電。

30. ( ) 有效而正確的節能從選購產品開始，就一般而言，下列的因素中，何者是選購電氣設備的最優先考量項目？ (3)
    (1)用電量消耗電功率是多少瓦攸關電費支出，用電量小的優先
    (2)採購價格比較，便宜優先
    (3)安全第一，一定要通過安規檢驗合格
    (4)名人或演藝明星推薦，應該口碑較好。

31. ( ) 高效率燈具如果要降低眩光的不舒服，下列何者與降低刺眼眩光影響無關？ (3)
    (1)光源下方加裝擴散板或擴散膜　　(2)燈具的遮光板
    (3)光源的色溫　　(4)採用間接照明。

32. ( ) 用電熱爐煮火鍋，採用中溫50%加熱，比用高溫100%加熱，將同一鍋水煮開，下列何者是對的？ (4)
    (1)中溫50%加熱比較省電　　(2)高溫100%加熱比較省電
    (3)中溫50%加熱，電流反而比較大　　(4)兩種方式用電量是一樣的。

33. ( ) 電力公司為降低尖峰負載時段超載的停電風險，將尖峰時段電價費率（每度電單價）提高，離峰時段的費率降低，引導用戶轉移部分負載至離峰時段，這種電能管理策略稱為 (2)
    (1)需量競價　(2)時間電價　(3)可停電力　(4)表燈用戶彈性電價。

34. ( ) 集合式住宅的地下停車場需要維持通風良好的空氣品質，又要兼顧節能效益，下列的排風扇控制方式何者是不恰當的？ (2)
    (1)淘汰老舊排風扇，改裝取得節能標章、適當容量的高效率風扇
    (2)兩天一次運轉通風扇就好了
    (3)結合一氧化碳偵測器，自動啟動/停止控制
    (4)設定每天早晚二次定期啟動排風扇。

35. ( ) 大樓電梯為了節能及生活便利需求，可設定部分控制功能，下列何者是錯誤或不正確的做法？ (2)
    (1)加感應開關，無人時自動關閉電燈與通風扇
    (2)縮短每次開門/關門的時間
    (3)電梯設定隔樓層停靠，減少頻繁啟動
    (4)電梯馬達加裝變頻控制。

36. ( ) 為了節能及兼顧冰箱的保溫效果，下列何者是錯誤或不正確的做法？ (4)
    (1)冰箱內上下層間不要塞滿，以利冷藏對流
    (2)食物存放位置紀錄清楚，一次拿齊食物，減少開門次數
    (3)冰箱門的密封壓條如果鬆弛，無法緊密關門，應儘速更新修復
    (4)冰箱內食物擺滿塞滿，效益最高。

37. ( ) 電鍋剩飯持續保溫至隔天再食用,或剩飯先放冰箱冷藏,隔天用微波爐加熱,就加熱及節能觀點來評比,下列何者是對的? (2)
    (1)持續保溫較省電
    (2)微波爐再加熱比較省電又方便
    (3)兩者一樣
    (4)優先選電鍋保溫方式,因為馬上就可以吃。

38. ( ) 不斷電系統UPS與緊急發電機的裝置都是應付臨時性供電狀況;停電時,下列的陳述何者是對的? (2)
    (1)緊急發電機會先啟動,不斷電系統UPS是後備的
    (2)不斷電系統UPS先啟動,緊急發電機是後備的
    (3)兩者同時啟動
    (4)不斷電系統UPS可以撐比較久。

39. ( ) 下列何者為非再生能源? (2)
    (1)地熱能 (2)焦煤 (3)太陽能 (4)水力能。

40. ( ) 欲兼顧採光及降低經由玻璃部分侵入之熱負載,下列的改善方法何者錯誤? (1)
    (1)加裝深色窗簾 (2)裝設百葉窗 (3)換裝雙層玻璃 (4)貼隔熱反射膠片。

41. ( ) 一般桶裝瓦斯(液化石油氣)主要成分為丁烷與下列何種成分所組成? (3)
    (1)甲烷 (2)乙烷 (3)丙烷 (4)辛烷。

42. ( ) 在正常操作,且提供相同暖氣之情形下,下列何種暖氣設備之能源效率最高? (1)
    (1)冷暖氣機 (2)電熱風扇 (3)電熱輻射機 (4)電暖爐。

43. ( ) 下列何種熱水器所需能源費用最少? (4)
    (1)電熱水器 (2)天然瓦斯熱水器 (3)柴油鍋爐熱水器 (4)熱泵熱水器。

44. ( ) 某公司希望能進行節能減碳,為地球盡點心力,以下何種作為並不恰當? (4)
    (1)將採購規定列入以下文字:「汰換設備時首先考慮能源效率1級或具有節能標章之產品」
    (2)盤查所有能源使用設備
    (3)實行能源管理
    (4)為考慮經營成本,汰換設備時採買最便宜的機種。

45. ( ) 冷氣外洩會造成能源之浪費,下列的入門設施與管理何者最耗能? (2)
    (1)全開式有氣簾 (2)全開式無氣簾 (3)自動門有氣簾 (4)自動門無氣簾。

46. ( ) 下列何者「不是」潔淨能源? (4)
    (1)風能 (2)地熱 (3)太陽能 (4)頁岩氣。

47. ( ) 有關再生能源中的風力、太陽能的使用特性中,下列敘述中何者錯誤? (2)
    (1)間歇性能源,供應不穩定
    (2)不易受天氣影響
    (3)需較大的土地面積
    (4)設置成本較高。

48. ( ) 有關台灣能源發展所面臨的挑戰,下列選項何者是錯誤的? (3)
(1)進口能源依存度高,能源安全易受國際影響
(2)化石能源所占比例高,溫室氣體減量壓力大
(3)自產能源充足,不需仰賴進口
(4)能源密集度較先進國家仍有改善空間。

49. ( ) 若發生瓦斯外洩之情形,下列處理方法中錯誤的是? (3)
(1)應先關閉瓦斯爐或熱水器等開關
(2)緩慢地打開門窗,讓瓦斯自然飄散
(3)開啟電風扇,加強空氣流動
(4)在漏氣止住前,應保持警戒,嚴禁煙火。

50. ( ) 全球暖化潛勢(Global Warming Potential, GWP)是衡量溫室氣體對全球暖化的影響,其中是以何者為比較基準? (1)
(1)CO_2 (2)CH_4 (3)SF_6 (4)N_2O。

51. ( ) 有關建築之外殼節能設計,下列敘述中錯誤的是? (4)
(1)開窗區域設置遮陽設備 (2)大開窗面避免設置於東西日曬方位
(3)做好屋頂隔熱設施 (4)宜採用全面玻璃造型設計,以利自然採光。

52. ( ) 下列何者燈泡的發光效率最高? (1)
(1)LED 燈泡 (2)省電燈泡 (3)白熾燈泡 (4)鹵素燈泡。

53. ( ) 有關吹風機使用注意事項,下列敘述中錯誤的是? (4)
(1)請勿在潮濕的地方使用,以免觸電危險
(2)應保持吹風機進、出風口之空氣流通,以免造成過熱
(3)應避免長時間使用,使用時應保持適當的距離
(4)可用來作為烘乾棉被及床單等用途。

54. ( ) 下列何者是造成聖嬰現象發生的主要原因? (2)
(1)臭氧層破洞 (2)溫室效應 (3)霧霾 (4)颱風。

55. ( ) 為了避免漏電而危害生命安全,下列「不正確」的做法是? (4)
(1)做好用電設備金屬外殼的接地
(2)有濕氣的用電場合,線路加裝漏電斷路器
(3)加強定期的漏電檢查及維護
(4)使用保險絲來防止漏電的危險性。

56. ( ) 用電設備的線路保護用電力熔絲(保險絲)經常燒斷,造成停電的不便,下列「不正確」的作法是? (1)
(1)換大一級或大兩級規格的保險絲或斷路器就不會燒斷了
(2)減少線路連接的電氣設備,降低用電量
(3)重新設計線路,改較粗的導線或用兩迴路並聯
(4)提高用電設備的功率因數。

57. ( ) 政府為推廣節能設備而補助民眾汰換老舊設備，下列何者的節電效益最佳？ (2)
    (1)將桌上檯燈光源由螢光燈換為 LED 燈
    (2)優先淘汰 10 年以上的老舊冷氣機為能源效率標示分級中之一級冷氣機
    (3)汰換電風扇，改裝設能源效率標示分級為一級的冷氣機
    (4)因為經費有限，選擇便宜的產品比較重要。

58. ( ) 依據我國現行國家標準規定，冷氣機的冷氣能力標示應以何種單位表示？ (1)
    (1)kW (2)BTU/h (3)kcal/h (4)RT。

59. ( ) 漏電影響節電成效，並且影響用電安全，簡易的查修方法為 (1)
    (1)電氣材料行買支驗電起子，碰觸電氣設備的外殼，就可查出漏電與否
    (2)用手碰觸就可以知道有無漏電
    (3)用三用電表檢查
    (4)看電費單有無紀錄。

60. ( ) 使用了 10 幾年的通風換氣扇老舊又骯髒，噪音又大，維修時採取下列哪一種對策最為正確及節能？ (2)
    (1)定期拆下來清洗油垢
    (2)不必再猶豫，10 年以上的電扇效率偏低，直接換為高效率通風扇
    (3)直接噴沙拉脫清潔劑就可以了，省錢又方便
    (4)高效率通風扇較貴，換同機型的廠內備用品就好了。

61. ( ) 電氣設備維修時，在關掉電源後，最好停留 1 至 5 分鐘才開始檢修，其主要的理由為下列何者？ (3)
    (1)先平靜心情，做好準備才動手
    (2)讓機器設備降溫下來再查修
    (3)讓裡面的電容器有時間放電完畢，才安全
    (4)法規沒有規定，這完全沒有必要。

62. ( ) 電氣設備裝設於有潮濕水氣的環境時，最應該優先檢查及確認的措施是？ (1)
    (1)有無在線路上裝設漏電斷路器 (2)電氣設備上有無安全保險絲
    (3)有無過載及過熱保護設備 (4)有無可能傾倒及生鏽。

63. ( ) 為保持中央空調主機效率,最好每隔多久時間應請維護廠商或保養人員檢視中央空調主機？ (1)半年 (2)1 年 (3)1.5 年 (4)2 年。 (1)

64. ( ) 家庭用電最大宗來自於 (1)
    (1)空調及照明 (2)電腦 (3)電視 (4)吹風機。

65. ( ) 冷氣房內為減少日照高溫及降低空調負載，下列何種處理方式是錯誤的？ (2)
    (1)窗戶裝設窗簾或貼隔熱紙
    (2)將窗戶或門開啟，讓屋內外空氣自然對流
    (3)屋頂加裝隔熱材、高反射率塗料或噴水
    (4)於屋頂進行薄層綠化。

66. ( ) 有關電冰箱放置位置的處理方式，下列何者是正確的？ (2)
(1)背後緊貼牆壁節省空間
(2)背後距離牆壁應有 10 公分以上空間，以利散熱
(3)室內空間有限，側面緊貼牆壁就可以了
(4)冰箱最好貼近流理台，以便存取食材。

67. ( ) 下列何項「不是」照明節能改善需優先考量之因素？ (2)
(1)照明方式是否適當　　(2)燈具之外型是否美觀
(3)照明之品質是否適當　　(4)照度是否適當。

68. ( ) 醫院、飯店或宿舍之熱水系統耗能大，要設置熱水系統時，應優先選用何種熱水系統較節能？ (2)
(1)電能熱水系統　(2)熱泵熱水系統　(3)瓦斯熱水系統　(4)重油熱水系統。

69. ( ) 如下圖，你知道這是什麼標章嗎？ (4)
(1)省水標章　(2)環保標章　(3)奈米標章　(4)能源效率標示。

70. ( ) 台灣電力公司電價表所指的夏月用電月份（電價比其他月份高）是為 (3)
(1)4/1~7/31　(2)5/1~8/31　(3)6/1~9/30　(4)7/1~10/31。

71. ( ) 屋頂隔熱可有效降低空調用電，下列何項措施較不適當？ (1)
(1)屋頂儲水隔熱　(2)屋頂綠化　(3)於適當位置設置太陽能板發電同時加以隔熱
(4)鋪設隔熱磚。

72. ( ) 電腦機房使用時間長、耗電量大，下列何項措施對電腦機房之用電管理較不適當？ (1)
(1)機房設定較低之溫度　　(2)設置冷熱通道
(3)使用較高效率之空調設備　　(4)使用新型高效能電腦設備。

73. ( ) 下列有關省水標章的敘述中正確的是？ (3)
(1)省水標章是環境部為推動使用節水器材，特別研定以作為消費者辨識省水產品的一種標誌
(2)獲得省水標章的產品並無嚴格測試，所以對消費者並無一定的保障
(3)省水標章能激勵廠商重視省水產品的研發與製造，進而達到推廣節水良性循環之目的
(4)省水標章除有用水設備外，亦可使用於冷氣或冰箱上。

74. ( ) 透過淋浴習慣的改變就可以節約用水，以下選項何者正確？ (2)
    (1)淋浴時抹肥皂，無需將蓮蓬頭暫時關上
    (2)等待熱水前流出的冷水可以用水桶接起來再利用
    (3)淋浴流下的水不可以刷洗浴室地板
    (4)淋浴沖澡流下的水，可以儲蓄洗菜使用。

75. ( ) 家人洗澡時，一個接一個連續洗，也是一種有效的省水方式嗎？ (1)
    (1)是，因為可以節省等待熱水流出之前所先流失的冷水
    (2)否，這跟省水沒什麼關係，不用這麼麻煩
    (3)否，因為等熱水時流出的水量不多
    (4)有可能省水也可能不省水，無法定論。

76. ( ) 下列何種方式有助於節省洗衣機的用水量？ (2)
    (1)洗衣機洗滌的衣物盡量裝滿，一次洗完
    (2)購買洗衣機時選購有省水標章的洗衣機，可有效節約用水
    (3)無需將衣物適當分類
    (4)洗濯衣物時盡量選擇高水位才洗的乾淨。

77. ( ) 如果水龍頭流量過大，下列何種處理方式是錯誤的？ (3)
    (1)加裝節水墊片或起波器　　　　(2)加裝可自動關閉水龍頭的自動感應器
    (3)直接換裝沒有省水標章的水龍頭　(4)直接調整水龍頭到適當水量。

78. ( ) 洗菜水、洗碗水、洗衣水、洗澡水等的清洗水，不可直接利用來做什麼用途？ (4)
    (1)洗地板　(2)沖馬桶　(3)澆花　(4)飲用水。

79. ( ) 如果馬桶有不正常的漏水問題，下列何者處理方式是錯誤的？ (1)
    (1)因為馬桶還能正常使用，所以不用著急，等到不能用時再報修即可
    (2)立刻檢查馬桶水箱零件有無鬆脫，並確認有無漏水
    (3)滴幾滴食用色素到水箱裡，檢查有無有色水流進馬桶，代表可能有漏水
    (4)通知水電行或檢修人員來檢修，徹底根絕漏水問題。

80. ( ) 水費的計量單位是「度」，你知道一度水的容量大約有多少？ (3)
    (1)2,000公升　　　　　　　　　(2)3000個600cc的寶特瓶
    (3)1立方公尺的水量　　　　　　(4)3立方公尺的水量。

81. ( ) 臺灣在一年中什麼時期會比較缺水（即枯水期）？ (3)
    (1)6月至9月　(2)9月至12月　(3)11月至次年4月　(4)臺灣全年不缺水。

82. ( ) 下列何種現象「不是」直接造成台灣缺水的原因？ (4)
    (1)降雨季節分布不平均，有時候連續好幾個月不下雨，有時又會下起豪大雨
    (2)地形山高坡陡，所以雨一下很快就會流入大海
    (3)因為民生與工商業用水需求量都愈來愈大，所以缺水季節很容易無水可用
    (4)台灣地區夏天過熱，致蒸發量過大。

83. ( ) 冷凍食品該如何讓它退冰，才是既「節能」又「省水」？ (3)
(1)直接用水沖食物強迫退冰　　　(2)使用微波爐解凍快速又方便
(3)烹煮前盡早拿出來放置退冰　　(4)用熱水浸泡，每 5 分鐘更換一次。

84. ( ) 洗碗、洗菜用何種方式可以達到清洗又省水的效果？ (2)
(1)對著水龍頭直接沖洗，且要盡量將水龍頭開大才能確保洗的乾淨
(2)將適量的水放在盆槽內洗濯，以減少用水
(3)把碗盤、菜等浸在水盆裡，再開水龍頭拼命沖水
(4)用熱水及冷水大量交叉沖洗達到最佳清洗效果。

85. ( ) 解決台灣水荒（缺水）問題的無效對策是 (4)
(1)興建水庫、蓄洪（豐）濟枯　　(2)全面節約用水
(3)水資源重複利用，海水淡化…等　(4)積極推動全民體育運動。

86. ( ) 如下圖，你知道這是什麼標章嗎？ (3)
(1)奈米標章　(2)環保標章　(3)省水標章　(4)節能標章。

87. ( ) 澆花的時間何時較為適當，水分不易蒸發又對植物最好？ (3)
(1)正中午　(2)下午時段　(3)清晨或傍晚　(4)半夜十二點。

88. ( ) 下列何種方式沒有辦法降低洗衣機之使用水量，所以不建議採用？ (3)
(1)使用低水位清洗　　　　　　　(2)選擇快洗行程
(3)兩、三件衣服也丟洗衣機洗　　(4)選擇有自動調節水量的洗衣機。

89. ( ) 有關省水馬桶的使用方式與觀念認知，下列何者是錯誤的？ (3)
(1)選用衛浴設備時最好能採用省水標章馬桶
(2)如果家裡的馬桶是傳統舊式，可以加裝二段式沖水配件
(3)省水馬桶因為水量較小，會有沖不乾淨的問題，所以應該多沖幾次
(4)因為馬桶是家裡用水的大宗，所以應該儘量採用省水馬桶來節約用水。

90. ( ) 下列的洗車方式，何者「無法」節約用水？ (3)
(1)使用有開關的水管可以隨時控制出水
(2)用水桶及海綿抹布擦洗
(3)用大口徑強力水注沖洗
(4)利用機械自動洗車，洗車水處理循環使用。

91. ( ) 下列何種現象「無法」看出家裡有漏水的問題？ (1)
(1)水龍頭打開使用時，水表的指針持續在轉動
(2)牆面、地面或天花板忽然出現潮濕的現象
(3)馬桶裡的水常在晃動，或是沒辦法止水
(4)水費有大幅度增加。

92. ( ) 蓮蓬頭出水量過大時，下列對策何者「無法」達到省水？ (2)
    (1)換裝有省水標章的低流量（5~10L/min）蓮蓬頭
    (2)淋浴時水量開大，無需改變使用方法
    (3)洗澡時間盡量縮短，塗抹肥皂時要把蓮蓬頭關起來
    (4)調整熱水器水量到適中位置。

93. ( ) 自來水淨水步驟，何者是錯誤的？ (4)
    (1)混凝 (2)沉澱 (3)過濾 (4)煮沸。

94. ( ) 為了取得良好的水資源，通常在河川的哪一段興建水庫？ (1)
    (1)上游 (2)中游 (3)下游 (4)下游出口。

95. ( ) 台灣是屬缺水地區，每人每年實際分配到可利用水量是世界平均值的約多少？ (4)
    (1)1/2 (2)1/4 (3)1/5 (4)1/6。

96. ( ) 台灣年降雨量是世界平均值的 2.6 倍，卻仍屬缺水地區，下列何者不是真正缺水的原因？ (3)
    (1)台灣由於山坡陡峻，以及颱風豪雨雨勢急促，大部分的降雨量皆迅速流入海洋
    (2)降雨量在地域、季節分布極不平均
    (3)水庫蓋得太少
    (4)台灣自來水水價過於便宜。

97. ( ) 電源插座堆積灰塵可能引起電氣意外火災，維護保養時的正確做法是？ (3)
    (1)可以先用刷子刷去積塵
    (2)直接用吹風機吹開灰塵就可以了
    (3)應先關閉電源總開關箱內控制該插座的分路開關，然後再清理灰塵
    (4)可以用金屬接點清潔劑噴在插座中去除銹蝕。

98. ( ) 溫室氣體易造成全球氣候變遷的影響，下列何者不屬於溫室氣體？ (4)
    (1)二氧化碳（CO_2） (2)氫氟碳化物（HFCs）
    (3)甲烷（CH_4） (4)氧氣（O_2）。

99. ( ) 就能源管理系統而言，下列何者不是能源效率的表示方式？ (4)
    (1)汽車－公里/公升 (2)照明系統－瓦特/平方公尺（W/m^2）
    (3)冰水主機－千瓦/冷凍噸（kW/RT） (4)冰水主機－千瓦（kW）。

100. ( ) 某工廠規劃汰換老舊低效率設備，以下何種做法並不恰當？ (3)
    (1)可考慮使用較高效率設備產品
    (2)先針對老舊設備建立其「能源指標」或「能源基線」
    (3)唯恐一直浪費能源，未經評估就馬上將老舊設備汰換掉
    (4)改善後需進行能源績效評估。

90011 資訊相關職類共用工作項目

不分級　工作項目 01：電腦硬體架構

1. ( ) 在量販店內，商品包裝上所貼的「條碼(Barcode)」係協助結帳及庫存盤點之用，則該條碼在此方面之資料處理作業上係屬於下列何者？ (2)
   (1)輸入設備　(2)輸入媒體　(3)輸出設備　(4)輸出媒體。

2. ( ) 有關「CPU 及記憶體處理」之說明，下列何者「不正確」？ (2)
   (1)控制單元負責指揮協調各單元運作
   (2)I/O 負責算術運算及邏輯運算
   (3)ALU 負責算術運算及邏輯運算
   (4)記憶單元儲存程式指令及資料。

   解析 I/O 負責資料的輸入與輸出。

3. ( ) 有關二進位數的表示法，下列何者「不正確」？ (2)
   (1)101　(2)1A　(3)1　4)11001。

   解析 人類的數字系統為十進制(0~9)，在電腦系統中為二進制(0,1)、八進制(0~7)及十六進制(0~9,A~F)。

4. ( ) 負責電腦開機時執行系統自動偵測及支援相關應用程式，具輸入輸出功能的元件為下列何者？ (2)
   (1)DOS　(2)BIOS　(3)I/O　(4)RAM。

   解析 BIOS：Basic Input/Output System(基本輸入輸出系統)的縮寫，將開機時所需要的檢查及設定燒錄於 ROM(唯讀記憶體)中，當電腦開機，BIOS 所有設定會被載入 RAM(隨機存取記憶體)中，並由 CPU 執行開機所需要的基本輸出/輸入設備的檢查(例如：鍵盤沒接好就無法開機)，並設定初始值，接著將控制權交給作業系統(OS)完成開機動作，BIOS 又稱之為韌體。

5. ( ) 在處理器中位址匯流排有 32 條，可以定出多少記憶體位址？ (4)
   (1)512MB　(2)1GB　(3)2GB　(4)4GB。

   解析 位址匯流排(Address Bus Line)為單一流向，位址線的多寡決定 CPU 所能使用的最大記憶體空間。32 條位址線，最大記憶體空間為 2^{32}=4GB。

6. ( ) 下列何者屬於揮發性記憶體？ (4)
   (1)Hard Disk　(2)Flash Memory　(3)ROM　(4)RAM。

   解析 揮發性記憶體：當電流中斷後，該記憶體中所儲存的資料便會消失。與之對應的就是非揮發性記憶體，該記憶體在電源供應中斷後，儲存的資料不會消失，重新供電後，又能夠讀取記憶體中的資料。

7. ( ) 下列技術何者為一個處理器中含有兩個執行單元,可以同時執行兩個並行執行緒,以提升處理器的運算效能與多工作業的能力? (2)
    (1)超執行緒(Hyper Thread)
    (2)雙核心(Dual Core)
    (3)超純量(Super Scalar)
    (4)單指令多資料(Single Instruction Multiple Data)。

    解析
    - 超執行緒(Hyper Thread):可以實現將一個處理器模擬成多個邏輯處理器,提供兩個及以上的邏輯執行緒的技術。
    - 雙核心(Dual Core):可以在一個處理器上集成兩個運算核心(執行單元),同時執行兩個並行的執行緒,從而提高計算能力。
    - 超純量(Super Scalar):是指在一顆處理器內核中實行了指令級並行的一類並行運算。
    - 單指令多資料(Single Instruction Multiple Data):一種採用一個控制器來控制多個處理器,同時執行相同的操作從而實現空間上的並列性的技術。

8. ( ) 下列技術何者為將一個處理器模擬成多個邏輯處理器,以提升程式執行之效能? (1)
    (1)超執行緒(Hyper Thread)
    (2)雙核心(Dual Core)
    (3)超純量(Super Scalar)
    (4)單指令多資料(Single Instruction Multiple Data)。

    解析 參閱第7題解析。

9. ( ) 有關記憶體的敘述,下列何者「不正確」? (2)
    (1)CPU 中的暫存器執行速度比主記憶體快
    (2)快取磁碟(Disk Cache)是利用記憶體中的快取記憶體(Cache Memory)來存放資料
    (3)在系統軟體中,透過軟體與輔助儲存體來擴展主記憶體容量,使數個大型程式得以同時放在主記憶體內執行的技術是虛擬記憶體(Virtual Memory)
    (4)個人電腦上大都有 Level 1(L1)及 Level 2(L2)快取記憶體(Cache Memory),其中 L1 快取的速度較快,但容量較小。

10. ( ) 有關電腦衡量單位之敘述,下列何者「不正確」? (4)
    (1)衡量印表機解析度的單位是 DPI (Dots Per Inch)
    (2)磁帶資料儲存密度的單位是 BPI (Bytes Per Inch)
    (3)衡量雷射印表機列印速度的單位是 PPM (Pages Per Minute)
    (4)通訊線路傳輸速率的單位是 BPS (Bytes Per Second)。

    解析 BPS (Bits Per Second),即每秒傳送的位元數,是資料傳輸速率的常用單位。

11. ( ) 有關電腦儲存資料所需記憶體的大小排序，下列何者正確？ (1)
(1)1 TB＞1 GB＞1 MB＞1 KB　　　　(2)1 KB＞1 GB＞1 MB＞1 TB
(3)1 GB＞1 MB＞1 TB＞1 KB　　　　(4)1 TB＞1 KB＞1 MB＞1 GB。

解析 1 KB=1024 Bytes、1 MB=1024 KB、1 GB=1024 MB、1TB=1024 GB。

12. ( ) 以微控制器為核心，並配合適當的周邊設備，以執行特定功能，主要是用來控制、監督或輔助特定設備的裝置，其架構仍屬於一種電腦系統(包含處理器、記憶體、輸入與輸出等硬體元素)，目前最常見的應用有 PDA、手機及資訊家電，這種系統稱為下列何者？ (2)
(1)伺服器系統　　　　　　　　(2)嵌入式系統
(3)分散式系統　　　　　　　　(4)個人電腦系統。

13. ( ) 有 A、B 兩個大小相同的檔案，A 檔案儲存在硬碟連續的位置，而 B 檔案儲存在硬碟分散的位置，因此 A 檔案的存取時間比 B 檔案少，下列何者為主要影響因素？ (4)
(1)CPU 執行時間(Execution Time)
(2)記憶體存取時間(Memory Access Time)
(3)傳送時間(Transfer Time)
(4)搜尋時間(Seek Time)。

解析 讀寫頭是固定的位置，所以必須由磁片旋轉找到要讀取的資料位置，因此磁碟存取時間包括了：
(1) 找尋時間：讀寫頭移到目標磁軌所需時間，為資料存取中最耗時間的部分。
(2) 旋轉時間：找尋磁區，和磁碟的轉速有關。
(3) 資料傳輸時間。。

14. ( ) 有關資料表示，下列何者「不正確」？ (3)
(1)1 Byte= 8 bits　　　　　　(2)1 KB=2^{10} Bytes
(3)1 MB=2^{15} Bytes　　　　　(4)1 GB=2^{30} Bytes。

15. ( ) 有關資料儲存媒體之敘述，下列何者正確？ (4)
(1)儲存資料之光碟片，可以直接用餐巾紙沾水以同心圓擦拭，以保持資料儲存良好狀況
(2)MO (Magnetic Optical) 光碟機所使用的光碟片，外型大小及儲存容量均與 CD-ROM 相同
(3)RAM 是一個經設計燒錄於硬體設備之記憶體
(4)可消除及可規劃之唯讀記憶體的縮寫為 EPROM。

16. ( ) 下列何者為 RAID (Redundant Array of Independent Disks) 技術的主要用途？ (1)
(1)儲存資料　　　　　　　　(2)傳輸資料
(3)播放音樂　　　　　　　　(4)播放影片。

> **解析** RAID (Redundant Array of Independent Disks)：容錯式磁碟陣列，透過虛擬化儲存技術把多個硬碟組合成為一個或多個硬碟陣列組，其主要用途就是提供大容量的儲存空間。

17. ( ) 硬碟的轉速會影響磁碟機在讀取檔案時所需花的下列何種時間？ (1)
(1)旋轉延遲(Rotational Latency)　　(2)尋找時間(Seek Time)
(3)資料傳輸(Transfer Time)　　(4)磁頭切換(Head Switching)。

> **解析** 參閱第 13 題解析。

18. ( ) 微處理器與外部連接之各種訊號匯流排，何者具有雙向流通性？ (3)
(1)控制匯流排　　(2)狀態匯流排
(3)資料匯流排　　(4)位址匯流排。

> **解析** 資料匯流排負責傳送資料至各大單元之間，為雙向的傳輸排線。

19. ( ) 下列何者是「美國標準資訊交換碼」的簡稱？ (3)
(1)IEEE　(2)CNS　(3)ASCII　(4)ISO。

> **解析**
> - IEEE：是電機電子工程師學會(Institute of Electrical and Electronics Engineers)的簡稱。
> - CNS：中華民國國家標準(National Standards of the Republic of China)的簡稱。
> - ASCII：美國標準資訊交換碼(American Standard Code for Information Interchange)的簡稱。
> - ISO：國際標準組織(International Organization for Standardization)的簡稱。

20. ( ) 下列何者內建於中央處理器(CPU)做為 CPU 暫存資料，以提升電腦的效能？ (1)
(1)快取記憶體(Cache)
(2)快閃記憶體(Flash Memory)
(3)靜態隨機存取記憶體(SRAM)
(4)動態隨機存取記憶體(DRAM)。

> **解析** 快取記憶體(Cache Memory)：會將常用到的資料儲存於快取記憶體中，便能在需要的時快速存取，增加電腦執行的效率。而快取記憶體分為兩種，一種是內建在 CPU 中的 L1 快取；另一種則在主機板上外，稱為 L2 快取。L1 快取比 L2 快取記憶體稍快，CPU 找尋資料時，會先從 L1 快取尋找，再找 L2 記憶體，最後才到主記憶體裡(RAM)尋找；所以快取記憶體愈大，電腦執行效率就愈大。

90011 資訊相關職類共用工作項目

工作項目 02：網路概論與應用

1. ( ) 下列何者為制定網際網路(Internet)相關標準的機構？ (1)
(1)IETF　(2)IEEE　(3)ANSI　(4)ISO。

> **解析** IETF：網際網路工程任務組(Internet Engineering Task Force)的簡稱，是一個開放的標準組織，負責開發和推廣自願網際網路標準。

2. ( ) 下列何者為專有名詞「WWW」之中文名稱？ (3)
(1)區域網路　(2)網際網路　(3)全球資訊網　(4)社群網路。

> **解析** WWW是全球資訊網的縮寫，英文全稱為「World Wide Web」，它可以讓客戶端使用瀏覽器存取伺服器上的頁面。

3. ( ) 下列何者不是合法的 IP 位址？ (4)
(1)120.80.40 .20　(2)140.92.1. 50　(3)192.83.166.5　(4)258.128. 33.24。

> **解析** 每一台電腦連上網路都配有一個號碼，這個號碼就像門牌一樣是獨一無二的，這個號碼就是 IP 位址，這個號碼由四組數字所組成，以「.」來分開，數值範圍為 0~255。

4. ( ) 有關網際網路之敘述，下列何者「不正確」？ (1)
(1)IPv 4 之子網路與 IPv6 之子網路只要兩端直接以傳輸線相連即可互相傳送資料
(2)IPv4 之位址可以被轉化為 IPv 6 之位址
(3)IPv 6 之位址有 128 位元
(4)IPv 4 之位址有 32 位元。

5. ( ) 在 OSI (Open System Interconnection) 通信協定中，電子郵件的服務屬於下列哪一層？ (4)
(1)傳送層(Tran sport Layer)　　(2)交談層(Session Layer)
(3)表示層(Presentation Layer)　　(4)應用層(Application Layer)。

> **解析** OSI是由國際化標準組織(ISO)針對開放式網路架構所制定的電腦互連標準，依據網路運作方式共切分成七個不同的層級：
>
> | 層級 | 名稱 | 說明 | 相關技術 |
> |---|---|---|---|
> | 7 | 應用層 (Application) | 主要功能是處理應用程式，進而提供使用者網路應用服務。例如：BBS、WWW、FTP、E-Mail、SKYPE…等 | POP3/IMAP、Telnet、Http、FTP、Mailto、SMTP、NNTP、SNMP |

層級	名稱	說明	相關技術
5	交談層 (Session)	負責建立、主控一個交談，利用會話技巧或對話，協調系統之間的資料交換	DNS
4	傳輸層 (Transport)	負責網路整體的資料傳輸及控制，可以將一個較大的資料切割成多個適合傳輸的資料	TCP、UDP、SPX
3	網路層 (Network)	定義網路路由及定址功能，讓資料能夠在網路間傳遞。負責網路中封包的「路徑選擇」	IP、路由器、Ping、IPX、RIP/OSPF、ARP/RARP
2	資料連結層 (Data Link)	主要是在網路之間建立邏輯連結，並且在傳輸過程中處理流量控制及錯誤偵測，讓資料傳送與接收更穩定	橋接器、交換式集線器、網路卡(MAC)、Ethernet、FDDI、Token-Ring
1	實體層 (Physical)	定義網路裝置之間的位元資料傳輸，也就是在電線或其他物理線材上，傳遞0與1電子訊號，形成網路	集線器、中繼器

6. (　) 有關藍芽(Bluetooth)技術特性之敘述，下列何者「不正確」？　　(4)
   (1)傳輸距離約 10 公尺　　(2)低功率
   (3)使用 2.4GHz 頻段　　(4)傳輸速率約為 10 Mbps。

7. (　) 有關網際網路協定之敘述，下列何者「不正確」？　　(2)
   (1)TCP 是一種可靠傳輸　　(2)HTTP 是一種安全性的傳輸
   (3)HTTP 使用 TCP 來傳輸資料　　(4)UDP 是一種不可靠傳輸。

   解析　HTTP (HyperText Transfer Protocol)，是網際網路上應用最為廣泛的一種網路協議。HTTP 協定不使用加密協定，因此是一種非安全性傳輸。

8. (　) 下列何者是較為安全的加密傳輸協定？　　(1)
   (1)SSH　(2)HTTP　(3)FTP　(4)SMTP。

解析
- SSH：安全的殼程式協定(Secure SHell protocol)，它是一種加密式的通訊協定。
- FTP：檔案傳輸協定(File Transfer Protocol)，登入時為匿名(Anonymous)登入，密碼使用自己的電子郵件帳號即可。
- SMTP：Simple Mail Transfer Protocol 簡易電子郵件傳輸協定，主要功能為寄信。

9. ( ) 物聯網(IoT)通訊物件通常具備移動性，為支援這樣的通訊特性，需求的網路技術主要為下列何者？ (4)
   (1)分散式運算　　(2)網格運算
   (3)跨網域運算能力　　(4)物件動態連結。

解析 物聯網(Internet of Things，縮寫 IoT)將所有物品透過智慧感知、識別技術等資訊傳感設備與網際網路連接起來，實現智慧化識別與管理。例如在公事包中安裝感測器，會提醒主人別忘記帶什麼東西；例如讓冷氣機根據溫度變化自動開啟或關閉等。

10. ( ) 若電腦教室內的電腦皆以雙絞線連結至某一台集線器上，則此種網路架構為下列何者？ (1)
    (1)星狀拓樸　(2)環狀拓樸　(3)匯流排拓樸　(4)網狀拓樸。

解析 常用網路架構有以下四種：
1. 星狀(Star)：以主電腦為中心(HUB)呈放射狀，缺點是當主電腦當機時，網路即停擺。
2. 環狀(Ring)：沒有主電腦，自成環狀，優點是各電腦可自由存取資料；缺點是資料無保密性。
3. 網狀(Mesh)：各電腦都相連，優點是有很多路徑可以走；缺點是花費成本高，目前網際網路的型態為此種拓樸方式。
4. 匯流排(Bus)：用一條線來連結所有點，線路二端必須要用電阻來結束，優點是任何一台電腦故障也不影響網路；缺點是資料量多時會塞車。

11. ( ) 下列設備，何者可以讓我們在只有一個 IP 的狀況下，提供多部電腦上網？ (2)
    (1)集線器(Hub)　　(2)IP 分享器
    (3)橋接器(Bridge)　　(4)數據機(Modem)。

12. ( ) 當一個區域網路過於忙碌，打算將其分開成兩個子網路時，此時應加裝下列何種裝置？　(1)路徑器(Router)　　(2)橋接器(Bridge) (2)
    (3)閘道器(Gateway)　　(4)網路連接器(Connector)。

13. ( ) 下列何種電腦通訊傳輸媒體之傳輸速度最快？ (4)
    (1)同軸電纜　(2)雙絞線　(3)電話線　(4)光纖。

14. ( ) 下列何者為真實的 MAC (Media Access Control)位址？ (4)
    (1)00: 05: J6:0D: 91: K1　　(2)10.0.0. 1-255.255.255.0
    (3)00: 05:J 6:0D:91 :B1　　(4)00:D 0:A 0:5C:C1 :B 5。

解析 MAC 位址(Media Access Control Address)，是一個用來確認網路裝置位置的位址。MAC 位址共 48 位元(6 個位元組)，以十六進制表示。

15. ( ) 下列何種 IEEE Wireless LAN 標準的傳輸速率最低？
    (1)802.11a (2)802.11b (3) 802.11g (4)802.11n。 (2)

解析

版本	最高速度
802.11a	54Mbps
802.11b	11Mbps
802.11g	54Mbps
802.11n	54Mbps

16. ( ) NAT (Network Address Translation) 的用途為下列何者？ (3)
    (1)電腦主機與 IP 位址的轉換
    (2)IP 位址轉換為實體位址
    (3)組織內部私有 IP 位址與網際網路合法 IP 位址的轉換
    (4)封包轉送路徑選擇。

17. ( ) 下列何種服務可將 Domain Name 對應為 IP 位址？ (2)
    (1)WINS (2)DNS (3)DHCP (4)Proxy。

解析 因網際網路只認識 IP，並不認識網址，因此必須藉由名稱伺服器(DNS)將網址轉換成 IP。

18. ( ) 下列何者不是 NFC (Near Field Communication) 的功用？ (3)
    (1)電子錢包 (2)電子票證 (3)行車導航(4)資料交換。

解析 NFC (Near Field Communication)：近距離無線通訊協定，可以讓兩個電子裝置在短距離內進行資料交換。

19. ( ) 有關 xxx@abc.edu.tw 之敘述，下列何者「不正確」？ (2)
    (1)它代表一個電子郵件地址
    (2)若為了方便，可以省略@
    (3)xxx 代表一個電子郵件帳號
    (4)abc.edu.tw 代表某個電子郵件伺服器。

20. ( ) 有關 OTG (On-The-Go)之敘述，下列何者正確？ (3)
    (1)可以將兩個隨身碟連接複製資料
    (2)可以提昇隨身碟資料傳送之速度
    (3)可以將隨身碟連接到手機，讓手機存取隨身碟之資料
    (4)可以讓隨身碟直接透過 WiFi 傳送資料到雲端。

21. ( )　根據美國國家標準與技術研究院(NIST)對雲端的定義，下列何者「不是」雲端運算(Cloud Computing)之服務模式？　(1)
　　　(1)內容即服務(Content as a Service, CaaS)
　　　(2)基礎架構即服務(Infrastructure as a Service, IaaS)
　　　(3)平台即服務(Platform as a Service, PaaS)
　　　(4)軟體即服務(Software as a Service, SaaS)。

> 解析
> 1. IaaS即「基礎架構即服務」，是虛擬化後的硬體資源和相關管理功能的集合，此層的消費者使用處理能力、儲存空間、網路元件或中介軟體等「基礎運算資源」，還能掌控作業系統、儲存空間、已部署的應用程式及防火牆、負載平衡器等，但並不掌控雲端的底層架構，而是直接享用IaaS帶來的便利服務。
> 2. PaaS即「平台即服務」，為雲端應用提供了開發、執行、管理和監控的環境，此層的消費者可透過平台供應商提供的程式開發工具來將自身應用建構於雲端架構之上，雖能掌控運作應用程式的環境(也擁有主機部分掌控權)，但並不掌控作業系統、硬體或運作的網絡基礎架構。
> 3. SaaS即「軟體即服務」，是軟體的集合，此層提供的應用可讓其使用者透過多元連網裝置(端)取用服務，僅需打開瀏覽器或連網介面即可，不再需要擔心軟體的安裝與升級，也不必一次買下軟體授權，而是根據實際使用情況來付費。

22. ( )　下列何種雲端服務可供使用者開發應用軟體？　(2)
　　　(1)Software as a Service (SaaS)
　　　(2)Platform as a Service (PaaS)
　　　(3)Information as a Service (IaaS)
　　　(4)Infrastructure as a Service (IaaS)。

> 解析　參閱第21題解析。

23. ( )　下列何者為「B 2C」電子商務之交易模式？　(4)
　　　(1)公司對公司　(2)客戶對公司　(3)客戶對客戶　(4)公司對客戶。

> 解析　按照交易對象進行分類，可以將電子商務分為四類：
> 1. B2B：企業與企業(Business to Business)之間的電子商務。
> 2. B2C：企業與消費者(Business to Customer)之間的電於商務。
> 3. C2B：消費者與企業(Customer to Business)之間的電子商務。
> 4. C2C：消費者與消費者(Customer to Customer)之間的電子商務。

24. ( )　下列何者為 Class A 網路的內定子網路遮罩？　(1)
　　　(1)255.0.0.0　　　　　　　　(2)255.255.0.0
　　　(3)255.255.255.0　　　　　　(4)255.255.255.255。

解析 IPv4 位址由 4 組數字組成，每組數字之間用「.」隔開。根據第 1 組數字分為 A、B、C、D、E 五個等級。

IP 分級	IP 等級	IP 可分配數量	子網路遮罩
Class A	1~126	2^{24}	255.0.0.0
Class B	128~191	2^{16}	255.255.0.0
Class C	192~223	2^{8}	255.255.255.0
Class D	224~239		
Class E	240~255		

25. ( ) IPv6 網際網路上的 IP address，每個 IP address 總共有幾個位元組？ (3)
    (1)4 Bytes (2)8 Bytes
    (3)16 Bytes (4)20 Bytes。

26. ( ) 下列何者為 DHCP 伺服器之功能？ (4)
    (1)提供網路資料庫的管理功能 (2)提供檔案傳輸的服務
    (3)提供網頁連結的服務 (4)動態的分配 IP 給使用者使用。

    解析 DHCP：動態 IP 分配器(dynamic Host Configuration Protocol)主要是 IP 不夠使用，必須藉此主機分配 IP 使用。

27. ( ) 有關乙太網路(Ethernet)之敘述，下列何者「不正確」？ (3)
    (1)是一種區域網路 (2)採用 CSMA／CD 的通訊協定
    (3)網路長度可至 2500 公尺 (4)傳送時不保證服務品質。

28. ( ) 一個 Class C 類型網路可用的主機位址有多少個？ (1)
    (1)254 (2)256 (3)128 (4)524。

    解析 參閱第 24 題解析。

29. ( ) 下列何者為正確的 Internet 服務及相對應的預設通訊埠？ (3)
    (1)TELNET：21 (2)FTP：23
    (3)STMP：25 (4)HTTP：82。

    解析

通訊協定	通訊埠
TELNET	23
FTP	21
STMP	25
HTTP	80

90011 資訊相關職類共用工作項目

工作項目 03：作業系統

1. (2) 有關使用直譯程式(Interpreter)將程式翻譯成機器語言之敘述，下列何者正確？ (1)直譯程式(Interpreter)與編譯程式(Compiler)翻譯方式一樣 (2)直譯程式每次轉譯一行指令後即執行 (3)直譯程式先執行再翻譯成目的程式 (4)直譯程式先翻譯成目的程式，再執行之。

   解析 直譯程式及編譯程式都屬於程式語言類型，使用直譯程式，會將程式碼一句一句直接執行；而編譯程式需要先透過編譯器將程式碼編譯為機器碼，再執行之。

2. (1) 編譯程式(Compiler)將高階語言翻譯至可執行的過程中，下列何者是連結程式(Linker)負責連結的標的？
   (1)目的程式與所需之副程式　　　　(2)原始程式與目的程式
   (3)副程式與可執行程式　　　　　　(4)原始程式與可執行程式。

3. (2) Linux 是屬何種系統？
   (1)應用系統(Application Systems)　　(2)作業系統(Operation Systems)
   (3)資料庫系統(Database Systems)　　(4)編輯系統(Editor Systems)。

4. (4) 下列何種作業系統沒有圖形使用者操作介面？
   (1)Linux　(2)Windows Server　(3)Mac OS　(4)MS-DOS。

5. (3) 下列何者「不是」多人多工之作業系統？
   (1)Linux　(2)Solaris　(3)MS-DOS　(4)Windows Server。

6. (3) 下列何者為 Linux 作業系統之「系統管理者」的預設帳號？
   (1)administrator　(2)manager　(3)root　(4)superv isor。

7. (3) Windows 登入時，若鍵入的密碼其「大小寫不正確」會導致下列何種結果？
   (1)仍可以進入 Windows　　　　　(2)進入 Windows 的安全模式
   (3)要求重新輸入密碼　　　　　　(4)Windows 將先關閉，並重新開機。

8. (3) 下列何種技術是利用硬碟空間來解決主記憶體空間之不足？
   (1)分時技術(Time Sharing)　　　　(2)同步記憶體(Concurrent Memory)
   (3)虛擬記憶體(Virtual Memory)　　(4)多工技術(Multitasking)。

9. (4) 電腦中負責資源管理的軟體是下列何種？
   (1)編譯程式(Compiler)　　　　　　(2)公用程式(Utility)
   (3)應用程式(A pplication)　　　　　(4)作業系統(Operating System)。

   解析 作業系統是一種系統軟體，用來管理處理器(Processor)、記憶體(Memory)、輸入輸出資訊(I/O)與設備(Device)四種資源。

10. (2) 下列何者為 Linux 系統所採用的檔案系統？
    (1)NTFS　(2)XFS　(3)HTFS　(4)vms。

90011 資訊相關職類共用工作項目

工作項目 04：資訊運算思維

1. (　) 右側流程圖所對應的 C/C++ 指令為何？
   (1) do...while　　(2) while
   (3) switch...case　(4) if...then...else。

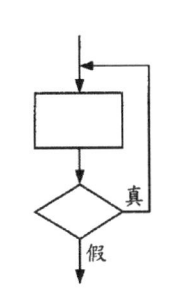

   (1)

2. (　) 右側流程圖所對應的 C/C++ 指令為何？
   (1) do...while　　(2) while
   (3) switch...case　(4) if...then...else。

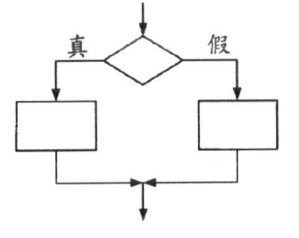

   (4)

3. (　) 右側流程圖所對應的 C/C++ 指令為何？
   (1) do...while　　(2) while
   (3) switch...case　(4) if...then...else。

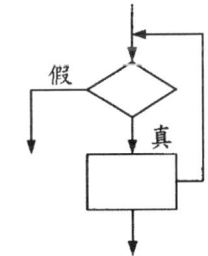

   (2)

4. (　) 右側流程圖所對應的 C/C++ 程式為何？

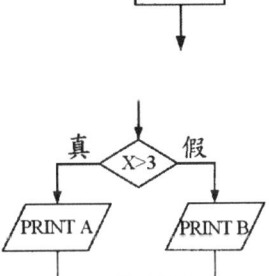

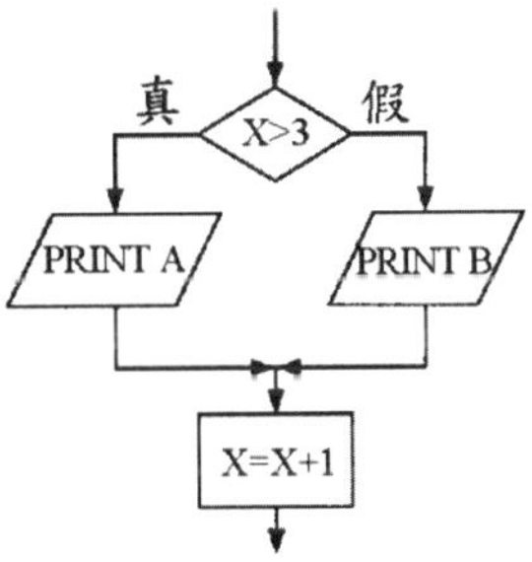

   (1) X>3? Cout<<B: cout<<A;
       X=X+1

   (2) if (X>3) cout<<A; else cout<<B;
       X=X+1

   (3) switch(X) {
           case 1: cout<<A;
           case 2: cout<<A;
           case 3: cout<<A;
           default 1: cout<<B;

   (4) while (X>3) cout<<A;
       cout<<B;
       X=X+1;

   (2)

5. ( ) 下列 C/C++程式片段之敘述，何者正確？ (3)
   (1)輸入三個變數
   (2)找出輸入數值最小值
   (3)找出輸入數值最大值
   (4)輸出結果為 the output is:c。

   ```
   int a , b, c;
   cin>>a;
   cin>>b;
   c=a;
   if(b>c)
       c=b;
   cout<<"the output is: "<<c;
   ```

6. ( ) 下列何者「不是」C/ C++ 語言基本資料型態？ (3)
   (1)void　(2)int　(3)main　(4)char。

   > 解析　C/ C++ 語言基本資料型態包含：「整數」(Integer)、「浮點數」(Float)、「字元」(Character)及「指標」(void)。

7. ( ) 下列何者在 C/C++語言中視為 false？ (3)
   (1)-100　(2)-1　(3) 0　(4)1。

8. ( ) 有關 C/C++語言中變數及常數之敘述，下列何者「不正確」？ (4)
   (1)變數用來存放資料，以利程式執行，可以是整數、浮點、字串的資料型態
   (2)程式中可以操作、改變變數的值
   (3)常數存放固定數值，可以是整數、浮點、字串的資料型態
   (4)程式中可以操作、改變常數值。

9. ( ) 下列 C/C++程式片段，何者敘述正確？ (3)
   (1)小括號應該改成大括號
   (2)sum = sum +30 ; 必須使用大括號括起來
   (3)While 應該改成 while
   (4)While (sum＜=1000)之後應該要有分號。

   ```
   While(sum＜=1000)
       sum = sum+30;
   ```

10. ( ) 有關 C/C++語言結構控制語法，下列何者正確？ (3)
    (1)while(x＞0) do{y=5;}
    (2)for(x＜10){y=5;}
    (3)wh ile(x＞0 || x＜5) {y=5;}
    (4)do(x＞0){y= 5}while(x＜1)。

11. ( )　C/C++ 語言指令 switch 的流程控制變數「不可以」使用何種資料型態？ (4)
　　　　(1)char　(2)int　(3)byte　(4)double。

12. ( )　C/C++ 語言中限定一個主體區塊，使用下列何種符號？ (4)
　　　　(1)()　(2)/* */　(3)" "　(4){ }。

13. ( )　下列 C/C++程式片段，輸出結果何者正確？ (4)
　　　　(1)1　(2)2　(3)3　(4)4。

　　　　int x=3;
　　　　int a[]={1,2,3,4};
　　　　int *z;
　　　　z=a;
　　　　z=z+x;
　　　　cout<<*z<<"\n";

14. ( )　下列 C/C++程式片段，輸出結果何者正確？ (3)
　　　　(1)1　(2)2　(3)3　(4)4。

　　　　int x=3;
　　　　int a[]={1,2,3,4};
　　　　int *z;
　　　　z=a;
　　　　z=&x;
　　　　cout<<*z<<"\n";

15. ( )　下列 C/C++程式片段，若 x = 2，則 y 值為何？ (4)
　　　　(1)2　(2)3　(3)7　(4)9。

　　　　int y =!(12<5||3<=5 && 3>x)? 7 : 9;

16. ( )　下列 C/C++程式片段，其 x 之輸出結果何者正確？ (3)
　　　　(1)2　(2)3　(3)4　(4)5。

　　　　int x;
　　　　x=(5<=3 && 'A'<'F')? 3:4

17. ( )　下列 C/C++程式片段，執行後 x 值為何？ (2)
　　　　(1)0　(2)1　(3)2　(4)3。

　　　　int a=0, b=0, c=0;
　　　　int x=(a<b+4);

18. ( ) 下列 C/C++程式片段，f(8, 3)輸出為何？ (2)

(1)3　(2)5　(3)8　(4)11。

```
int f(int x, int y){
    if(x==y)return 0;
    else return f(x-1, y)+1;
}
```

19. ( ) 對於下列 C/C++程式，何者敘述正確？ (3)

(1)將 a 及 b 兩矩陣相加後，儲存至 c 矩陣

(2)若 a[2][2]={{1,2},{3,4}} 及 b[2][2]= {{1,0},{2,-3}}，執行結束後 c[2][2]= {{5,6},{11,12}}

(3)若 a 及 b 均為 2x2 矩陣，最內層 for 迴圈執行 8 次

(4)若 a 及 b 均為 2x2 矩陣，最外層 for 迴圈執行 4 次。

```
for (i=0; 1<=m-1; i++){
    for (j=0; j<=p-1; j++){
        c[i][j]=0;
        for (k=0; k<=n-1; k++){
            c[i][j]=c[i][j]+a[i][k]*b[k][j];
        }
    }
}
```

20. ( ) 對於下列 C/C++程式片段，何者敘述有誤？ (3)

(1)程式輸出為 4x+-3y+8=0

(2)若(x1,x2)及(y1,y2)視為兩個二維平面座標，程式功能為計算直線方程式

(3)若(x1, x2)及(y1,y2)視為兩個二維平面座標，則直線方程式的斜率為-4/3

(4)若(x1,x2),(y1, y2)及(5,4)視為三個二維平面座標，則會構成一個直角三角形。

```
x1=2; y1=4;
x2=6; y2=8;
a= y2-y1;
b=x2-x1;
c=-a*x1+b*y1;
cout<<a<<"x+"<<-b<<"y+"<<c<<"=0"
```

90011 資訊相關職類共用工作項目

工作項目 05：資訊安全

1. ( ) 有關電腦犯罪之敘述，下列何者「不正確」? (1)
   (1)犯罪容易察覺　　　　　　　　(2)採用手法較隱藏
   (3)高技術性的犯罪活動　　　　　(4)與一般傳統犯罪活動不同。

2. ( ) 「訂定災害防治標準作業程序及重要資料的備份」是屬何種時期所做的工作? (2)
   (1)過渡時期　　　　　　　　　　(2)災變前
   (3)災害發生時　　　　　　　　　(4)災變復原時期。

3. ( ) 下列何者為受僱來嘗試利用各種方法入侵系統，以發覺系統弱點的技術人員? (2)
   (1)黑帽駭客(Black Hat Hacker)
   (2)白帽駭客(White Hat Hacker)
   (3)電腦蒐證(Collection of Evidence)專家
   (4)密碼學(Cryptography)專家。

4. ( ) 下列何種類型的病毒會自行繁衍與擴散? (1)
   (1)電腦蠕蟲(Worms)
   (2)特洛伊木馬程式(Trojan Horses)
   (3)後門程式(Trap Door)
   (4)邏輯炸彈(Time Bombs)。

   解析 常用病毒類型簡介：
   - 電腦蠕蟲：會不斷的自我複製許多無用的程式碼存放於記憶體中，降低其效能使記憶體損毀而使系統無法執行。
   - 特洛依木馬：看似正常程式，但其隱藏在電腦內部，以竊取資料，和病毒最大的不同是它不會自我複製。
   - 程式後門：利用特定入口點，存在於合法程式來取得使用者資料。
   - 邏輯炸彈：當符合某些條件符合時，即自動執行造成系統癱瘓。

5. ( ) 有關對稱性加密法與非對稱性加密法的比較之敘述，下列何者「不正確」? (3)
   (1)對稱性加密法速度較快
   (2)非對稱性加密法安全性較高
   (3)RSA 屬於對稱性加密法
   (4)使用非對稱性加密法時，每個人各自擁有一對公開金匙與祕密金匙，欲提供認證性時，使用者將資料用自己的祕密金匙加密送給對方，對方再用相對的公開金匙解密。

   解析
   - 對稱式的加密方式：又稱為私密鑰匙密碼，指加密、解密使用相同的一把鑰匙。
   - 非對稱式的加密方式：又稱為公開鑰匙密碼，指加密、解密使用不同的鑰匙。

6. ( ) 下列何種資料備份方式只有儲存當天修改的檔案？ (2)
    (1)完全備份 (2)遞增備份 (3)差異備份 (4)隨機備份。

7. ( ) 下列何種入侵偵測系統(Intrusion Detection Systems)是利用特徵(Signature)資料庫 (3)
    及事件比對方式，以偵測可能的攻擊或事件異常？
    (1)主機導向(Host-Based)
    (2)網路導向(Network-Based)
    (3)知識導向(Knowledge-Based)
    (4)行為導向(Behavior-Based)。

8. ( ) 下列何種網路攻擊手法是藉由傳遞大量封包至伺服器，導致目標電腦的網路或 (4)
    系統資源耗盡，服務暫時中斷或停止，使其正常用戶無法存取？
    (1)偷窺(Sniffers)
    (2)欺騙(Spoofing)
    (3)垃圾訊息(Spamming)
    (4)阻斷服務(Denial of Service)。

9. ( ) 下列何種網路攻擊手法是利用假節點號碼取代有效來源或目的 IP 位址之行 (2)
    為？
    (1)偷窺(Sniffers)　　　　　　　　(2)欺騙(Spoofing)
    (3)垃圾資訊(Spamming)　　　　　(4)阻斷服務(Denial of Service)。

10. ( ) 有關數位簽章之敘述，下列何者「不正確」？ (4)
    (1)可提供資料傳輸的安全性　　　　(2)可提供認證
    (3)有利於電子商務之推動　　　　　(4)可加速資料傳輸。

    解析　數位簽章：利用公開鑰匙密碼，將訊息摘要加密成電子簽章，可以做資料比對，用私鑰加密用公鑰解密，可利用數位簽章確認發信人身份。

11. ( ) 下列何者為可正確且及時將資料庫複製於異地之資料庫復原方法？ (4)
    (1)異動紀錄(Transaction Logging)　　(2)遠端日誌(Remote Journaling)
    (3)電子防護(Electronic Vaulting)　　 (4)遠端複本(Remote Mirroring)。

12. ( ) 字母"B"的 ASCII 碼以二進位表示為"01000010"，若電腦傳輸內容為 (1)
    "101000010 "，以便檢查該字母的正確性，則下列敘述何者正確？
    (1)使用奇數同位元檢查　　　　　　(2)使用偶數同位元檢查
    (3)使用二進位數檢查　　　　　　　(4)不做任何正確性的檢查。

13. ( ) 下列何種方法「不屬於」資訊系統安全的管理？ (4)
    (1)設定每個檔案的存取權限
    (2)每個使用者執行系統時，皆會在系統中留下變動日誌(Log)
    (3)不同使用者給予不同權限
    (4)限制每人使用時間。

14. ( ) 有關資訊中心的安全防護措施之敘述，下列何者「不正確」？ (4)
    (1)重要檔案每天備份三份以上，並分別存放
    (2)加裝穩壓器及不斷電系統
    (3)設置煙霧及熱度感測器等設備，以防止災害發生
    (4)雖是不同部門，資料也可以任意交流，以便支援合作，順利完成工作。

15. ( ) 有關電腦中心的資訊安全防護措施之敘述，下列何者「不正確」？ (4)
    (1)資訊中心的電源設備必須有穩壓器及不斷電系統
    (2)機房應選用耐火、絕緣、散熱性良好的材料
    (3)需要資料管制室，做為原始資料的驗收、輸出報表的整理及其他相關資料保管
    (4)所有備份資料應放在一起以防遺失。

16. ( ) 下列何種檔案類型較不會受到電腦病毒感染？ (4)
    (1)含巨集之檔案　(2)執行檔　(3)系統檔　(4)純文字檔。

17. ( ) 有關重要的電腦系統如醫療系統、航空管制系統、戰情管制系統及捷運系統， (3)
    在設計時通常會考慮當機的回復問題。下列何種方式是一般最常用的做法？
    (1)隨時準備當機時，立即回復人工作業，並時常加以演習
    (2)裝設自動控制溫度及防災設備，最重要應有UPS不斷電配備
    (3)同時裝設兩套或多套系統，以俾應變當機時之轉換運作
    (4)與同機型之電腦使用單位或電腦中心訂立應變時之支援合約，以便屆時作支
    　援作業。

18. ( ) 有關資料保護措施，下列敘述何者「不正確」？ (4)
    (1)定期備份資料庫
    (2)機密檔案由專人保管
    (3)留下重要資料的使用紀錄
    (4)資料檔案與備份檔案保存在同一磁碟機。

19. ( ) 如果一個僱員必須被停職，他的網路存取權應在何時關閉？ (3)
    (1)停職後一週　(2)停職後二週　(3)給予他停職通知前　(4)不需關閉。

20. ( ) 有關資訊系統安全措施，下列敘述何者「不正確」？ (2)
    (1)加密保護機密資料　　　　　　　(2)系統管理者統一保管使用者密碼
    (3)使用者不定期更改密碼　　　　　(4)網路公用檔案設定成「唯讀」。

21. ( ) 下列何種動作進行時，電源中斷可能會造成檔案被破壞？ (4)
    (1)程式正在計算　　　　　　　　　(2)程式等待使用者輸入資料
    (3)程式從磁碟讀取資料　　　　　　(4)程式正在對磁碟寫資料。

22. ( ) 下列何者「不是」資訊安全所考慮的事項？ (2)
(1)確保資訊內容的機密性，避免被別人偷窺
(2)電腦執行速度
(3)定期做資料備份
(4)確保資料內容的完整性，防止資訊被竄改。

23. ( ) 下列何者「不是」數位簽名的功能？ (2)
(1)證明信件的來源　　　　　　(2)做為信件分類之用
(3)可檢測信件是否遭竄改　　　(4)發信人無法否認曾發過信件。

24. ( ) 在網際網路應用程式服務中，防火牆是一項確保資訊安全的裝置，下列何者「不是」防火牆檢查的對象？ (2)
(1)埠號(Port Number)　　　　　(2)資料內容
(3)來源端主機位址　　　　　　(4)目的端主機位址。

25. ( ) 有關電腦病毒傳播方式，下列何者正確？ (3)
(1)只要電腦有安裝防毒軟體，就不會感染電腦病毒
(2)病毒不會透過電子郵件傳送
(3)不隨意安裝來路不明的軟體，以降低感染電腦病毒的風險
(4)病毒無法透過即時通訊軟體傳遞。

> **解析** 電腦病毒常見傳播途徑：
> 1. 隨便拷貝磁片。
> 2. 隨便開啟來源不明的檔案(包括電子郵件)。
> 3. 網路上的任何檔案。

26. ( ) 有關電腦病毒之敘述，下列何者正確？ (4)
(1)電腦病毒是一種黴菌，會損害電腦組件
(2)電腦病毒入侵電腦之後，在關機之後，病毒仍會留在CPU及記憶體中
(3)使用偵毒軟體是避免感染電腦病毒的唯一途徑
(4)電腦病毒是一種程式，可經由隨身碟、電子郵件、網路散播。

27. ( ) 有關電腦病毒之特性，下列何者「不正確」？ (2)
(1)具有自我複製之能力
(2)病毒不須任何執行動作，便能破壞及感染系統
(3)病毒會破壞系統之正常運作
(4)病毒會寄生在開機程式。

> **解析** 電腦病毒的特性
> 1. 是由人所設計的電腦程式。
> 2. 會潛伏在開機檔、RAM或檔案中(常見的為執行檔.exe或巨集病毒)。
> 3. 會自行複製或是傳給其他檔案或電腦。
> 4. 不定時(執行到此檔)或定時(特定時間)發生指定徵狀。

28. ( ) 下列何種網路攻擊行為係假冒公司之名義發送偽造的網站連結,以騙取使用者登入並盜取個人資料? (2)
(1)郵件炸彈　(2)網路釣魚
(3)阻絕攻擊　(4)網路謠言。

29. ( ) 下列何種密碼設定較安全? (3)
(1)初始密碼如9999　(2)固定密碼如生日　(3)隨機亂碼　(4)英文名字。

30. ( ) 有關資訊安全之概念,下列何者「不正確」? (3)
(1)將檔案資料設定密碼保護,只有擁有密碼的人才能使用
(2)將檔案資料設定存取權限,例如允許讀取,不准寫入
(3)將檔案資料設定成公開,任何人都可以使用
(4)將檔案資料備份,以備檔案資料被破壞時,可以回存。

31. ( ) 下列何種技術可用來過濾並防止網際網路中未經認可的資料進入內部,以維護個人電腦或區域網路的安全? (1)
(1)防火牆　(2)防毒掃描　(3)網路流量控制　(4)位址解析。

32. ( ) 網站的網址以「https://」開始,表示該網站具有何種機制? (2)
(1)使用 SET 安全機制
(2)使用 SSL 安全機制
(3)使用 Small Business 機制
(4)使用 XOOPS 架設機制。

解析　HTTPS:超文字傳輸安全協定,是一種透過電腦網路進行安全通訊的傳輸協定。它透過 HTTP 進行通訊傳輸,但是利用 SSL/TLS 來加密封包,從而增加了安全性。

33. ( ) 下列何者「不屬於」電腦病毒的特性? (1)
(1)電腦關機後會自動消失
(2)可隱藏一段時間再發作
(3)可附在正常檔案中
(4)具自我複製的能力。

解析　參閱第27題解析。

34. ( ) 資訊安全定義之完整性(Integrity)係指文件經傳送或儲存過程中,必須證明其內容並未遭到竄改或偽造。下列何者「不是」完整性所涵蓋之範圍? (4)
(1)可歸責性(Accountability)
(2)鑑別性(Authenticity)
(3)不可否認性(Non-Repudiation)
(4)可靠性(Reliability)。

35. ( ) 「設備防竊、門禁管制及防止破壞設備」是屬於下列何種資訊安全之要求？ (1)
(1)實體安全　(2)資料安全　(3)程式安全　(4)系統安全。

> **解析** 資訊安全的種類：
> 1. 實體安全：遠離潮溼、高溫的地方，並置於防火(可放置二氧化碳滅火器)、防水的地方，加裝 UPS 以免突然斷電帶來的硬體損壞。
> 2. 系統、程式安全：經常做資料備份，以便維持資料的完整性；不使用來路不明之檔案，加裝防毒程式。
> 3. 資料安全：密碼之設定及經常更換，不要使用別人容易猜測的密碼(密碼隨機亂碼產生較安全)，傳送 e-mail 時可利用加密方式來保護資料安全。
> 4. 網路安全：在企業內部及外部加裝防火牆，以保護企業內部網路及資料之安全性。

36. ( ) 「將資料定期備份」是屬於下列何種資訊安全之特性？ (1)
(1)可用性　(2)完整性　(3)機密性　(4)不可否認性。

37. ( ) 有關非對稱式加解密演算法之敘述，下列何者「不正確」？ (3)
(1)提供機密性保護功能
(2)加解密速度一般較對稱式加解密演算法慢
(3)需將金鑰安全的傳送至對方，才能解密
(4)提供不可否認性功能。

38. ( ) 下列何種機制可允許分散各地的區域網路，透過公共網路安全地連接在一起？ (3)
(1)WAN　(2)BAN　(3)VPN　(4)WSN。

39. ( ) 加密技術「不能」提供下列何種安全服務？ (4)
(1)鑑別性　(2)機密性　(3)完整性　(4)可用性。

40. ( ) 有關公開金鑰基礎建設(Public Key Infrastructure, PKI)之敘述，下列何者「不正確」？ (2)
(1)係基於非對稱式加解密演算法　(2)公開金鑰必須對所有人保密
(3)可驗證身分及資料來源　(4)可用私密金鑰簽署將公布之文件。

網頁設計丙級檢定術科

基礎教學

17300-104301 校園社團介紹網

17300-104302 運動廣場連結網

17300-104303 國家公園介紹網

17300-104304 網路行銷購物網

17300-104305 書曼的旅遊相簿

試題共五題,每一應檢人應完成其中一題測試,測試前由完成就座之工作崗位編號最小者為代表,抽出其中一組術科測試題號;其餘應檢人(含遲到及缺考)則依術科測試編號接續對應術科測試題號循環類推,進行測試。

CHAPTER 0

基礎教學

01：環境介紹
02：建立網站
03：版面設計
04：CSS 樣式
05：各題組 CSS 應用範例
06：對齊方式(align)
07：跑馬燈
08：圖片
09：表格、儲存格
10：超連結顏色、底線
11：背景音樂
12：背景圖片、背景顏色
13：滑鼠滑過動態效果
14：表單、訊息方塊
15：CSS 基礎教學(題二－橫幅文字)
16：Canvas 基礎教學(題二－橫幅文字)
17：SVG 基礎教學(題二－橫幅文字)
18：解題前重點整理

01：環境介紹

Dreamweaver CS6 操作視窗配置如下：

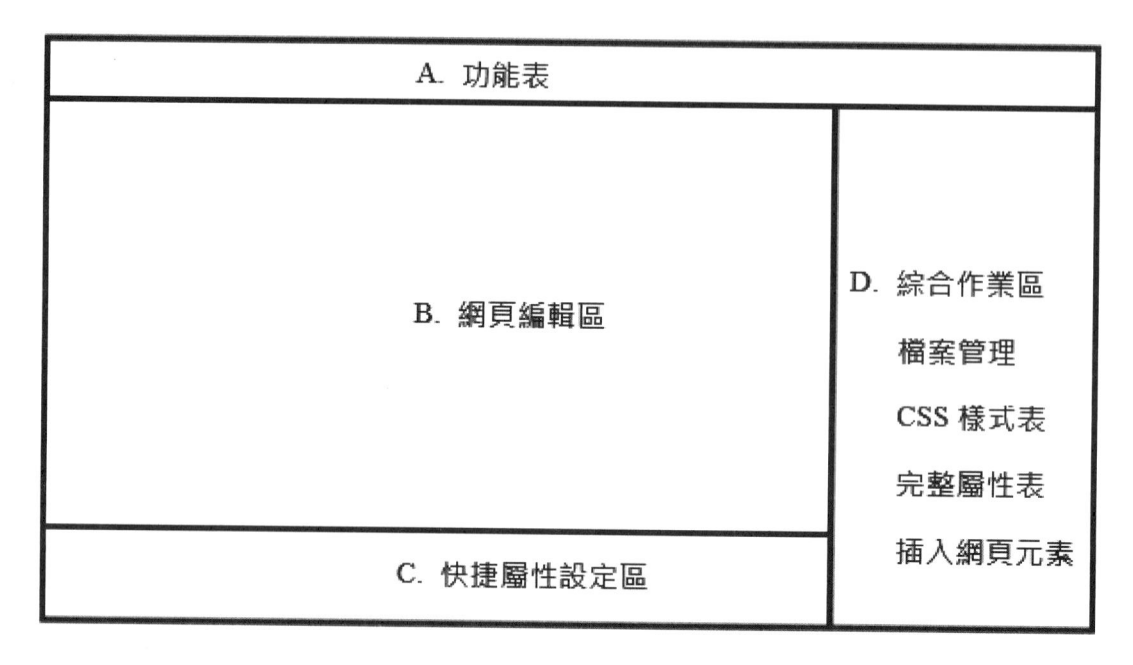

A. 功能表	
B. 網頁編輯區	D. 綜合作業區 檔案管理 CSS 樣式表 完整屬性表 插入網頁元素
C. 快捷屬性設定區	

一、功能表區

Dw　檔案(F)　編輯(E)　檢視(V)　插入(I)　修改(M)　格式(O)　命令(C)　網站(S)　視窗(W)　說明(H)

- 每一個項目都有下拉選單，可選取子項目，如下圖：
- 本書對於功能表指令的表達方式：(以下圖為例)
- 插入→影像物件→影像預留位置

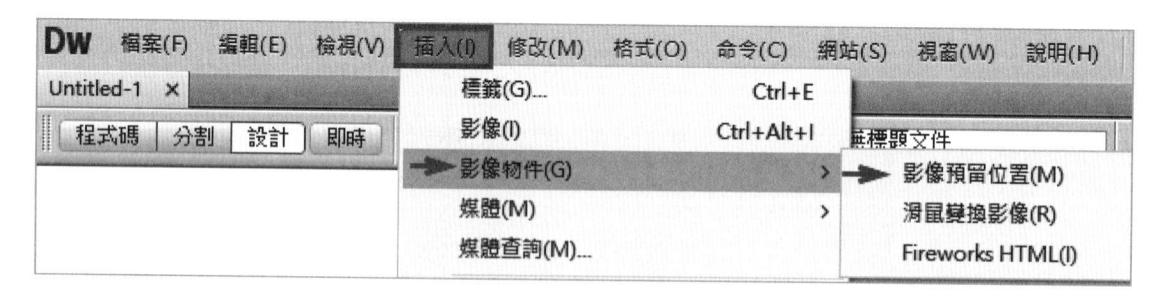

Dw　檔案(F)　編輯(E)　檢視(V)　插入(I)　修改(M)　格式(O)　命令(C)　網站(S)　視窗(W)　說明(H)

Untitled-1 ×
程式碼　分割　設計　即時

標籤(G)...　Ctrl+E
影像(I)　Ctrl+Alt+I
影像物件(G)　→　影像預留位置(M)
媒體(M)　　　　　滑鼠變換影像(R)
媒體查詢(M)...　　Fireworks HTML(I)

二、網頁編輯區

Untitled-1
程式碼　分割　設計　即時　　　　　　標題：無標題文件

檢視模式　　瀏覽器　　網頁名稱　　網頁標題

0-2

檢視模式

Dreamweaver 的使用者可分為「一般」與「專業」兩種不同層級。

設計模式：一般使用者偏重在視覺式網頁設計，視窗中直接顯示文字、圖片、表格，設計階段所看到的大約就等於瀏覽器中所看到的，就是類似於 WORD 文書編輯的模式。

程式碼模式：專業使用者對於資料庫、動畫顯示、美工設計、程式設計著墨甚多，因此必須使用程式碼設計模式。

分割模式：視窗被分割為兩個區域，左邊顯示程式碼，右邊顯示設計模式。

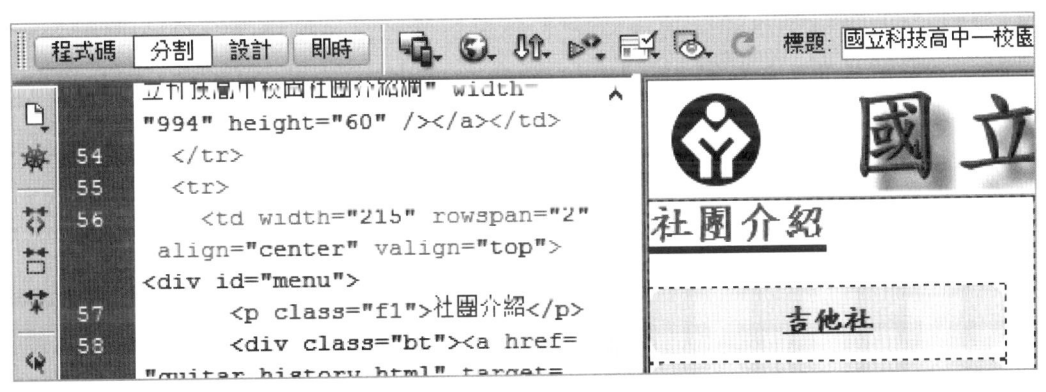

即時模式：不需要透過瀏覽器，直接預覽網頁輸出結果，有些題目要求的效果在即時模式下瀏覽是有誤差的，因此最後檢查答案時還是必須使用瀏覽器。

瀏覽器

題目規範考生可以指定瀏覽器，目前市佔率最高的為 IE、Chrome，IE 的功能是相對不進步的，很多新功能都不支援，考量日後學生與職場接軌與教學一致性，本書所有解題都以 Chrome 為指定瀏覽器。

網頁名稱

新建的網頁會暫時以 untitled.html 為名(未命名)，存檔命名後就會顯示網頁名稱，例如：index.html，若檔案經過修改尚未重新存檔，檔案名稱後方就會多一個 *，例如：index.html *，完成存檔後 * 就消失。

網頁標題

題目所要求的網頁標題便在此處設定，如下圖：

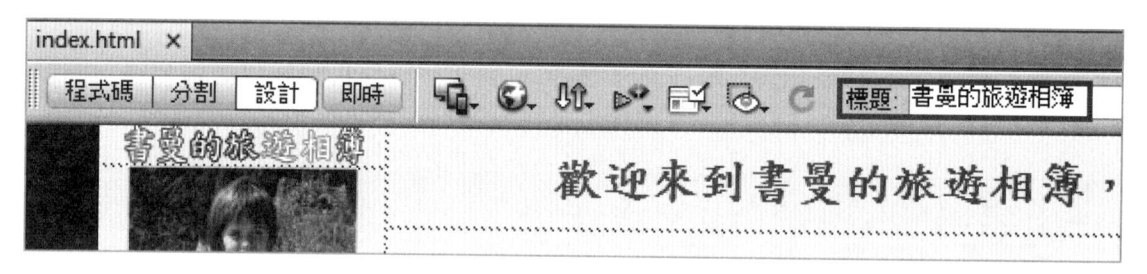

三、快捷屬性設定區

- 每一種網頁內容元素的特性，例如：文字的字體、大小、顏色，表格的寬度、背景顏色、框線粗細，圖片的長度、寬度，都可以透過屬性表作設定，下圖就是一般段落的屬性表：

- Dreamweaver 是一個智慧型網頁編輯器：「在適當的場合提供適當的工具」，場合不對的話是找不到工具的：

    例如：想要設定表格，卻把插入點置於一般段落中，由於所在的場合不對，因此表格的屬性表就不會出現，當我們把插入點移入表格中，表格屬性表才會顯示出來，如下圖：

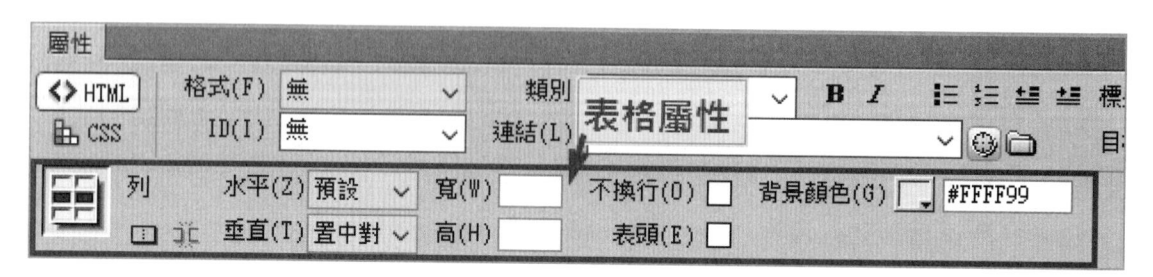

● 基礎教學

四、綜合作業區

綜合作業區中與考題相關的功能：插入、CSS 樣式、標籤檢視窗、行為、檔案，這些功能的開、關可由視窗功能表操作，如右圖：

📝 插入

常用的功能：超連結、Div、表格、…，都可以此處按 1 個按鈕即可，省掉功能表較為繁複的操作。

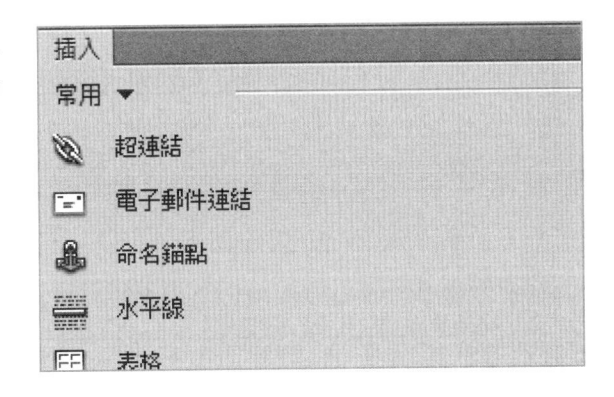

📝 CSS 樣式

協助設計者做網頁內 CSS 樣式的管理與設定，在右圖的樣式名稱上按 2 下，便可開啟如下圖的 CSS 樣式設定表：

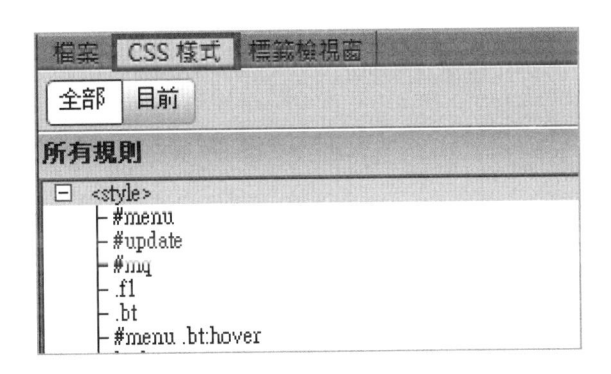

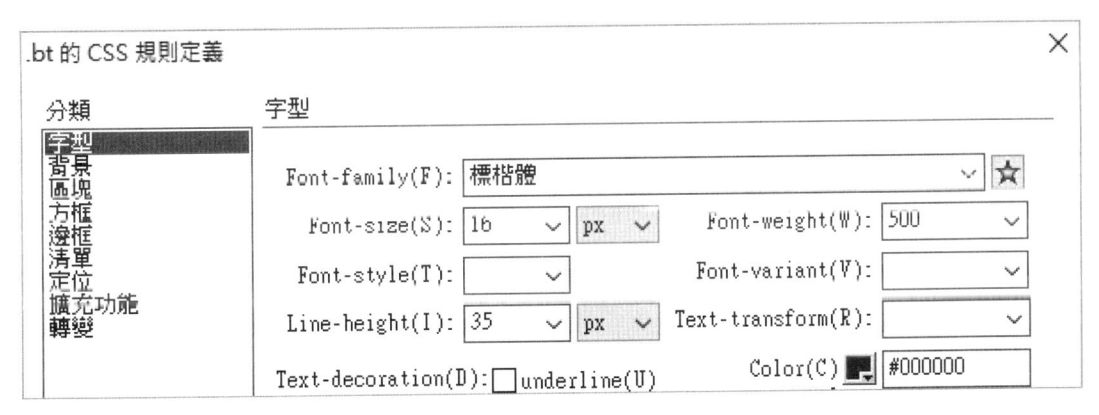

0-5

標籤檢視窗→行為

常用的行為有：動態效果、彈出訊息、前往 URL，考題中只用到彈出訊息，就是要求在表單中按下「送出」鈕時，必須跳出訊息方塊，操作步驟舉例如下：

- 插入→表單→按鈕，2 次
  選取第 1 個按鈕
  行為→＋：彈出訊息

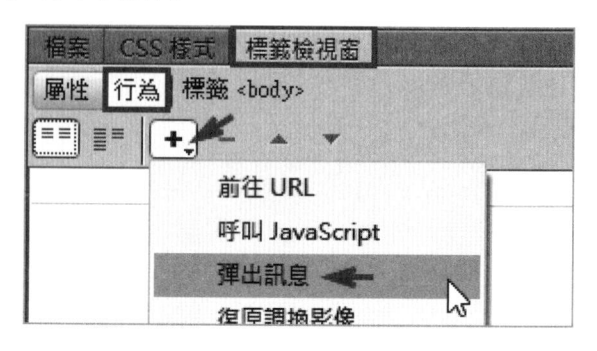

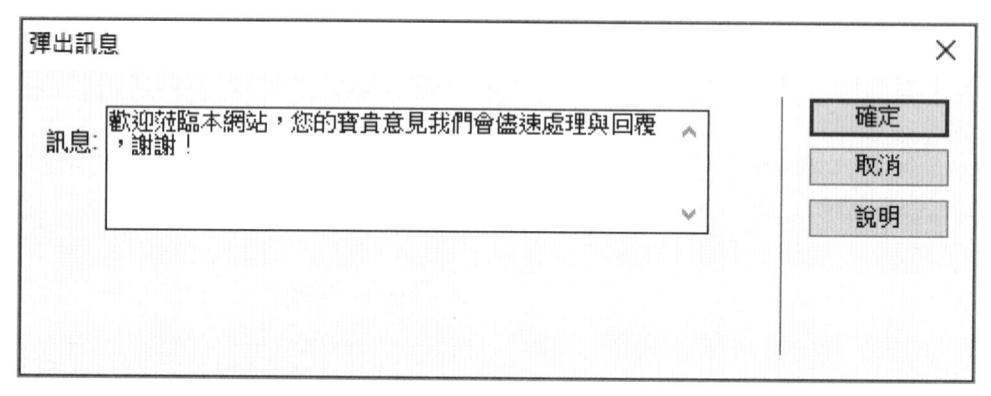

上面是題組二要求的固定內容對話方塊，題組四所要求的是變動內容的對話方塊，必須根據表單上的選擇項目，顯示相對應的對話方塊內容，如下圖：

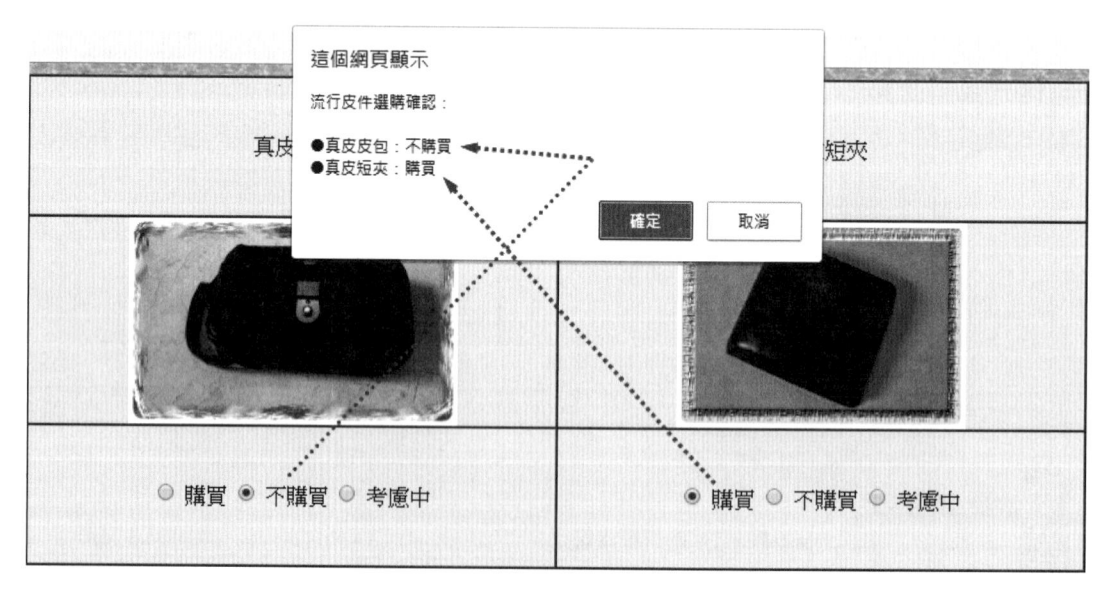

考生必須切換到程式碼視窗撰寫及修改函數指令，才能處理較為複雜的變動資料，不過並不難只要簡單稍作修改即可，解說如下：

1. 找到送出按鈕程式碼：

   \<input name="button" type="submit" id="button" onclick="MM_popupMsg('流行皮件選購確認：\r\r●真皮皮包：\r●真皮短夾：')" value="送出" />

2. 修改上方框框內程式碼，結果如下：

   onclick="**confirm**('流行皮件選購確認：\r\r●真皮皮包：'+**buy1.value**+'\r●真皮短夾：'+**buy2.value**)"

3. 上方程式碼結構如下：

   onclick="confirm('文字'+變數+'文字'+變數)"

   > **解說**
   > - 由於網頁訊息圖示是「確認符號 ❓」，因此我們要將 MM_popupMsg 改成 confirm。
   > - 程式碼中，內容為文字用單引號「'」括起來，文字與變數之間則用加號「+」來做連接。
   > - 變數 buy1.value 及 buy2.value 意思是抓取選項按鈕群組 buy1 被選取到的值，以及選項按鈕群組 buy2 被選取到的值。
   > - 原本 buy1.value 及 buy2.value 前面應該要再加上表單名稱 form1，變成 form1.buy1.value、form1.buy2.value。由於本網頁只有一個表單，因此省略。

- 瀏覽結果如右圖：

02：建立網站

📓 方法一

啟動 Dreamweaver CS6，操作畫面如下：

1. 點選：Dreamweaver 網站…

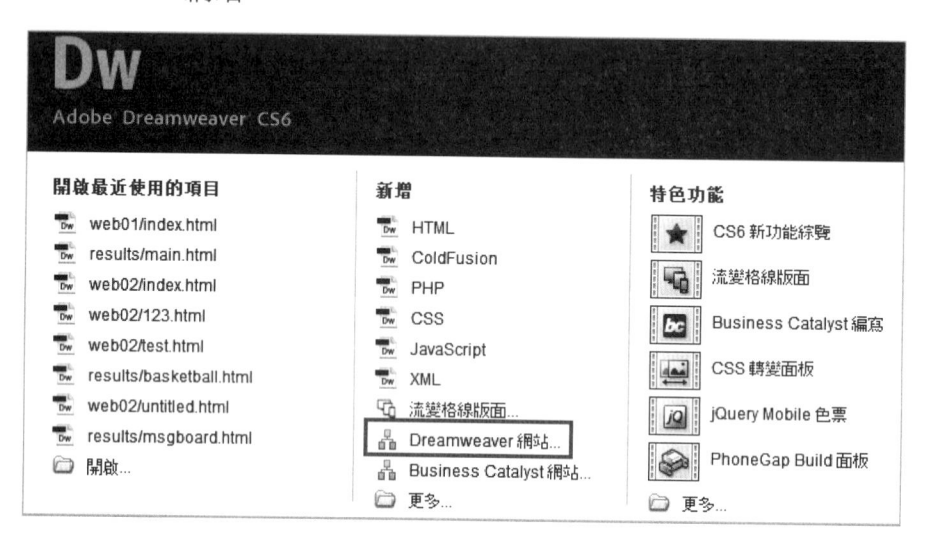

2. 設定網站資料夾：
   網站名稱：104301
   本機網站資料夾：C:\web01
   按儲存鈕

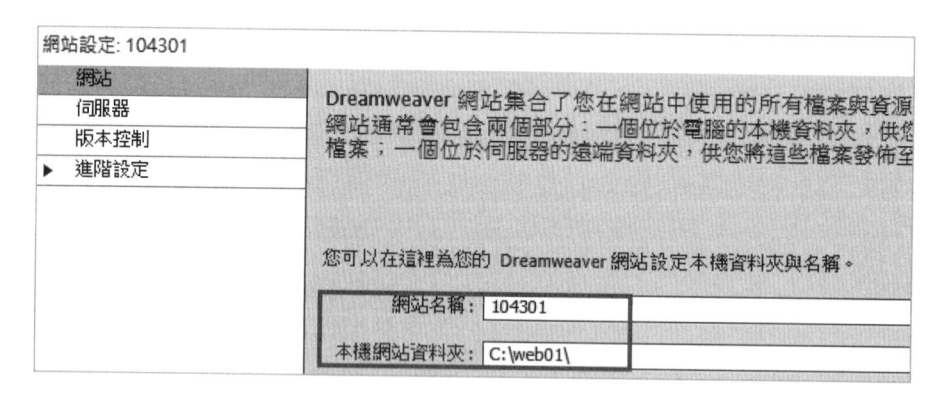

☕ 解說

- 「網站名稱」並不是考題的評分項目，因此考生可以根據自己的習慣命名。
- 因為在 Dreamweaver 系統中不允許重複使用相同名稱，因此考生練習完成 104301 後，若要繼續練習 104301，就必須更改網站名稱，例如：104301-1，或是移除舊網站後重新練習。

📓 方法二

網站→新增網站，設定對話方塊如方法一。

03：版面設計

首頁尺寸規定為 1024 x 768，首頁內每一個區塊之間的間距並沒有明確規範，考題中也明確指示考生可自己決定間距、內距，如下所示：

> (*)4.首頁版面水平置中，包含七個區塊，分別為首頁區(main)、網站標題區(top)、跑馬燈廣告區(marquee)、選單區(menu)、日期更新區(update)、網頁內容區(content)、頁尾版權區(footer)。各個區塊的寬度、高度、內外距（padding/margin）、邊框（border）、顏色（color、background-color）等項目自行設計，可參考圖 1-2 所示。(英文標註僅供參考，不列入評分)

首頁版面各區域的尺寸標示，經過改版之後，不合理的狀況已大幅改善，但每一個題目的標示準則仍有差異：

我們以考題 104301 為例：

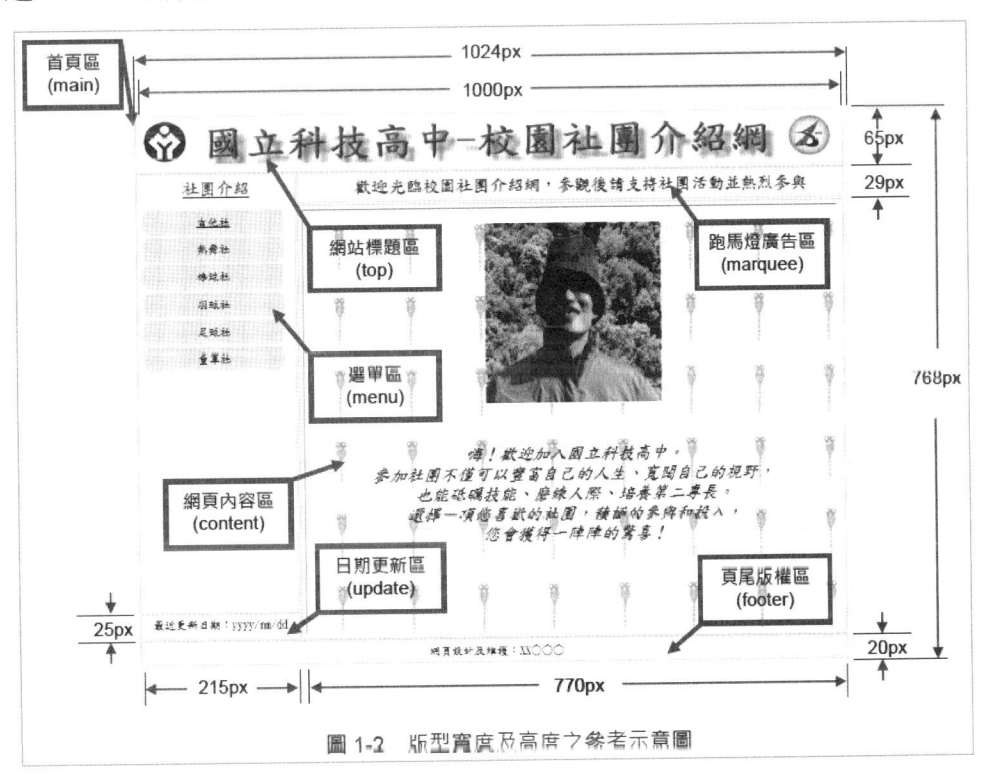

圖 1-2　版型寬度及高度之參考示意圖

解題規則與邏輯

1. index.html 表格設定：表格寬度：1024、表格框線為 1、內距：0、間距：0
2. 列高設定準則：總高度 768 → 上、下優先，數字小的優先，中間列作為緩衝
   - 標題高度：65、版權高度 20、跑馬燈高度：29
     內容 = 768 － 65 － 20 － 29 = 654
   - 跑馬燈 + 內容 = 683、日期高度 = 25
     → 選單區 = 683 － 25 = 658

3. 欄寬設定準則：總寬度 1024→左邊優先，右邊作為緩衝

4. 由於表格設定時已固定表格寬度為 1024，因此只要設定左邊欄位寬度：215，右邊的欄位自然為 809，無需特別去計算。

04：CSS 樣式

何謂 CSS

簡單來說，CSS 就是為了讓網頁在設計時能更好看，在維護時更好管理及修改。

更多變的設計

在原始的 HTML 傳統網頁中，文字的格式設定只有上一節屬性面板圖示中，僅能設定 字體、字型大小、字型顏色、粗體及斜體，如下圖：

傳統的HTML網頁文字格式能變化的不多

但若用 CSS 來對文字作設定，能夠設定的東西就多了，除了傳統網頁有的設定外，還能為文字設定粗體要多粗、文字行高、文字底線、刪除線、背景顏色、邊框、邊框顏色…等等，如下圖：

傳統的HTML網頁文字格式能變化的不多

以上只是針對文字作說明，但 CSS 不僅僅只能作用在文字而已，而是所有網頁的元素，舉凡文字、圖片、表格、表單等等，只要你想的到的、想不到的元素，都能做比傳統網頁更多變化的設計。

更好的維護及修改

在原始的 HTML 傳統網頁中，所有的元素格式設定都是各別一個一個去設定的。舉例來說，網頁內容有十個標題格式要設定，在辛苦的一個一個設定好後，若要再做修改，則又要重新一個一個來過，這是多麼沒有效率的事情。

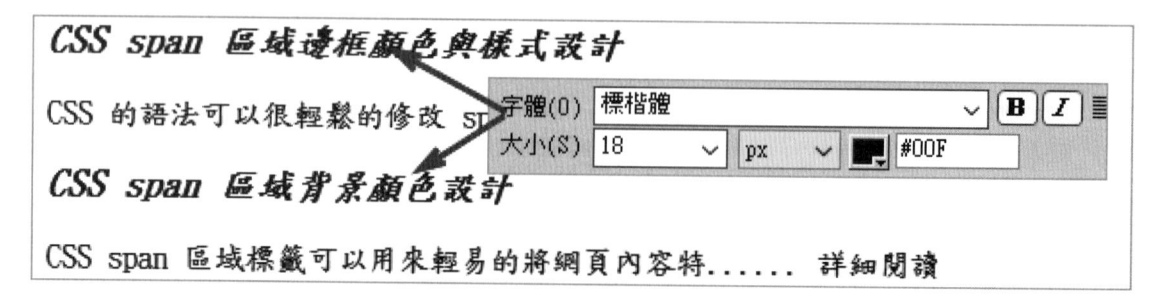

但若是改用 CSS 來做設定，所有相關設定只需做一次，十個標題直接套用即可。更棒的是，若是遇到要修改的時候，只需修改 CSS 的設定，所有套用此 CSS 樣式的標題全部自動同時改變，所以說，這是不是更好管理及修改網站內容了呢。

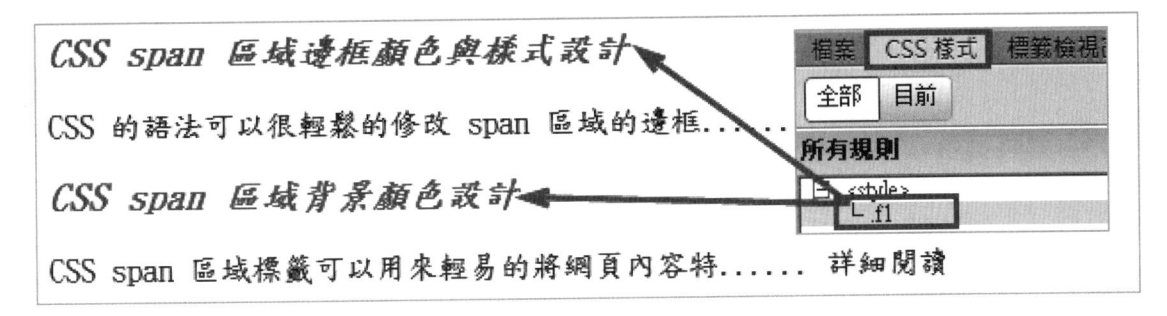

以上是以文字為例，但別忘了前面說過，CSS 能針對所有網頁元素做設定哦！

05：各題組 CSS 應用範例

文字格式說明

文字格式設定有兩種方式：行內樣式與新增 CSS 樣式。行內樣式就是傳統 HTML 網頁樣式，只能就屬性面板上的字體、字型大小、字型顏色、粗體及斜體作設定，如下圖：

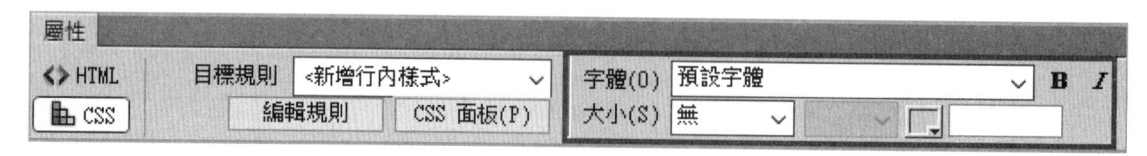

有些題目要求粗體樣式：bolder、500，就非得使用 CSS。

文字 CSS 樣式範例

範例：104301 – (五) – 1~4

(＊)1.文字字型為標楷體。
(＊)2.文字的粗體樣式粗細程度為 500 的文字。
(＊)3.「社團介紹」四個字，字型大小 24px (x-large、size=5)，加底線，置中。
(＊)4.文字顏色為#FF00FF。

1. 選取：「社團介紹」
2. CSS 屬性
   新增 CSS 規則→編輯規則
3. 選取器類型：類別
   選取器名稱：f1
   點選：確定鈕

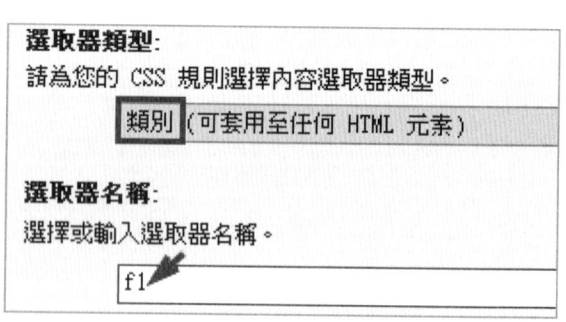

解說

- 選取器類型採用「類別」、「ID」都可以，所建立的樣式都可以重複套用在不同文字內容，對本檢定的解題是無差異的。
- 為了方便作題，本書在新增 CSS 時，選取器類型除了在做動態選單用「複合」外，其他一律統一都選擇「類別」。

4. 分類：字型
   字體：標楷體、字體大小：24、粗體樣式：500、顏色：#F0F

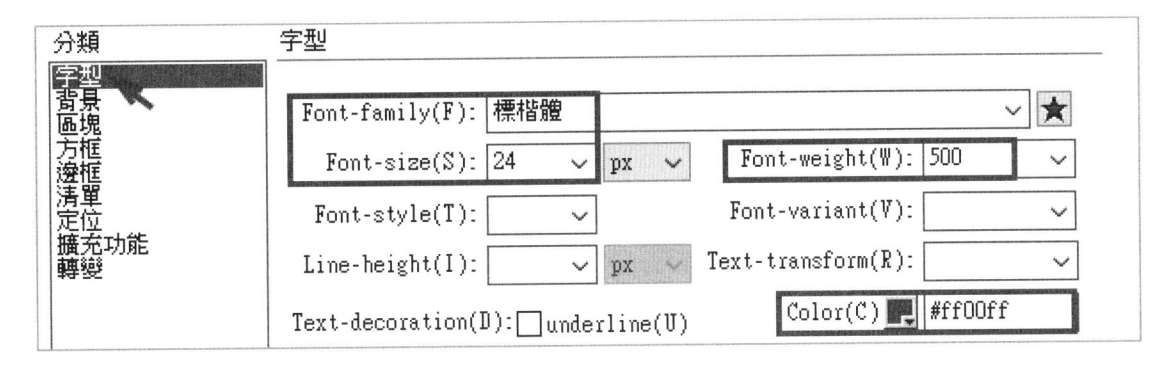

- 完成結果：

- CSS 樣式表中多了「.f1」
  「.f1」的屬性多了 4 個設定
  如右圖：

- f1 名稱前方多了「.」
  類別樣式名稱前方以「.」開頭

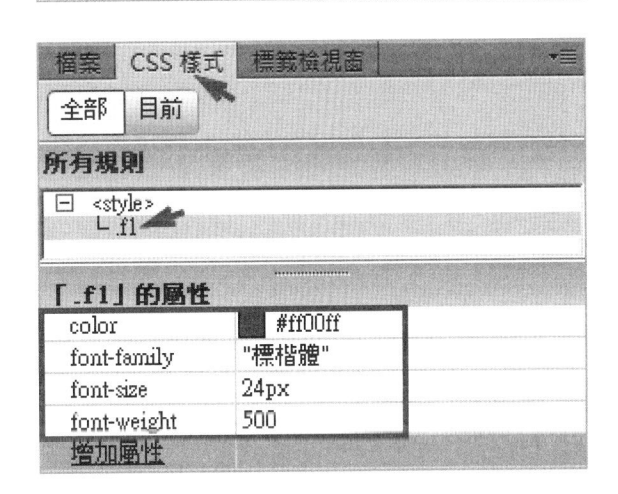

文字格式若只是簡單的字型、顏色、大小…等設定，可採取較為單純的「行內樣式」解題，可以省略：選取器種類、選取器名稱的設定，舉例如下：

> 題目要求：
> (＊)3. 網頁最上方呈現「吉他社社史」，字型大小 18px (size=4)、標楷體、顏色#FF0000，水平置中對齊。

- 將插入點置於「吉他社社史」段落內，設定屬性如下圖：

圖片 CSS 樣式範例

範例：104302－(八)－4

(◎)4.第一段落最右方設置圖片「0206.png」，並設定圖片寬度 200px、高度 133px、與文字距離 10px。

1. 選取：0206 圖片

2. 選取：CSS 樣式標籤

- 或是在 0206 圖片上按滑鼠右鍵→CSS 樣式→開新檔案。

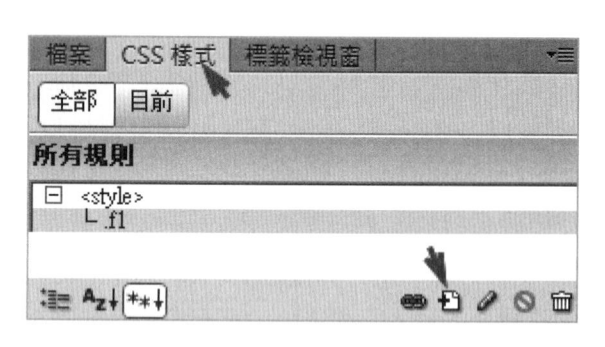

3. 選取器類型：類別
   選取器名稱：pic

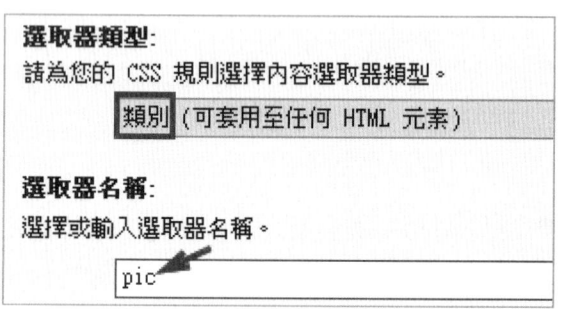

4. 分類：方框
   寬度：200、高度：133、文繞圖方式：right(靠右)
   下邊界：10px、左邊界：10px

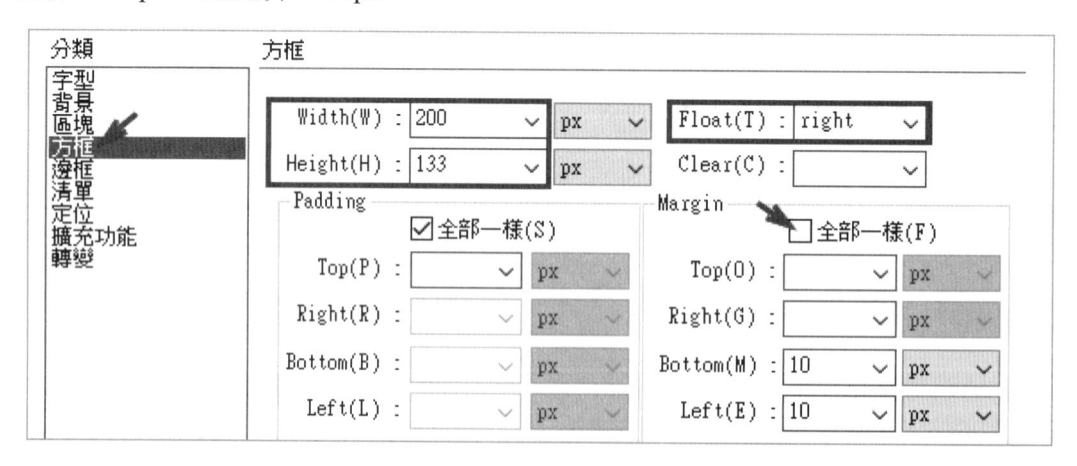

5. 選取圖片
   在 .pic 樣式上按右鍵
   選取：套用

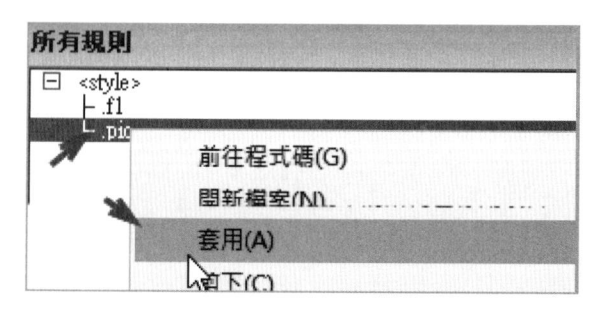

- 瀏覽結果如下圖：

> 現在位置:首頁>棒球介紹
>
> 棒球比賽中防守在內野區域的球員，有投手、捕手、一壘手、二壘手、三壘手和游擊手共六人。棒球比賽防守區域區分為內野手與外野手，棒球場內野區域有分紅土與草皮兩種，比賽時內野手與外野手的守備功能不同，內野的投手除投球外也要協助守備，捕手除接球外更應協助判斷指揮處理傳球的位置。其他任務有，處理擊球員打擊至內野區域的滾地球與各種飛球，協助己方完成此局守備；協助自外野傳至內野的傳球攔截守備及做各壘的補位與後援守備等。

解說

在設計模式下，圖片與文字的相對位置並不精準，必須在瀏覽器中，樣式設定內容才會精準顯示出來。

📝 Div 的 CSS 樣式範例

範例：104302－（二）－5

(◎)(1) 設置最新消息及圖片展示區，框線為實線、粗細 1px、顏色#999999，寬度及高度如圖 2-2 所示。main 網頁中，最新消息區：寬 280px、高 460px。

1. 插入➔版面物件➔Div 標籤
   輸入類別：news

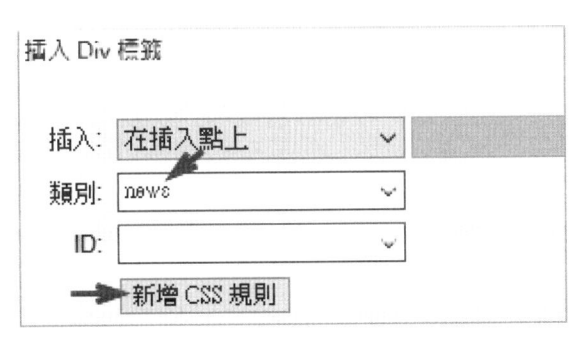

2. 保持系統預設值
   點選．確認鈕

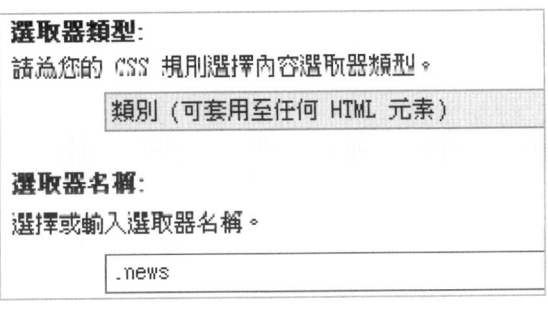

解說

系統自動設定選取器類型為「類別」。

0-15

3. 分類：方框，寬度：280、高度：460

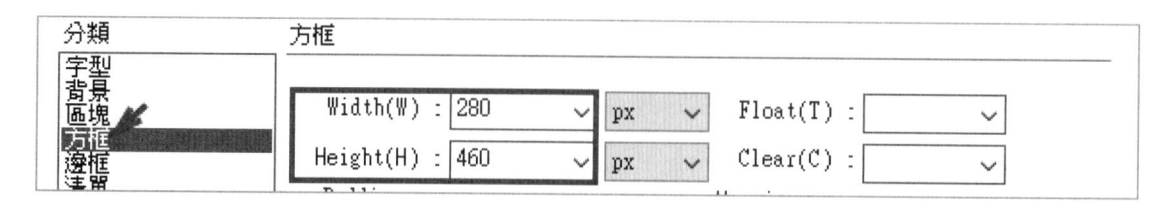

```
分類          方框
字型
背景          Width(W)：280    ∨  px  ∨    Float(T)：        ∨
區塊
方框          Height(H)：460   ∨  px  ∨    Clear(C)：        ∨
邊框
清單
```

4. 分類：邊框，線條樣式：實線、寬度：1 px、顏色：#999999

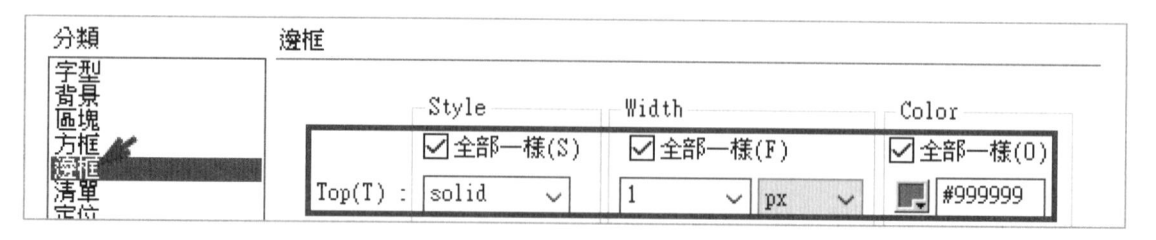

```
分類          邊框
字型
背景                  Style              Width            Color
區塊
方框                  ☑ 全部一樣(S)      ☑ 全部一樣(F)    ☑ 全部一樣(O)
邊框
清單         Top(T)： solid     ∨       1      ∨  px  ∨    #999999
定位
```

- 完成結果如右圖：

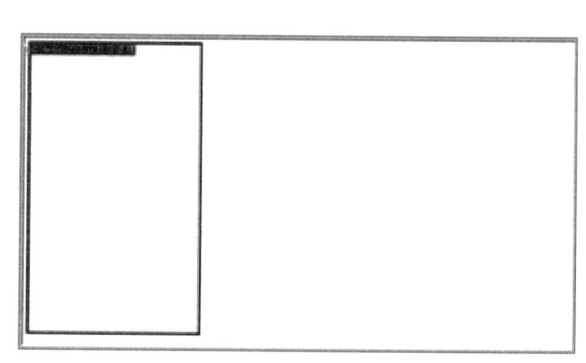

> **解說**
>
> 題目對於版面的要求：長度、寬度，我們第一優先採取表格解法，但是表格對於列高的控制並不嚴謹，常會因為內容關係影響到列高，若遇到此情況我們就會採取 Div 解題，例如：每一個題組中要求跑馬燈高度、選單高度，Div 就如同 Word 系統中的文字方塊功能，是一個文件中的文件，並可嚴格控制高度與寬度。

套用 CSS 樣式

使用 CSS 標籤設定字型最大的優點是可以重複套用，就類似 word 文件中的複製格式，例如下圖中三個項目是一種格式，三段內文是另一種格式，完成項目一 CSS 樣式 f2 設定後，套用到項目二、項目三，同樣的，完成第一段內文樣式 f3 設定後，套用到第 2、3 段內文。

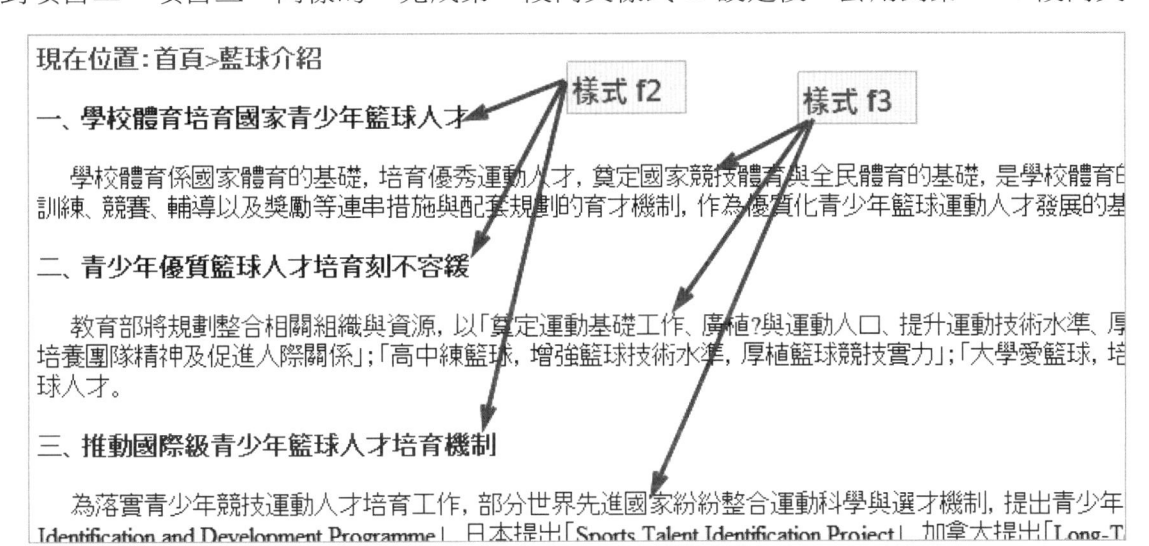

套用 CSS 樣式方法如下：

方法一：

1. 將插入置於要套用的段落上
2. 在樣式上按右鍵→套用

方法二：

1. 將插入置於要套用的段落上
2. 由目標規則中選取樣式

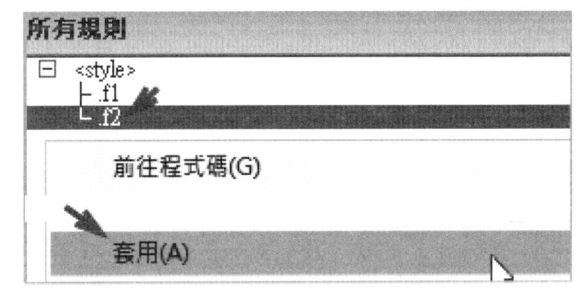

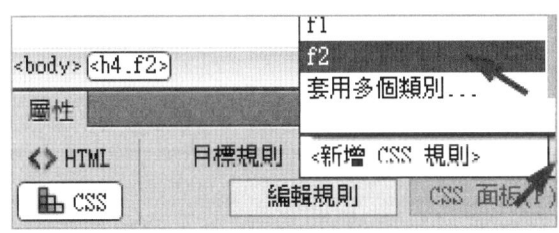

06：對齊方式(align)

格式➔對齊：靠左對齊、置中對齊、靠右對齊

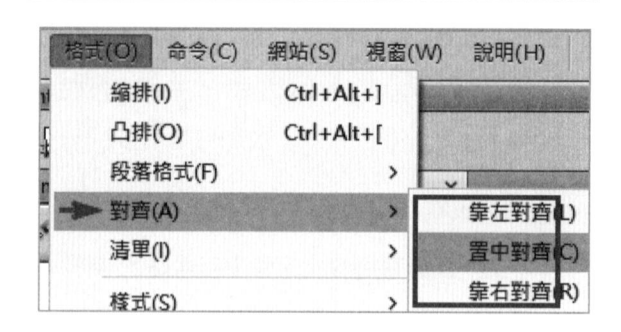

07：跑馬燈

標準 marquee

1. 選取標題文字：
   「國立玉山高中社團介紹網站」
2. 插入➔標籤➔HTML 標籤
   ➔頁面元素：marquee (跑馬燈)
3. 按插入鈕、按關閉鈕

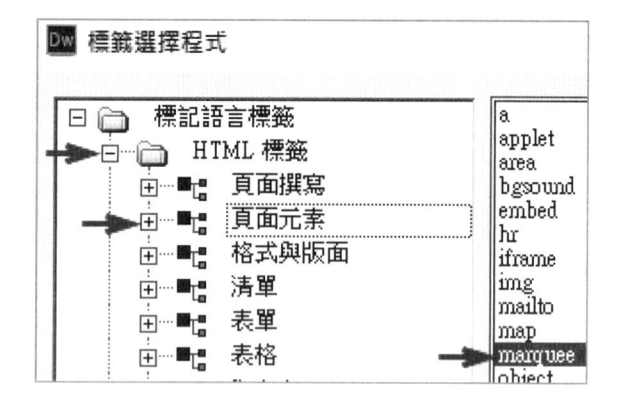

解說

完成上述 2 個動作 marquee 就具備標準功能：文字由右向左移動。

08：圖片

圖片格式

考題中圖片所需要設定的項目有 6 項，其中：大小、超連結、替代文字、影像地圖，可以在屬性表中設定，請對照下圖：

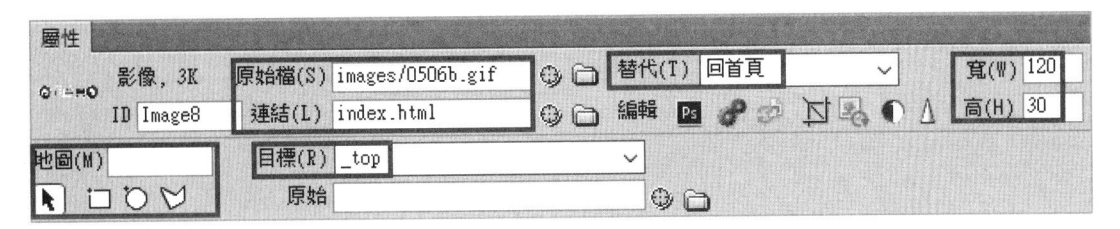

區域超連結

圖片上某一個區域：矩形或不規則形狀，要設定超連結，例如 104303 國家公園考題中要求陽明山國家公園作矩形超連結，雪霸國家公園作不規則形狀超連結，如右圖。

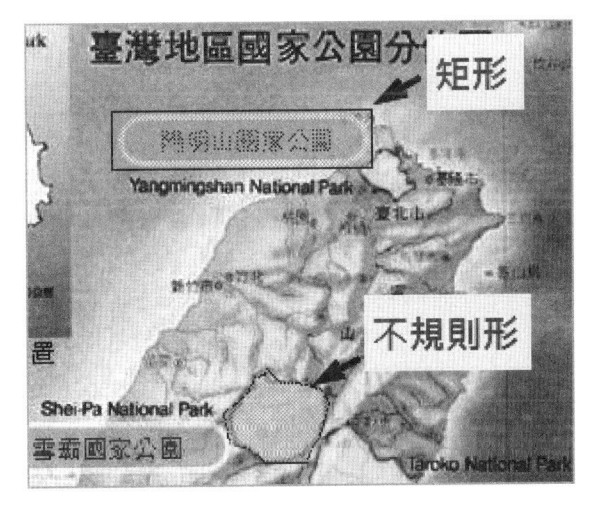

矩形設定方法：

1. 選取圖片
   (視窗下左下方顯示圖片屬性表)
2. 選取矩形圖式
3. 在圖片上欲圈選的範圍斜角拖曳出矩形範圍
4. 設定：連結、目標

不規則設定方法：

1. 選取圖片
   (視窗下左下方顯示圖片屬性表)
2. 選取不規則圖示
3. 在圖片上欲圈選的範圍沿著邊線一點一點，最後回到原點後結束。
4. 設定：連結、目標

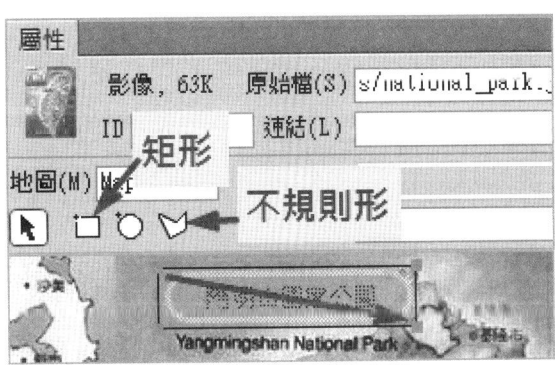

文繞圖效果

文字繞過圖片的效果，如右圖：

右圖效果設定方法：

1. 將插入點置於圖片段落的開頭
2. 插入→影像→0206.png
3. 建立 CSS 樣式：
   pic→方框→Float：right
   Margin： Bottom 10 Left 10

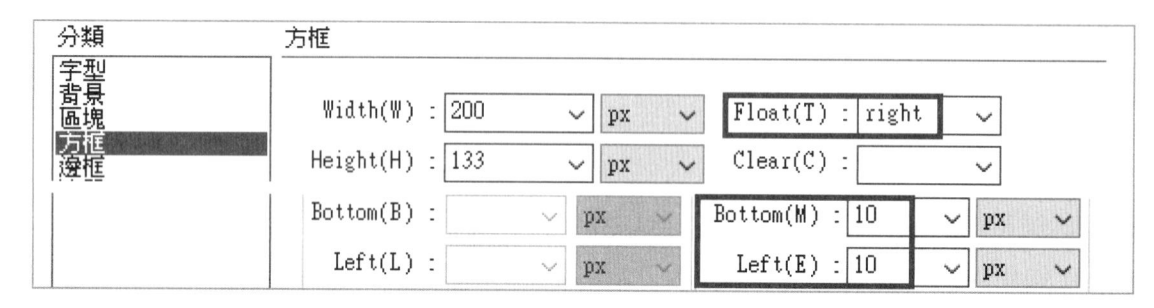

解說

- float：right→靠右對齊文繞圖效果。
- Margin：Bottom 10 Left 10
  圖片與下方文字距離 10px，圖片與左方文字距離 10px。

浮水印效果

文字浮在圖片上方的效果，如右圖：

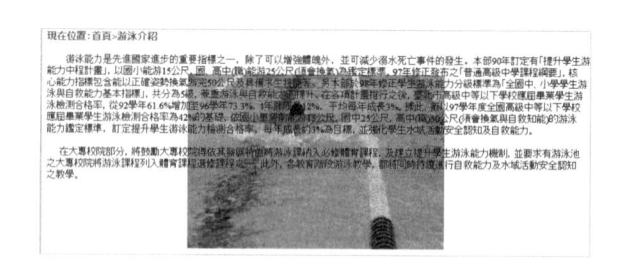

右圖效果設定方法：

1. 點選：頁面屬性鈕
   外觀(CSS)→背景影像：../images/0207.png、重複：no-repeat

● 基礎教學

2. 開啟 CSS 樣式：body

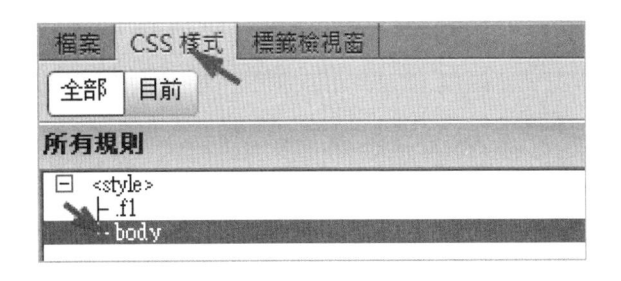

3. 背景→背景圖水平位置：置中、背景圖垂直位置：置中

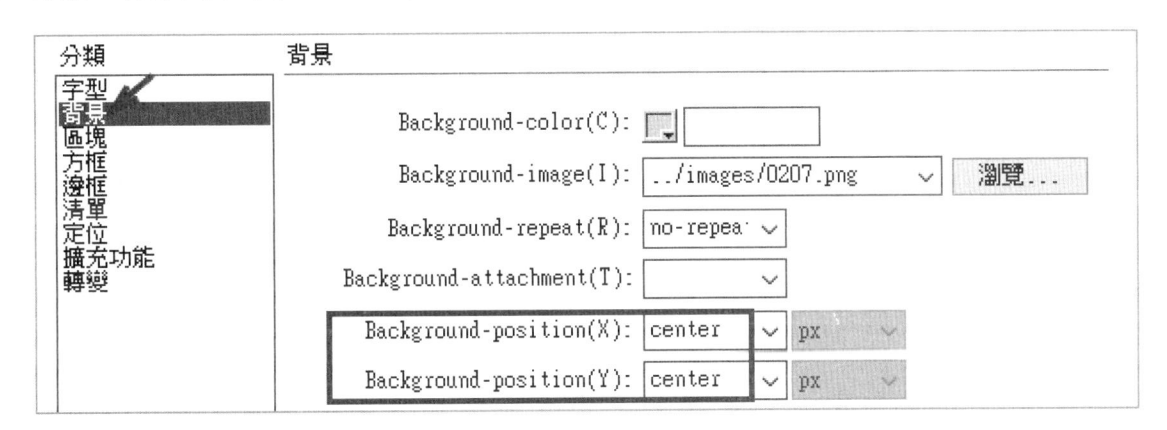

- 在瀏覽模式下，因為文字內容並不多，因此瀏覽器寬度很大時，背景圖看起來類貼緊上邊界，因為文字列數太少，如下圖：

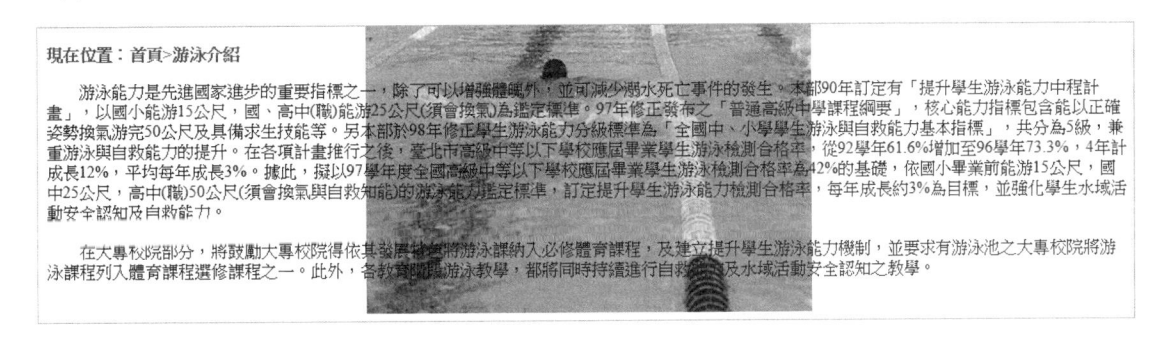

- 若將瀏覽器寬度縮小，文字列數超過圖片高度就會顯示出垂直置中效果：

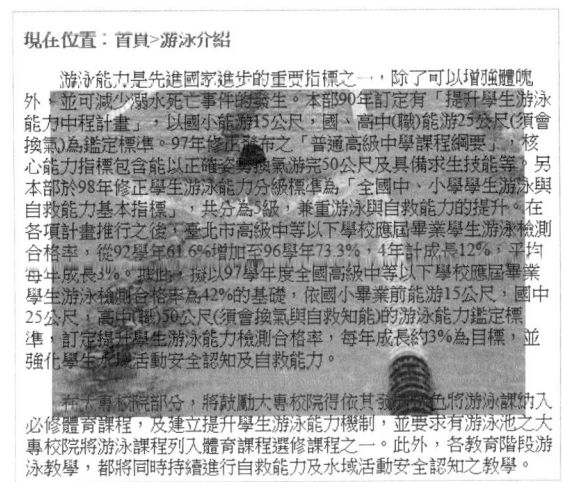

0-21

09：表格、儲存格

表格規範

解題過程中用到最多的就是表格，題目中都只有規範框線：有框線、無框線(0 px)，其餘的都沒有規範，本書解題規範為：儲存格內距＝0、儲存格間距＝0，有例外時在解題過程中會特別說明。

為了讓書籍的編排更為簡潔，表格設定的圖示，我們一律採用下方的「簡易顯示版」，題目規定有框線的，就設定邊框粗細為 1，沒有框線的，就設定邊框粗細為 0，由於所有表格的儲存格內距＝0、儲存格間距＝0，因此在圖示中不予顯示。

完整顯示版　　　　　　　　　　簡易顯示版

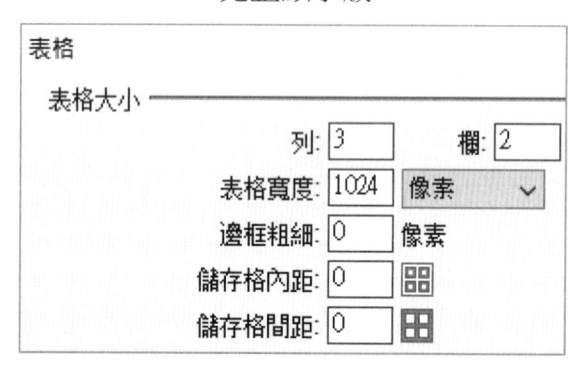

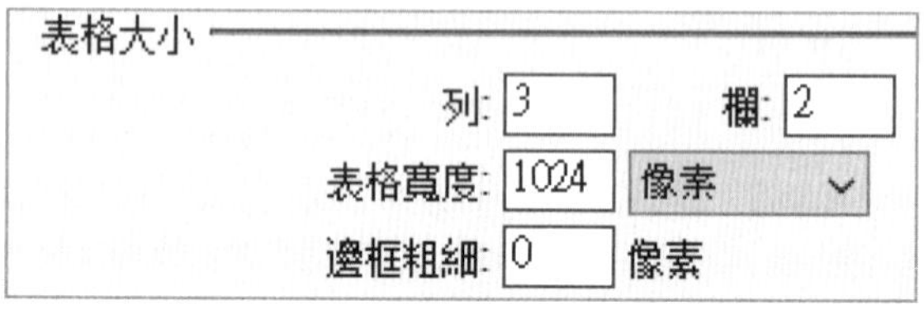

建立表格

- 插入→表格

需要指定項目：
列數、欄數、表格寬度、邊框粗細

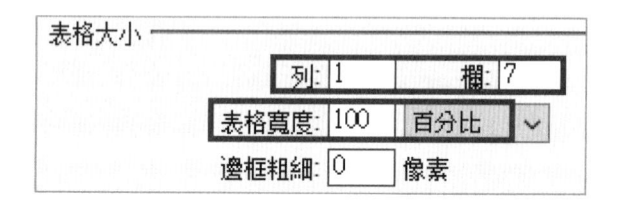

表格與儲存格屬性表

要設定表格與儲存格屬性，首先必須學會「選取」的動作，同樣的：「場所對了，工具才會正確」，請看以下說明：

- 選取「儲存格」
  將插入點置於表格內任一儲存格
  屬性表顯示如下圖：

- 選取「表格」：方法 1
  在儲存格內按右鍵
  表格→選取表格

- 選取「表格」：方法 2
  點選：表格下方框線

- 選取「表格」：方法 3，將插入點置於表格內，點選物件選取區的〈table〉

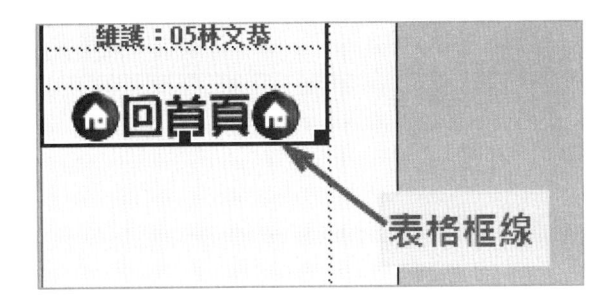

儲存格屬性設定

考題有關儲存格的設定大多數可以由屬性表完成設定，其中包括：
水平、垂直對齊方式、列高、背景顏色，如下圖：

表格屬性設定

以下我們只介紹考題用到的屬性，表格屬性設定有 2 個地方，一個是在視窗下方的屬性表，如：表格寬度、表格對齊方式、框線粗細，如下圖：

另一個地方是從「修改→編輯標籤」
如右圖：

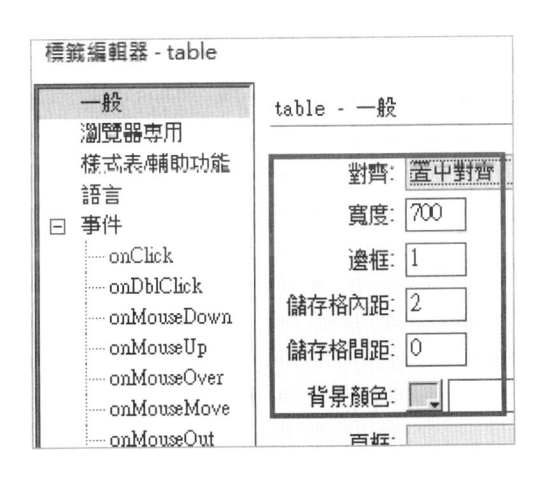

10：超連結顏色、底線

超連結

超連結分為 3 種：網址超連結、電子郵件超連結、錨點超連結，超連結必須設定在某個物件上，設定超連結最常用的物件就是：文字、圖片。

網址超連結

是應用最多，也是設定最方便的一種超連結，基本設定有 2 個項目：

連結：要開啟的網頁名稱

目標：用來顯示開啟網頁的位置，考題所用的的選項解說如下：
　　_top：關閉超連結所在網頁，開啟新網頁。
　　_blank：超連結所在網頁維持不變，開啟新網頁。

我們解題中用到 IFRAME 作為公用的網頁顯示空間，此 IFRAME 被命名為：imain、iphoto，這種情況下我們便必須自行輸入目標名稱，下圖便是吉他社超連結顯示在名為 imain 的 IFRAME 上：

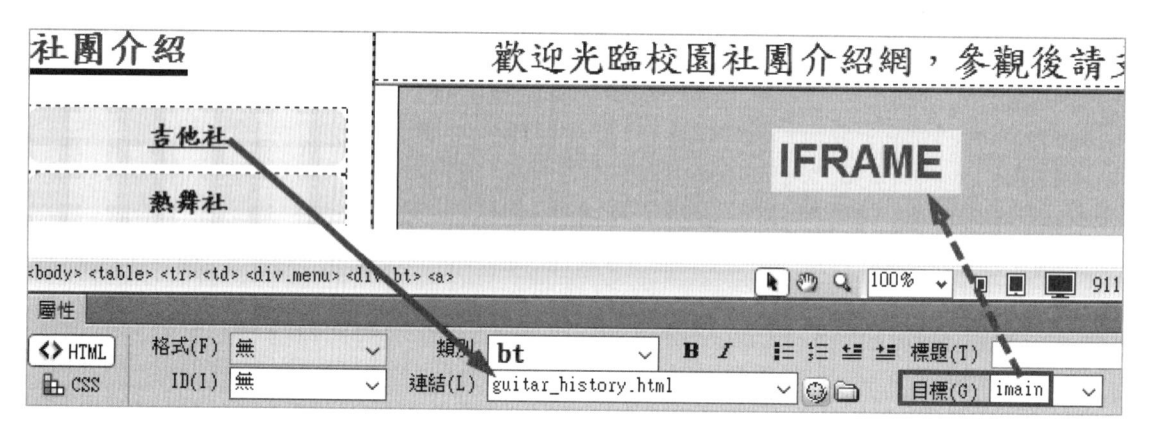

在文字上設定超連結，必須先選取文字，在圖片上設定超連結，也必須先選取圖片，在 HTML 屬性表就可直接設定，如下圖：

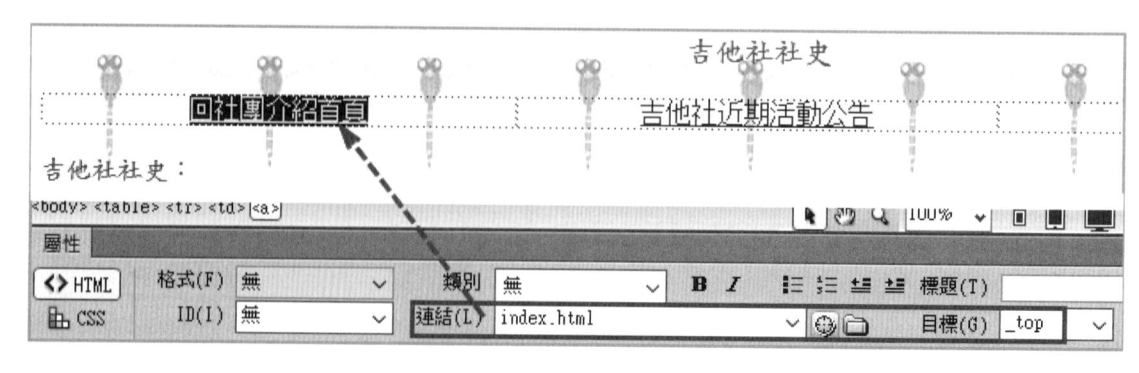

設定超連結有較為簡捷的操作方式，在資料夾圖示左邊有一個⊕指向檔案圖示，拖曳此圖示到指定的網頁，就會將網頁名稱帶入連結方塊中，如下圖：

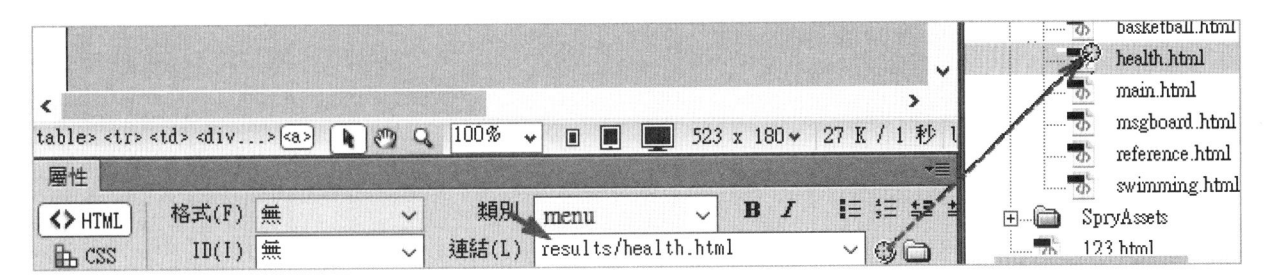

電子郵件超連結

這類的連結較為簡單，只要設定電子郵件地址即可：

插入→電子郵件超連結

> **解說**
>
> 考題中完全沒有這類考題。

錨點超連結

又稱為網頁內超連結，例如：某一份文件很長，內容可分為 4 個單元，為了方便網友挑選適合的單元直接閱讀，一般都會在每一個單元的前方作一個記號，此記號稱為「錨點」，在網頁最上方設定 4 個錨點超連結，讀者點選後便可直接跳到所選擇的單元。

所以此類超連結必須先作建立「錨點」的動作，完成之後才能設定超連結，下面我們以 104301-guitar_event.html 為例：

1. 將插入點置於：
   「日期：九月…」之前或之後

2. 插入→命名錨點
   輸入：九月十六日

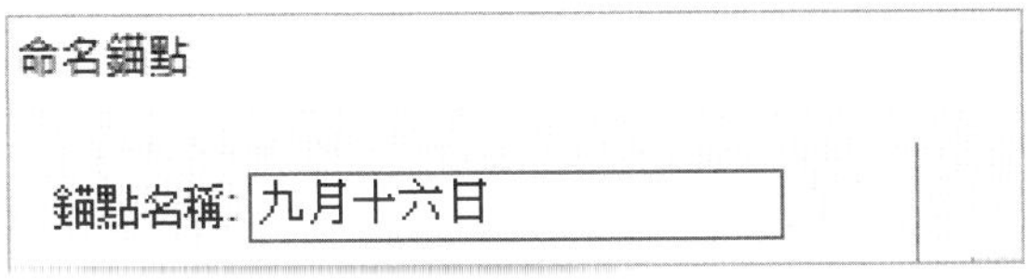

- 「日期：九月…」之前產生一個錨狀圖示，如右圖：

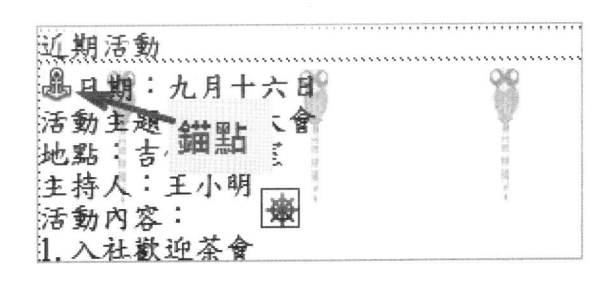

3. 選取網頁上方的「九月十六日」

4. 插入➔超連結
   點選：連結下拉方塊
   選取：#九月十六日

- 點選：「九月十六日」超連結時
  視窗就會向下捲動
  「日期：九月十六日」內容
  便會被捲動至網頁最上方

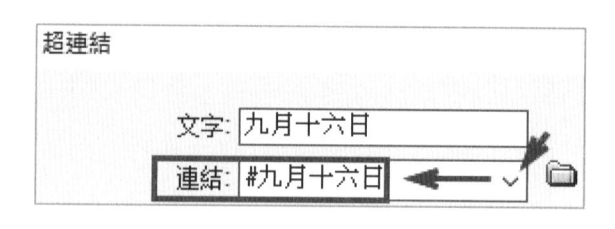

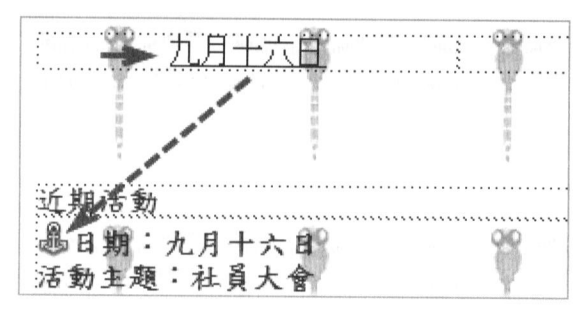

連結設定

文字設定超連結後，文下會出現底線設定，經過點選文字就會變色，因為系統預設：連結、查閱過連結、作用中連結，各以不同顏色顯示連結的狀態。

考題中某些題目規定文字顏色，而且不要底線設定，而此文字又要求作超連結，因此必須變更設定。

範例考題：104304 頁尾版權區

題目要求：第一列輸入「訪客留言版」，並設定超連結到 message.htm(l)網頁，且在網頁內容區中開啟。設定超連結的字型為：未點選瀏覽的顏色#FFFFFF、無底線，已點選瀏覽的顏色#FF9999。

- 設定連結屬性

點選：頁面屬性鈕➔連結，設定如下：
連結顏色：# FFFFFF、變換影像連結：#FFFFFF
查閱過顏色：#FF9999、作用中顏色：# FFFFFF
底線樣式：永不使用底線

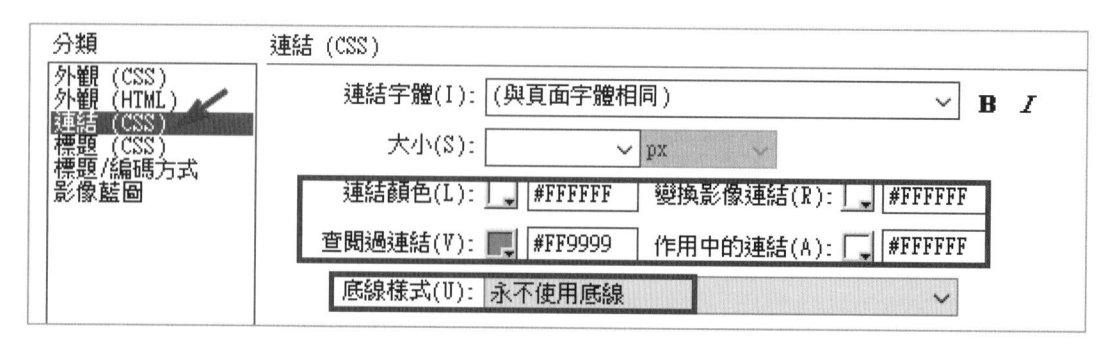

11：背景音樂

考題 104304、104305 都要求在 index.html 加入背景音樂，我們希望能夠播放音效，但在網頁上又不要出現不相關的圖示，因此必須作一些設定。

範例考題：104304 首頁 index.html

題目說明：(※)3.網頁背景音樂「0401.mp3」。

1. 在網頁內按一下 Enter 鍵
   插入→媒體→plugin：
   music/0401.mp3

   解說
   網頁內插入點所在地方會出現音效圖示，如上圖。

2. 選取音效圖示
   點選：修改→編輯標籤
   勾選：自動開始、隱藏

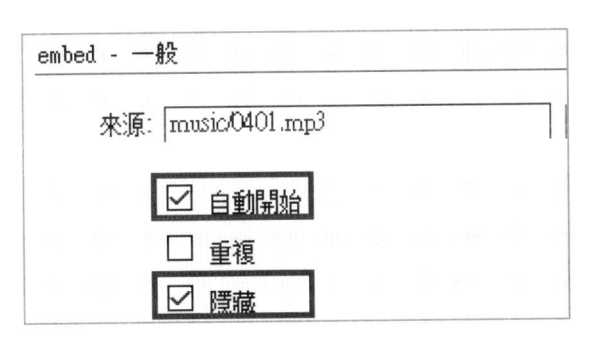

   解說
   - 本步驟是讓音效圖示在瀏覽器中隱藏不顯示，也可將圖示寬度、高度設為 0，效果相同。
   - 為了避免背景音樂圖示影響網頁內容的顯示，我們在解題過程中會將背景音樂圖示置於網頁最下方。

12：背景圖片、背景顏色

網頁、表格、儲存格背景圖片

考題中要求背景圖片在以下幾個不同的場合作設定：網頁、表格、儲存格、Div、IFRAME，設定背景圖片可以使用：對話方塊、標籤檢視窗，分別舉例如下：

範例考題：104301-main 網頁

題目說明：(＊)2.網頁背景圖片「0101.jpg」。

- 點選：頁面屬性鈕

  外觀 (CSS)→背景影像：images/0101.jpg

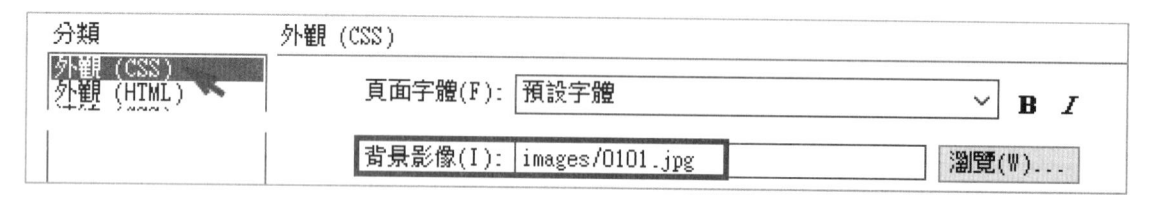

範例考題：104302-index 網頁

題目說明：(＊)3.設定首頁區內的背景顏色#FFFFFF，以外區域的背景顏色#42413C。

- 點選：頁面屬性鈕，外觀(CSS)→背景：#42413C

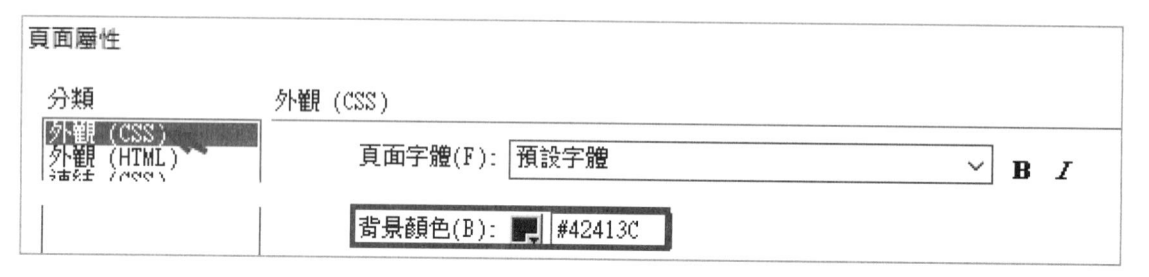

- 選取表格，點選：修改→編輯標籤
  設定背景顏色：#FFFFFF

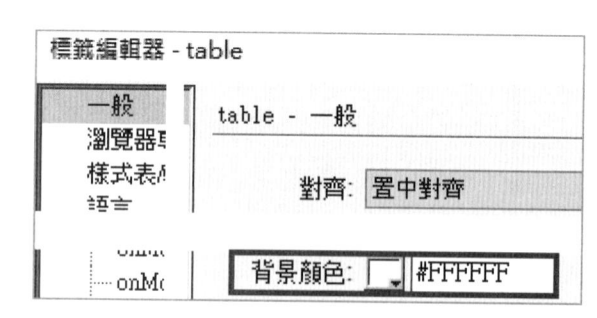

13：滑鼠滑過動態效果

考題中對於動態效果的要求非常多，但動態效果時機全部是指定：「滑鼠移過」，這個動作在網頁上的指令稱為 hover，而要求的動態效果有以下 3 種：

交換圖片

範例考題：104305-index 網頁-選單區

題目說明：(◎)5.表格第四列插入圖片「0501b.gif」…，當滑鼠移過時交換成圖片「0501r.gif」。

- 第 4 列：插入→影像物件→滑鼠變換影像
  原始影像：images/0501.b.gif、滑鼠變換影像：images/0501.r.gif

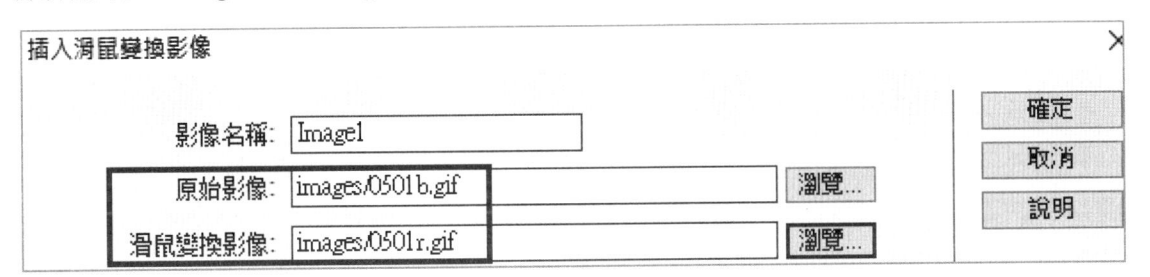

文字、背景顏色改變

範例考題：104302-index 網頁-選單區

題目說明：(※)3.選單項目在滑鼠移到某一項目上方時，改變該項目背景顏色為#FFFF00、字型顏色為#FF0000、加粗(bolder)…。

由於選單項目都有超連結，因此利用超連結屬性。

- 設定連結
  按頁面屬性鈕→連結→設定如下：
  連結顏色：#000000、<u>變換影像連結：#FF0000(紅)</u>、查閱過連結：#000000
  作用中的連結：#000000、底線樣式：永不使用底線

解題技巧：詳見題組一。

背景圖片改變

範例考題：104301－(五)－7~8

題目說明：(＊)7.選單項目在平常狀態，每個項目的背景圖片為 menu1.png，如上圖(a)中的棒球社選項。

(＊)8.選單項目在滑鼠移到該項目上方時，該項目的背景圖片換成 menu2.png，如上圖(b)中的棒球社選項。

解題技巧：詳見題組一。

14：表單、訊息方塊

104302-message.html、104304-purchase.html 兩個網頁都是要求表單及自訂訊息方塊功能，要求的項目、功能都差不多，我們就以 104302-message.html 作為解說範例。

表單與表單元素

表單就是網頁蒐集使用者資訊的介面，表單內各種不同元素可以讓使用者輸入不同種類的資料：

- 文字欄位：(一行)
  輸入簡短的文字、數字、日期、…
- 文字區塊：(多行)
  輸入敘述性的長文字內容

- 選項按鈕群組：多選一按鈕
  2 選 1：男、女
  3 選 1：購買、不購買、考慮中

- 選取清單：多選一清單
  職業類別：
  醫師、工程師、建築師、…

- 按鈕：
  將資料送出、清空表單資料

便捷的表單工具

- 視窗：檢視→插入

- 由上方的下拉清單中選取：表單

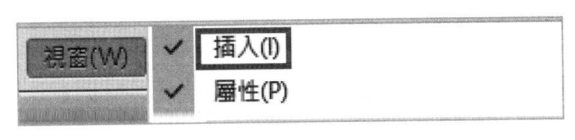

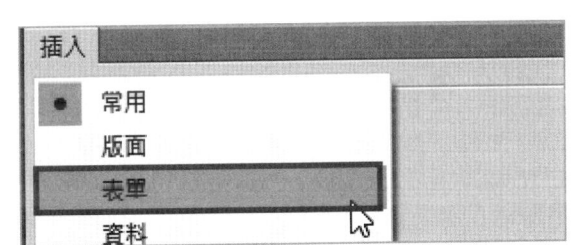

- 透過此工具，作業效率會提高不少

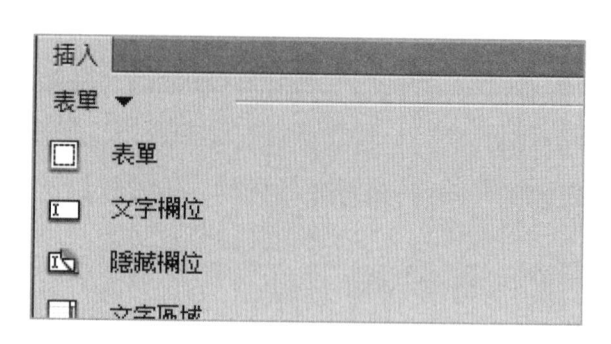

實作解說

範例考題：104302-msgboard.html

1. 由插入表單中點選：按鈕

- 出現如右圖對話方塊
  與考題無關，不必理會
  直接按確定鈕

  點選：是

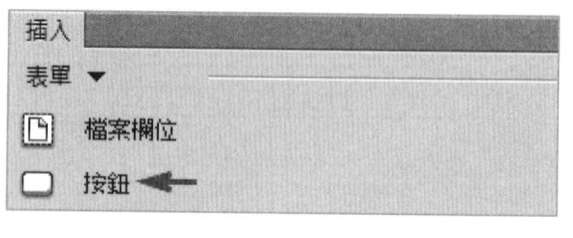

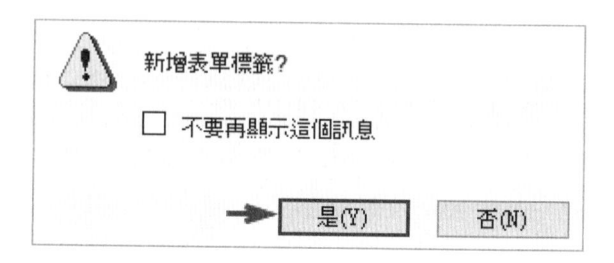

- 網頁內產生一個紅色虛線外框，那就是表單架構
  表單架構內的「送出」，就是系統預設的按鈕

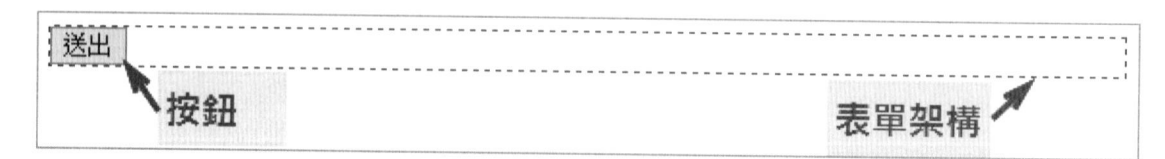

解說

- 有了表單才能插入表單元素，因此建立表單第一個步驟便是插入表單，如果尚未插入表單就插入表單元素，系統會自動幫你插入表單。
- 一般的表單都有 2 個按鈕，一個是將資料送出，一個是清除表單上的資料。

2. 再點選一次「按鈕」

3. 表單內就有 2 個按鈕
   選取第 2 個按鈕,設定:
   值:重置、動作:重設表單

4. 將插入點置於送出按鈕前方,插入➔表格➔6 列 2 欄
   將 2 個按鈕拖曳至第 1 欄第 6 列,適當調整表格欄寬,如下圖:

解說
表單為了要有「單」的整齊感覺,一般都會搭配表格,作欄列的對齊。

5. 在姓名欄旁插入「文字欄位」
   在電子郵件欄旁插入「文字欄位」

設定第 1 個文字欄位 ➔字元寬度:20、第 2 個文字欄位➔字元寬度:60

6. 在性別欄旁插入「選項按鈕群組」
   在標籤第 1 列輸入:「男」、第 2 列輸入:「女」
   保持預設顯示方式:斷行符號,按確定鈕

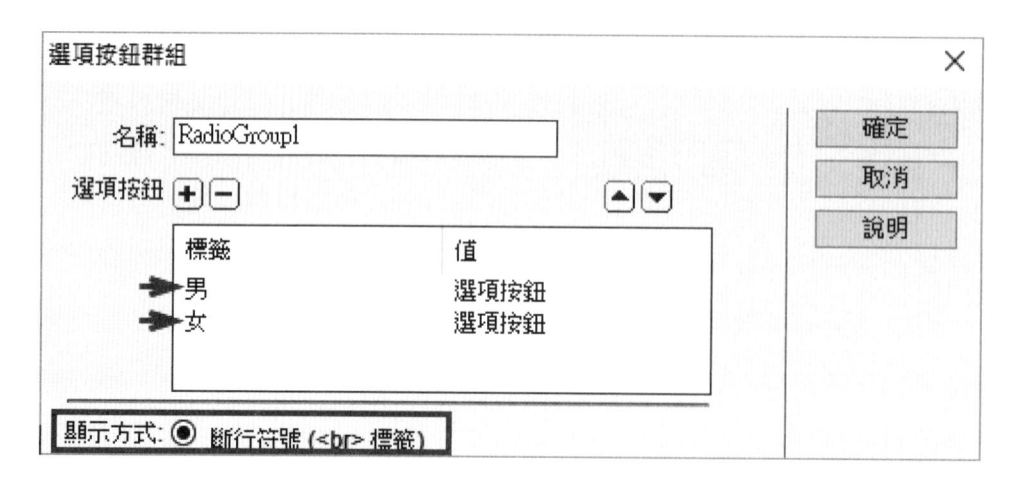

   > **解說**
   > 若超過 2 個項目,可按 + 鈕,若要調整排列順序可按上下倒三角鈕。

7. 將插入點置於「男」右邊
   按 Delete 鍵
   結果如右圖:

8. 選取:男鈕,設定:
   初始化狀態:已核取

   > **解說**
   > 題目要求的「預設值:男」,就是設定「男」鈕初始化狀態為:已核取。

9. 在職業類別欄旁插入
   「選取(清單/選單」

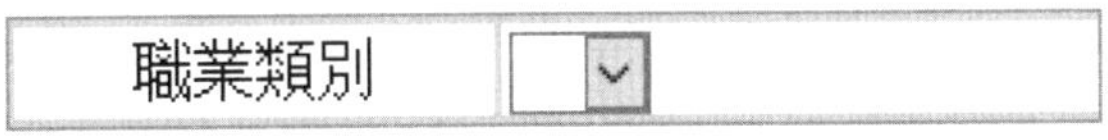

   設定→類型：選單、點選：清單值鈕

   在項目標籤：
   第 1 列輸入：「-----請選擇職業類別-----」
   按 + 鈕
   第 2 列輸入：「1.現役軍人」，按 + 鈕
   第 3 列輸入：「2.專業人員」，按 + 鈕
   第 4 列輸入：「3.技術員及助理專業人員」

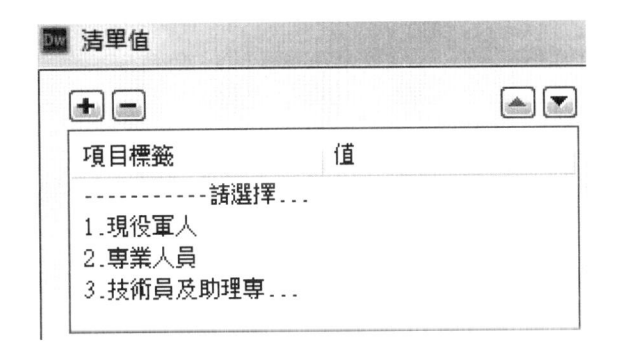

- 在「即時」模式下
  點選：下拉鈕
  清單展開如右圖：

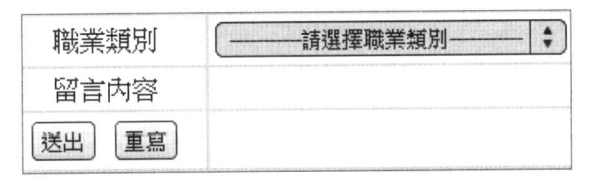

10. 在留言內容欄旁插入「文字區域」
    設定→字元寬度：78、行數：10

自訂訊息方塊

題目要求按下「送出」鈕後，必須出現對話方塊，並顯示訊息。

1. 選取：標籤檢視窗
   選取：行為
   點選：+ 鈕
   選取：彈出訊息

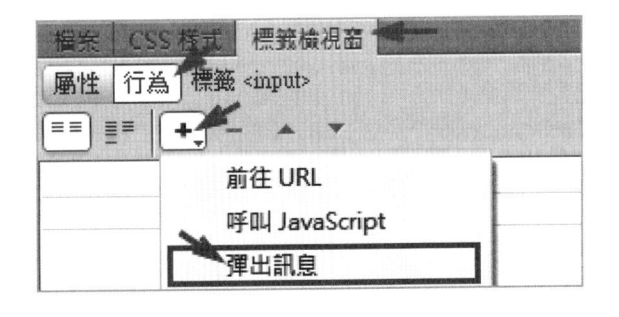

2. 在對話方塊內輸入：「歡迎蒞臨本網站，您的寶貴…」

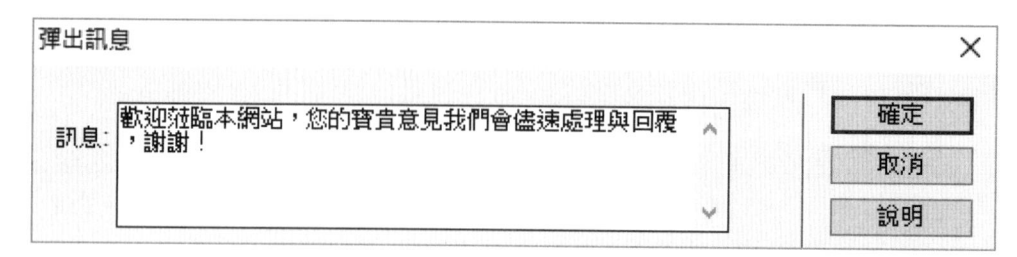

- 完成後「行為」標籤下多了：
  onClick：彈出訊息

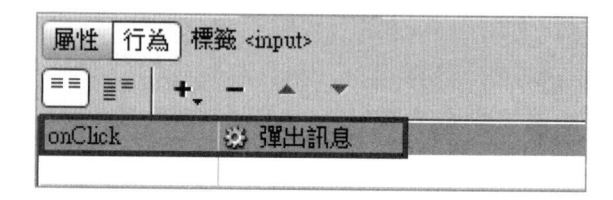

- 在瀏覽器中，點選送出鈕，出現網頁訊息，如下圖：

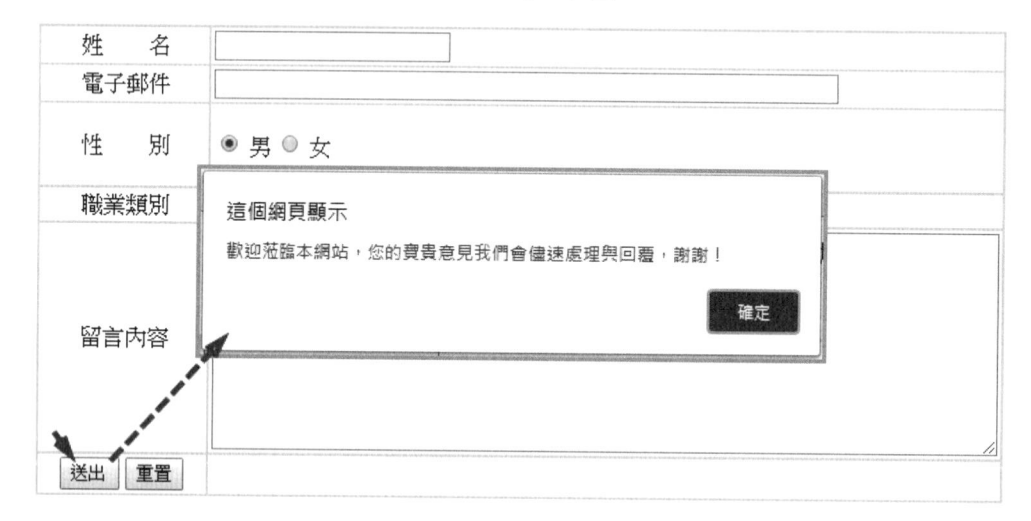

15：CSS 基礎教學(題二 - 橫幅文字)

> 題組二標題區橫幅文字規定：
> C.橫幅文字的陰影效果不得以影像軟體進行處理之，須以 CSS 或 HTML 直接處理，惟最終橫幅結果可採文字或圖片呈現之。

由於題目說「可以採文字或圖片呈現之」，我們考試時當然選擇最簡單的作法來應付，那就是用 CSS 來解題，用 CSS 解題考生完全不用寫任何一行程式碼即可簡單、快速地完成考題要求。

先設定標題文字格式

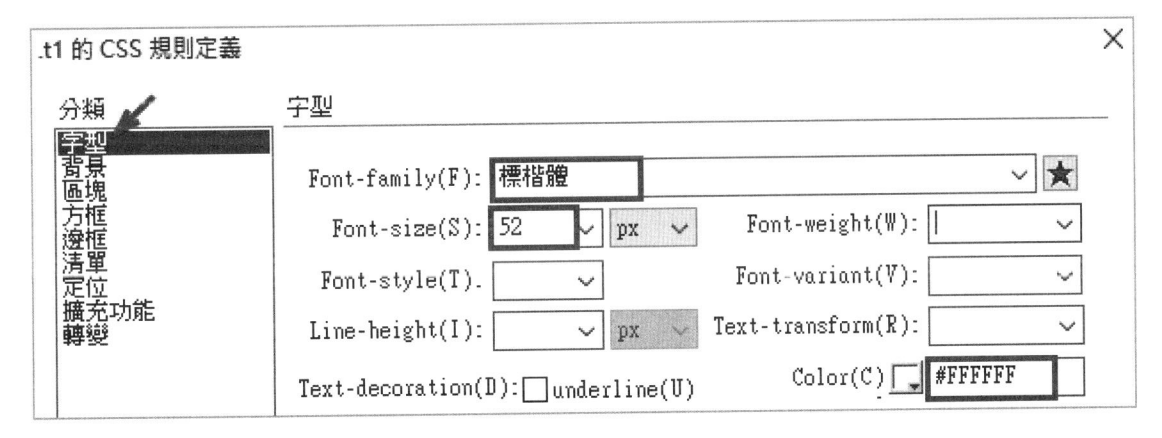

設定標題文字陰影效果

- 是的，不用懷疑，就這二張圖的畫面設定即可完成考題要求的橫幅文字效果，是不是未勉也太簡單了呢，呵呵！（詳細步驟於題組二解題內容中說明）。

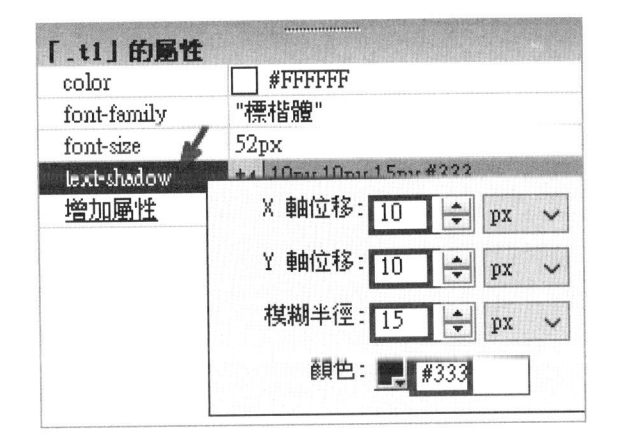

16：Canvas 基礎教學(題二 - 橫幅文字)

題組二標題區橫幅文字效果除了可以用上述 CSS 作法外，另外也可用 Canvas 解題，Canvas 產生出來的效果就會是以圖片呈現之。Canvas 可以翻譯為「畫布」，畫布上可以寫字、也可以繪圖，建立 Canvas 必須使用程式指令，但讀者也不必太過害怕，這裡我們會用一些方式讓讀者覺得其實也沒那麼難。

撰寫前注意事項說明

- 網頁的程式，一個物件即是一個標籤。標籤是一組的，就是有開頭標籤、有結束標籤，結束標籤會以"/"做為結束，例如 DIV 標籤為<div></div>。

- 網頁標籤程式碼是不需要死背的，只要記住開頭英文是什麼即可。以產生畫紙為例，我們只需記住並輸入「<c」，自動就會顯示所有 c 開頭的標籤程式碼，而 canvas 即是顯示的第一個。

- 前面說的輸入開頭英文自動會顯示相關程式碼，這裡有一個很重要的前題，就是輸入法一定不能是中文狀態輸入法，一定要是英文輸入法才會有效，請注意！

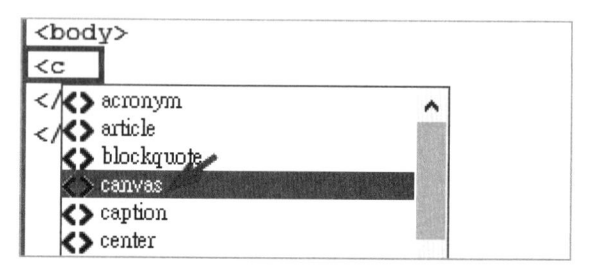

先產生畫紙<canvas></canvas>

1. 產生畫紙程式（canvas）

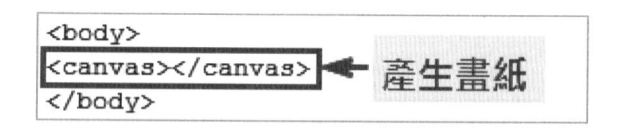

2. 定義畫紙（canvas）寬度 844 (1024-180)、高度 90 以及名稱 mc

```
<canvas width="844" height="90" id="mc"></canvas>
```

> **解說**
> 電腦程式的撰寫其實就是模擬現實的情境，這裡你可以想成你想寫字需要張紙，你去文具店買紙總要會挑選你要多大的紙，是吧！另外給這張紙做一個記號(id)，方便等會兒寫字時，能正確的拿對紙。

開始寫字 `<script></script>`

1. 在 `</canvas>` 下方
   建立要在紙張上寫字的程式碼

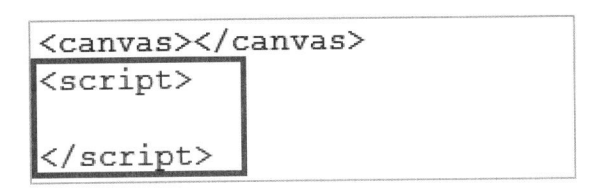

   ```
   <canvas></canvas>
   <script>

   </script>
   ```

2. 宣告 mc 物件，輸入第 1 列指令：「var c = document.g」
   系統自動顯示並選取 getElementById(**id**)

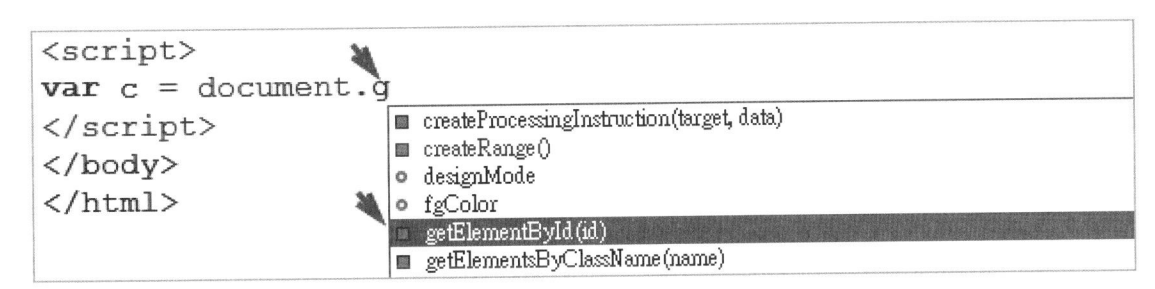

   ```
   <script>
   var c = document.g
   </script>
   </body>
   </html>
   ```
   - createProcessingInstruction(target, data)
   - createRange()
   - designMode
   - fgColor
   - **getElementById(id)**
   - getElementsByClassName(name)

   按 Enter 鍵，系統自動帶入完整指令

   在括弧內輸入：「'(單引號)」，即會自動跳出「mc」項目，按 Enter 鍵選取然後補上右括號，並在指令結尾輸入「;」

   ```
   <script>
   var c = document.getElementById('mc');
   </script>
   ```

   > **解說**
   >
   > 指令解釋：取得網頁上(document)的 mc 元件(getElementById)，並指定給 c 物件變數。

3. 宣告變數 ct 為 mc 物件的屬性類別
   輸入第 2 列指令：「var ct = c.g」
   系統自動顯示並選取 getContext(contextid)

   ```
   var c = document.getElementById('mc');
   var ct = c.g
   </script>
   </body>
   </html>
   ```
   - getAttributeNode(name)
   - getAttributeNodeNS(namespace,name)
   - getAttributeNS(namespace, name)
   - **getContext(contextId)**
   - getElementsByClassName(name)

   按 Enter 鍵，系統自動帶入完整指令

在括弧內輸入:「'(單引號)」,即會自動跳出「2d」項目,按 Enter 鍵選取然後補上右括號,並在指令結尾輸入「;」

> **解說**
> '2d' 是指定物件的繪圖模式是 2d(2 維:平面),目前系統只能支援 2 維。

4. 設定字體陰影屬性,輸入:「ct.s」,在自動顯示代碼選項畫面中,找到連續 4 個綠色的屬性

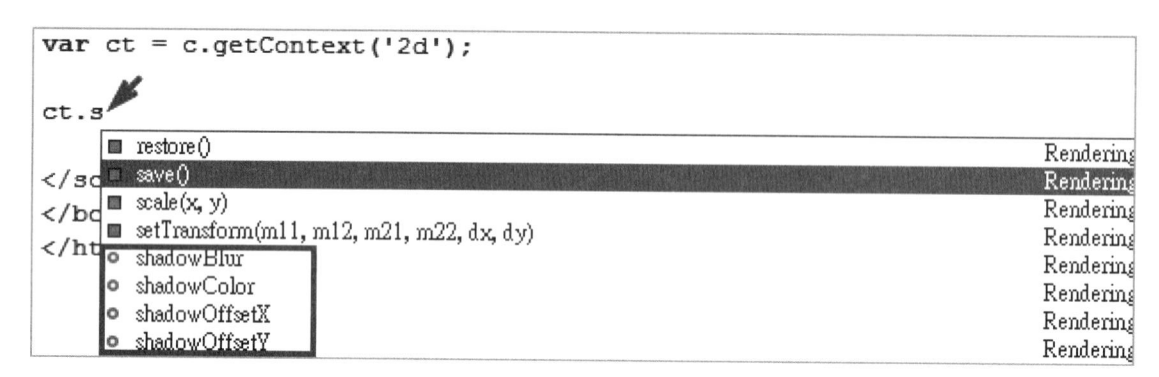

```
var ct = c.getContext('2d');
ct.s
    ■ restore()                              Rendering
    ■ save()                                 Rendering
    ■ scale(x, y)                            Rendering
    ■ setTransform(m11, m12, m21, m22, dx, dy) Rendering
    o shadowBlur                             Rendering
    o shadowColor                            Rendering
    o shadowOffsetX                          Rendering
    o shadowOffsetY                          Rendering
```

依序選取並完成以下 4 列指令:

```
ct.shadowBlur = "15";
ct.shadowColor = "#333333";
ct.shadowOffsetX = "10";
ct.shadowOffsetY = "10";
```

> **解說**
> - shadowBlur:模糊係數,shadowColor:陰影顏色
> - shadowOffsetX:陰影 X 軸偏移量,shadowOffsetY:陰影 Y 軸偏移量。

5. 設定字體及輸出文字屬性,輸入:「ct.f」,在自動顯示代碼選項畫面中,找到 font 開始,往上連續 3 個的屬性(含 font)

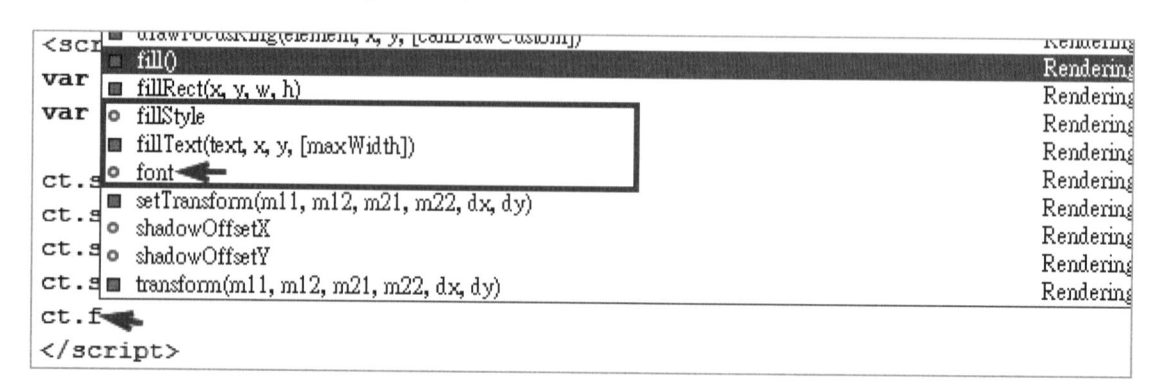

```
<scr  ■ drawFocusRing(element, x, y, [canDrawCustom])  Rendering
       ■ fill()                                         Rendering
var    ■ fillRect(x, y, w, h)                          Rendering
var    o fillStyle                                     Rendering
       ■ fillText(text, x, y, [maxWidth])              Rendering
       o font ←                                        Rendering
ct.s   ■ setTransform(m11, m12, m21, m22, dx, dy)      Rendering
ct.s   o shadowOffsetX                                 Rendering
ct.s   o shadowOffsetY                                 Rendering
ct.s   ■ transform(m11, m12, m21, m22, dx, dy)         Rendering
ct.f
</script>
```

先選取並完成 2 個綠色選項，將紅色選項放在最後一個並完成，相關設定如下圖：

```
ct.font = "52px 標楷體";
ct.fillStyle = "#FFFFFF";
ct.fillText("運動廣場連結網" , 230 ,55);
```

☕ 解說

- font 屬性為文字的大小及字型。
- fillStyle 屬性為文字的顏色。
- fillText 屬性有三個參數，第一個參數是輸出的文字內容，第二個參數是文字的 X 軸位置，第三個參數是文字的 Y 軸位置。由於筆者多次測試得到最理想的文字位置，X 為 230，Y 為 55，請記下來。

- 完整的程式碼如下圖：

```
<canvas width="844" height="90" id="mc"></canvas>

<script>
var c = document.getElementById('mc');
var ct = c.getContext('2d');

ct.shadowBlur = "15";
ct.shadowColor = "#333333";
ct.shadowOffsetX = "10";
ct.shadowOffsetY = "10";

ct.font = "52px 標楷體";
ct.fillStyle = "#FFFFFF";
ct.fillText("運動廣場連結網" , 230 ,55);
</script>
```

- 完成程式指令後，瀏覽結果如下圖：

☕ 解說

<script>與</script>之間程式碼，我們可以用「2v，3f，4s」這個口訣來方便記住，但 f 我們要放在最後，不然無法正確顯示。

17：SVG 基礎教學(題二 - 橫幅文字)

上一節我們利用 Canvas 語法來產生題組二的橫幅文字圖片，另一個 SVG 語法也被定義是圖片格式物件，但在瀏覽器依然能夠被滑鼠選取，且也無法另存成圖檔，因此實際呈現的效果上也屬文字效果。

另外網頁語法除了 Canvas 能產生圖片外，另一個 SVG 語法也被定義是圖片格式物件，但由於 SVG 產生出來的文字內容，在瀏覽器依然能夠被滑鼠選取，且也無法另存成圖檔，檢定考試若要用此方式，作題前最好先詢問監考委員這樣作是否能符合規定而不被扣分。

SVG 文字圖形語法

以題組二橫幅文字為例，使用 SVG 標籤生成文字圖形，要搭配 TEXT 這個文字標籤，其結構如下：

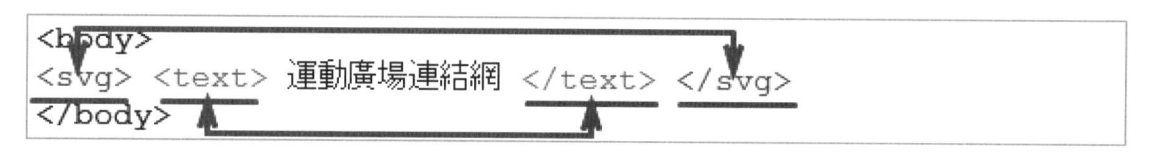

```
<body>
<svg> <text> 運動廣場連結網 </text> </svg>
</body>
```

由於文字還有陰影設定，我們的做法是先用 CSS 定義 SVG 畫布的大小及畫布裡文字的字型及陰影相關設定，設定步驟如下：

1. 新增 CSS 規則→編輯規則

基礎教學

2. 選取器類型：標籤(重新定義 HTML 元素)
   選取器名稱：svg

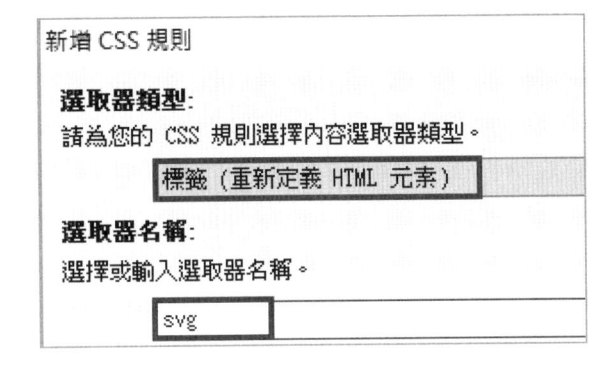

3. 設定字型：
   標楷體、52

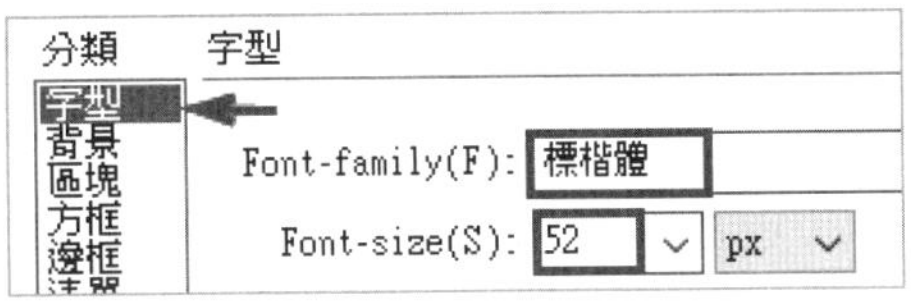

4. 設定大小：
   (W)：844
   (H)：90

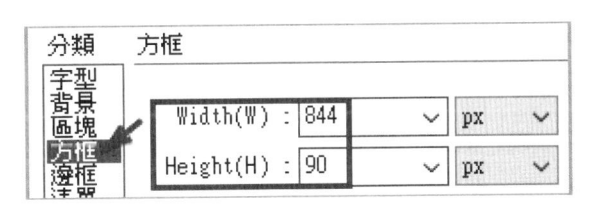

5. 設定陰影：
   點選 CSS 樣式面板→svg
   下方點選「增加屬性」：
   text-shadow

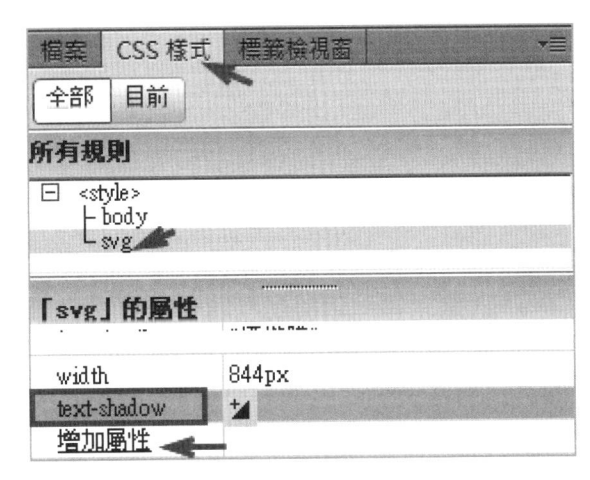

6. 點選 text-shadow 右方「+」：
   x 軸位移：10px
   y 軸位移：10px
   模糊半徑：15px
   顏色：#333333

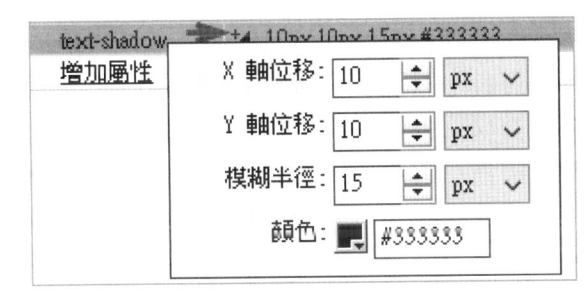

- 其程式自動產生的程式碼如下：

```
svg {
    font-family: "標楷體";
    font-size: 52px;
    height: 90px;
    width: 844px;
    text-shadow: 10px 10px 15px #333333;
}
```

0-43

然後 TEXT 針對文字顏色、對齊及文字位置(x，y)作設定，其結果程式碼如下：

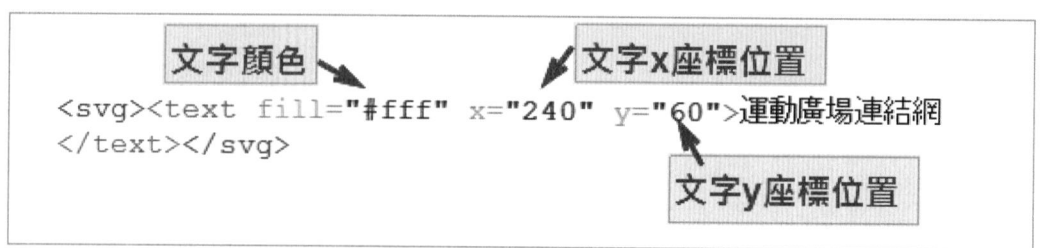

```
<svg><text fill="#fff" x="240" y="60">運動廣場連結網
</text></svg>
```

（文字顏色：fill="#fff"；文字x座標位置：x="240"；文字y座標位置：y="60"）

> **解說**
> - 這裡 CSS 定義 SVG 畫布相關設定無需背程式，使用編輯 CSS 規則即可；唯獨 TEXT 標籤屬性設定需要熟記。
> - 再次提醒考生，由於使用 SVG 解題未必每個評審都能接受，因此若要使用此方式解題的考生，請先跟監評確認能否得分。

18：解題前重點整理

📝 首頁 index 共同性

1. 首頁 index 皆需輸入標題文字

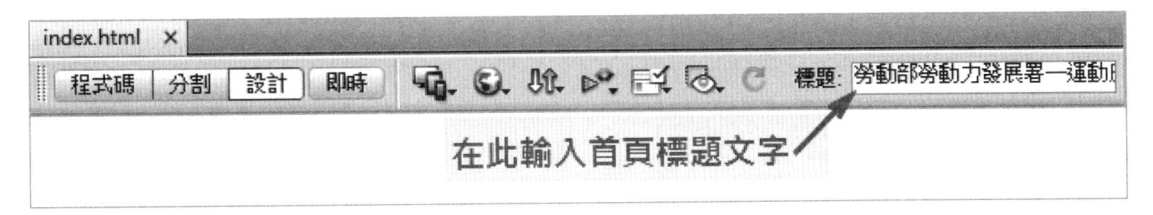

2. 首頁 index 皆用表格來製作網頁版面尺寸，並且置中對齊

3. 首頁 index 表格大小皆為 1024x768。

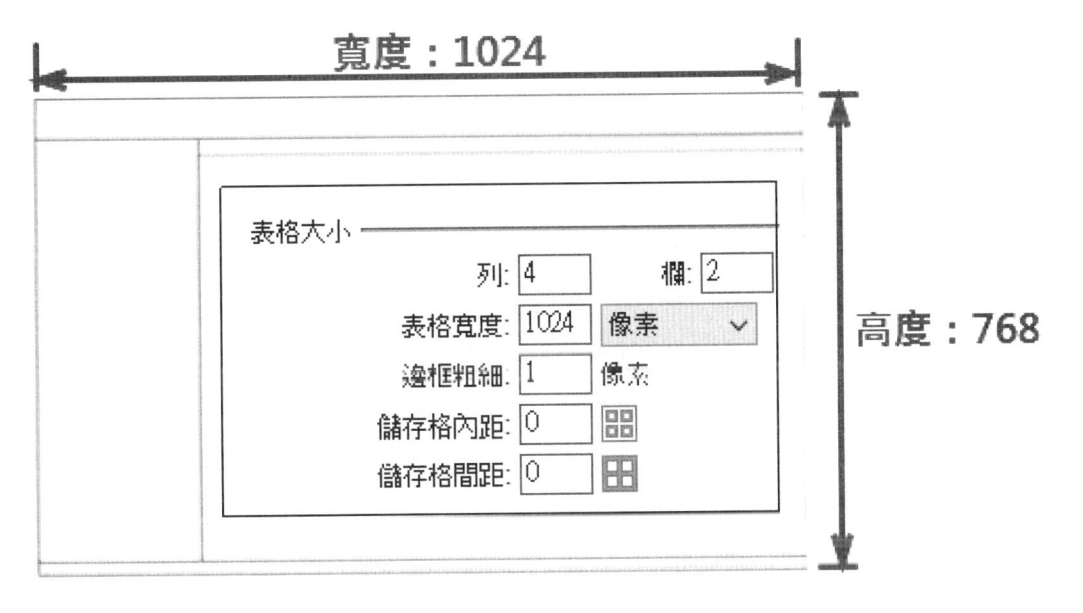

4. 首頁 index 的網頁內容區(content)，皆插入 iframe，iframe 顯示來源皆為 main 網頁

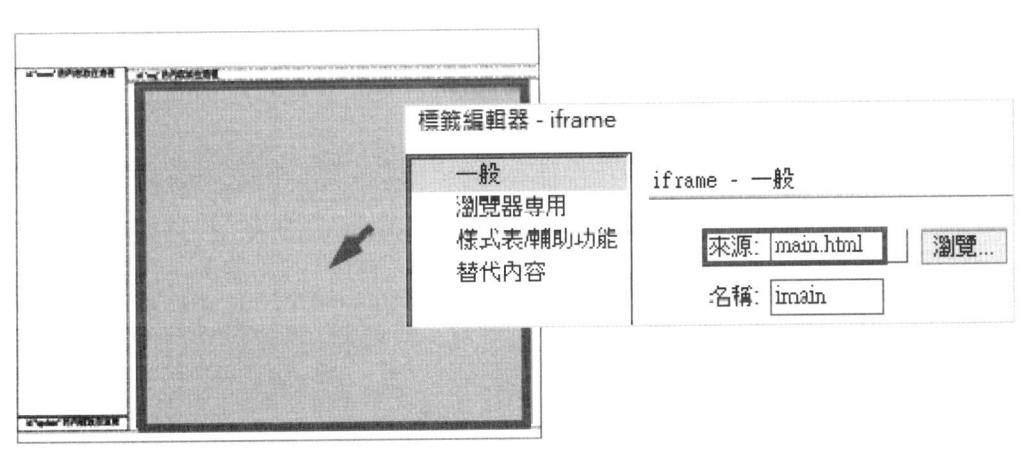

其他共同性

1. 五個題組皆要有 main 網頁
   雖然五個題組只有題組一、題組二有要求新增 main 網頁，題組三、四、五我們也要自行建立 main 網頁

2. 建立表格時，「儲存格內距」及「儲存格間距」一律設 0，除非題目有特別說明要設定多少(例如題組二訪客留言網頁)。

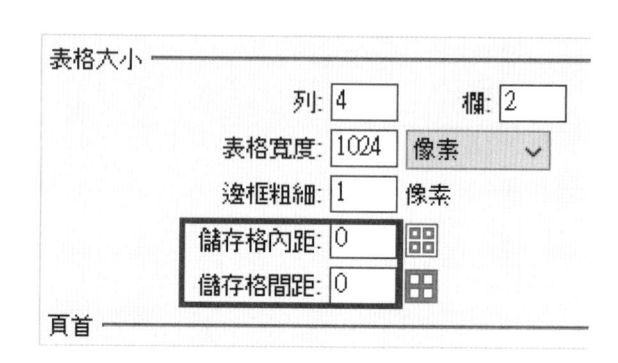

3. 超連結連回首頁，目標一定是用「_top」，其他連結若未說明要另外開新網頁，則目標一定是用「imain(iframe 名稱)」。

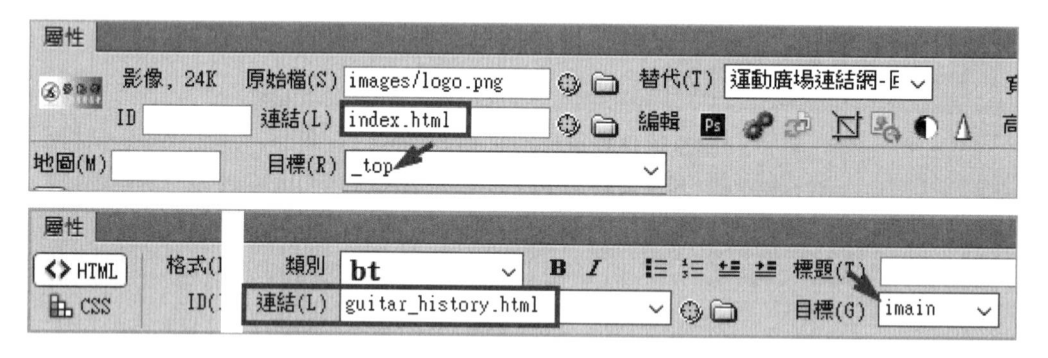

4. 新增 CSS 規則時，選取器類型一定選「類別」，除了「動態選單」。

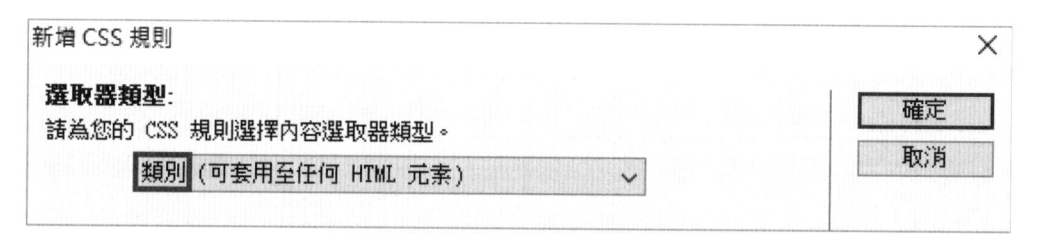

5. 動態選單按鈕(題組一&題組二)，CSS 選取器類型一定是選「複合」。

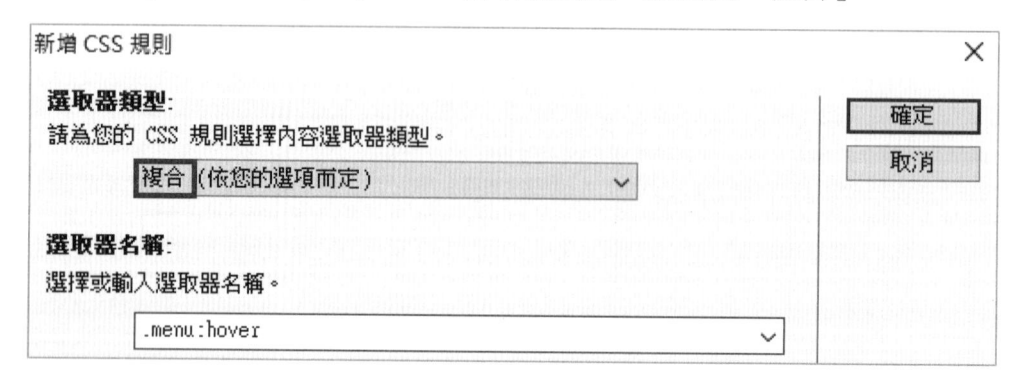

6. 題目有說要製作「表單」，就一定要插入表單元素。

CHAPTER 1

17300 - 104301 校園社團介紹網

試題編號：17300-104301

主題：校園社團介紹網

軟體安裝與測試時間：30 分鐘

測試時間：120 分鐘

素材檔案：

文書檔	0101.txt、0102.txt、0103.txt
圖形檔	logo1.png、logo2.png、logo3.jpg 0101.jpg、0102.jpg、0103.jpg menu1.png、menu2.png
音樂檔	(無)
函式庫	(無)

試題說明：

一、 本試題為「校園社團介紹網」的網頁設計，其架構如圖 1-1 所示。另針對所需要製作的功能進行詳細的說明。

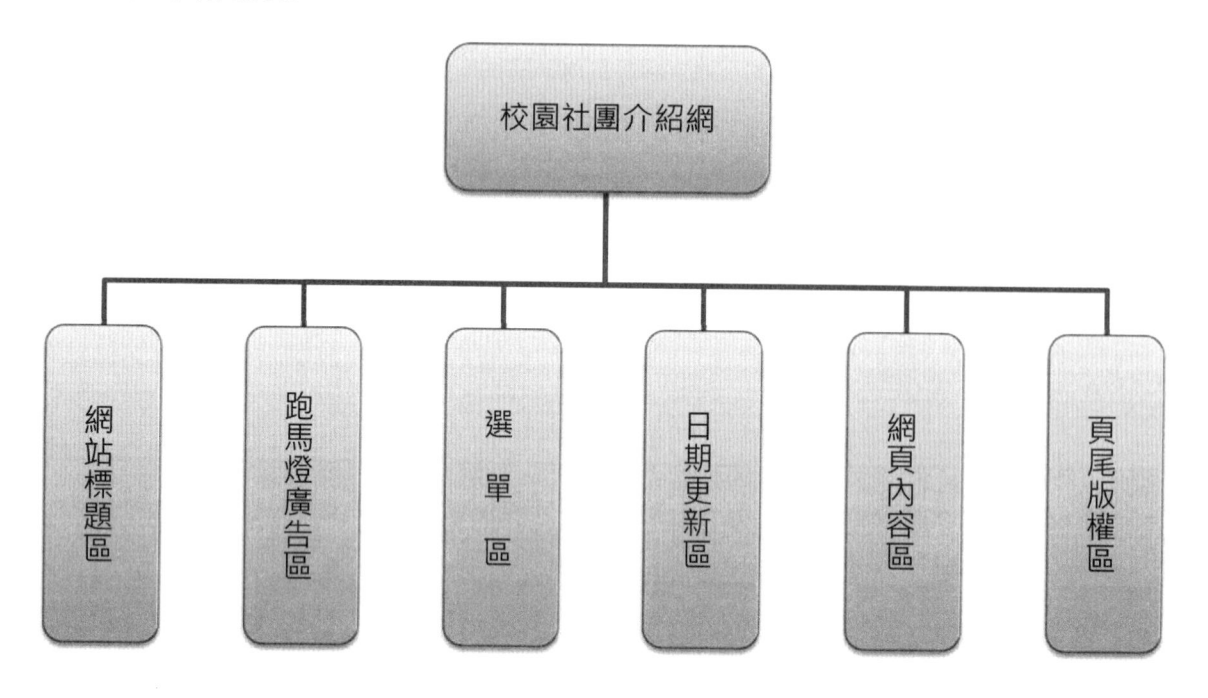

```
                    校園社團介紹網
    ┌─────┬─────┬──────┬──────┬─────┬─────┐
  網站   跑馬燈   選單    日期    網頁    頁尾
  標題   廣告              更新    內容    版權
   區     區      區       區      區      區
```

圖 1-1 網站架構圖

二、 應檢人需依照試題說明進行網頁設計，所有需用到或參考的檔案、資料均放置於 C:磁碟之中，其包含以下資料夾：

（一）「試題本」資料夾：提供技術士技能檢定網頁設計丙級術科測試試題電子檔。

（二）「素材」資料夾：提供應檢網頁設計之素材。

（三）「其他版本軟體」資料夾：提供原評鑑軟體其他版本之安裝軟體。

三、 軟體安裝與設定：

（一）應檢人應使用以考場評鑑規格（詳見考場設備規格表）為主之軟體進行安裝。

（二）若選擇安裝使用考場提供「其他版本軟體」資料夾中的軟體，應檢人須自行承擔使用該版本軟體之風險。

（三）若應檢人使用自備之軟體進行安裝者，須符合「術科測試應用軟體使用須知」規定；若有任何使用權問題及風險時，其相關責任應由應檢人自行負責。

四、 評分時，動作要求各項目的所有功能，只要有一細項功能不正確，則扣該項分數，但以扣一次為原則。

五、 有錯別字（含標點符號、英文單字）、漏字、贅字、全型或半型格式錯誤者，每字扣 1 分。若前述導致功能不正確者，則僅依該項動作要求扣分。

【英文大小寫視為不同，請依動作要求輸入】

六、試題要求中的物件，若無特別指定則以美觀為原則，自行設定，不列入扣分項目。

七、功能要求：

（一）建立資料夾及設定網站伺服器，內容包括：

(◎)1. 在 C：磁碟建立本網站主文件資料夾「webXX」，儲存製作完成的結果。(XX 為個人檢定工作崗位號碼，如 01、02、…、30 等)

(◎)2. 整體網站版面尺寸以 1024×768px 設計，頁面水平置中。

(＊)3. 在「webXX」資料夾下建立「images」資料夾，將所有應使用的圖形檔均放置在「images」資料夾中。

(※)4. 應檢人需自行架設本機網站伺服器，可於瀏覽器網址列(URL)中輸入 http://127.0.0.1/或 http://localhost/ 以瀏覽網站。

（二）設計首頁，內容包括：

(＊)1. 首頁檔名為 index.htm(l)或 default.htm(l)，置於網站的根目錄（C:\webXX）下。

(＊)2. 在「webXX」資料夾下建立 main.htm(l)、guitar_history.htm(l)、guitar_event.htm(l)、guitar_learning.htm(l)等四個檔案。

(＊)3. 首頁標題為「國立科技高中－校園社團介紹網」。

(◎)4. 首頁版面水平置中，包含七個區塊，分別為首頁區(main)、網站標題區(top)、跑馬燈廣告區(marquee)、選單區(menu)、日期更新區(update)、網頁內容區(content)、頁尾版權區(footer)。各個區塊的寬度、高度、內外距（padding/margin）、邊框（border）、顏色（color、background-color）等項目自行設計，可參考圖 1-2 所示。(英文標註僅供參考，不列入評分)

(＊)5. content 區塊為網頁內容區，預設放置的內容為 main.htm(l)網頁。

(＊)6. guitar_history.htm(l)為吉他社社史網頁，放置的目的區塊為網頁內容區。

(＊)7. guitar_event.htm(l)為吉他社近期活動公告網頁，放置的目的區塊為網頁內容區。

(＊)8. guitar_learning.htm(l)為吉他社教學內容網頁，放置的目的區塊為網頁內容區。

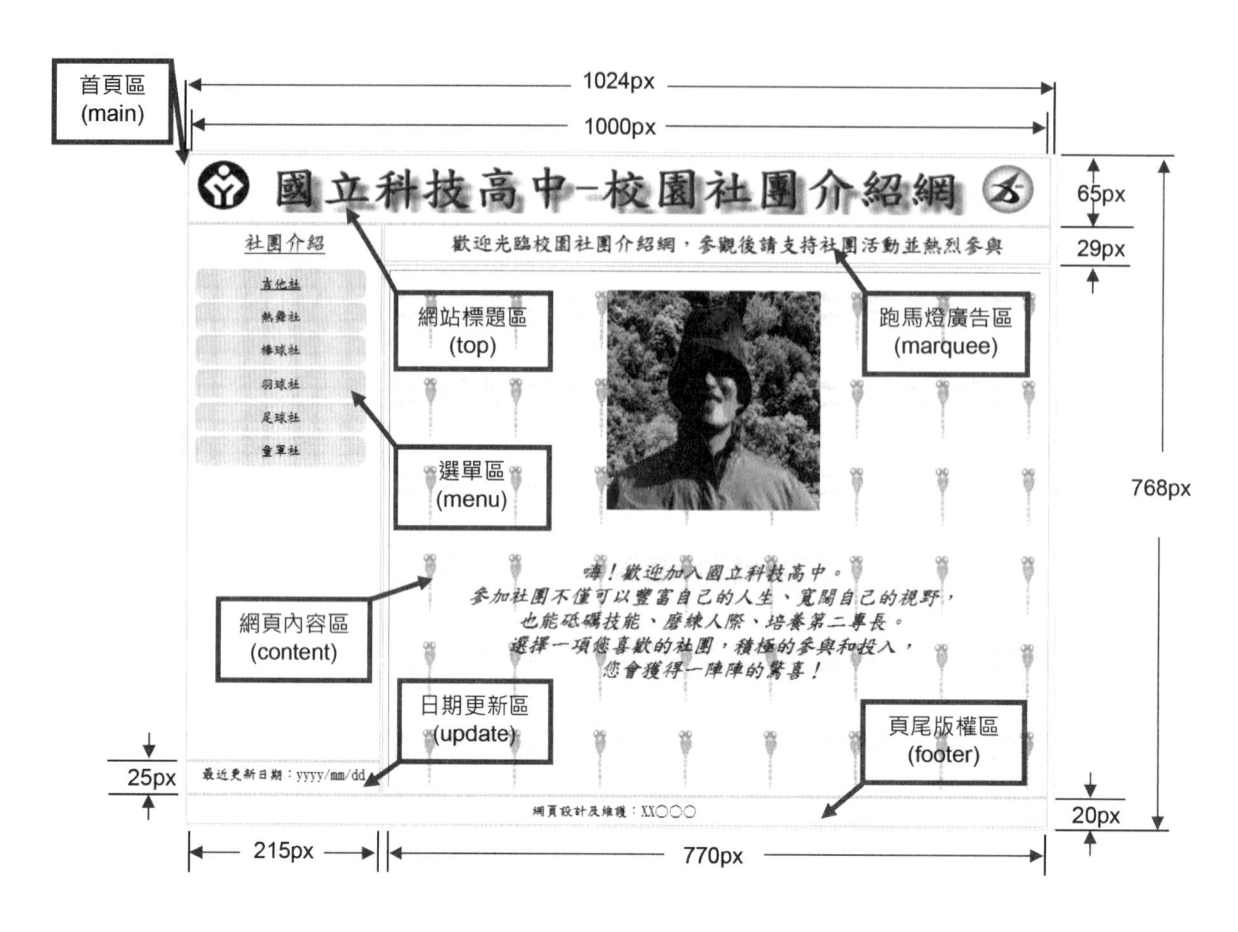

圖 1-2 版型寬度及高度之參考示意圖

（三）網站標題區需含下面的資訊：

（＊）1. 將圖片「logo1.png」、「logo2.png」、「logo3.jpg」做影像合成，存成「logo.png」。圖中的圖片大小、位置、高度及寬度請作適當調整，參考完成結果如下圖。

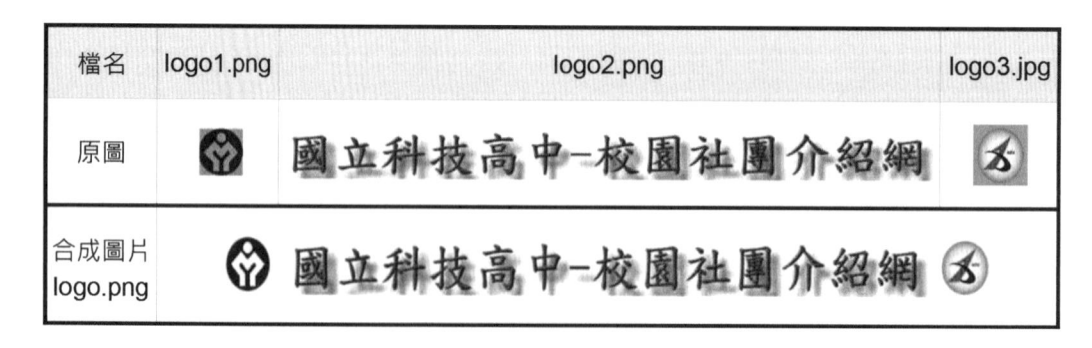

檔名	logo1.png	logo2.png	logo3.jpg
原圖	（圖示）	國立科技高中-校園社團介紹網	（圖示）
合成圖片 logo.png	國立科技高中-校園社團介紹網		

（＊）2. 網站標題區內插入圖片「logo.png」，高度 60px、寬度 994px，替代文字為「國立科技高中校園社團介紹網」。

（＊）3. 點按標題圖片，回到首頁。

（四）跑馬燈廣告區需含下面的資訊：

　　（＊）1. 跑馬燈廣告區高度 29px、寬度 770px。

　　（＊）2. 文字字型為標楷體、大小 24px (x-large、size=5)。

　　（＊）3. 文字顏色為#0000FF。

　　（＊）4. 以跑馬燈動態方式呈現文字「歡迎光臨校園社團介紹網，參觀後請支持社團活動並熱烈參與」。（▲以每一字為扣分單位，扣分無上限）

（五）選單區需含下面的資訊：如下圖所示。

　　（＊）1. 文字字型為標楷體。

　　（＊）2. 文字的粗體樣式粗細程度為 500 的文字。

　　（＊）3. 「社團介紹」四個字，字型大小 24px (x-large、size=5)，加底線，置中。

　　（＊）4. 文字顏色為#FF00FF。

　　（＊）5. 選單區文字顏色除「社團介紹」四個字外，其餘為#000000，字型大小 16px (medium、size=3)。

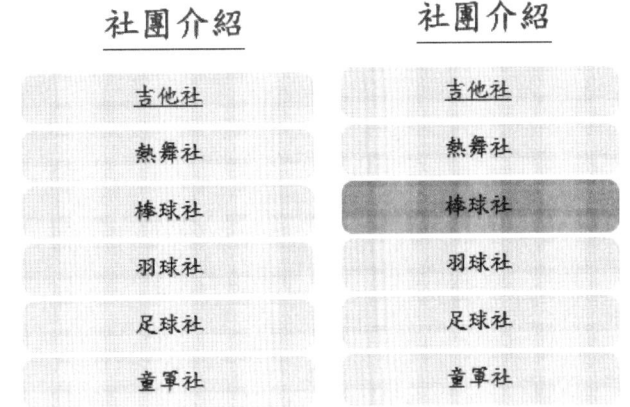

(a)選單平常狀態　　(b)滑鼠移到選單項目上方

　　（＊）6. 選單的項目，依序為「吉他社」、「熱舞社」、「棒球社」、「羽球社」、「足球社」、「童軍社」等六個社團。

　　（＊）7. 選單項目在平常狀態，每個項目的背景圖片為 menu1.png，如上圖(a)中的棒球社選項。

　　（＊）8. 選單項目在滑鼠移到該項目上方時，該項目的背景圖片換成 menu2.png，如上圖(b)中的棒球社選項。

　　（＊）9. 選單項目第一項吉他社，設定超連結到 guitar_history.htm(l)的網頁，網頁內容放置的區塊為網頁內容區。

（六）日期更新區需含下面的資訊：

　　（＊）1. 顯示的文字內容為「最近更新日期：yyyy/mm/dd」。
　　　　【說明：yyyy/mm/dd 為應檢日期；其中 yyyy：西元年，mm：月份，dd：日期】

　　（＊）2. 文字字型為標楷體。

　　（＊）3. 文字顏色為#000000，水平置中對齊。

　　（＊）4. 文字的字型大小 16px (medium、size=3)。

（七）網頁內容區需含下面的資訊：

(＊)1. 預設網頁為 main.htm(l)，如下圖。

(＊)2. 網頁背景圖片「0101.jpg」。

(＊)3. 將圖片「0102.jpg」與「0103.jpg」做影像合成，存成「0104.jpg」。圖中人物的大小、位置及圖片寬高均不變動，參考完成結果如下圖。

原圖片(0102.jpg)	背景圖(0103.jpg)	合成圖片(0104.jpg)

(＊)4. 網頁內插入合成圖片「0104.jpg」，寬 250px、高 250px，替代文字為「科技高中校長」。

(＊)5. 網頁內圖片的下方輸入校長的話，內容如下：（▲以每一字為扣分單位，扣分無上限）

> 嗨！歡迎加入國立科技高中。
> 參加社團不僅可以豐富自己的人生、寬闊自己的視野，
> 也能砥礪技能、磨練人際、培養第二專長。
> 選擇一項您喜歡的社團，積極的參與和投入，
> 您會獲得一陣陣的驚喜！

(＊)6. 網頁中圖片與文字的間距為 2 個空白列。

(＊)7. 網頁中文字的字型大小 24px (x-large、size=5)、標楷體、粗體、斜體、顏色#0000FF，水平置中對齊。

(八) 吉他社社史網頁需含下面的資訊：

(＊)1. 吉他社社史網頁為 guitar_history.htm(l)，如下圖所示。

(＊)2. 網頁背景圖片「0101.jpg」。

(＊)3. 網頁最上方呈現「吉他社社史」，字型大小 18px (size=4)、標楷體、顏色#FF0000，水平置中對齊。

(＊)4. 「吉他社社史」文字下方製作一個 1×3（一列三欄）表格，不顯示框線，水平置中對齊。

(＊)5. 表格第一列第一欄輸入文字「回社團介紹首頁」，水平置中對齊，並設定超連結到首頁，目標頁在「_top」中開啟，不得在網頁內容區中顯示整個首頁內容，而導致區塊中再分割，造成畫面混亂。

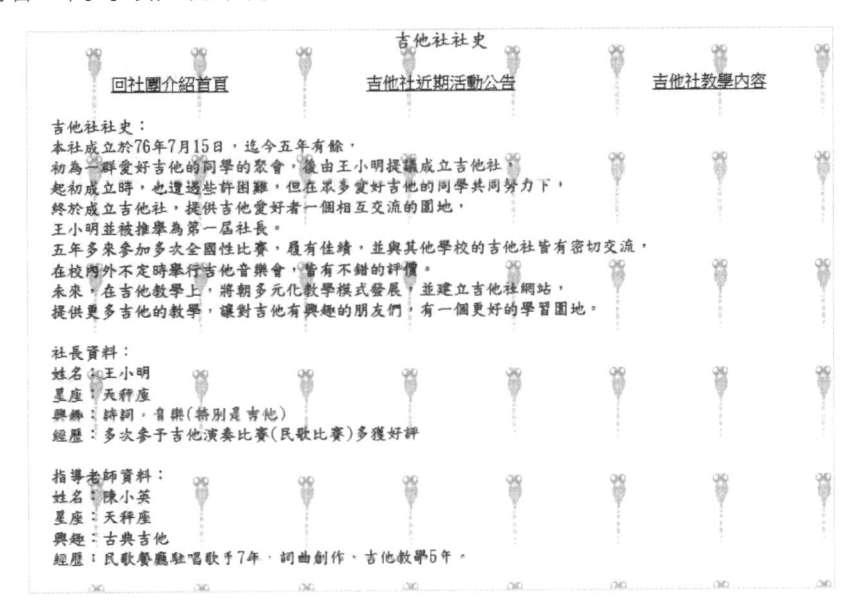

(＊)6. 表格第一列第二欄輸入文字「吉他社近期活動公告」，水平置中對齊，並設定超連結到 guitar_event.htm(l)網頁，在網頁內容區顯示。

(＊)7. 表格第一列第三欄輸入文字「吉他社教學內容」，水平置中對齊，並設定超連結到 guitar_learning.htm(l)網頁，在網頁內容區顯示。

(＊)8. 表格下方匯入檔案「0101.txt」內含之文字，字型大小 16px (medium、size=3)、標楷體、靠左對齊、顏色#FF0000。

(九) 吉他社近期活動公告網頁需含下面的資訊：

(＊)1. 吉他社近期活動公告網頁為 guitar_event.htm(l)，如下圖所示。

(＊)2. 網頁背景圖片「0101.jpg」。

(＊)3. 網頁最上方呈現「吉他社近期活動公告」，字型大小 18px (size=4)、標楷體、顏色#FF0000，水平置中對齊。

(◎)4. 「吉他社近期活動公告」文字下方製作一個 1×3(一列三欄)表格，框線 0px，水平置中對齊。

(＊)5. 表格第一列第一欄輸入文字「回社團介紹首頁」，水平置中對齊，並設定超連結到首頁，目標頁在「_top」中開啟，不得在網頁內容區中顯示整個首頁內容，而導致區塊中再分割，造成畫面混亂。

(＊)6. 表格第一列第二欄輸入文字「吉他社社史」，水平置中對齊，並設定超連結到 guitar_history.htm(l)網頁，在網頁內容區顯示。

(＊)7. 表格第一列第三欄輸入文字「吉他社教學內容」，水平置中對齊，並設定超連結到 guitar_learning.htm(l)網頁，在網頁內容區顯示。

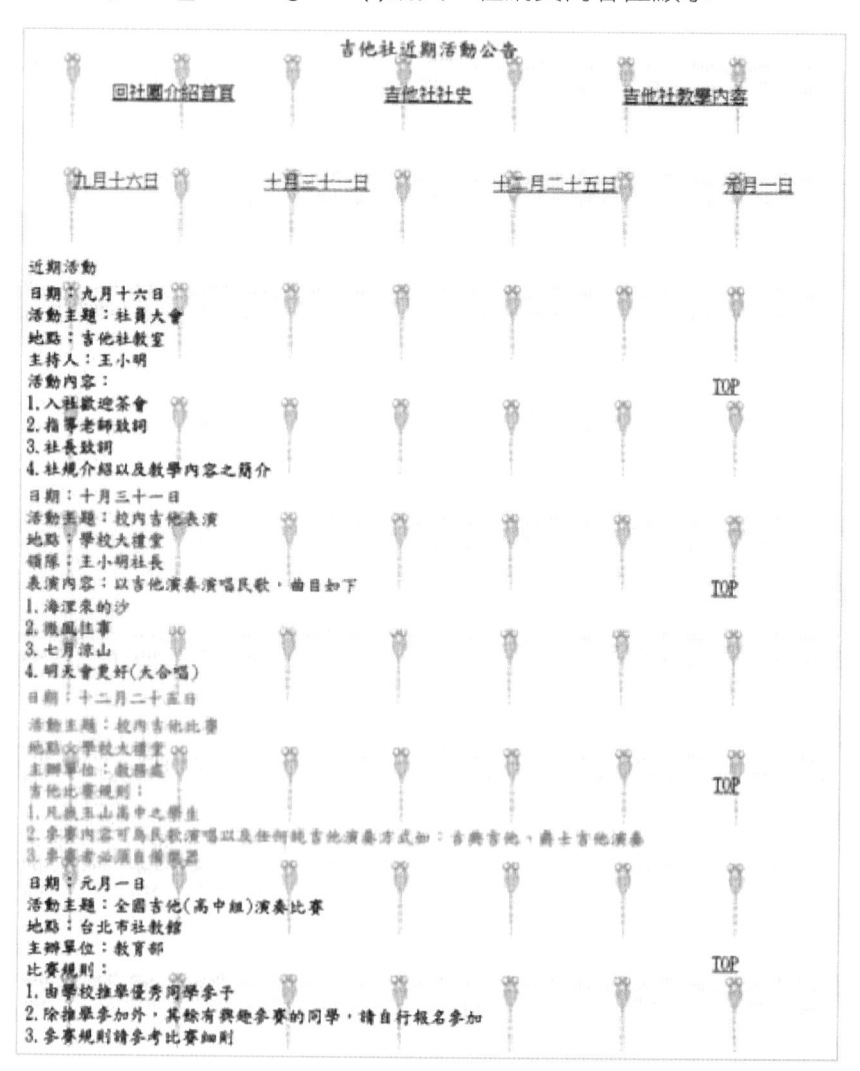

(＊)8. 表格下方再製作一個 1×4（一列四欄）表格，框線 0px，水平置中對齊，每一欄儲存格內分別依序匯入檔案「0102.txt」內含之日期，並且以書籤的方式設定連結到該活動日期之段落，使其能移到最上方呈現。

(＊)9. 與上面表格間隔一空白段落，製作一個 5×2（五列二欄）表格，框線 0px，水平置中對齊，表格第一欄儲存格由上至下依照檔案「0102.txt」中近期活動日期內容(含「近期活動」文字)，依日期順序分別填入相關內容於各儲存格，字型大小 16px (medium、size=3)、標楷體、顏色分別為：第一列第一欄顏色#800000、第二列第一欄顏色#0000FF、第三列第一欄顏色#FF0000、第四列第一欄顏色#00FF00、第五列第一欄顏色#000000。

(＊)10. 表格第二欄之二到五列儲存格輸入文字「TOP」，顏色自訂，並且設定使其能跳回此網頁最上方。

（十）吉他社教學內容網頁需含下面的資訊：

(＊)1. 吉他社教學內容網頁為 guitar_learning.htm(l)，如下圖所示。

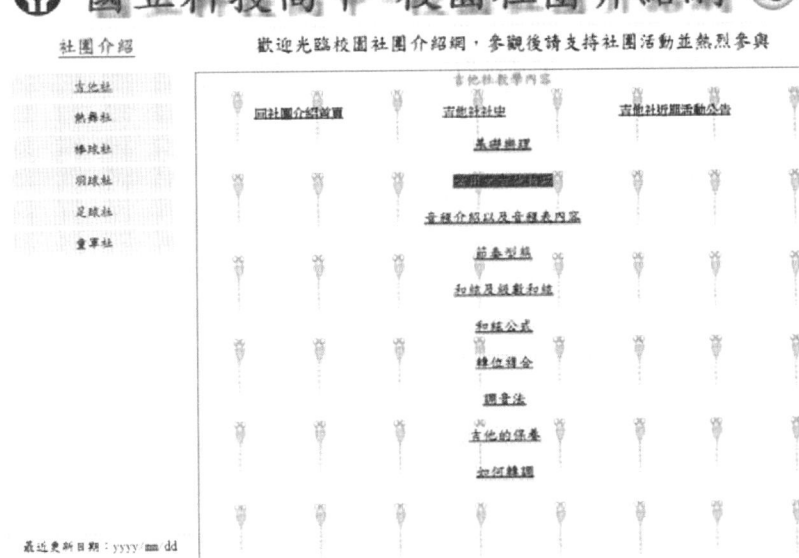

(＊)2. 網頁背景圖片「0101.jpg」。

(＊)3. 網頁最上方呈現「吉他社教學內容」，字型大小 18px (size=4)、標楷體、顏色#00FFFF，水平置中對齊。

(＊)4. 「吉他社教學內容」文字下方製作一個 1×3（一列三欄）表格，框線 0px，水平置中對齊。

(＊)5. 表格第一列第一欄輸入文字「回社團介紹首頁」，水平置中對齊，並設定超連結到首頁，目標頁在「_top」中開啟，不得在網頁內容區中顯示整個首頁內容，而導致區塊中再分割，造成畫面混亂。

(＊)6. 表格第一列第二欄輸入文字「吉他社社史」，水平置中對齊，並設定超連結到 guitar_history.htm(l)網頁，在網頁內容區顯示。

(＊)7. 表格第一列第三欄輸入文字「吉他社近期活動公告」，水平置中對齊，並設定超連結到 guitar_event.htm(l)網頁，在網頁內容區顯示。

(◎)8. 表格下方匯入檔案「0103.txt」內含之文字，並將各文字所述之教學項目製作成文字按鈕，按鈕間需有空白分隔，且滑鼠移入時以動態效果呈現。

（十一）頁尾版權區需含下面的資訊：

(＊)1. 顯示的文字內容為「網頁設計及維護：XX○○○」。
（XX：崗位號碼，○○○：應檢人姓名）

(＊)2. 文字字型為標楷體。

(＊)3. 文字顏色為#000000，水平置中對齊。

(＊)4. 文字的字型大小 16px (medium、size=3)。

（十二）資料備份：

評分前，將製作完成的結果（整個「webXX」資料夾）備份到「檢定用隨身碟」中，應檢人若未依規定備份資料，將視為重大缺點，以不及格論。

17300-104301 解題說明

一、建立網站

資料夾、網頁、檔案

1. 啟動 Dreamweaver CS6
   網站→新增網站：
   網站名稱：104301
   本機網站資料夾：C:\web01

2. 在主目錄下建立 images 資料夾

3. 在主目錄下建立 index 首頁

4. 在主目錄下建 main、guitar_history、guitar_event、guitar_learning

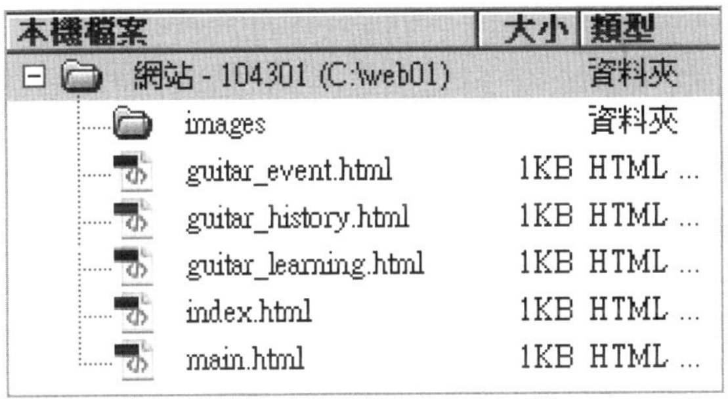

5. 開啟檔案總管，選取資料夾：
   C:\素材\17300-104301
   複製所有圖片檔案
   貼至 C:\web01\images 資料夾
   複製所有文字檔案
   貼至 C:\web01 資料夾

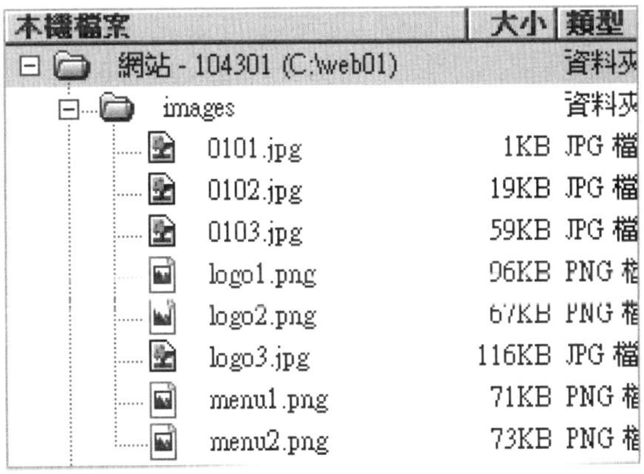

6. 切換回到 Dreamweaver
   按重新整理鈕

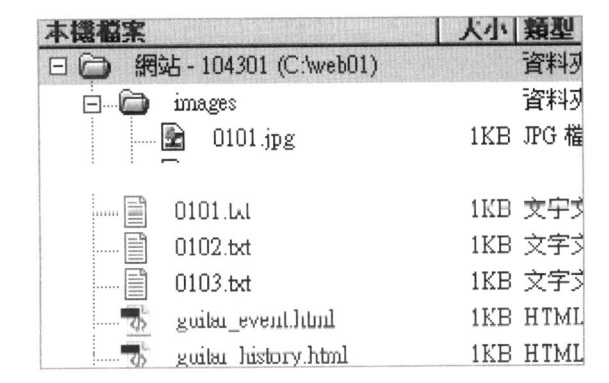

> **解說**
> 題目沒有規範 TXT 文字檔的存放資料夾，因此我們一律放在主目錄下。

高中校長：0104.jpg

1. 檔案→開啟舊檔：0102.jpg、0103.jpg

2. 切換到 0102 圖片窗格
   在圖層顯示區中
   連點「背景」2 下
   在新增圖層對話方塊內按 Enter 鍵
   產生新圖層如右圖：

3. 在選取工具上按右鍵
   選取魔術棒工具

   由屬性工具列選取：
   「增加至選取範圍」

4. 用魔術棒在人頭外的灰底任意處點一下，系統選取一個區塊，再找一灰色處再點一下，直到所有灰色底都被選取完畢
   按 Delete 鍵，清除所有灰底

5. 在圖層 0 上按右鍵
   複製圖層
   設定目的地文件：0103.jpg

6. 切換到 0103 圖片窗格
   檔案→另存新檔
   檔名：0104.jpg

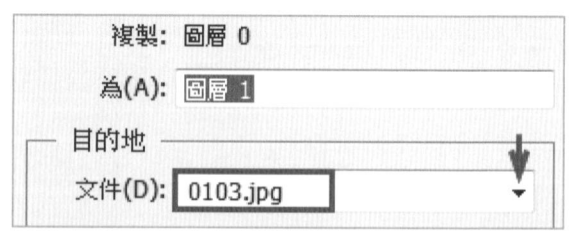

社團介紹網：logo.png

1. 檔案→開新檔案，名稱：logo、寬：994 Pixels、高：60 Pixels、透明

2. 檔案→開啟舊檔：logo1.png、logo2.png、logo3.png

3. 切換到 logo1 圖片窗格
   清除圖片內所有灰底

> **解說**
> 操作技巧請參考上一節「高中校長」。

4. 影像→影像尺寸
   寬：50、高：50
   取消：強制等比例

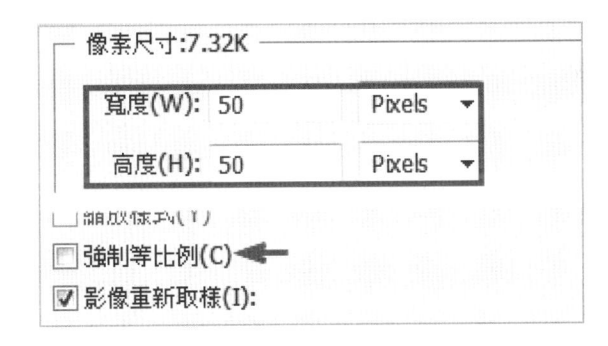

5. 複製圖層到：logo.png

6. 切換到 logo2 圖片窗格，複製圖層到：logo.png

7. 切換到 logo3 圖片窗格
   清除圖片內所有灰底

> **解說**
> 操作技巧請參考上 節「高中校長」。

8. 影像→影像尺寸，寬：50、高：50、取消：強制等比例

9. 複製圖層到：logo.png

10. 切換到 logo.png 圖片窗格
    將圖層 4 移動至圖片右邊
    將圖層 3 移動至圖片中央
    將圖層 2 移動至圖片左邊

> **解說**
>
> 移動圖片前請先取消「顯示變形工具」，拖曳時才不會誤觸變形動作。

- 完成結果如下圖：

二、設計 index.html 首頁

版面規劃

- 第 2 列第 1 欄有 2 項內容：選單、更新日期，我們採用 2 個 Div 解題，避免儲存格列高不易控制。

- 第 2 列第 2 欄有 2 項內容：跑馬燈區、內容顯示區，跑馬燈我們採用 Div，但內容顯示區必須顯示多張網頁：main、guitar_history、guitar_event、guitar_learning，因此使用 IFRAME 作為公用介面。

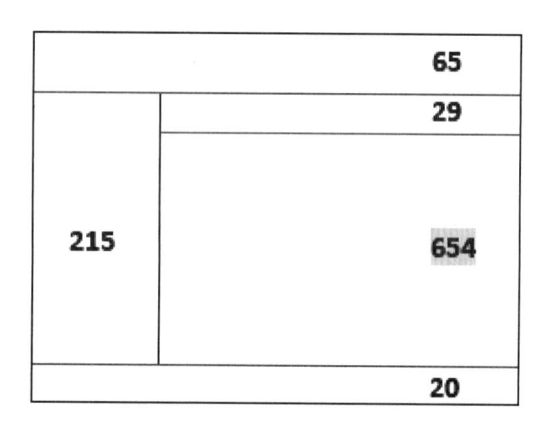

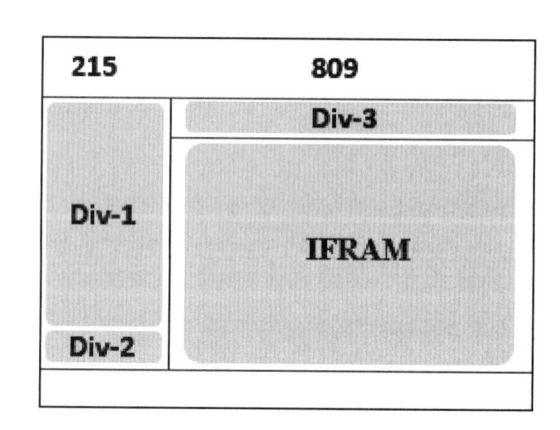

```
題目規定：

標題圖片列高 65、跑馬燈列高 29、頁尾版權區列高 20、第 1 欄寬 215、更新日期高 25
推論如下：
第 3 列高 654      (768-65-29-20)      第 2 欄寬 809(1024-215)
Div-1：215 x 658   (768-65-20-25)      Div-2：215 x 25
Div-3：809 x 29    (1024-215)          IFRAME-1：809 x 654(768-65-29-20)

題目要求：
跑馬燈寬度 770
Div-3 更改為 770 x 29、IFRAME-1 更改為 770x 654
```

17300-104301 校園社團介紹網

📝 建立架構

1. 開啟 index 網頁

2. 輸入標題文字：「國立科技高中—校園社團介紹網」

3. 插入➔表格：列 4、欄 2
   表格寬度：1024 像素
   框線粗細：1

4. 設定表格➔對齊：置中對齊

5. 設定欄寬：第 1 欄➔215
   設定列高：第 1 列➔65
   　　　第 2 列➔29
   　　　第 3 列➔654
   　　　第 4 列➔20
   合併儲存格：
   　第 1 列所有儲存格
   　第 2 列第 1 欄+第 3 列第 1 欄
   　第 4 列所有儲存格

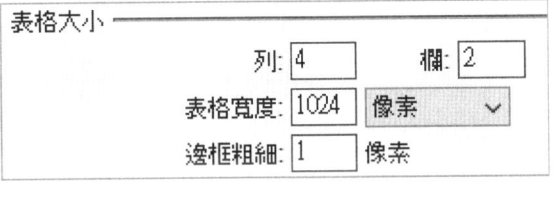

📝 建立 Div

1. 將插入點置於選單區
   設定儲存格➔水平：置中對齊、垂直：靠上對齊

2. 插入➔版面物件：插入 Div 標籤
   插入：在插入點上
   類別：menu，點選：新增 CSS 規則鈕

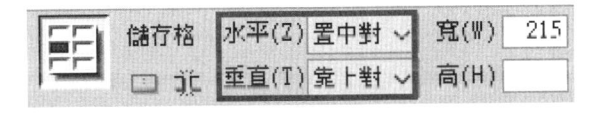

   方框➔Height：658

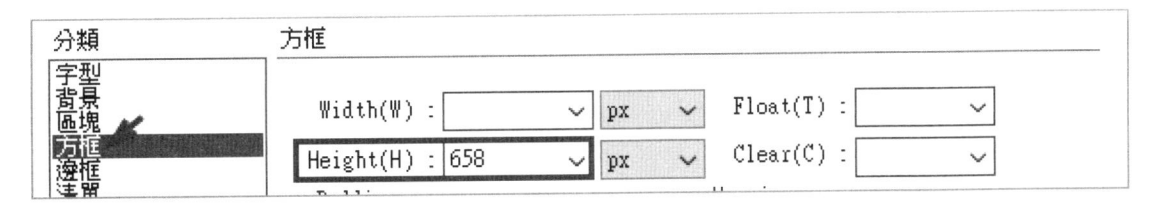

1-15

邊框→設定如下圖所示

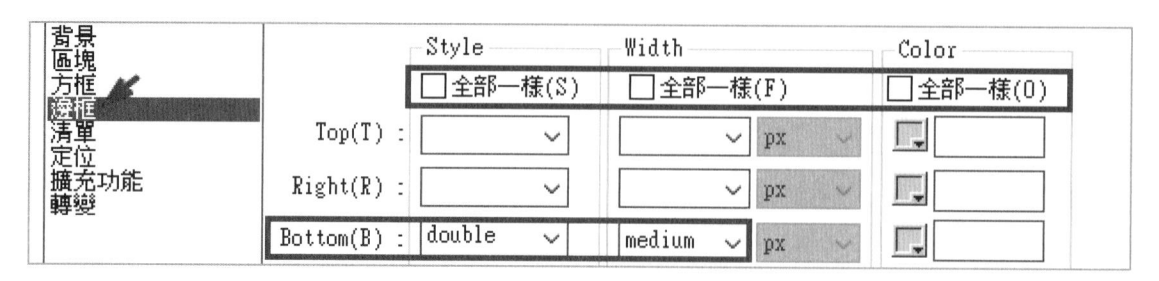

> **解說**
> - 方框寬度可以不用設，它自然會是儲存格寬度，因此只需設定高度即可。
> - 產生選單區與日期更新區之間之分隔線效果，單線、雙線都可。

3. 插入點置於 Div-menu 下方
   插入→版面物件：Div 標籤
   類別：update
   點選：新增 CSS 規則鈕
   方框→Height：25

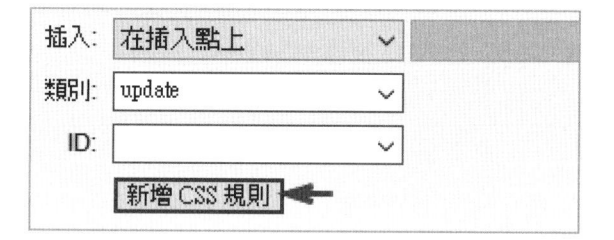

4. 將插入點置於第 2 欄第 2 列，設定儲存格→水平：置中對齊

5. 插入→版面物件：插入 Div 標籤
   插入：在插入點上
   類別：mq
   按新增 CSS 規則鈕

   方框：
   Width：770px
   Height：29px

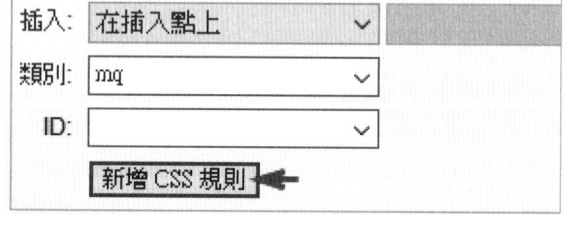

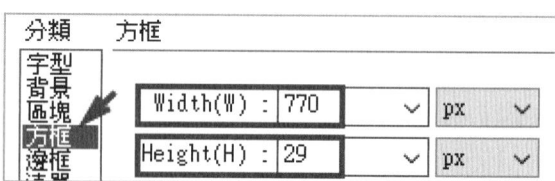

> **解說**
> 這裡要特別留意的是，我們網頁內容區寬度是 809px(1024 - 215)，但題目要求跑馬燈寬度是 770px，因此我們建立一個 770 寬度的 DIV 來放跑馬燈文字。

建立 IFRAME

1. 將插入點置於第 2 欄第 3 列中
   設定儲存格→水平：置中對齊
   　　　　　　垂直：置中對齊

2. 插入→標籤→HTML 標籤：iframe
   設定 IFRAME：
   來源：main.html
   名稱：imain
   寬度：770
   高度：654
   捲動：否
   顯示邊框：取消勾選

- 完成結果如右圖：

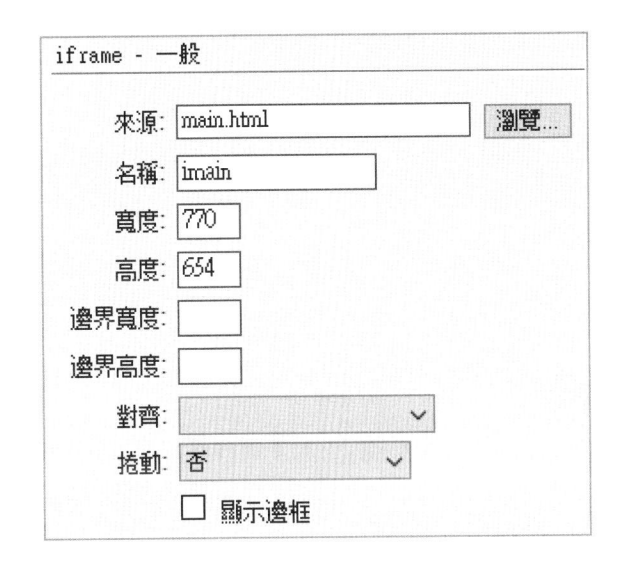

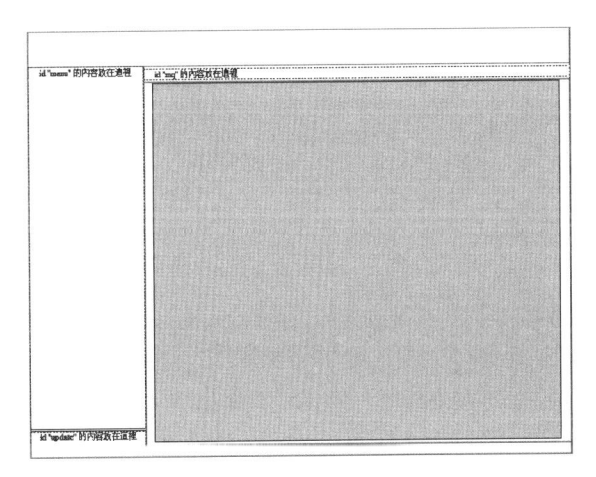

三、網站標題區

1. 將插入點置於標題區，設定儲存格→水平：置中對齊

2. 插入→影像→logo.png

3. 設定圖片替代文字：國立科技高中校園社團介紹網

4. 設定圖片超連結，連結：index.html、目標：_top

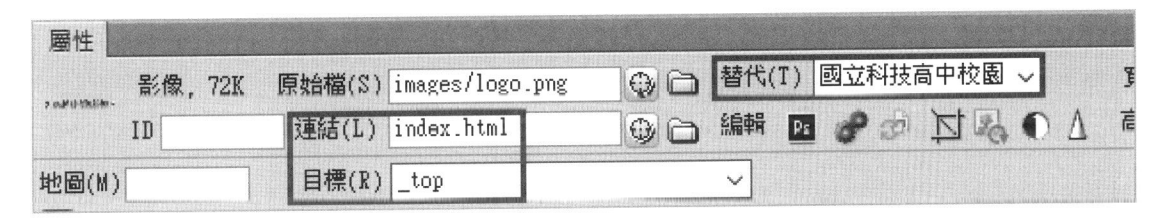

四、跑馬燈廣告區

1. 將插入點置於 Div-mq
   輸入:「歡迎光臨校園社團介紹網,參觀後請支持社團活動並熱烈參與」

2. 將插入點置於文字中,設定 CSS 樣式:
   目標規則:行內樣式、字體:標楷體、大小:24px、顏色:#0000FF

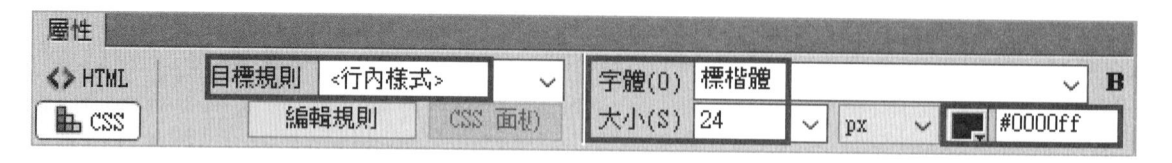

3. 選取文字,插入→標籤→HTML 標籤→marquee

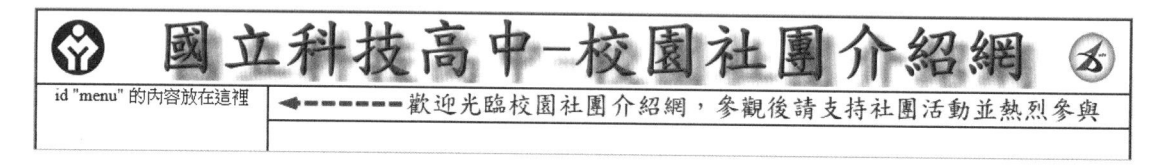

五、選單區

1. 將插入點置於 Div-menu 內
   輸入:「社團介紹」,按 Enter 鍵

2. 選取文字,新增 CSS 樣式
   選取器類型:類別
   選取器名稱:f1

   設定字型→字體:標楷體、大小:24px、粗體:500、顏色:#FF00FF

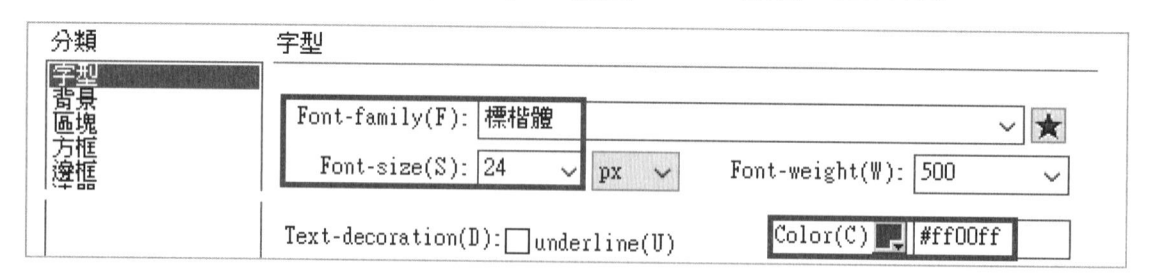

   設定方框→寬度:100 px

> **解說**
> 設定寬度 100px，會使得下一個步驟的底部框線限縮在文字範圍內。

設定邊框➔取消 Style、Width、Color 的全部一樣
　　　　設定 Bottom：solid、medium、#000

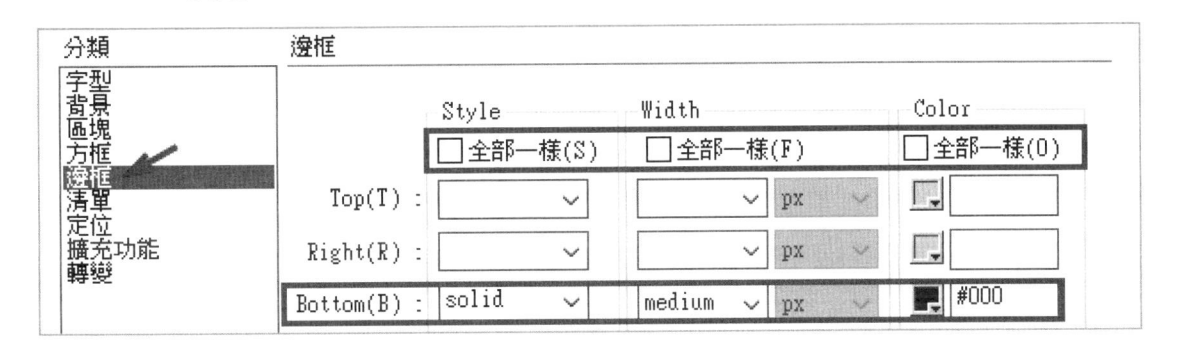

- 瀏覽結果，如右圖：

3. 在社團介紹下方：
   插入➔版面物件：插入 Div 標籤
   插入：在插入點上
   類別：bt
   點選：新增 CSS 規則鈕

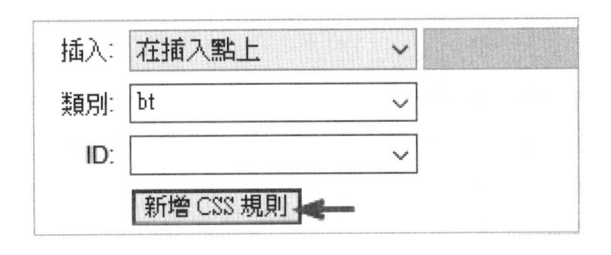

設定字型➔字體：標楷體、大小：16px、粗體：500
列高：35 px、顏色：#000

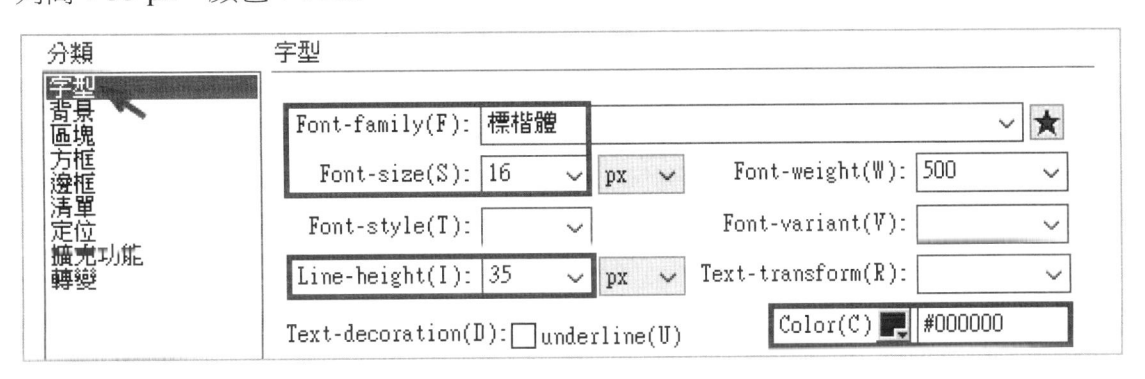

設定背景➔背景圖：images/menu1.png、圖片重複：無

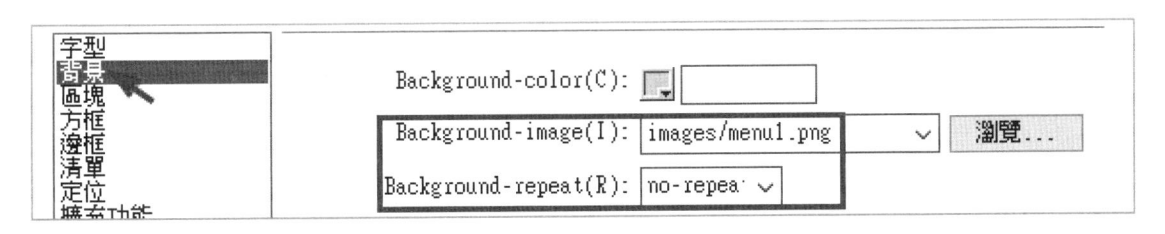

設定方框➔寬度：200 px、高度：40 px

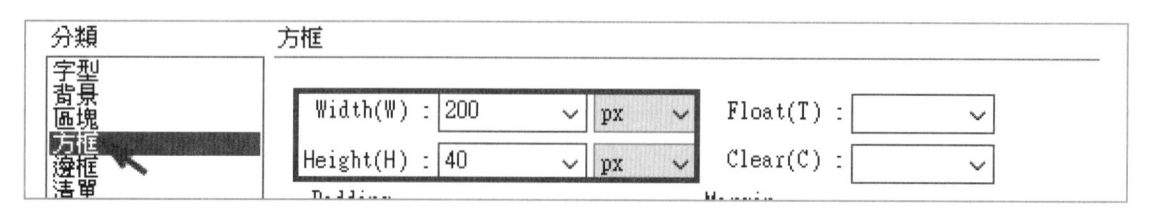

> **解說**
> 圖片高只有 35px，將方框高度設為 40 px 是為了產生與下一個選項之間的間隙。

4. 更改 Div 內文字為：吉他社

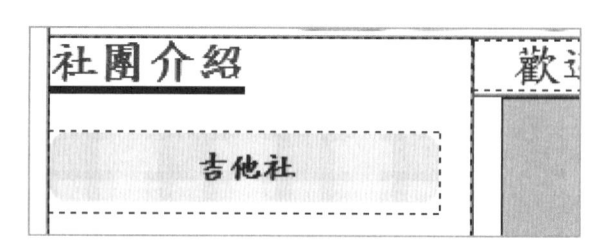

5. 點選：新增 CSS 鈕
   選取器類型：複合
   名稱：… bt:hover

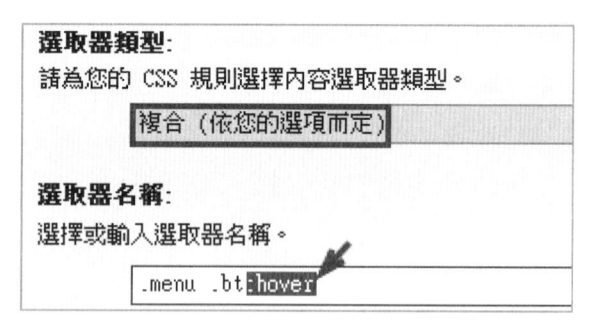

> **解說**
> 預設選取器名稱為：.menu .bt，在最後文字加上「:hover」，就是滑過 Div-bt 時的樣式。

設定背景➔背景圖：images/menu2.png

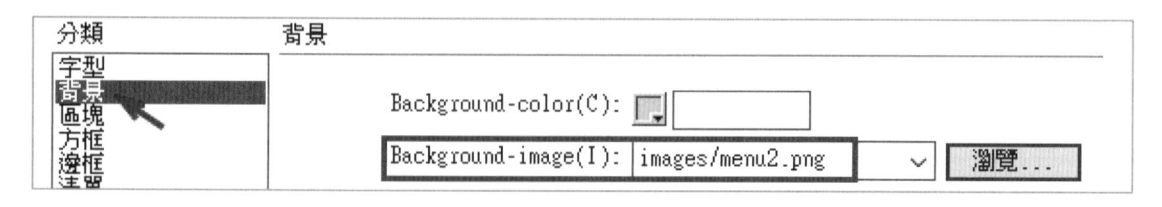

6. 複製 Div，往下貼上至 6 個
   更改 Div 文字：
   熱舞社、棒球社、羽球社
   足球社、童軍社

7. 瀏覽時，滑鼠移至 Div 上方
   背景圖片替換正常如右圖：

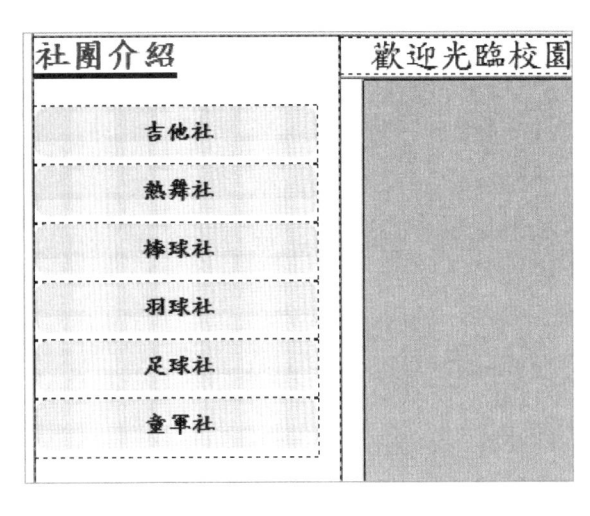

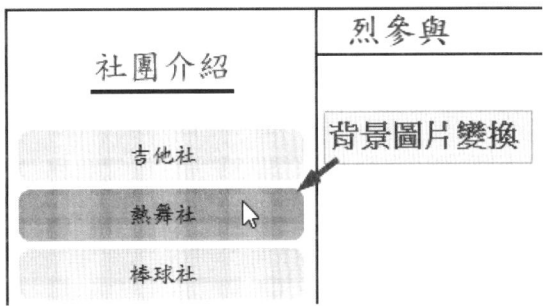

8. 選取：「吉他社」3 個字，設定超連結：guitar_history.html、目標：imain

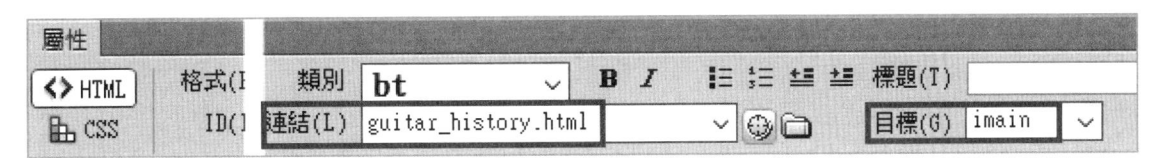

六、日期更新區

1. 將插入點置於 Div-update 內，輸入：「最近更新日期：2018/03/03」

2. 設定 CSS 樣式：
   目標規則：行內樣式、字體：標楷體、大小：16px、顏色：#000

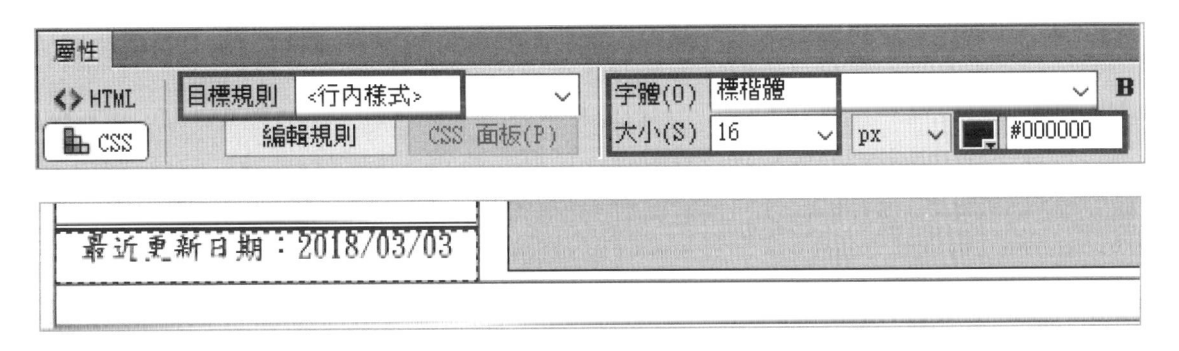

七、網頁內容區：main 網頁

網頁內容區 imain 框架是 main、guitar_history、guitar_event、guitar_learning 四張網頁的共同顯示區，而且 main 網頁是 imain 框架的預設網頁。

1. 開啟 main 網頁，點選：頁面屬性鈕，設定背景圖片：0101.jpg

2. 格式→對齊：置中對齊，按 3 下 Enter 鍵

3. 在第 1 段，插入→影像→0104.jpg
   設定圖片→替代文字：「科技高中校長」
   取消圖片長寬限制→寬：250、高：250

4. 在第 4 段，輸入文字內容如下，每列文字結尾按 Shift + Enter 鍵：

   > 嗨！歡迎加入國立科技高中。
   > 參加社團不僅可以豐富自己的人生、寬闊自己的視野
   > 也能砥礪技能、磨練人際、培養第二專長。
   > 選擇一項您喜歡的社團，積極的參與和投入，
   > 您會獲得一陣陣的驚喜！

   解說
   考題要求圖片與文字間距 2 列。

5. 將插入點置於文字中，設定 CSS 樣式：
   目標規則：行內樣式、字體：標楷體、大小：24px、顏色：#0000FF、粗體、斜體

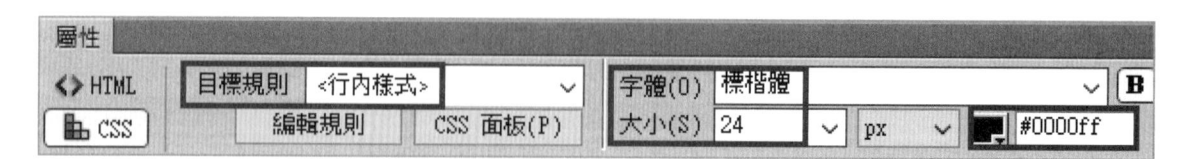

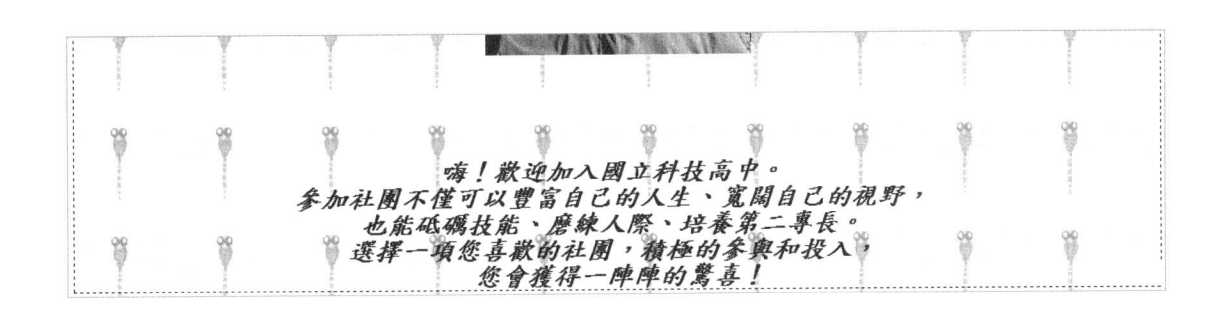

八、吉他社社史

1. 開啟 guitar_history 網頁，點選：頁面屬性鈕，設定背景圖片：0101.jpg

2. 在網頁內按 2 下 Enter 鍵

3. 第 1 段輸入文字：「吉他社社史」，設定 CSS 樣式：
   目標規則：行內樣式、字體：標楷體、大小：18px、顏色：#F00、置中對齊

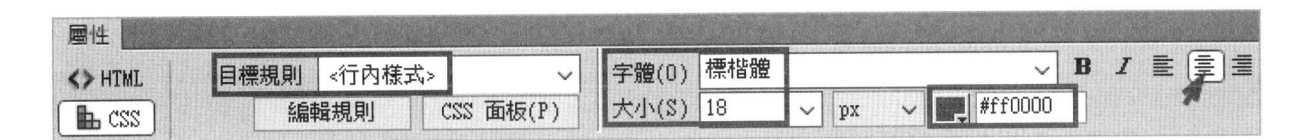

4. 第 2 段：
   插入→表格→列：1、欄：4
   表格寬度：100 百分比
   邊框粗細：0

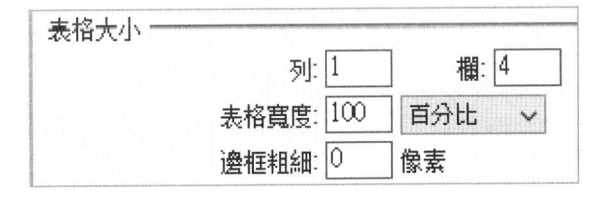

   ☕ **解說**
   題目要求 1 列 3 欄，為了解題的方便性，我們作成 1 列 4 欄，這個表格就可以讓後續的 guitar_event、guitar_learning 網頁共用。

5. 設定所有儲存格→水平：置中對齊、寬度：33%

6. 第 1 格輸入：「回社團介紹首頁」，設定→連結：index.html、目標：_top

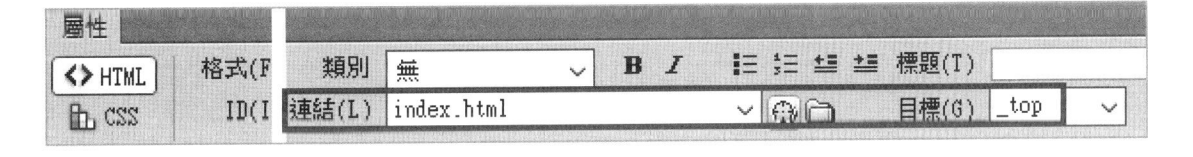

   以相同步驟完成 2、3、4 儲存格：

格數	輸入內容	連結	目標
2	吉他社社史	guitar_history.html	imain
3	吉他社近期活動公告	guitar_event.html	imain
4	吉他社教學內容	guitar_learning.html	imain

7. 按 Ctrl + S：存檔
   檔案→另存新檔：guitar_event.html，檔案→另存新檔：guitar_learning.html

8. 切換回到 guitar_history.html，刪除第 2 儲存格

9. 開啟 0101.txt，複製所有內容，貼到表格下方

10. 選取表格下方所有文字，建立 CSS 樣式→類型：類別、名稱：f1
    文字→標楷體、大小 16 px、顏色#FF0000

- 完成結果如右圖：

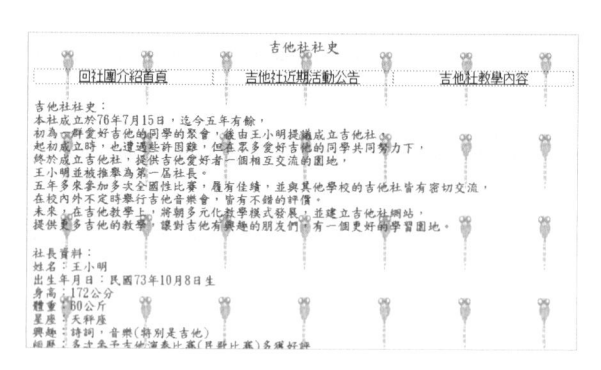

> **解說**
> 表格下方文字有 3 個區塊，若使用行內樣式必須設定 3 次，因此採用建立 CSS 樣式解題，一個步驟就可完成。

九、吉他社近期活動公告

1. 切換到 guitar_event 網頁
   修改第 1 段文字內為：「吉他社近期活動公告」，刪除第 3 個儲存格

2. 在表格下方按一下 Enter 鍵，插入 1 列 4 欄無框線表格
   在 1 列 4 欄表格下方按一下 Enter 鍵，插入 5 列 2 欄無框線表格

3. 開啟 0102.txt，複製所有內容，貼到 guitar_event 網頁 5 列 2 欄表格下方

4. 1 列 4 欄表格：
   將文字資料中 4 個日期依序複製貼到 4 個儲存格中
   設定所有儲存格→水平：置中對齊

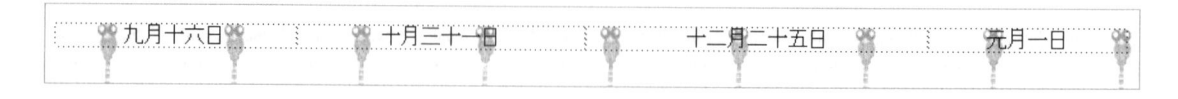

5. 5 列 2 欄表格
   縮小第 2 欄寬度，讓第 2 欄寬度超過 3 個字元即可
   將「近期活動」拖曳至第 1 列第 1 欄中

依序將 4 個活動拖曳至 2~5 列第 1 欄中

在第 2 列第 2 欄輸入：TOP

6. 選取整個表格內容，建立 CSS 樣式→類型：類別、名稱：t1
   文字：標楷體、大小：16 px

7. 選取第 1 列，設定 CSS 樣式→目標規則：行內樣式、顏色：#800000
   選取第 2 列，設定 CSS 樣式→目標規則：行內樣式、顏色：#0000FF
   選取第 3 列，設定 CSS 樣式→目標規則：行內樣式、顏色：#FF0000
   選取第 4 列，設定 CSS 樣式→目標規則：行內樣式、顏色：#00FF00
   選取第 5 列，設定 CSS 樣式→目標規則：行內樣式、顏色：#000000

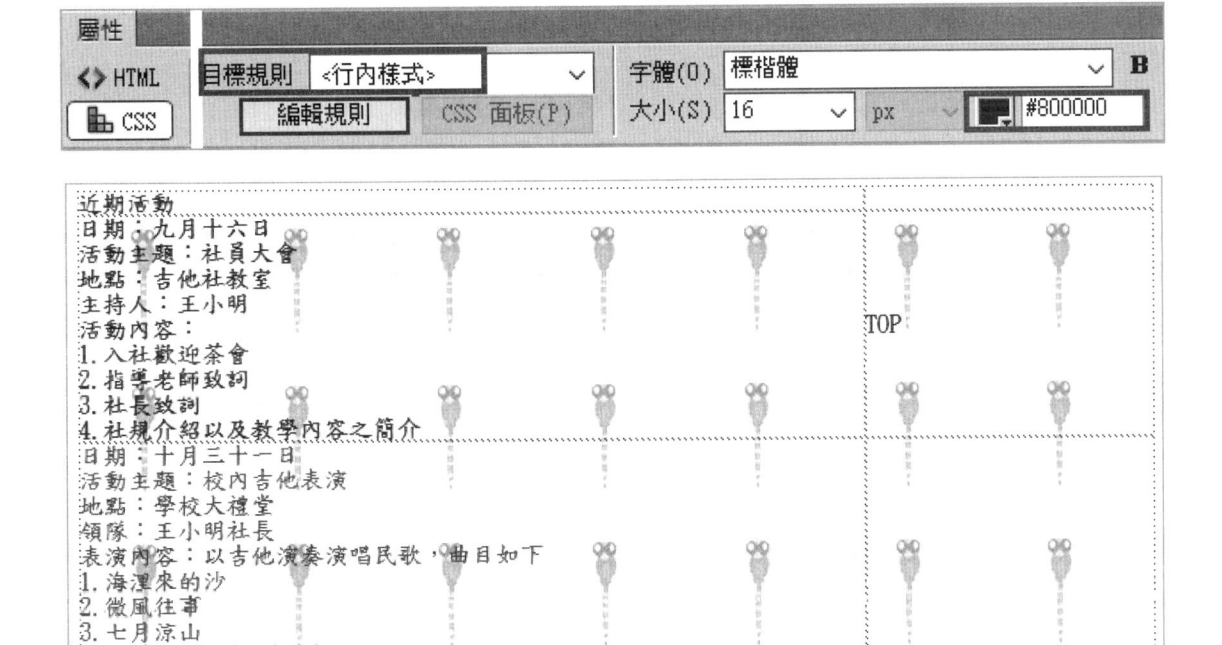

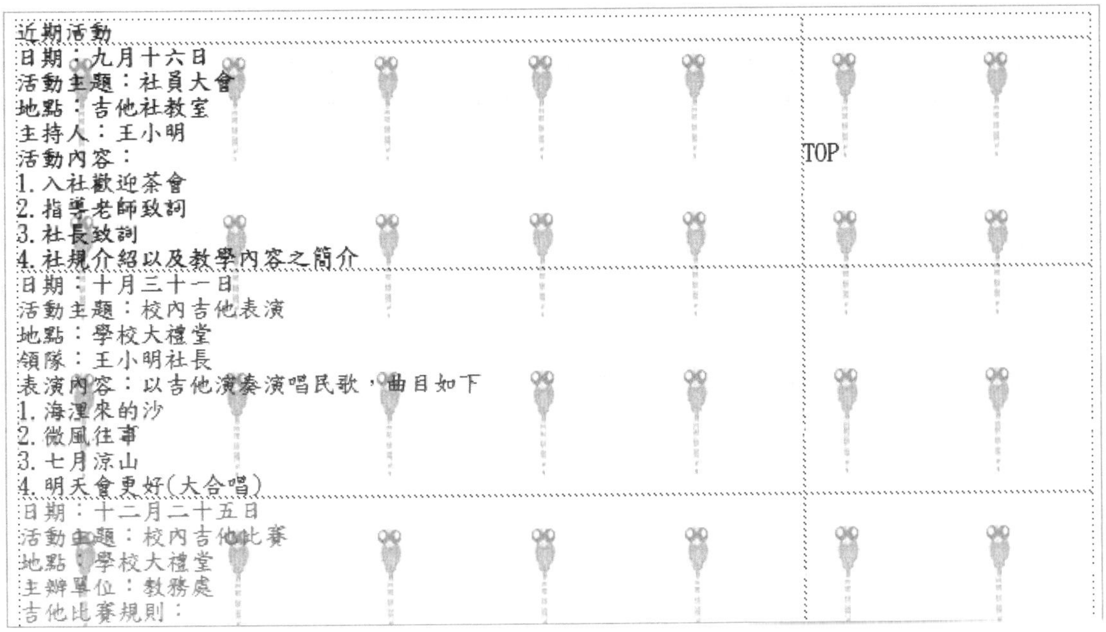

解說

表格內 5 列文字格式設定只有顏色不同，因此統一設定 CSS 樣式 t1，再以「行內樣式」逐一修改顏色。

8. 建立錨點

   將插入點置於最上方標題文字前面

   插入➔命名錨點

   錨點名稱：top

   將插入點置於「日期：九月」前面，插入➔命名錨點➔錨點名稱：九月十六日

   將插入點置於「日期：十月」前面，插入➔命名錨點➔錨點名稱：十月三十一日

   將插入點置於「日期：十二月」前面，插入➔命名錨點➔錨點名稱：十二月二十五日

   將插入點置於「日期：元月」前面，插入➔命名錨點➔錨點名稱：元月一日

9. 建立超連結

   選取：4 列 1 欄表格「九月十六日」

   插入➔超連結：

   連結：#九月十六日

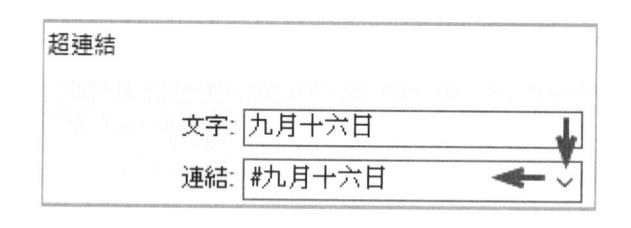

   選取：1 列 4 欄表格「十月三十一日」，插入➔超連結➔連結：#十月三十一日

   選取：1 列 4 欄表格「十二月二十五日」，插入➔超連結➔連結：#十二月二十五日

   選取：1 列 4 欄表格「元月一日」，插入➔超連結➔連結：#元月一日

   選取：「TOP」，插入➔超連結➔連結：#top

   複製「TOP」，逐一貼到下方的第 3 列第 2 欄、第 4 列第 2 欄第 5 列第 2 欄

10. 在表格最下方連按 15 個 Enter 鍵

解說

本步驟是為了點選「元月一日」超連結時，「日期：元月一日」可以捲到螢幕第一列。

十、吉他社教學內容

1. 切換到 guitar_learning 網頁，修改第 1 段文字內為：「吉他社教學內容」

   修改行內樣式➔顏色：#00FFFF

2. 刪除第 4 個儲存格

3. 將插入點置於表格下方間隔一空列

   插入➔表格

   列：10、欄：1

   寬度：200 px、框線：0

4. 設定表格➔對齊：置中對齊

5. 設定所有儲存格➔水平：置中對齊、高：50

6. 將插入點置於第 1 列儲存格內
   插入→版面物件：插入 Div 標籤
   類別：bt
   點選：新增 CSS 規則鈕

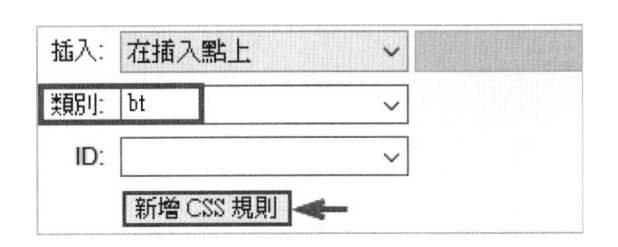

   設定字型→標楷體、行高 30

   設定背景→背景顏色：#FF0

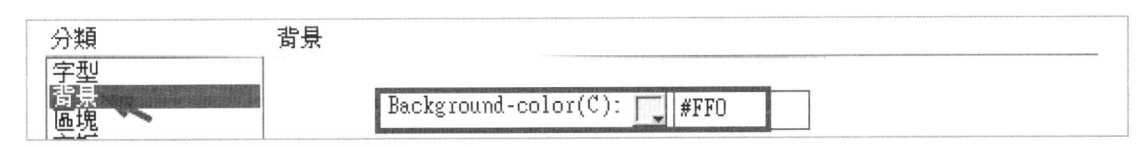

   設定方框→高：30 px

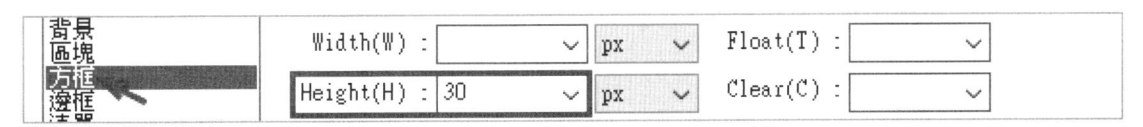

   > **解說**
   > - 字型標楷體題目並未要求，但由於參考圖案為標楷體，因此而設定。後面我們 Div 高度設它為 30，為了讓文字能垂直置中比較好看，因此我們設定行高同 Div 高度。
   > - 題目並沒有規範動態鈕的效果，因此背景顏色是由考生自訂。

7. 將插入點置於 Div-bt 內
   點選：新增 CSS 規則鈕
   選取器類型：複合
   名稱：bt:hover

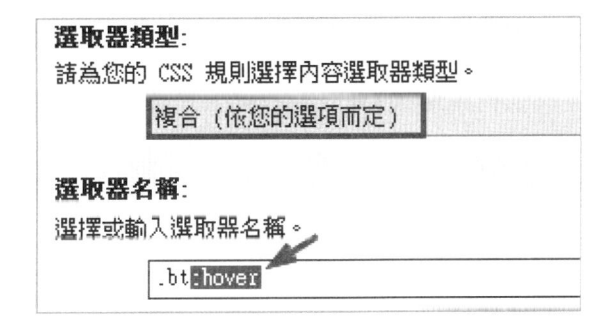

   設定背景 → 背景顏色：#0F0

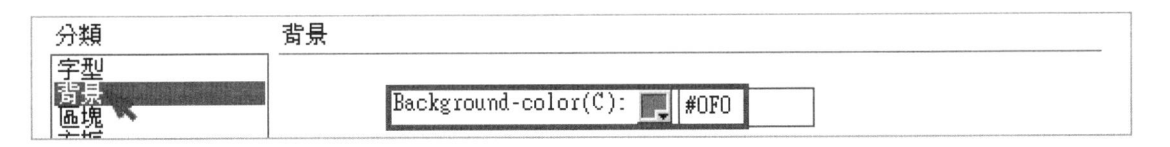

8. 複製第 1 列的 Div,貼至 2~10 列

9. 開啟 0103.txt
   複製所有內容至
   guitar_learning 網頁最下方

10. 逐一將 10 個文字項目內容剪下
    依序貼至上方 10 個 Div 內

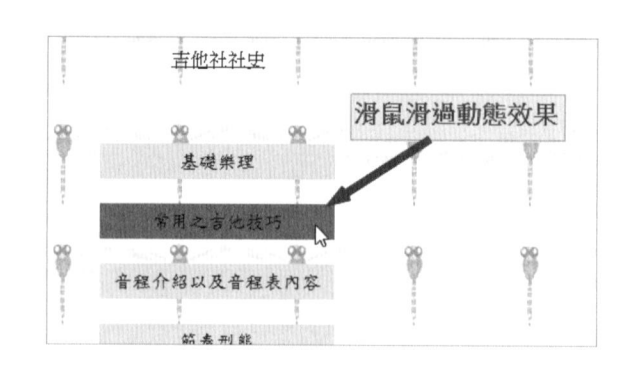

十一、頁尾版權區

1. 切換回到 index 網頁,將插入點置於網頁下方版權區
   輸入:「網頁設計及維護:01 林文恭」

2. 將插入點置於文字內,設定 CSS 樣式:
   目標規則:行內樣式、字體:標楷體、大小:16px、顏色:#000000

3. 設定儲存格→水平:置中對齊

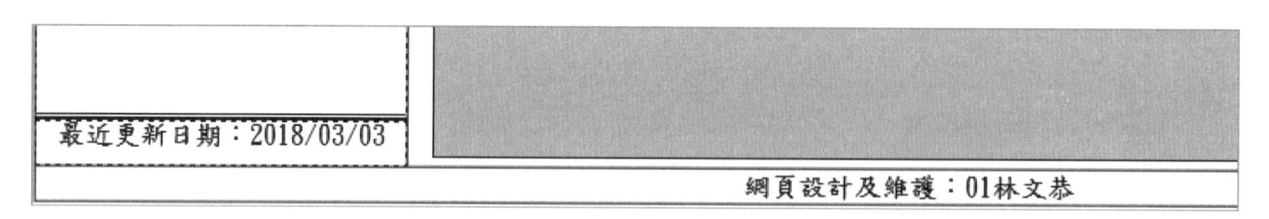

CHAPTER 2

17300-104302 運動廣場連結網

試題編號：17300-104302

主題：運動廣場連結網

軟體安裝與測試時間：30 分鐘

測試時間：120 分鐘

素材檔案：

文書檔	0201.txt、0202.txt、0203.txt、0204.txt、0204.txt、0205.txt、0206.txt、0207.txt、0208.txt
圖形檔	logo.png、0201.png、0202A.png~0205A.png、0202B.png~0205B.png、0206.png、0207.png
音樂檔	(無)
函式庫	jquery-2.1.4.min.js

試題說明：

一、本試題為「運動廣場連結網」的網頁設計，其架構如圖 2-1 所示。另針對所需要製作的功能進行詳細的說明。

```
                    運動廣場連結網
        ┌──────────┬──────────┼──────────┬──────────┐
     網站標題區    選單區    網頁內容區    頁尾版權區
```

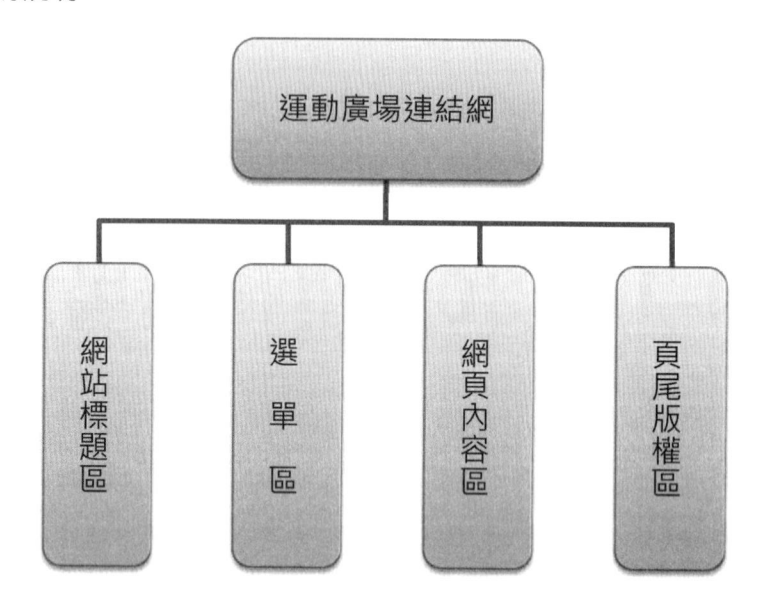

圖 2-1 網站架構圖

二、應檢人需依照試題說明進行網頁設計，所有需用到或參考的檔案、資料均放置於 C:磁碟之中，其包含以下資料夾：

（一）「試題本」資料夾：提供技術士技能檢定網頁設計丙級術科測試試題電子檔。

（二）「素材」資料夾：提供應檢網頁設計之素材。

（三）「其他版本軟體」資料夾：提供原評鑑軟體其他版本之安裝軟體。

三、軟體安裝與設定：

（一）應檢人應使用以考場評鑑規格（詳見考場設備規格表）為主之軟體進行安裝。

（二）若選擇安裝使用考場提供「其他版本軟體」資料夾中的軟體，應檢人須自行承擔使用該版本軟體之風險。

（三）若應檢人使用自備之軟體進行安裝者，須符合「術科測試應用軟體使用須知」規定；若有任何使用權問題及風險時，其相關責任應由應檢人自行負責。

四、評分時，動作要求各項目的所有功能，只要有一細項功能不正確，則扣該項分數，但以扣一次為原則。

五、有錯別字（含標點符號、英文單字）、漏字、贅字、全型或半型格式錯誤者，每字扣 1 分。若前述導致功能不正確者，則僅依該項動作要求扣分。【英文大小寫視為不同，請依動作要求輸入】

六、試題要求中的物件，若無特別指定則以美觀為原則，自行設定，不列入扣分項目。

七、功能要求：

（一）建立資料夾及設定網站伺服器，內容包括：

(◎)1. 在 C：磁碟建立本網站主文件資料夾「webXX」，儲存製作完成的結果。(XX 為個人檢定工作崗位號碼，如 01、02、…、30 等)

(◎)2. 整體網站版面尺寸以 1024×768px 設計，頁面水平置中。

(＊)3. 在「webXX」資料夾下建立「images」資料夾，將所有應使用的圖形檔均放置在「images」資料夾中。

(＊)4. 在「webXX」資料夾下建立「results」資料夾，存放 main.htm(l)、health.htm(l)、basketball.htm(l)、baseball.htm(l)、swimming.htm(l)、msgboard.htm(l)、reference.htm(l)等七個檔案。

(＊)5 在「webXX」資料夾下建立「others」資料夾，存放未特別指定或應檢人自訂的資料夾或檔案。

(※)6. 應檢人需自行架設本機網站伺服器，可於瀏覽器網址列(URL)中輸入 http://127.0.0.1 或 http://localhost 以瀏覽網站。

（二）設計首頁，內容包括：

(＊)1. 首頁檔名為 index.htm(l)或 default.htm(l)，置於網站的根目錄（C:\webXX）下。

(＊)2. 首頁標題為「勞動部勞動力發展署─運動廣場連結網」。

(＊)3. 設定首頁區內的背景顏色#FFFFFF，以外區域的背景顏色#42413C。

(◎)4. 首頁版面水平置中，包含五個區塊，分別為首頁區(main)、網站標題區(top)、選單區(menu)、網頁內容區(content)、頁尾版權區(footer)。各個區塊的寬度、高度、內外距（padding/margin）、邊框（border）、顏色（color、background-color）等項目自行設計，可參考圖 2-2 所示。(英文標註僅供參考，不列入評分)

(＊)5 content 區塊為網頁內容區，預設放置的內容為 main.htm(l)網頁。

圖 2-2 版型寬度及高度之參考示意圖

（三）網站標題區需含下面的資訊：

    (※)1. 本區包括標識圖片「logo.png」及橫幅文字「運動廣場連結網」，背景顏色預設為#00B0F0，可參考圖 2-2 所示。

    (＊)2. 標識圖片靠左對齊，寬度 180px、高度 90px，替代文字為「運動廣場連結網-回首頁」。

    (※)3. 網站橫幅設計：

        A. 橫幅文字放置於標識圖片右側區域置中位置，字型大小 52px、標楷體、顏色#FFFFFF。

        B. 橫幅文字的陰影效果：顏色＃333333、偏移量 10px、模糊係數 15px。

        C. 橫幅文字的陰影效果不得以影像軟體進行處理之，須以 CSS 或 HTML 直接處理，惟最終橫幅結果可採文字或圖片呈現之。

    (＊)4. 任何時間點按標識圖片，頁面回到首頁 index.htm(l)或 default.htm(l)。

（四）選單區需含下面的資訊：

    (※)1. 選單的項目，依序為「首頁」、「健康天地」、「籃球介紹」、「棒球介紹」、「游泳介紹」、「訪客留言」及「資料來源」等七個項目，並平均分布於選單區中，可參考圖 2-2 所示。

17300-104302 運動廣場連結網

(◎)2. 選單項目在一般狀態下，每一個項目的背景顏色#EEEEEE、字型顏色#000000、無底線、無粗體。

(※)3. 選單項目在滑鼠移到某一項目上方時，改變該項目背景顏色#FFFF00、字型大小 14px、顏色#FF0000、粗體(bold)、指標為。

(※)4. 點按各選單項目時，相對應內容資料應呈現於網頁內容區；例如：點按「健康天地」項目時，健康天地網頁(health.htm(l))應呈現於網頁內容區中。

（五）網頁內容區需含下面的資訊：

(＊)1. 預設背景顏色#FFFFFF，字型大小 14px、顏色#000000。

(◎)2. 網頁內容呈現時，上、下、左、右內距(padding)至少須保留 20px。

(◎)3. 預設網頁為 main.htm(l)，如下圖。

　　(◎)(1) 設置最新消息及圖片展示區，框線為實線、粗細1px、顏色#999999，寬度及高度如圖 2-2 所示。

　　(※)(2) 最新消息區包括標題「最新消息」及最新消息內容(0201.txt)。標題的字型大小 16px (medium、size=3)、加粗(bolder)、水平靠左對齊。最新消息內容須顯示主題及發布日期(應檢當天日期)，並設置標題列背景顏色#3399FF，字型大小 14px、顏色#FFFFFF，水平置中對齊；另每一則最新消息於開始處設置 (0201.png)，字型大小 12px、2 倍行高，以帶狀列方式顯示背景顏色#FFFFCC 及#DDDDDD。

　　(◎)(3) 圖片展示區包括原圖 (0202A.png~0205A.png)、縮圖 (0202B.png~0205B.png)及圖說(0202.txt)等三項內容，且圖文須全貌、完整地呈現並不超出此區域，背景顏色#333333。圖說字型大小 14px、顏色#FFFF00。

　　(※)(4) 點按圖片展示區中的縮圖時，上方應及時完整呈現相對應的原圖並不得出現裁切的現象，持續至點按下一張縮圖才結束。

（六）健康天地網頁需含下面的資訊：

(◎)1. 健康天地網頁(如下圖)為 health.htm(l)，呈現的目的區塊為網頁內容區。

(＊)2. 左上方應呈現路徑導覽列(Navigation Path)「現在位置：首頁＞健康天地」，字型顏色#FF0000、加粗(bolder)。

(※)3. 網頁內容包括「健康新知」、「菸害防制」、「癌症防治」及「慢性病防治」等四項健康天地訊息，並以標籤頁(Tab)的方式呈現於網頁內容區內，其內容參見檔案 0203.txt。

(※)4. 點按各標籤，應完整呈現相對應訊息內容。若訊息內容太多而超出承載範圍時，應出現垂直捲軸協助瀏覽，不得出現水平捲軸。

（七）籃球介紹網頁需含下面的資訊：

(◎)1. 籃球介紹網頁(如下圖)為 basketball.htm(l)，呈現的目的區塊為網頁內容區。

(＊)2. 左上方應呈現路徑導覽列「現在位置：首頁＞籃球介紹」，字型顏色#FF0000、加粗(bolder)。

(※)3. 網頁內容以 h4 標題及段落方式編排，標題字型顏色為#0000FF，段落開始須縮排兩個中文字元，其內容參見檔案 0204.txt。若內容超出網頁內容區承載範圍時，應出現垂直捲軸協助瀏覽，不得出現水平捲軸。

（八）棒球介紹網頁需含下面的資訊：

(◎)1. 棒球介紹網頁(如下圖)為 baseball.htm(l)，呈現的目的區塊為網頁內容區。

(＊)2. 左上方應呈現路徑導覽列「現在位置：首頁＞棒球介紹」，字型顏色#FF0000、加粗(bolder)。

(◎)3. 網頁文字內容以段落方式編排，段落開始須縮排兩個中文字元，其內容參見檔案 0205.txt。若內容超出網頁內容區承載範圍時，應出現垂直捲軸協助瀏覽，不得出現水平捲軸。

(◎)4. 第一段落最右方設置圖片「0206.png」，並設定圖片寬度 200px、高度 133px、與文字距離 10px。

（九）游泳介紹網頁需含下面的資訊：

(◎)1. 游泳介紹網頁(如下圖)為 swimming.htm(l)，呈現的目的區塊為網頁內容區。

(＊)2. 左上方應呈現路徑導覽列「現在位置：首頁＞游泳介紹」，字型顏色#FF0000、加粗(bolder)。

(◎)3. 網頁文字內容以段落方式編排，段落開始須縮排兩個中文字元，其內容參見檔案 0206.txt。若內容超出網頁內容區承載範圍時，應出現垂直捲軸協助瀏覽，不得出現水平捲軸。

(◎)4. 在網頁中心位置設置圖片「0207.png」，段落文字內容須能顯示於圖片上方。

（十）訪客留言網頁需含下面的資訊：

(◎)1. 訪客留言網頁(如下圖)為 msgboard.htm(l)，呈現的目的區塊為網頁內容區。

(＊)2. 在網頁第一列上輸入文字「謝謝蒞臨本網站，請給予我們支持、鼓勵與建言。」，且以由右而左的跑馬燈方式呈現。（▲以每一字為扣分單位，扣分無上限）

(＊)3. 在網頁第二列上呈現路徑導覽列「現在位置：首頁＞訪客留言」，字型顏色#FF0000、加粗(bolder)。

(＊)4. 路徑導覽列下方製作一個 6×2（六列二欄）表單，第一欄寬 120px、第二欄寬 580px，儲存格與邊框距離 2px、儲存格間距 0px、框線 1px、框線顏色#DDDDDD，水平置中對齊。

(◎)5. 表單第一列第一欄輸入「姓名」，水平置中對齊；第一列第二欄為姓名的文字欄位，寬 20 字元，水平靠左對齊。

(◎)6. 表單第二列第一欄輸入「電子郵件」，水平置中對齊；第二列第二欄為電子郵件的文字欄位，寬 60 字元，水平靠左對齊。

(◎)7. 表單第三列第一欄輸入「性別」，水平置中對齊；第三列第二欄為「男」、「女」兩個同一群組的選項按鈕，預設值為「男」，水平靠左對齊。

(◎)8. 表單第四列第一欄輸入文字「職業類別」，水平置中對齊、垂直置中對齊；第四列第二欄為職業類別的下拉式清單方塊，選項內容如檔案 0207.txt。

(◎)9. 表單第五列第一欄輸入「留言內容」，水平置中對齊；第五列第二欄為留言內容的文字區域(TextArea)，高 10 列文字，寬 78 字元，水平靠左對齊。

(◎)10. 表單第六列第一欄製作「送出」、「重寫」兩個按鈕。點按「送出」鈕，則出現「歡迎蒞臨本網站，您的寶貴意見我們會儘速處理與回覆，謝謝！」訊息(如下圖)，其中點按「確定」鈕後應回到訪客留言網頁並重置(reset)各欄位資料。點按「重寫」按鈕，可重置輸入的資料並重新輸入。

（十一）資料來源網頁需含下面的資訊：

(◎)1. 資料來源網頁(如下圖)為 reference.htm(l)，放置的目的區塊為網頁內容區。

(＊)2. 左上方應呈現路徑導覽列「現在位置:首頁＞資料來源」，字型顏色#FF0000、加粗(bolder)。

(◎)3. 網頁文字內容以兩列呈現，其內容參見檔案 0208.txt。

（十二）頁尾版權區需含下面的資訊：

(＊)1. 背景顏色為#CCCCCC。

(＊)2. 分行顯示的文字內容分別為「網頁設計及維護：XX○○○」、「最近更新日期：yyyy/mm/dd」。【XX：崗位號碼，○○○：應檢人姓名；yyyy/mm/dd 為應檢日期，其中 yyyy：西元年、mm：月份、dd：日期】

(＊)3. 文字顏色#FFFFFF、大小 14px，水平置中對齊。

（十三）資料備份：

評分前，將製作完成的結果（整個「webXX」資料夾）備份到「檢定用隨身碟」中，應檢人若未依規定備份資料，將視為重大缺點，以不及格論。

17300-104302 解題說明

一、建立網站

資料夾、網頁、檔案

1. 啟動 Dreamweaver CS6
   網站➔新增網站：
   網站名稱：104302
   本機網站資料夾：C\web02

2. 在主目錄下建立資料夾：
   images、results、others

3. 在主目錄下建立 index 首頁

4. 在 results 目錄下建立新網頁：
   main、health、basketball、baseball、
   swimming、msgboard、reference

5. 開啟檔案總管，選取資料夾：
   C:\素材\17300-104302
   複製所有圖片檔案
   貼至 C:\web02\images 資料夾
   複製圖片以外的檔案
   貼至 C:\web02\others 資料夾

6. 切換回到 Dreamweaver
   按重新整理鈕

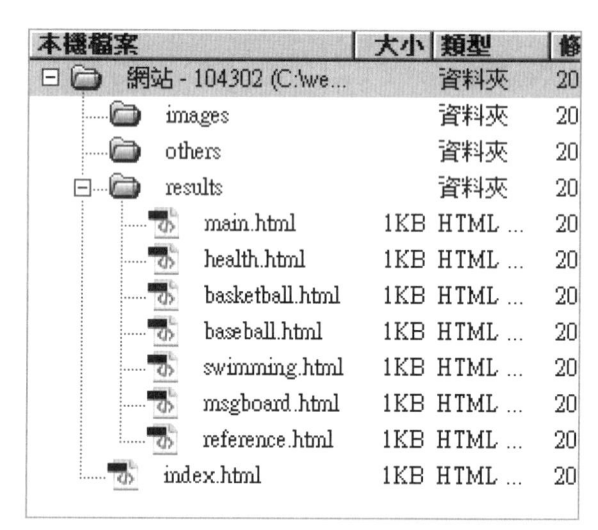

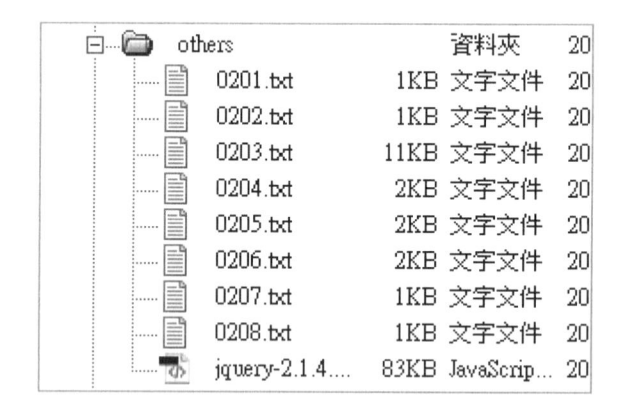

> **解說**
> 由於 Dreamweaver CS6 有提供 health 網頁所需要的標籤頁功能，因此不需要用到 jquery 函式庫。

「運動廣場連結網」橫幅文字

題目規定：

以不採取影像軟體處理方式，直接將橫幅文字繪製成圖片呈現之

- 不能以影像軟體處理。
- 要繪製成「圖片」，因此不可以使用文字作 CSS 設定。

檢測是否為圖片的方法：

在瀏覽器中，若能選取「運動廣場連結網」幾個字，抱歉！那就不是圖片！

結論：

目前市面上所有解法中只有 Canvas 最符合題目要求。

二、設計首頁

首頁版面規劃

內容顯示區必須顯示 7 張網頁：main、health、basketball、baseball、swimming、msgboard、reference，因此使用 IFRAME 作為共同介面。

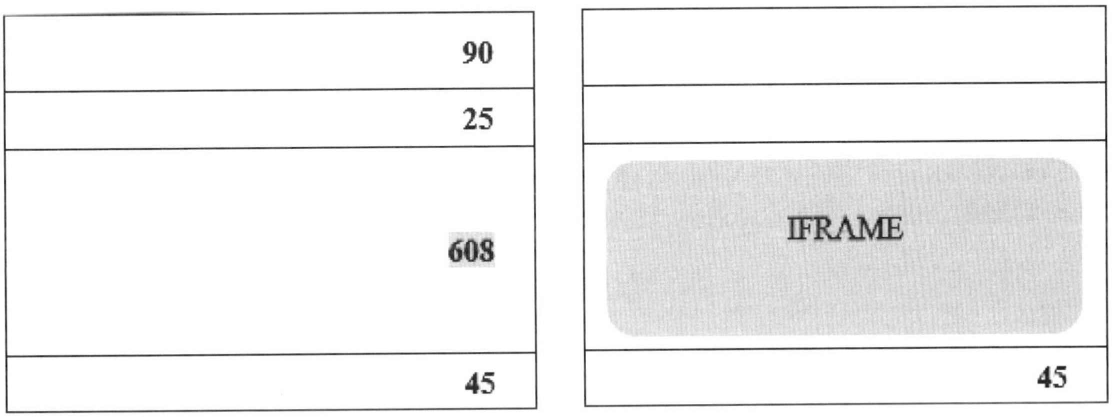

題目規定：

第 1 列高 90、第 2 列高 25、第 4 列高 45

推論如下：

第 3 列高 608................(768-90-25-45)

IFRAME 寬高：980、560，請參考後續解說

main 網頁版面規劃

- 表格：1 列、2 欄
- 2 個欄位分別插入 Div

  規劃細節請參考後續說明

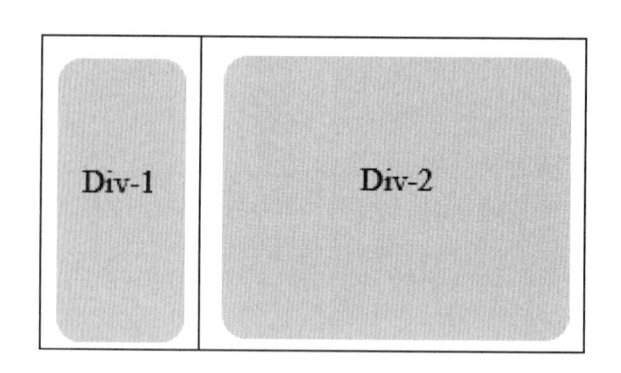

建立架構

1. 開啟 index.html 網頁，輸入標題文字：「勞動部勞動力發展署—運動廣場連結網」

2. 點選：頁面屬性，外觀（CSS）→背景顏色：#42413C

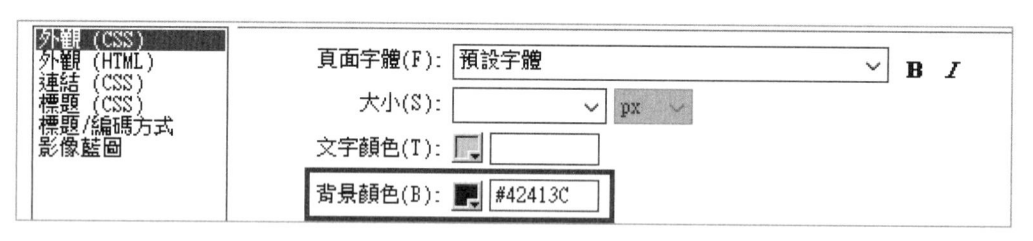

3. 插入→表格：列 4、欄 1
   表格寬度：1024 像素
   邊框粗細：0

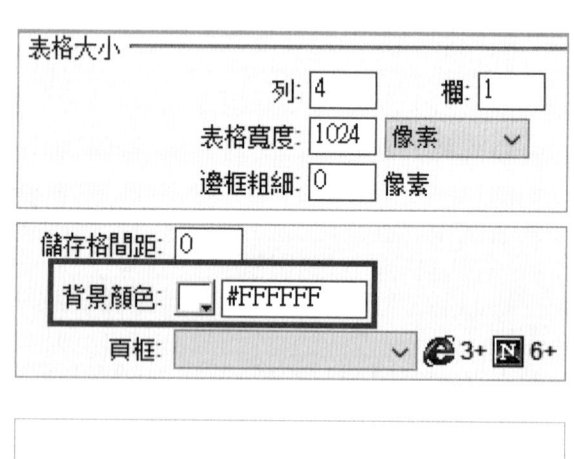

4. 設定表格→對齊：置中對齊

5. 選取表格
   修改→編輯標籤：
   背景顏色：#FFFFFF

6. 設定表格列高：
   第 1 列→高 90
   第 2 列→高 25
   第 3 列→高 608
   第 4 列→高 45

建立 IFRAME

1. 將插入點置於第 3 列，設定儲存格→水平：置中對齊、垂直：置中對齊

2. 插入→標籤→HTML 標籤：iframe
   設定 IFRAME：
   來源：results/main.html
   名稱：imain
   寬度：980
   高度：560
   捲動：否
   顯示邊框：取消勾選

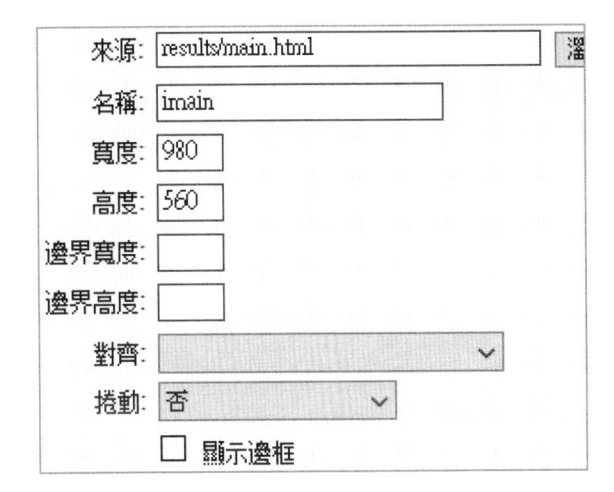

> **解說**
>
> 題目規範：「上、下、左、右內距(padding)至少須保留 20px。」
> IFRAME：寬=1024-44=980　(44/2>20)
> 　　　　高=608-48=560　　(48/2>20)
> 設定水平：置中對齊、垂直：置中對齊，就可符合題目規範。

- 完成結果如右圖：

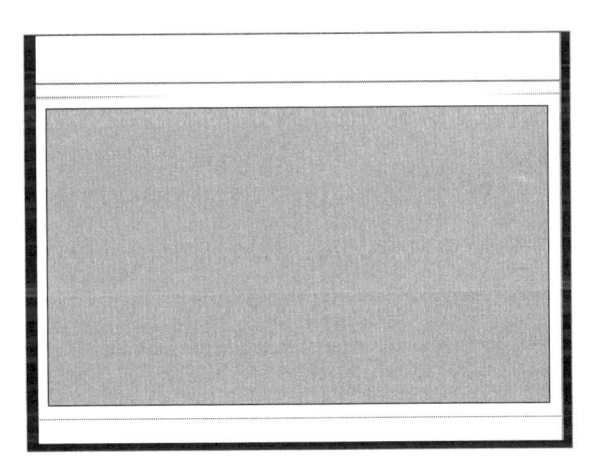

三、網站標題區

標題圖片

1. 插入點置於標題區
   設定儲存格背景顏色：#00B0F0

2. 修改→表格→分割儲存格：
   分割成：欄位
   欄數：2

3. 將插入點置於左邊儲存格
   設定左邊儲存格寬度 180px
   插入→影像：logo.png
   替代文字：運動廣場連結網-回首頁

4. 設定圖片超連結：連結：index.html、目標：_top

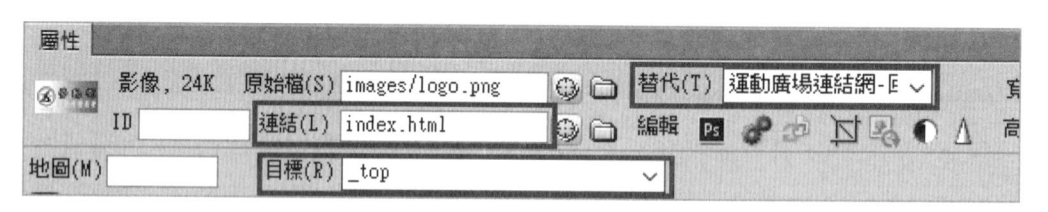

橫幅文字

1. 將插入點置於標題區右邊儲存格
   輸入文字：「運動廣場連結網」

2. 儲存格對齊
   水平：置中對齊
   垂直：置中對齊

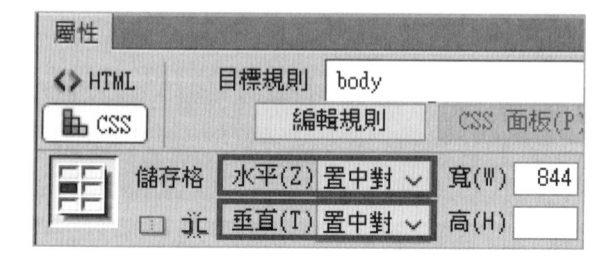

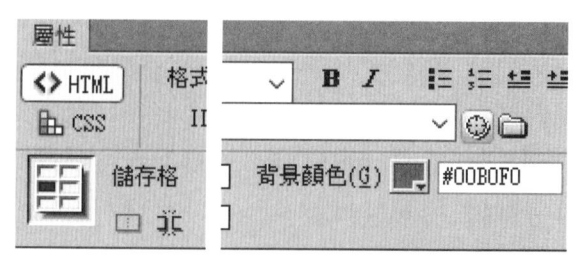

3. 選取文字：「運動廣場連結網」
   新增 CSS 規則→行內樣式
   選取器類型：類別
   名稱：t1

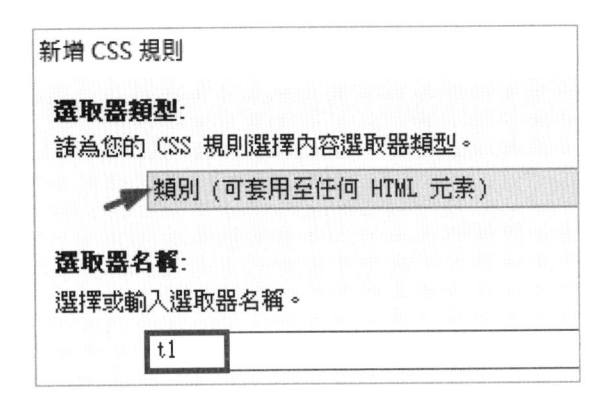

4. 設定字型→標楷體、大小 52、字型顏色：#FFFFFF

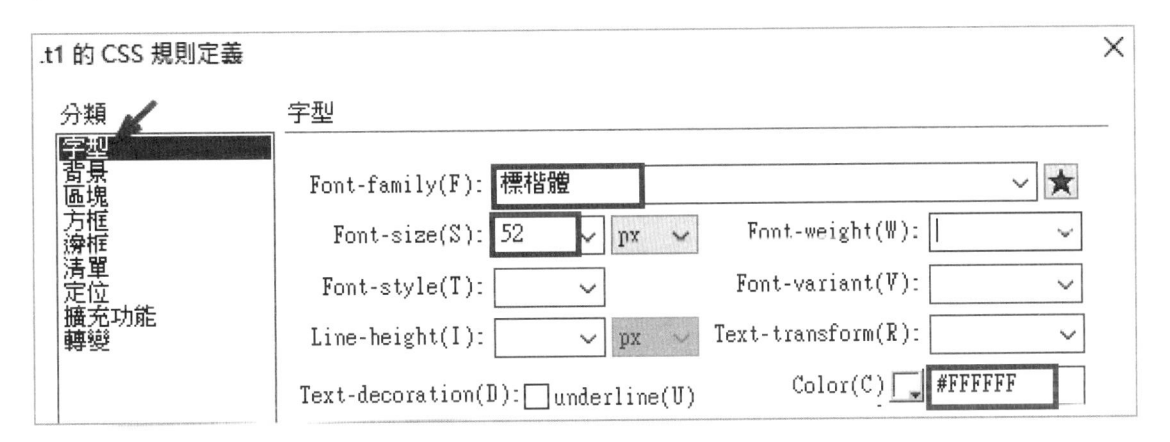

5. 點選：CSS 樣式標籤
   所有規則中選取「t1」
   點選「增加屬性」→ text-shadow

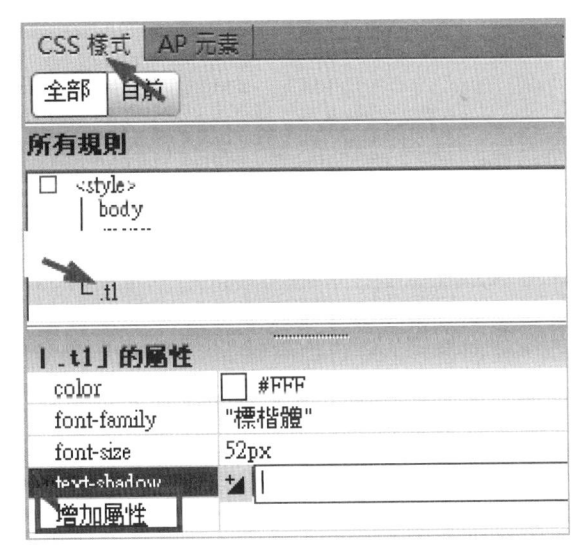

6. 點選 text-shadow 右方
   依序輸入
   X 軸位移：10
   Y 軸位移：10
   模糊半徑：15
   顏色：#333

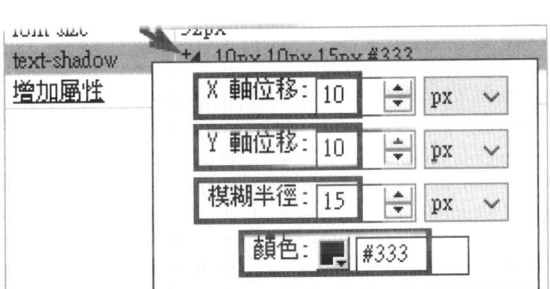

> **解說**
> CSS 陰影效果設定完在設計模式中是看不出效果的，請開啟瀏覽器來檢視陰影效果。

- 瀏覽結果如下圖：

四、選單區

1. 將插入點置於標題圖片下方選單區
   插入→表格→1 列 7 欄、寬度：100%、框線：0、儲存格內距：1、儲存格間距：0

2. 選取 7 格儲存格，設定高：25、寬：14%、水平置中

> **解說**
> - 題目規定選單項目「平均分佈」，因此 100%分給 7 個欄位，欄寬均為 14%。
> - 儲存格間距設 1 是讓各選單之間有一間距，更能符合參考圖模樣。

3. 將插入點置於第 1 個儲存格
   插入→版面物件→Div 標籤
   輸入類別：menu
   點選：新增 CSS 規則鈕
   點選：確定鈕

   設定字型→大小：14px、顏色：#000、行高：25px

2-14

設定背景→背景顏色：#EEEEEE

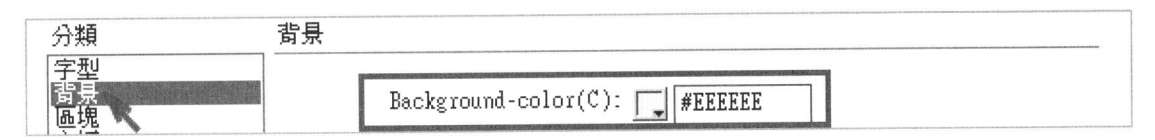

更改 Div 文字為：首頁

4. 將入點置於 Div 內
   點選：新增 CSS 鈕
   選取器類型：複合
   名稱：在預設名稱後方加上「:hover」

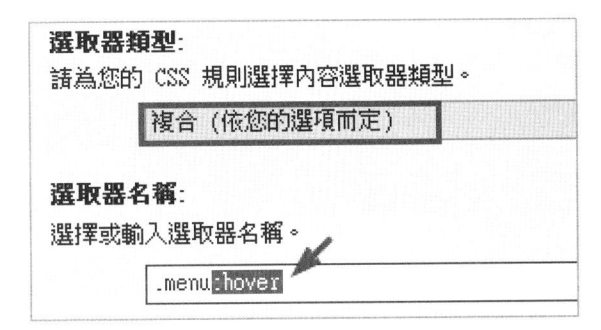

> **解說**
> 「:hover」：滑鼠滑過 .menu 的 div 時的樣式。

設定文字→大小：14px、粗體：bold、顏色：#FF0000

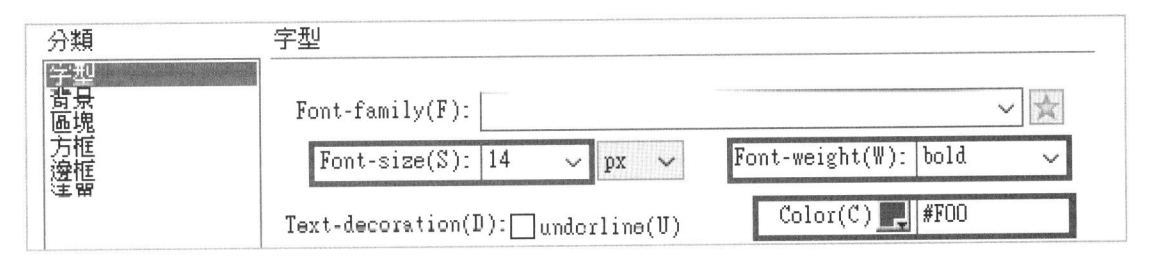

設定背景→背景顏色：#FFFF00

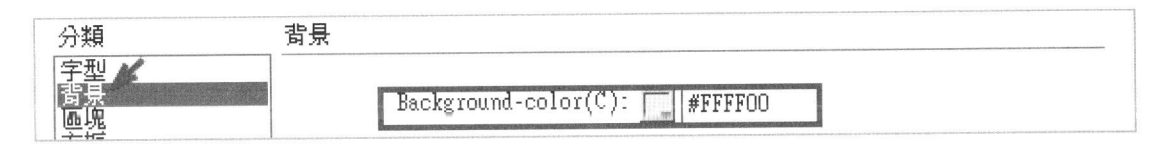

設定擴充功能→滑鼠形狀：pointer

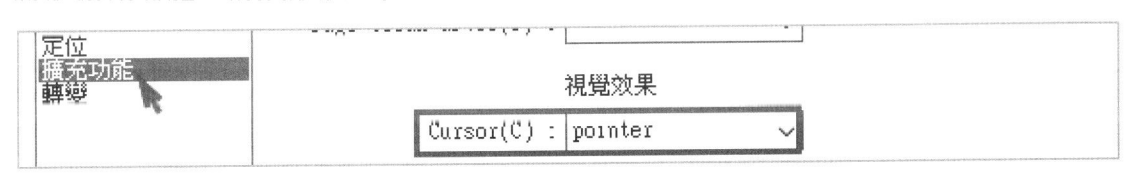

5. 複製 Div，貼至 2~7 欄，分別更改 Div 文字：
   健康天地、籃球介紹、棒球介紹、游泳介紹、訪客留言、資料來源

● 瀏覽結果，如下圖：

6. 設定超連結：
   首頁　　　→連結：index.html、目標：_top
   健康天地→連結：results/health.html、目標：imain
   籃球介紹→連結：results/basketball.html、目標：imain
   棒球介紹→連結：results/baseball.html、目標：imain
   游泳介紹→連結：results/swimming.html、目標：imain
   訪客留言→連結：results/msboard.html、目標：imain
   資料來源→連結：results/reference.html、目標：imain

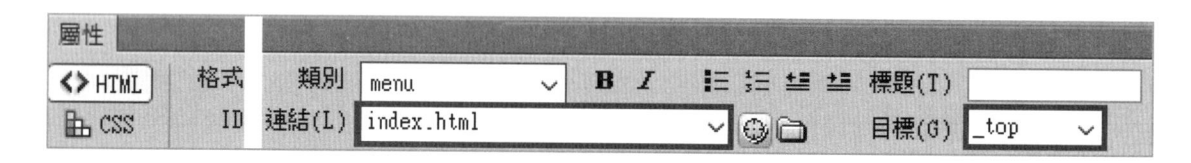

7. 點選：頁面屬性鈕，設定超連結如下：
   連結顏色：#000、查閱過顏色：#000、變換影像連結：#F00
   作用中的連結顏色：#000、底線樣式：永不使用底線

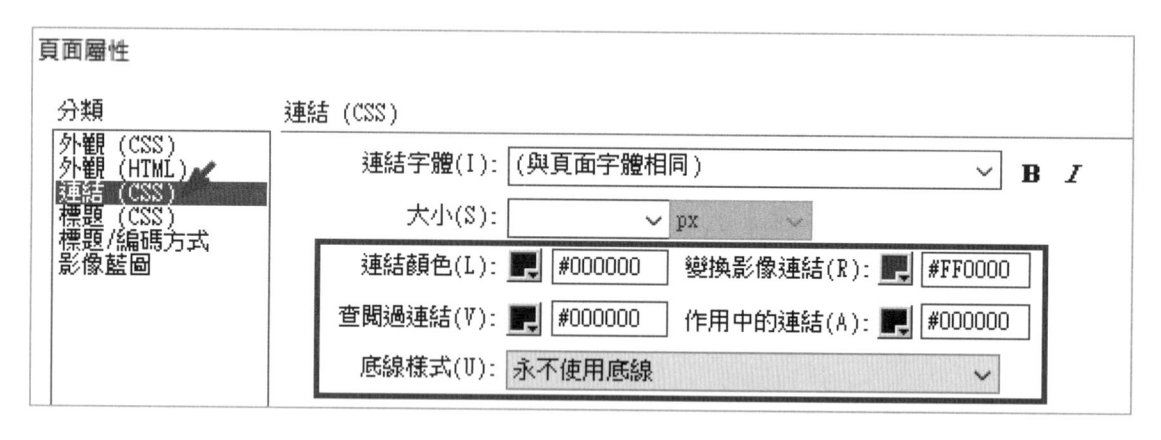

五、網頁內容

「網頁內容區」已在「二、設計首頁」中完成，因此本節只須作 main 網頁設計。

main 網頁架構

1. 開啟 main 網頁

2. 點選：頁面屬性，設定外觀（CSS）→背景顏色：#FFFFFF，字型大小：14px、文字顏色：#000000，左邊界：0、上邊界：0

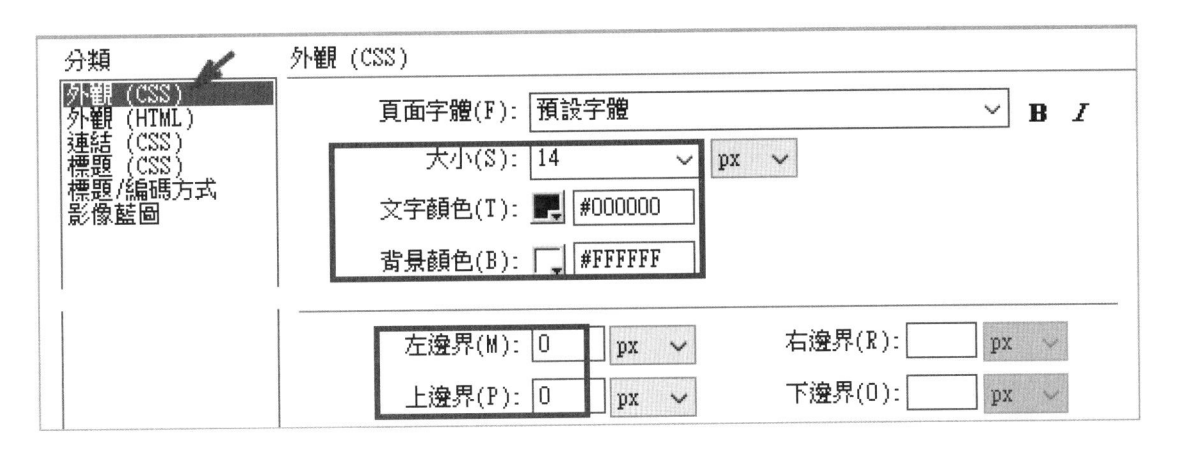

17300-104302 運動廣場連結網

3. 插入→表格→列：1、欄：2
   表格寬度：980
   邊框粗細：0

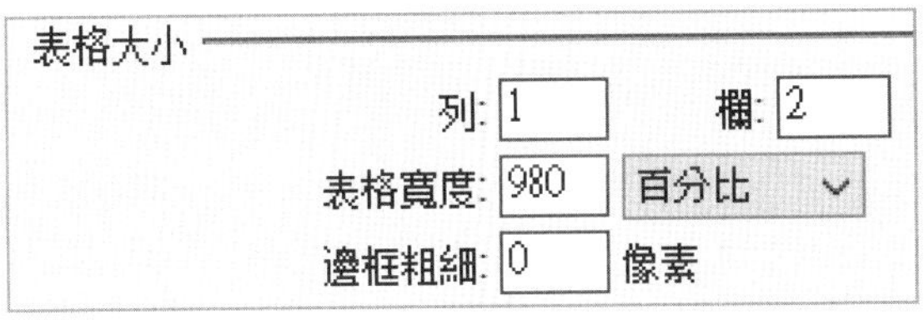

4. 選取列，設定列高：560
   設定第 1 欄→水平：靠左對齊
   設定第 2 欄→水平：靠右對齊

   解說
   - 將左邊界、上邊界設為 0，才能在首頁內容區完整顯示 main 網頁內容。
   - 最近消息區靠左，圖片顯示區靠右，空白留在中間，版面才能對稱。

5. 將插入點置於第 1 欄
   插入→版面物件：插入 Div 標籤
   插入：在插入點上
   類別：news
   點選：新增 CSS 規則鈕
   方框→Width：280px、Height：460px

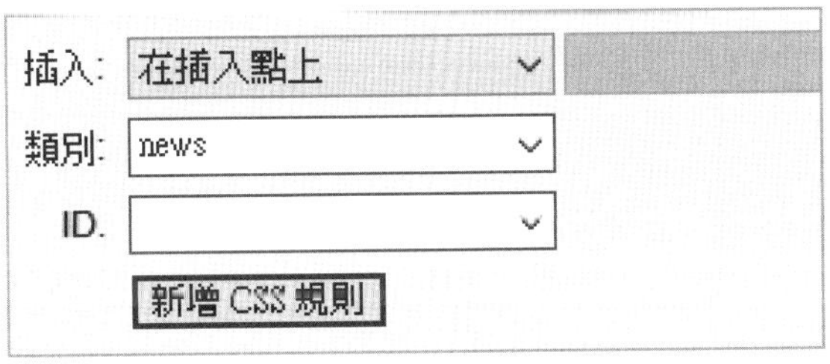

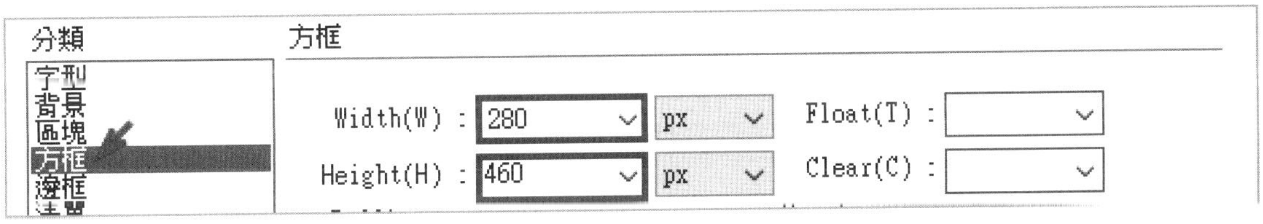

   邊框→Style：全都一樣、Top：solid，Width：全都一樣、Top：1px、顏色：#999999

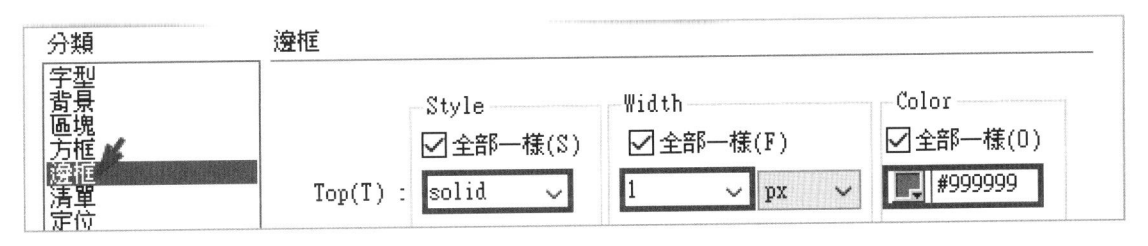

2-17

6. 將插入點置於第 2 欄,插入→版面物件:插入 Div 標籤
   插入:在插入點上,類別:photo,按新增 CSS 規則鈕
   方框→寬度:590px、高度:460px

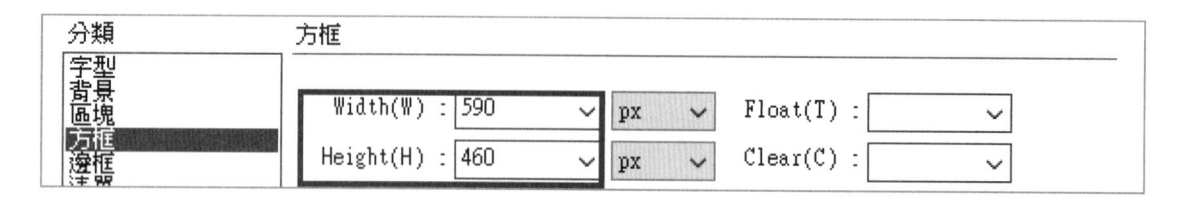

   邊框→Style:全都一樣、Top:Solid,Width:全都一樣、Top:1px、顏色:#999999

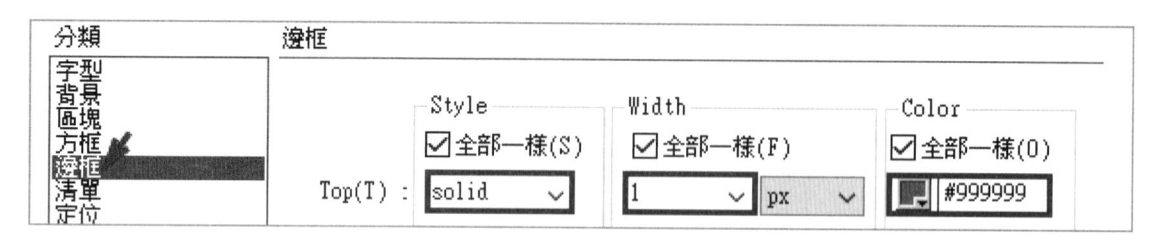

- 結果如右圖:

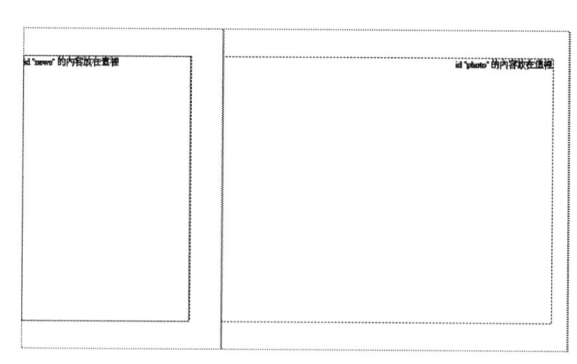

> **解說**
> 雖然在設計模式中 photo 的 Div 看起來沒有靠右對齊,但實際在瀏覽器檢視是有靠右對齊的。

最新消息

1. 在 Div-news 內輸入「最新消息」
2. 插入點置於文字下方
   插入→表格,列:5、欄 2
   表格寬度:260
   邊框粗細:0

3. 設定表格→對齊：置中對齊

4. 設定第 1 列：水平置中對齊
   設定第 2 欄：水平置中對齊

5. 逐一在第 1 欄 2、3、4、5 列
   插入→影像：0201.png
   將 0201.txt 內容複製至表格內

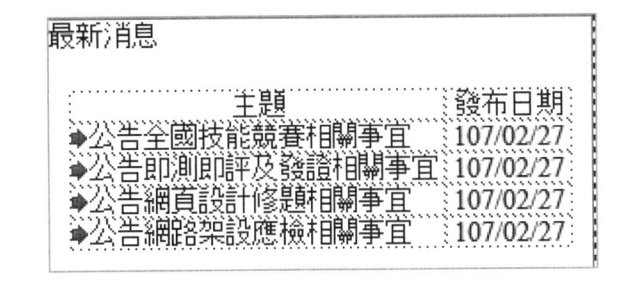

6. 選取表格上方「最新消息」文字，點選新增 CSS 鈕
   選取器類型：類別、選取器名稱：f1
   字型→大小：16px、粗體：bolder

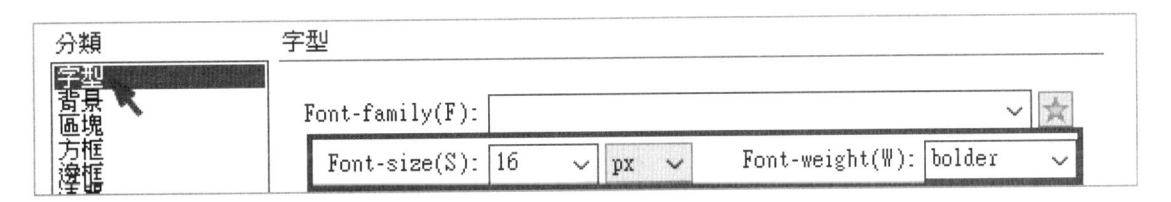

7. 設定第 1 列所有儲存格→背景顏色：#3399FF

8. 作用點置於第 1 列第 1 欄儲存格中，點選：新增 CSS 鈕
   選取器類型：類別、選取器名稱：f2
   字型→大小：14px、列高：200%、字體顏色：#FFF

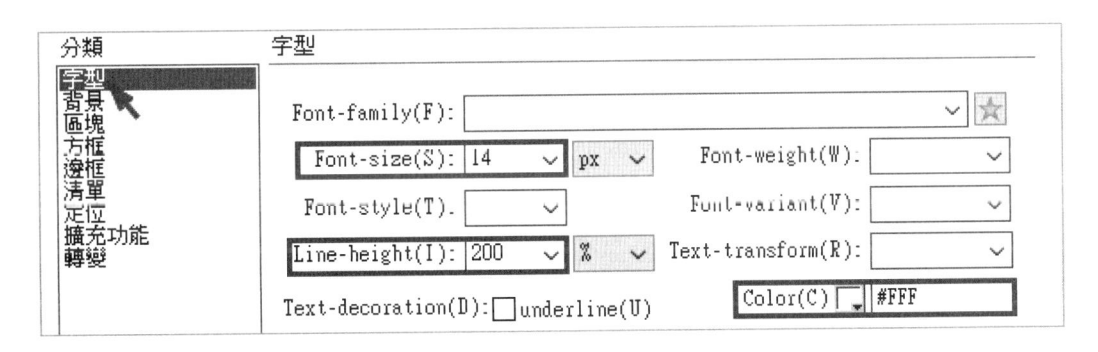

9. 作用點置於第 1 列第 2 欄儲存格中，套用
   f2 樣式

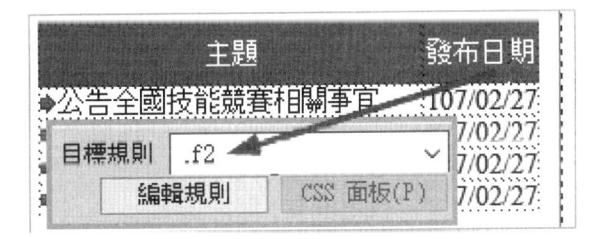

解說

一次選取第一列整列設定 CSS，文字效果無法正常被套用，因此分別套用。

10. 選取 2~5 列儲存格，點選：新增 CSS 鈕
    選取器類型：類別、選取器名稱：f3
    字型➔大小：12px、列高：200%

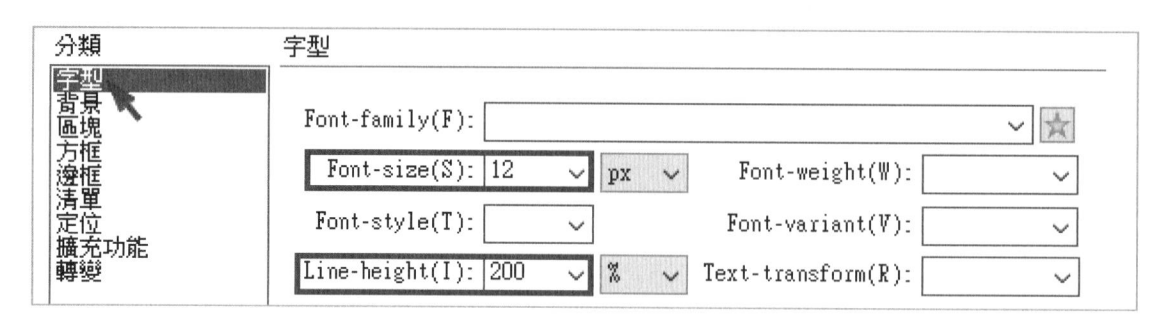

11. 設定第 2 列儲存格➔背景顏色：#FFFFCC
    設定第 4 列儲存格➔背景顏色：#FFFFCC

12. 設定第 3 儲存格➔背景顏色：#DDDDDD
    設定第 5 儲存格➔背景顏色：#DDDDDD

- 結果如右圖

圖片顯示區

1. 將插入點置於 Div-photo
2. 插入➔表格，列：3、欄 4
   表格寬度：590
   框粗細：0

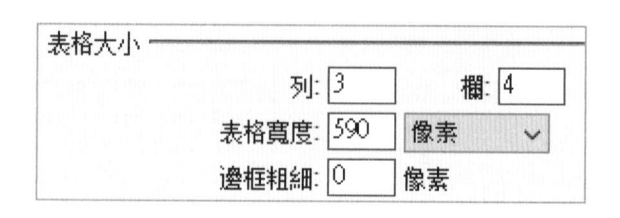

3. 合併第 1 列儲存格
   依序設定 3 列高度：350、90、20
   設定第 2 列欄寬：25%

4. 設定所有儲存格：
   水平：置中對齊、垂直：置中對齊

5. 設定表格背景顏色
   選取表格，修改→編輯標籤
   背景顏色：#333333

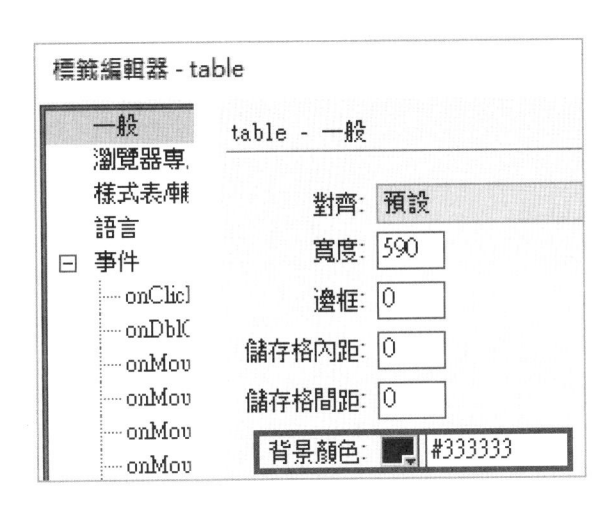

● 完成結果如右圖：

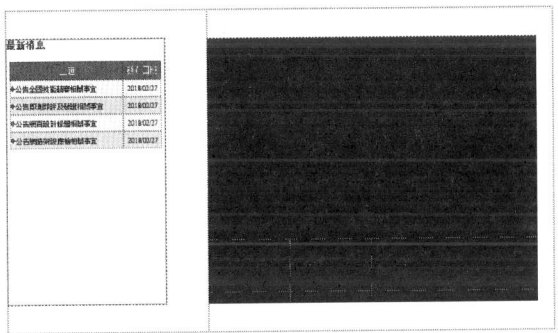

6. 將插入點置於第 1 列，插入→影像：images/0202A.png
   設定 0202A 圖片：
   取消：切換大小限制、寬：580、高：340、ID：pic

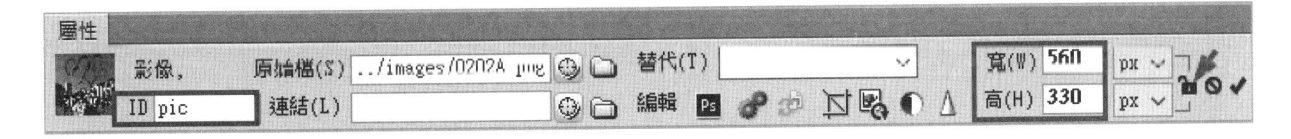

7. 將插入點置於第 2 列第 1 欄
   插入→影像：images/0202B.png
   點選：標籤檢視窗
   →行為+鈕：調換影像
   選取：「影像"pic"」
   原始檔：images/0202A.png
   取消：滑鼠滑開時恢復影像

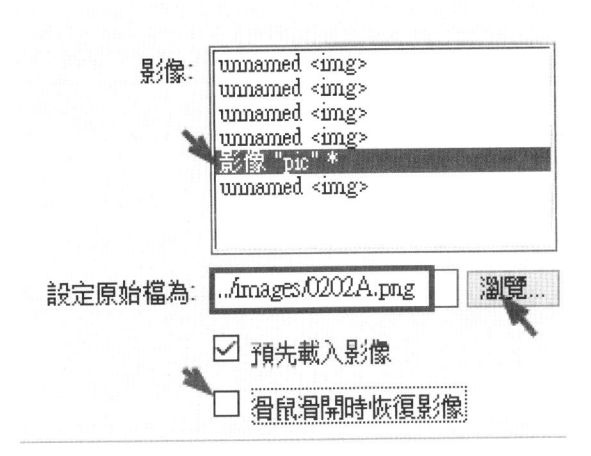

- 標籤檢視窗的行為欄增加了：
  onMouseOver：調換影像

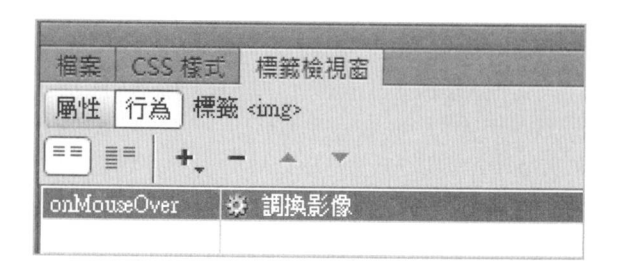

解說

系統預設調換影像的行為 onMouseOver 滑鼠滑過，但題目規定為「點按」圖片，因此應該將 onMouseOver 改為 onClick。

8. 將 onMouseOver 改為 onClick

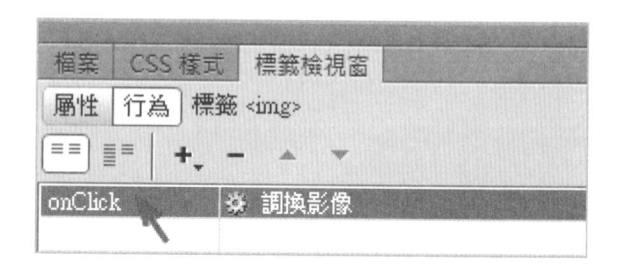

9. 重複步驟 7~8：
   分別在第 2 列 2~4 欄插入圖片：0203B、0204B、0205B
   分別對 3 張圖片設定行為→調換影像
   0203B→0203A、0204B→0204A、0205B→0205A

10. 複製 0202.txt 內容找到表格第 3 列 1~4 儲存格內

11. 選取 1~4 儲存格，新增 CSS 樣式→行內樣式
    字體大小：14px、顏色：#FFFF00

六、health 網頁

1. 開啟 health 網頁

2. 輸入「現在位置：首頁>健康天地」，按 Enter 鍵

3. 選取文字，設定字型(CSS)→Font-weight：bolder(加粗)、Color：#FF0000

4. 檔案→另存新檔，分別儲存並覆蓋 basketball、baseball、swimming、msgboard、reference 網頁

5. 將上述 5 個網頁中「健康天地」分別更改為：
   籃球介紹、棒球介紹、游泳介紹、訪客留言、參考資料

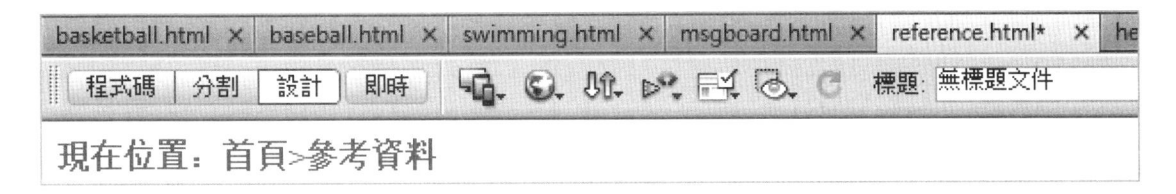

6. 切換回到 health 網頁，將插入點置於導覽列下方，插入→版面物件→Spry 標籤面板

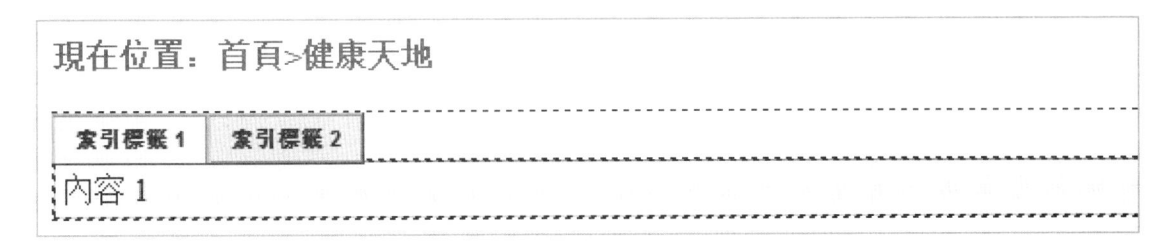

7. 點選 2 次 + 鈕，總共顯示 4 個索引標籤

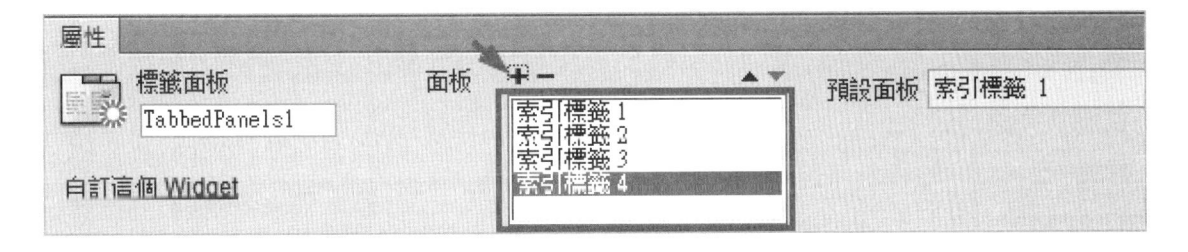

8. 在上方的標籤頁上輸入標籤內容，更改如下圖：

9. 開啟 0203.txt，將相關內容複製到 4 個標籤內

解說

切換內容區的方法：

A. 將滑鼠指向標籤右側
   （出現眼睛圖示）

B. 點一下眼睛圖示
   （下方內容區便會切換）

健康新知 | 菸害防制 | 癌症防治 | 慢性病防治

缺乏運動已成為影響全球死亡率的第四大危險因子-國人無規律運動之比率高達72
資料來源：行政院衛生署國民健康局 發佈日期：2012 / 10 / 07

健康新知 | **菸害防制** | 癌症防治 | 慢性病防治

菸害防制法

第三章　兒童及少年、孕婦吸菸行為之禁止

健康新知 | 菸害防制 | **癌症防治** | 慢性病防治

降低罹癌風險 建構健康生活型態 癌症防治 三管齊下 Part 1 降低罹癌風險建構健康
癌的因素很多，而且往往就存在於我們周遭環境及日常生活中。唯有正常飲食、

健康新知 | 菸害防制 | 癌症防治 | **慢性病防治**

長期憋尿 泌尿系統問題多
資料來源：中央健康保險局雙月刊第98期 上稿日期：2012/08/10 文／游小雯 諮詢
「憋尿、排尿」這個看似簡單的動作，對身體健康卻有極大的影響，以下4項就是

10. 設定垂直捲軸

    將作用點置於標籤內容區內

    屬性面板➔目標規則：

    選取 TabbedpanelsContent

    點選編輯規則

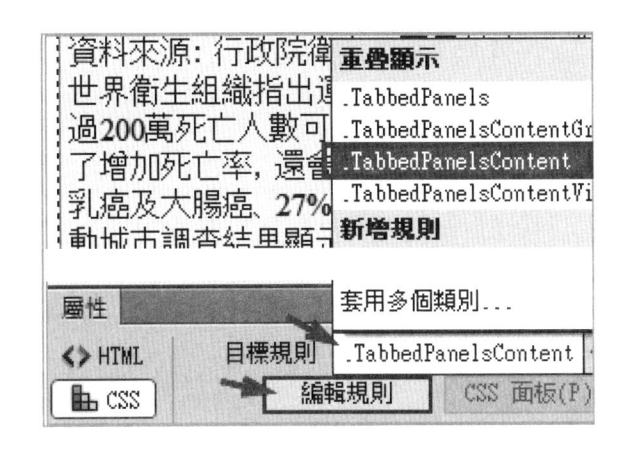

    定位➔Height：400、Overflow：Scroll

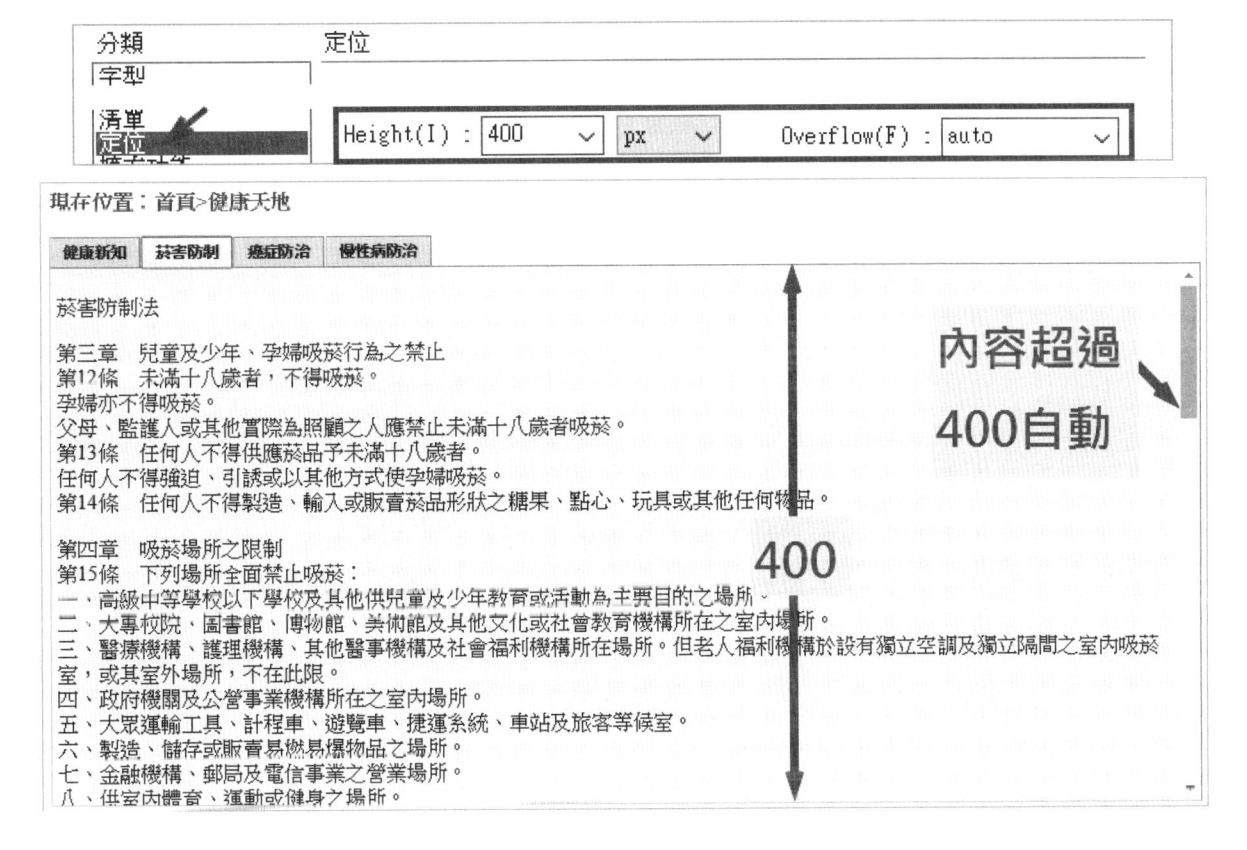

解說

- 題目要求「若內容超出網頁乘載範圍時，應出現垂直捲軸協助瀏覽」，上面的高度 400 是由我們自行決定網頁乘載範圍。

- 題目內的 4 個標籤，題目也沒有規定標籤順序，因此只要 4 個標籤名稱、內容正確即可。

七、basketball 網頁

1. 開啟 0204.txt，複製所有內容貼到 basketball.html 標題下方空白列

2. 將插入點置於第 2 個段落後方，按 Delete 鍵 2 次，2、3 段落結合
   按 Enter 鍵，第 2 段落又拆開為 2、3 段

3. 重複步驟 2，讓每一個段落都與下個段落結合後再拆開

   > **解說**
   >
   > 原始文件內容中，段落間是以
標籤作為分隔符號，當我們選取「項目一」作標題 4 設定時，整份內文全部變成標題 4，因此我們必須籍由步驟 2，將段落間的
標籤改為<p>標籤，如此便可解決問題。

4. 設定「項目一」段落
   設定 HTML：標題 4
   重複設定「項目二」、「項目三」

5. 選取「項目一」段落，建立 CSS 樣式 f2 → 文字顏色：#0000FF
   項目二、項目三，套用 CSS 樣式 f2

- 完成結果如下圖：

八、baseball 網頁

1. 開啟 0205.txt，複製所有內容貼到 baseball 頁標題下方空白列

2. 將插入點置於標題下方文字開頭(空白縮排前)，插入→影像→0206.png

   建立 CSS 樣式 pic→方框→Width：200、Height：133、float：right、Margin：Bottom 10 Left 10

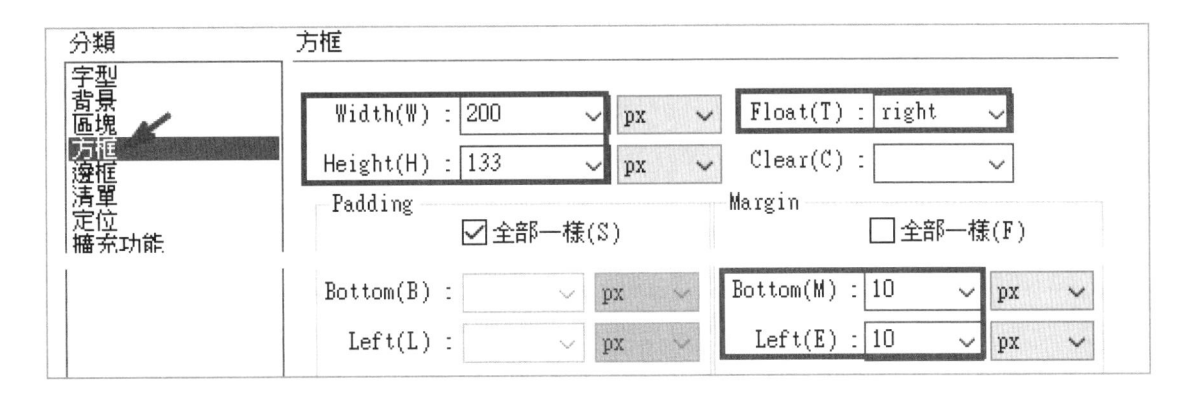

- 瀏覽結果如下圖：

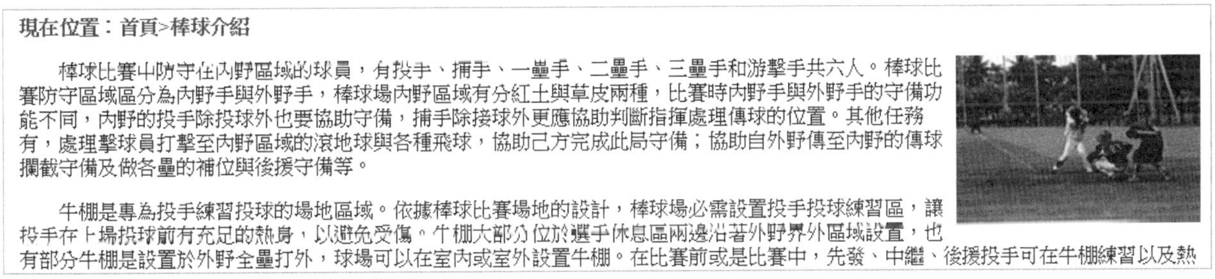

> **解說**
> - Float：right　圖片靠右文繞圖效果。
> - Margin：Bottom 10、Left 10　圖片與左邊、下方文字距離 10px。

九、swimming 網頁

1. 開啟 0206.txt，複製所有內容，貼至 swimming 網頁標題下方空白列

2. 點選：頁面屬性鈕：

   外觀(CSS)→背景影像：../images/0207.png、重複：no-repeat

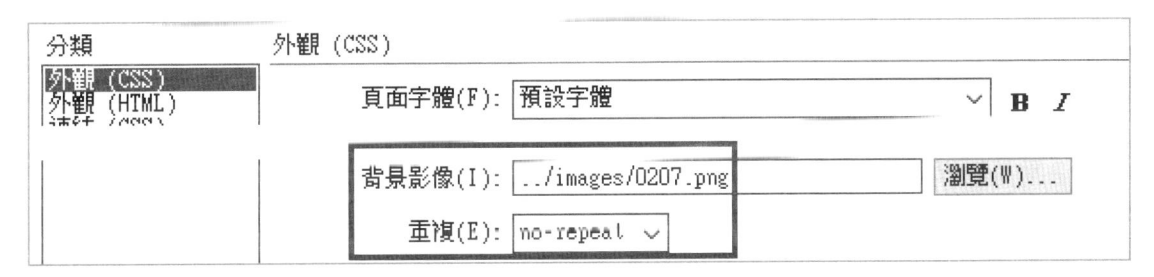

> **解說**
> 瀏覽結果背景圖顯示在頁面左上角，不符題目規定。

3. 點選：CSS 樣式標籤
   在 body 上連結點滑鼠左鍵 2 下

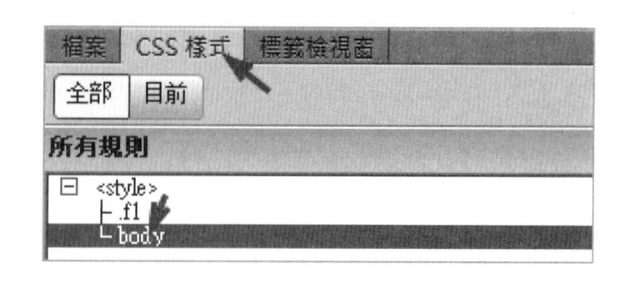

   背景→背景圖水平位置：center、背景圖垂直位置：center

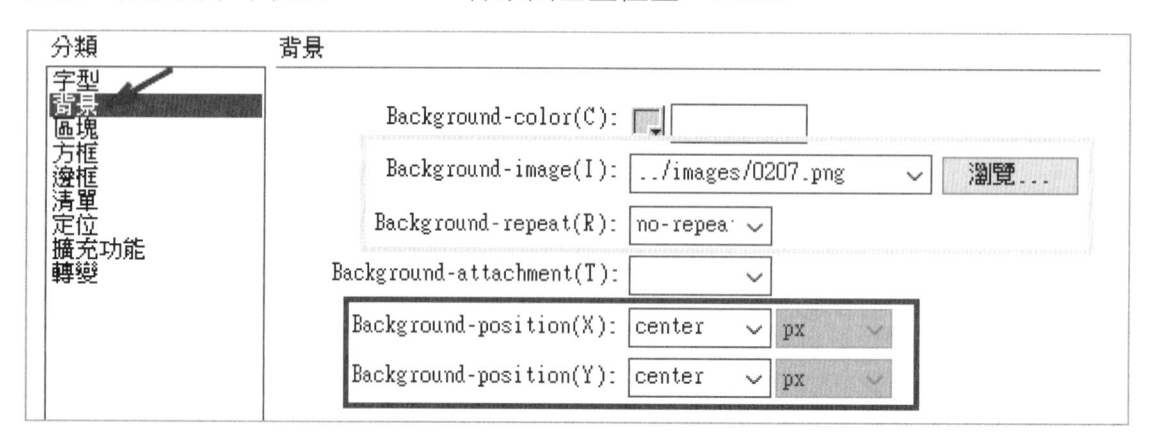

- 瀏覽結果如下圖：

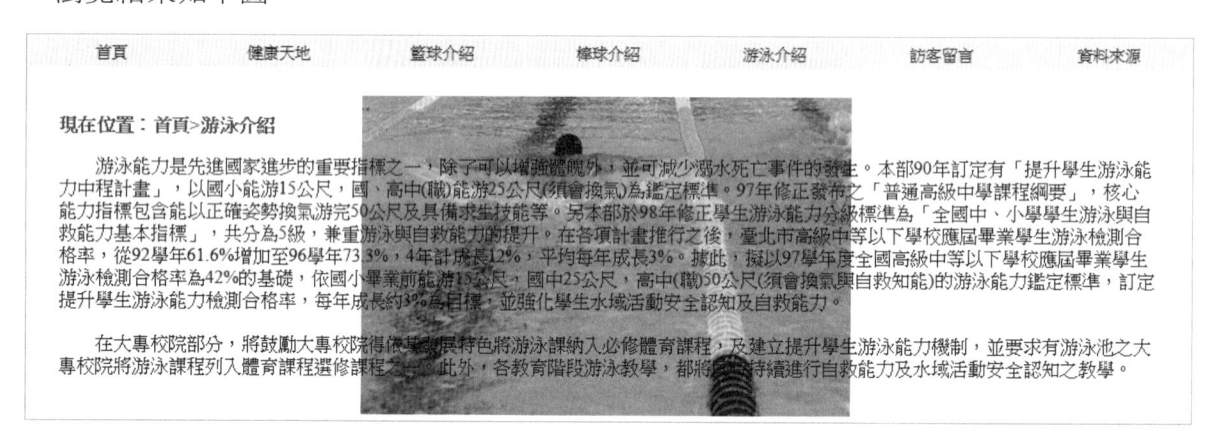

十、msgboard 網頁

跑馬燈

1. 在第 1 列文字前方按 Enter 鍵
2. 將插入點置於第 1 個空白段落上
   點選：目標規則下拉鈕
   選取：<移除類別>

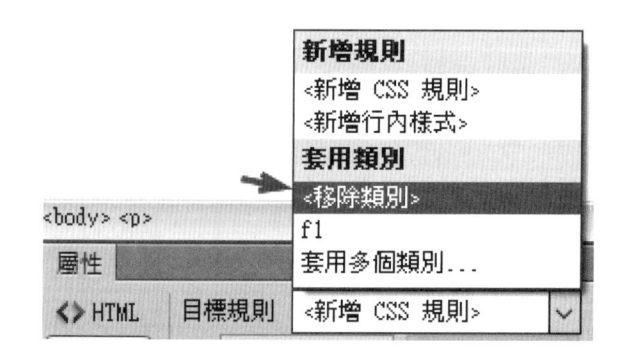

2-28

3. 在第 1 個段落上，輸入以下內容：
   「謝謝蒞臨本網站，請給予我們支持、鼓勵與建言……」
4. 選取第 1 列文字，插入→標籤→HTML 標籤：marquee，點選：插入鈕

表單

1. 將插入點置於第 3 段落上
   插入→表單：表單
   插入→表格→列：6、欄：2
   表格寬度：700，邊框粗細：1
   儲存格內距：2
   儲存格間距：0

2. 選取表格，對齊：置中對齊
   修改→編輯標籤：瀏覽器專用→邊框顏色：#DDDDDD

> **解說**
> 題目規定：儲存格與邊框距離 2px。

3. 設定第 1 欄寬度：120
   設定第 1 欄所有儲存格：
   水平：置中、垂直：置中
   設定第 2 欄所有儲存格：
   水平：靠左、垂直：置中

4. 在第 1 欄輸入文字如右圖：
   「姓名」中間輸入 2 個全形空白
   「性別」中間輸入 2 個全形空白

5. 第 1 欄，插入→表單→文字欄位，寬度：20 字元
   第 2 欄，插入→表單→文字欄位，寬度：60 字元
   第 5 欄，插入→表單→文字區域，字元寬度：78 字元、行數 10

> **解說**
> 本書全部採用 Chrome 解題，若在 IE 瀏覽器下表格寬度必須設 750，否則第 1 欄會扭曲變形。

6. 第 3 列
   插入→表單→選項按鈕群組
   更改標籤內容如右圖

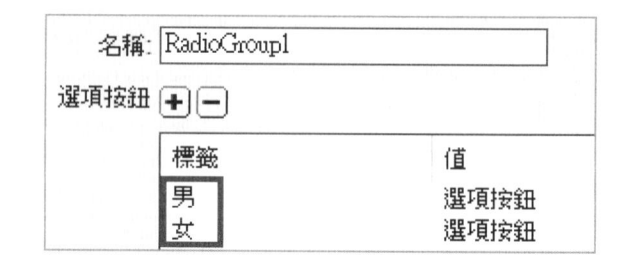

7. 在「男」後，按 Delete 鍵
8. 選取第 1 個選項按鈕→初始化狀態：已核取

第 4 列插入，插入→表單→選取(清單/選單)，點選：清單值鈕

● 17300-104302 運動廣場連結網

根據 0207.txt 內容：
輸入第 1 項內容，按 + 鈕
輸入第 2 項內容，按 + 鈕

9. 在第 1 欄最後一列上
   插入→表單→按鈕，2 次
   選取第 1 個按鈕
   行為→ + ：彈出訊息

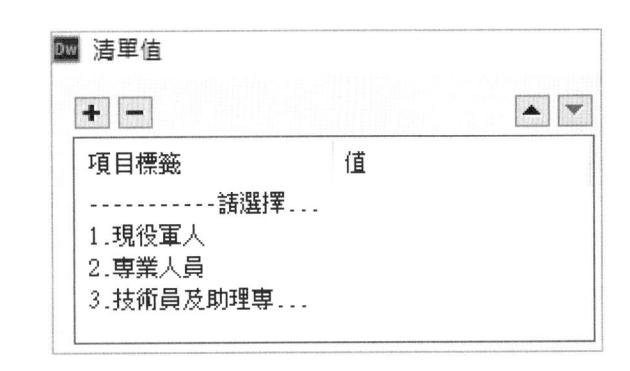

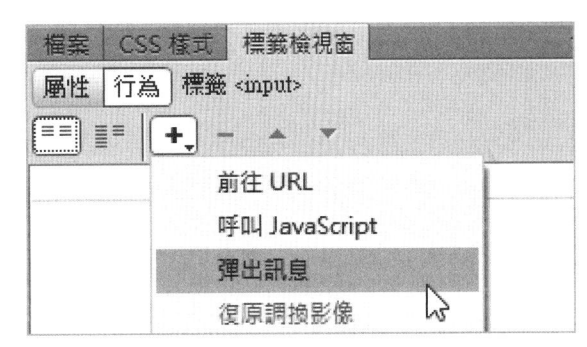

輸入訊息如下圖：

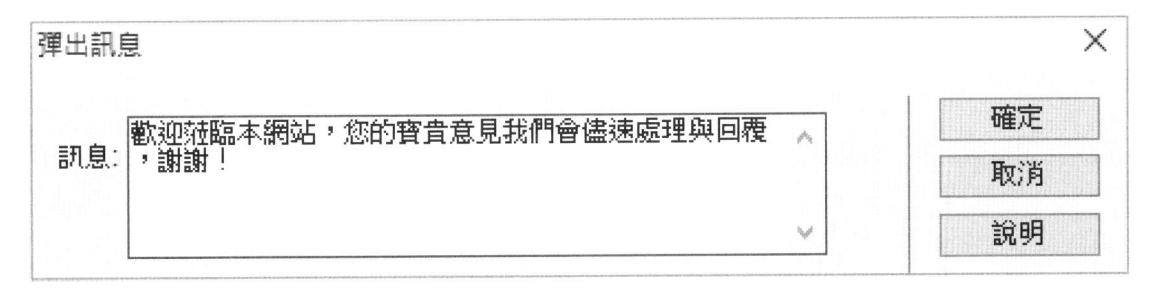

選取第 2 個按鈕，設定如下圖：

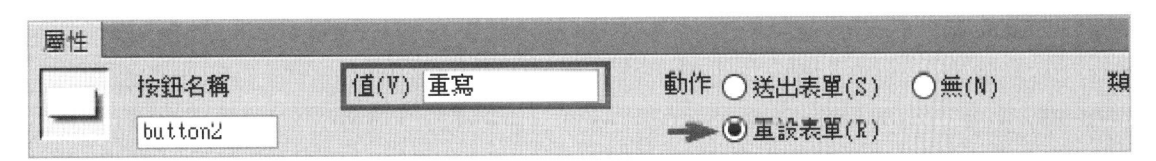

十一、reference 網頁

1. 開啟 0208.txt，複製所有內容

2. 切換到 reference 網頁，在標題文字下方，按貼上鈕

● 完成如下圖：

2-31

十二、頁尾版權

切換到 index.html 網頁

設定版權區儲存格背景顏色：#CCCCCC、水平：置中對齊

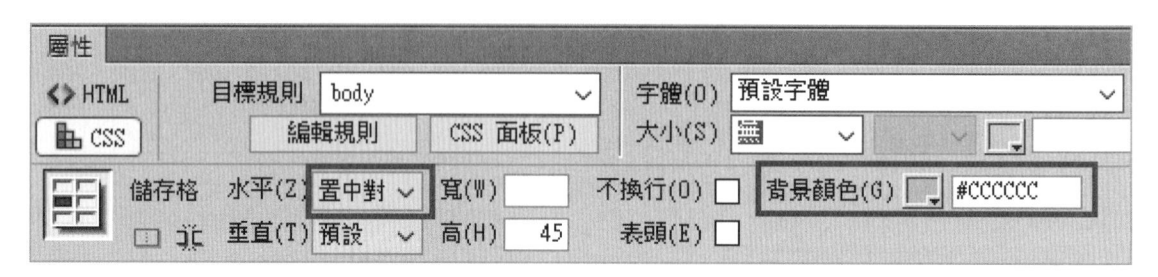

1. 在版權區儲存格內輸入：「網頁設計及維護：02 林文恭」，按 Shift + Enter 鍵輸入：「最近更新日期：2018/03/03」

2. 選取文字，設定<行內樣式> ➔ 大小：14、顏色：#FFFFFF

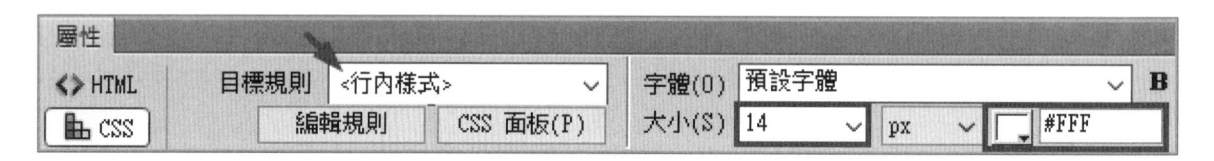

- 完成結果如下圖：

CHAPTER 3

17300-104303 國家公園介紹網

試題編號：17300-104303

主題：國家公園介紹網

軟體安裝與測試時間：30 分鐘

測試時間：120 分鐘

素材檔案：

文書檔	0301.txt
圖形檔	national_park.jpg、park0301.jpg~park0313.jpg
音樂檔	(無)
函式庫	(無)
其他	park.mp3

試題說明：

一、本試題為「國家公園介紹網」的網頁設計，其架構如圖 3-1 所示。另針對所需要製作的功能進行詳細的說明。

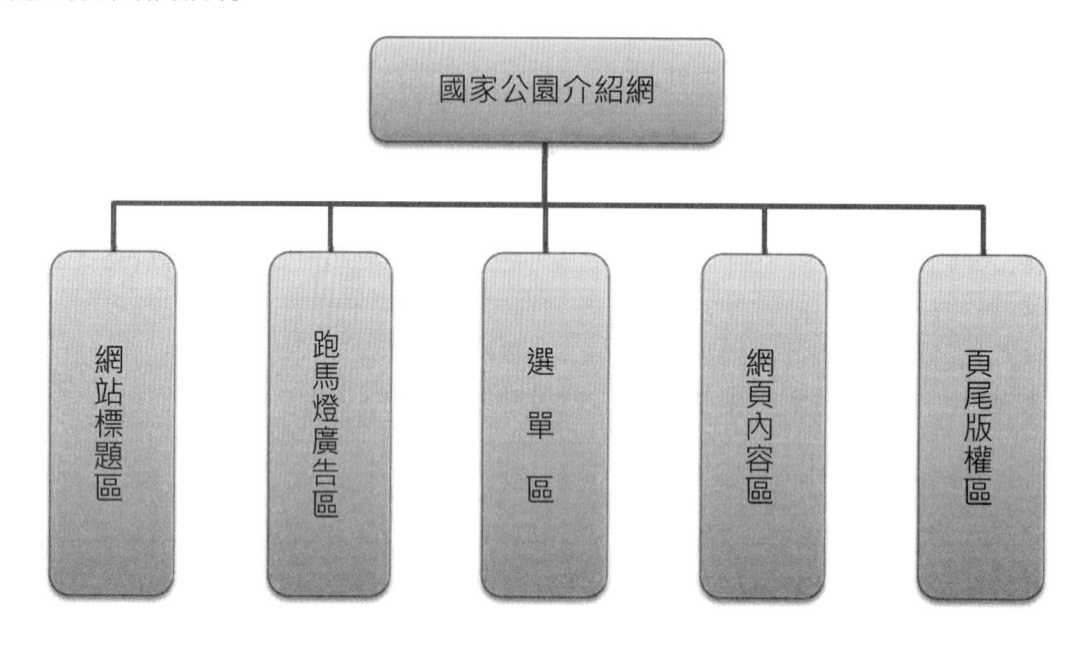

```
                    國家公園介紹網
         ┌──────┬──────┼──────┬──────┐
      網站    跑馬燈   選單    網頁    頁尾
      標題區  廣告區   區      內容區  版權區
```

圖 3-1　網站架構圖

二、應檢人需依照試題說明進行網頁設計，所有需用到或參考的檔案、資料均放置於 C:磁碟之中，其包含以下資料夾：

（一）「試題本」資料夾：提供技術士技能檢定網頁設計丙級術科測試試題電子檔。

（二）「素材」資料夾：提供應檢網頁設計之素材。

（三）「其他版本軟體」資料夾：提供原評鑑軟體其他版本之安裝軟體。

三、軟體安裝與設定：

（一）應檢人應使用以考場評鑑規格（詳見考場設備規格表）為主之軟體進行安裝。

（二）若選擇安裝使用考場提供「其他版本軟體」資料夾中的軟體，應檢人須自行承擔使用該版本軟體之風險。

（三）若應檢人使用自備之軟體進行安裝者，須符合「術科測試應用軟體使用須知」規定；若有任何使用權問題及風險時，其相關責任應由應檢人自行負責。

四、評分時，動作要求各項目的所有功能，只要有一細項功能不正確，則扣該項分數，但以扣一次為原則。

五、有錯別字（含標點符號、英文單字）、漏字、贅字、全型或半型格式錯誤者，每字扣 1 分。若前述導致功能不正確者，則**僅依該項動作要求扣分**。【英文大小寫視為不同，請依動作要求輸入】

六、試題要求中的物件，若無特別指定則以美觀為原則，自行設定，不列入扣分項目。

七、功能要求：

(一) 建立資料夾及設定網站伺服器，內容包括：

(◎)1. 在 C：磁碟建立本網站主文件資料夾「webXX」，儲存製作完成的結果。(XX 為個人檢定工作崗位號碼，如 01、02、…、30 等)

(◎)2. 整體網站版面尺寸以 1024×768px 設計，頁面水平置中。

(＊)3. 在「webXX」資料夾下建立「images」資料夾，將所有應使用的圖形檔均放置在「images」資料夾中。

(＊)4. 在「webXX」資料夾下建立「park」資料夾，放置 yangmingshan.htm(l)、sheipa.htm(l)等兩個檔案。

(＊)5. 在「webXX」資料夾下建立「others」資料夾，存放未特別指定或應檢人自訂的資料夾或檔案。

(※)6. 應檢人需自行架設本機網站伺服器，可於瀏覽器網址列(URL)中輸入 http://127.0.0.1/或 http://localhost/ 以瀏覽網站。

(二) 設計首頁，內容包括：

(＊)1. 首頁檔名為 index.htm(l)或 default.htm(l)，置於網站的根目錄（C:\webXX）下。

(＊)2. 首頁標題為「國家公園介紹網」。

(◎)3. 首頁版面水平置中，包含五個區塊，分別為首頁區(main)、網站標題區(top)、跑馬燈廣告區(marquee)、選單區(menu)、網頁內容區(content)、頁尾版權區(footer)，各個區塊的寬度、高度、內外距（padding/margin）、邊框（border）、顏色（color、background-color）等項目自行設計，可參考圖 3-2 所示。(英文標註僅供參考，不列入評分)

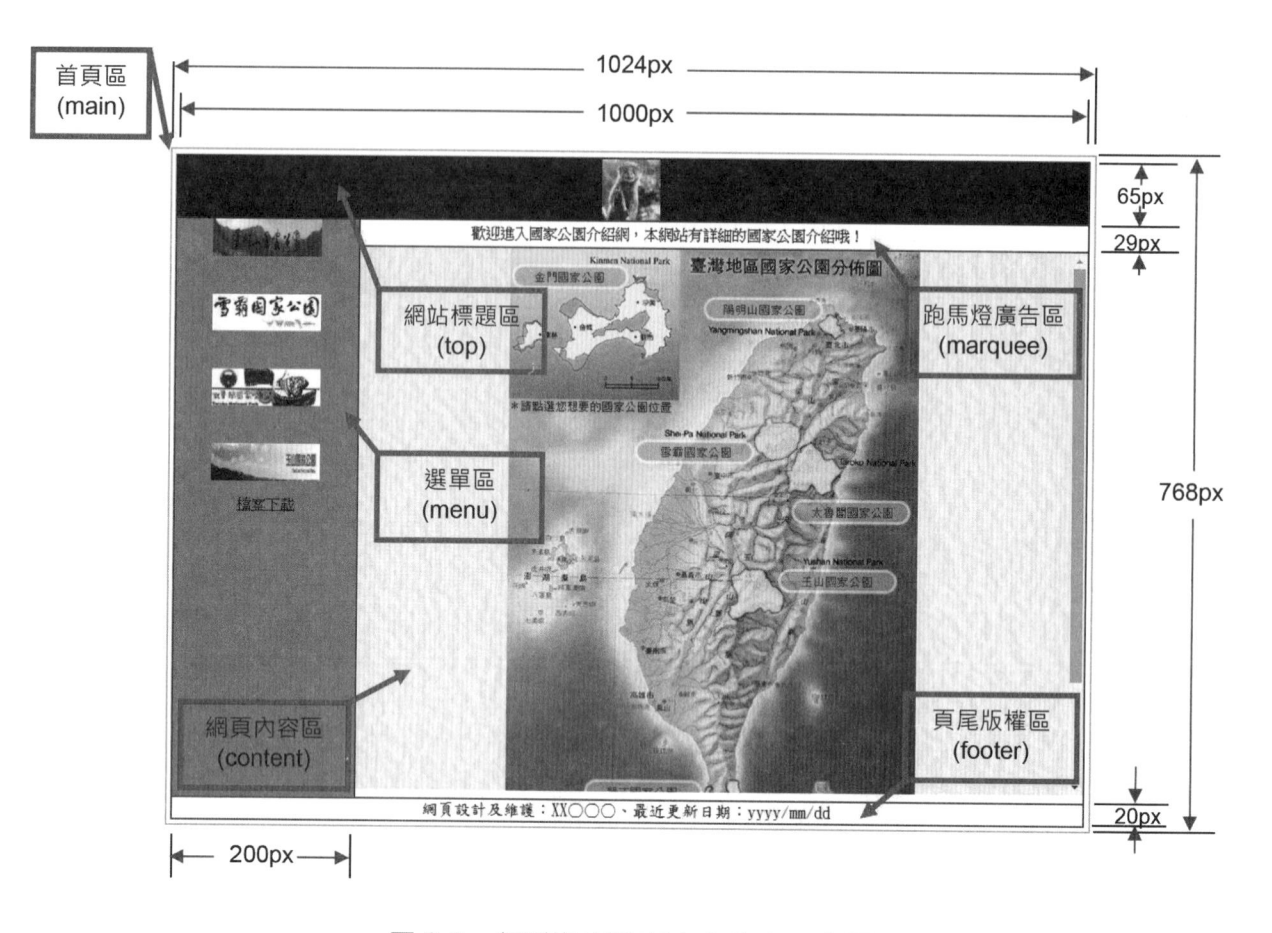

圖 3-2 版型寬度及高度之參考示意圖

（三）網站標題區需含下面的資訊：

(＊)1. 網頁背景顏色#0000FF。

(※)2. 從「park0307.jpg」~「park0313.jpg」等七張圖片中任選四張製作具動態效果的標題圖片，需在同一位置以間隔一秒的速度輪播，輪播時四張圖片皆不得有毛邊現象(亦即四張圖片需調整大小一致)。

(＊)3. 網頁內插入製作完成的標題圖片，水平置中對齊，並設定圖片超連結到「國家公園介紹網」首頁。

（四）跑馬燈廣告區需含下面的資訊：

(◎)1. 區塊內以跑馬燈動態方式呈現文字「歡迎進入國家公園介紹網，本網站有詳細的國家公園介紹哦！」。（▲以每一字為扣分單位，扣分無上限）

（五）網頁內容區需含下面的資訊：

(＊)1. 網頁背景圖片「park0301.jpg」。

(＊)2. 插入圖片「national_park.jpg」，水平置中對齊。

(※)3. 圖片中文字圖像「陽明山國家公園」上建立矩形影像地圖，並設定超連結到動作要求(七)的 yangmingshan.htm(l)，並呈現在網頁內容區。

(※)4. 圖片中文字圖像「雪霸國家公園」上方之黃色紅邊區域，建立影像地圖（需細緻設定，勿超出邊框或不足），並設定超連結到動作要求(八)的 sheipa.htm(l)，呈現的目的區塊為網頁內容區。

(◎)5. 圖片下方輸入文字「資料來源：內政部營建署『臺灣的國家公園』網站」，顏色#FF00FF，水平靠右對齊。

（六）選單區需含下面的資訊：

(＊)1. 網頁背景顏色#00FFFF。

(◎)2. 網頁內製作一個 7x1（七列一欄）表格，框線 0 像素，水平置中對齊。

(※)3. 表格第一、三、五、七列分別插入 park0302.jpg、park0303.jpg、park0304.jpg、park0305.jpg 等四張圖片，每張圖片寬 120px、高 40px，水平置中對齊，當滑鼠移過時需呈現同樣圖片、不同顏色的動態效果。

(◎)4. 表格中「陽明山國家公園」圖片替代文字為「陽明山國家公園」，並設定超連結到動作要求(七)的 yangmingshan.htm(l)，呈現的目的區塊為網頁內容區。

(◎)5. 表格中「雪霸國家公園」圖片替代文字為「雪霸國家公園」，並設定超連結到動作要求(八)的 sheipa.htm(l)，呈現的目的區塊為網頁內容區。

(＊)6. 表格中「太魯閣國家公園」圖片替代文字為「太魯閣國家公園」。

(＊)7. 表格中「玉山國家公園」圖片替代文字為「玉山國家公園」。

(＊)8. 表格下方輸入文字「檔案下載」，水平置中對齊，並設定超連結，且在點選超連結後具有下載 park.mp3 檔案的功能（即彈出檔案下載的視窗）。

（七）yangmingshan.htm(l)需含下面的資訊：

(＊)1. 網頁背景顏色#FFFFCC。

(＊)2. 網頁內插入圖片「park0302.jpg」，水平置中對齊。

(＊)3. 圖片下方輸入如下所示文字，字型大小 13px (small)、標楷體、粗體、斜體、顏色#0000FF，水平靠左對齊。（▲以每一字為扣分單位，扣分無上限）。

> 「陽明山國家公園」位處臺北盆地北緣，東起磺嘴山、五指山東側，西至向天山、面天山西麓，北迄竹子山、土地公嶺，南迄紗帽山南麓，面積約 11455 公頃；海拔高度自 200 公尺至 1120 公尺範圍不等。

(＊)4. 文字下方輸入文字「回首頁」，水平置中對齊，並設定超連結到首頁。

（八）sheipa.htm(l)需含下面的資訊：

(＊)1. 網頁背景顏色#FFFFCC。

(◎)2. 將圖片「park0303.jpg」及「park0306.jpg」以上下並列、水平置中對齊方式製作成圖片「park0314.jpg」，寬 340px、高 280px。

（∗）3. 網頁內插入圖片「park0314.jpg」，水平置中對齊。

（∗）4. 圖片下方匯入檔案「0301.txt」內含之文字，水平靠左對齊。

（∗）5. 文字下方輸入文字「回首頁」，水平置中對齊，並設定超連結到首頁。

（九）頁尾版權區需含下面的資訊：

（∗）1. 顯示的文字內容分別為「網頁設計及維護：XX○○○、最近更新日期：yyyy/mm/dd」。【XX：崗位號碼，○○○：應檢人姓名；yyyy/mm/dd 為應檢日期，其中 yyyy：西元年、mm：月份、dd：日期】

（∗）2. 文字字型為標楷體。

（∗）3. 文字顏色為#000000，水平置中對齊。

（∗）4. 文字的字型大小 16px (medium、size=3)。

（十）資料備份：

評分前，將製作完成的結果（整個「webXX」資料夾）備份到「檢定用隨身碟」中，應檢人若未依規定備份資料，將視為重大缺點，以不及格論。

17300-104303 解題說明

一、建立網站

📝 資料夾、網頁、檔案

1. 啟動 Dreamweaver CS6
   網站→新增網站：
   網站名稱：104303
   本機網站資料夾：C\web03

2. 在主目錄下建立資料夾：
   images、park、others

3. 在主目錄下建立 index 首頁

4. 在 park 目錄下建立新網頁：
   yangmingshan、sheipa

5. 在 others 目錄下建立新網頁：main

6. 開啟檔案總管，選取資料夾：
   C:\素材\17300-104303
   複製所有圖片檔案
   貼至 C:\web03\images 資料夾
   複製所有非圖片檔案
   貼至 C:\web0\others 資料夾

7. 切換回到 Dreamweaver
   按重新整理鈕

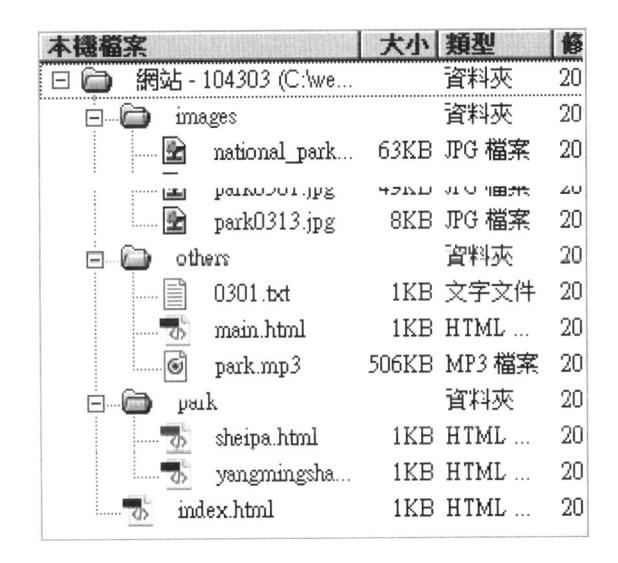

> **解說**
> main.html 為解題需要自建的網頁，因此放在 others 資料夾。

標題輪播：a0.gif

- 題目沒有規定標題圖片名稱，因此我們自行命名為 a0.gif

1. 檔案→開新檔案，名稱：a0、寬：65 Pixels、高：65 Pixels、透明

2. 檔案→開啟舊檔，資料夾：C:\素材\17300-104303
   檔案：park0307.jpg、park0308.jpg、park0309.jpg、park0310.jpg

3. 切換到 park0307 圖片窗格
   影像→影像尺寸
   寬：65 Pixels、高：65 Pixels

4. 在背景上按右鍵→複製圖層
   目的地文件：a0

5. 重複步驟 3~4，
   分別處理圖片 park08、park09、park10，並複製圖層到 a0

6. 切換到 a0 圖片窗格
   視窗→時間軸
   設定播放循環：永遠
   設定播放時間：1 秒
   點選 4 次：複製選取的影格

7. 在時間軸上選取第 1 個畫格
   設定只有第 2 個圖層顯示
   在時間軸上選取第 2 個畫格
   設定只有第 3 個圖層顯示
   在時間軸上選取第 3 個畫格
   設定只有第 4 個圖層顯示
   在時間軸上選取第 4 個畫格
   設定只有第 5 個圖層顯示

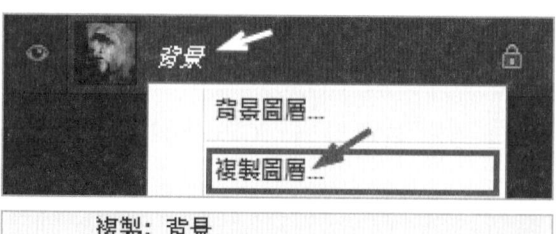

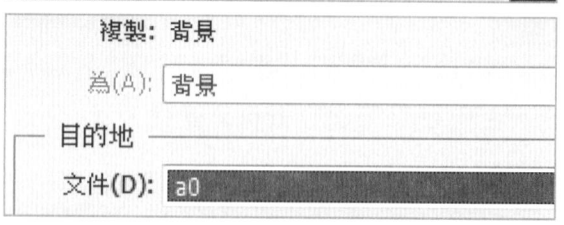

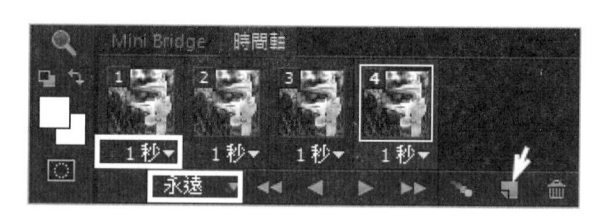

8. 檔案→儲存為網頁用，儲存：C:\web03\images\a0.gif

📝 圖片上色：park0302a～park0305a.jpg

1. 檔案➜開啟舊檔
   資料夾：C:\173003\附加光碟檔
   \素材\17300-104303
   檔案：park0302.jpg、park0303.jpg
   　　　park0304.jpg、park0305.jpg

2. 切換到 park0302 圖片窗格
   影像➜調整：色相/飽和度
   勾選：上色

● 完成結果如右圖：

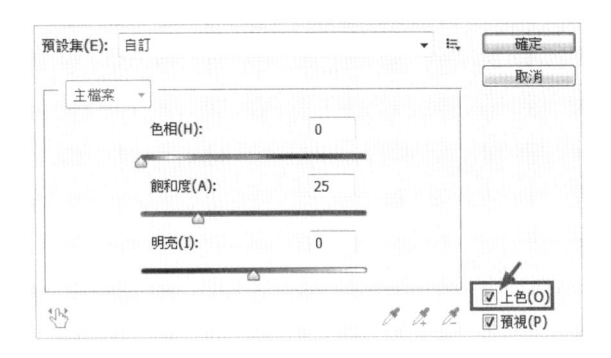

3. 檔案➜另存新檔，檔名：0302a.jpg

4. 重複步驟 2~3，分別處理 park0303.jpg、park0304.jpg、park0305.jpg
   並分別另存新檔為：park0303a.jpg、park0304a.jpg、park0305a.jpg

📝 雪霸圖片合成：park0314.jpg

1. 檔案➜開新檔案，名稱：park0314、寬：340 Pixels、高：280 Pixels、白色

2. 檔案➜開啟舊檔，資料夾：C:\素材\17300-104303
   檔案：0303.jpg、0306.jpg

3. 切換到 0303 圖片窗格
   在背景圖層上按右鍵➜複製圖層
   目標文件：park0314

4. 切換到 0306 圖片窗格
   在背景圖層上按右鍵➜複製圖層
   目標文件：park0314

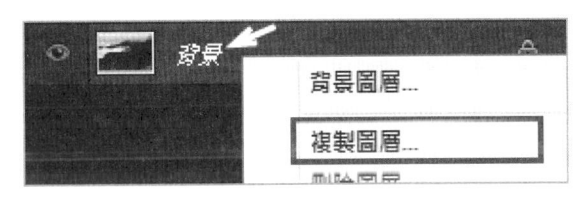

5. 切換到 park0314 圖片窗格
   選取第 2 個圖層
   移動到圖片靠上方置中
   選取第 3 個圖層
   移動到圖片靠下置中
   完成如右圖：

6. 檔案➔儲存檔案
   檔名：park0314.jpg

二、設計首頁

首頁版面規劃

- 內容顯示區必須顯示 2 份網頁：yangminshan、sheipa，因此使用 IFRAME 作為共用介面。

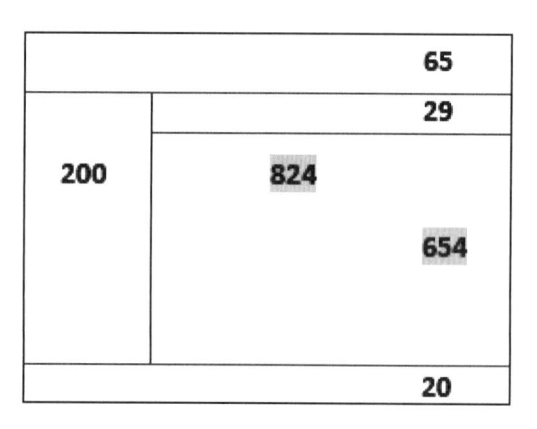

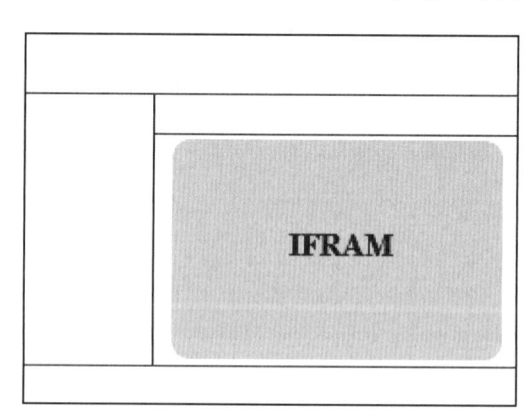

題目規定：
第 1 列高 65、第 2 列高 29、第 4 列高 20、選單區寬 200
推論如下：
第 3 列高 654　　(768-65-29-20)、內容區寬 824　　(1024-200)
➔IFRAME：824 x 654

建立架構

1. 開啟 index 首頁，輸入標題文字：「國家公園介紹網」

2. 插入→表格：列 4、欄 2
   表格寬度：1024 像素
   框線粗細：1

3. 設定表格→對齊：置中對齊

4. 設定欄寬、列高：
   第 1 欄欄寬：200
   第 1 列列高：65
   第 2 列列高：29
   第 3 列列高：654
   第 4 列列高：20

5. 合併儲存格：
   合併第 1 列所有儲存格
   合併第 2 列第 1 欄及第 3 列第 1 欄
   合併第 4 列所有儲存格

建立 IFRAME

1. 將插入點置於第 2 欄第 3 列中

2. 插入→標籤→HTML 標籤：iframe
   設定 IFRAME：
   來源：others/main.html
   名稱：imain
   寬度：824
   高度：654
   捲動：自動(預設值)
   顯示邊框：取消勾選

> **解說**
> 五個題組的 IFRAME，唯獨題組三捲動要設自動，因為此題組 main 網頁內容超出可見範圍，在題目的「圖 3-2 版型寬度及高度之參考示意圖」中也可看到它是有捲軸的。

3. 刪除 iframe 下方空白段落

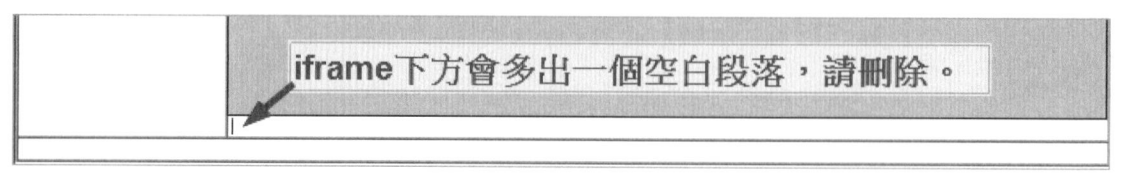

   iframe下方會多出一個空白段落，請刪除。

- 完成結果如右圖：

三、網站標題區

1. 將插入點置於第 1 列，設定儲存格：
   水平：置中對齊、垂直：置中對齊、背景顏色：#0000FF

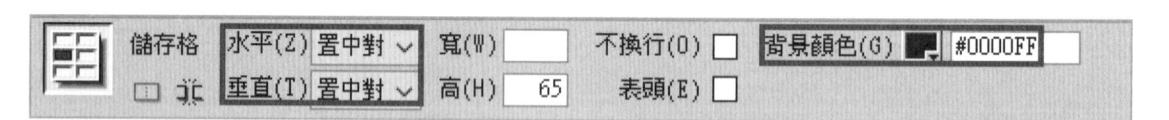

2. 插入→影像→a0.gif
   設定圖片連結：
   連結：index.html
   目標：_top

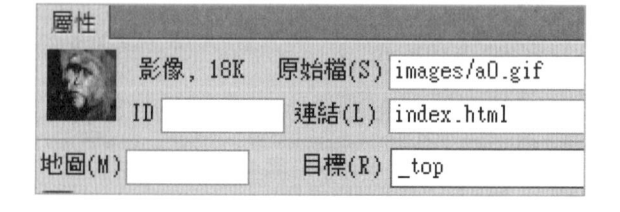

四、跑馬燈廣告區

1. 將插入點置於第 2 列，並輸入：
   「歡迎進入國家公園介紹網，本網站有詳細的國家公園介紹哦！」

2. 選取文字，插入→標籤→HTML 標籤→marquee

五、內容顯示區：main 網頁

1. 開啟 main 網頁，點選：頁面屬性鈕，設定背景影像：images/park0301.jpg

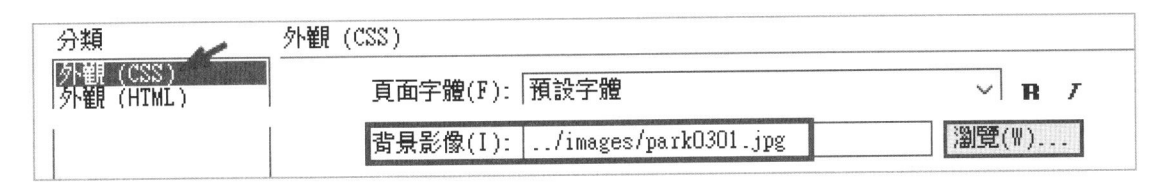

2. 在頁面內按 1 次 Enter 鍵，產生 2 個空白段落
   第 1 列：插入→影像→national_park.jpg
   第 2 列：輸入「資料來源：內政部營建署『臺灣的國家公園』網站」

3. 設定第 1 列→目標規則：行內樣式、對齊：置中
   設定第 2 列→目標規則：行內樣式、顏色：#FF00FF、對齊：靠右

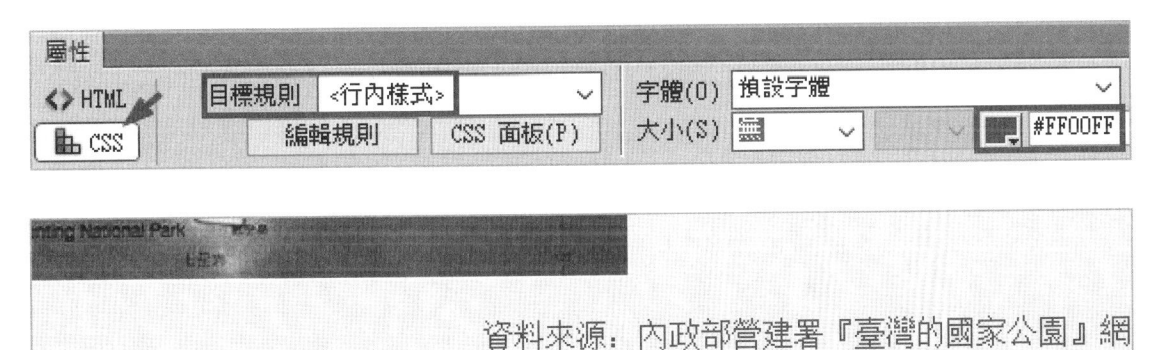

4. 選取圖片
   點選：矩形連結區域工具
   在「陽明山國家公園」文字上拖曳對角線，
   如右圖：

   設定超連結：park/yangmingshan.html、目標：imain

5. 選取圖片
   點選：多邊形連結區域工具
   在「雪霸國家公園」右上角黃色紅邊區域的
   邊線上點選，直到圍繞一圈，如右圖：

設定超連結：park/sheipa.html、目標：imain

六、選單區

1. 將插入點置於選單區，設定儲存格如下圖：

2. 插入→表格→7 列、1 欄
   表格寬度：100 百分比
   框線粗細：0

3. 選取所有儲存格，水平：置中對齊，垂直：置中對齊

4. 將插入點置於第 1 列，插入→影像物件：滑鼠變換影像
   原始影像：park0302.jpg、變換影像：park0302a.jpg、替代文字：陽明山國家公園

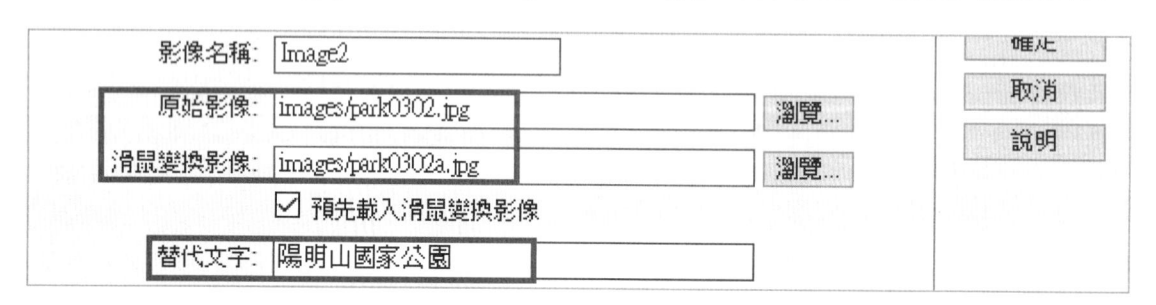

   第 3 列→原始影像：park0303.jpg，變換影像：park0303a.jpg、替代文字：雪霸國家公園
   第 5 列→原始影像：park0304.jpg，變換影像：park0304a.jpg、替代文字：太魯閣國家公
   第 7 列→原始影像：park0305.jpg，變換影像：park0305a.jpg、替代文字：玉山國家公園

5. 逐一設定 1、3、5、7 列圖片：
   解除：長寬比
   寬：120、高：40

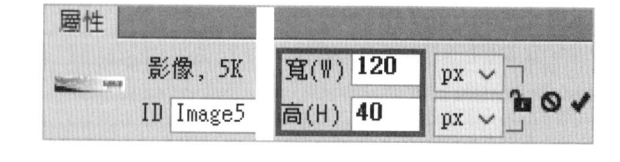

6. 設定圖片超連結：
   第 1 列圖片→連結：park/yangmingshan.html、目標：imain
   第 2 列圖片→連結：park/sheipa.html、目標：imain

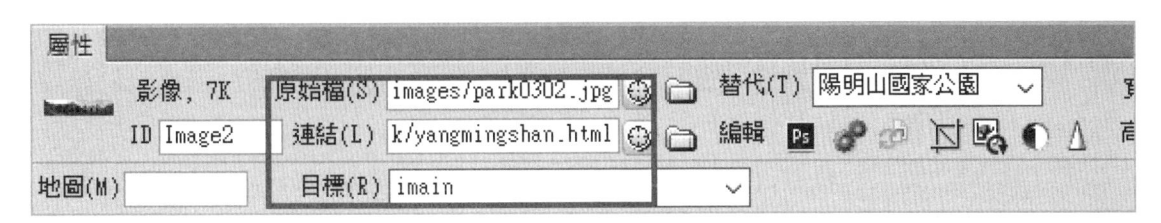

7. 設定音效檔超連結：
   在表格下方輸入：「檔案下載」
   檔案下載→連結：others/park.mp3

8. 點選分割鈕切換到程式碼視窗，找到下面程式碼：
   \<a href="others/park.mp3"\>檔案下載\</a\>
   在…. mp3"的後面空一半形空白並自行輸入 download，修改後程式碼如下：
   \<a href="others/park.mp3" download\>檔案下載\</a\>

- 使用 chrome 瀏覽器，點選：檔案下載，結果如下圖：

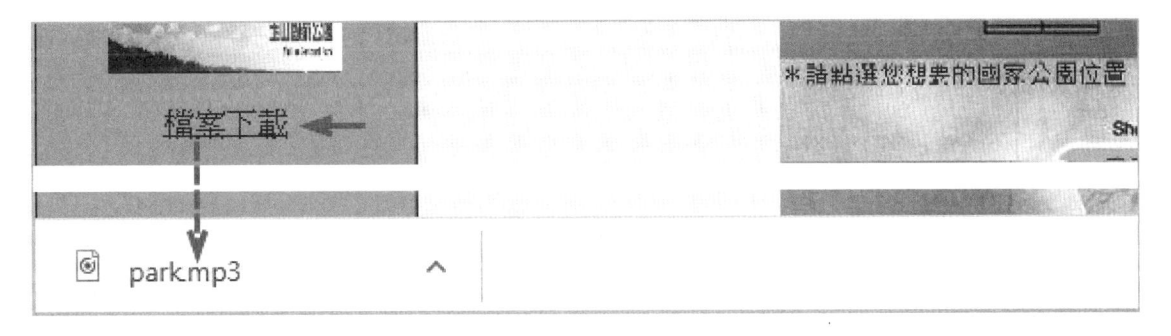

> **解說**
> 於 Dreamweaver 中開啟瀏覽的畫面去點「檔案下載」連結是看不到效果的，必須先安裝 IIS 並設定網站伺服器主目錄好了之後，於瀏覽器中輸入「localhost」或「127.0.0.1」的頁面中去點選「檔案下載」連結才會看得到效果。

七、yangmingshan.htm

1. 點選：頁面屬性鈕，外觀(CSS)→背景顏色：#FFFFCC

2. 在網頁內按 2 次 Enter 鍵，產生 3 個空白段落

3. 在第 1 個段落，插入→影像→park0302.jpg，格式→對齊：置中對齊

4. 在第 2 段落上，輸入以下文字：
「陽明山國家公園」位處臺北盆地北緣，東起磺嘴山、五指山東側，西至向天山、面天山西麓，北迄竹子山、土地公嶺，南迄紗帽山南麓，面積約 11455 公頃；海拔高度自 200 公尺至 1120 公尺範圍不等。

5. 將插入點置於第 2 段文字中，設定 CSS 樣式：
目標規則：行內樣式、字體：標楷體、大小：13
顏色：#0000FF、粗體、斜體、靠左對齊

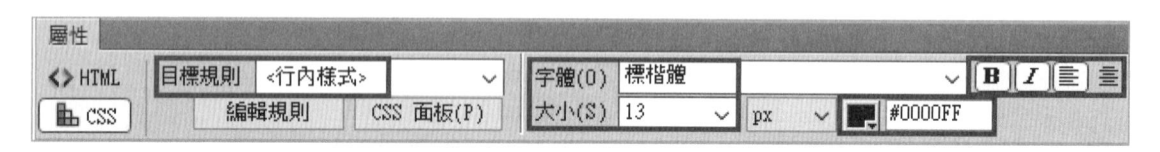

6. 在第 3 段落上，輸入：「回首頁」，格式→對齊：置中對齊
設定連結→連結：index.html、目標：_top

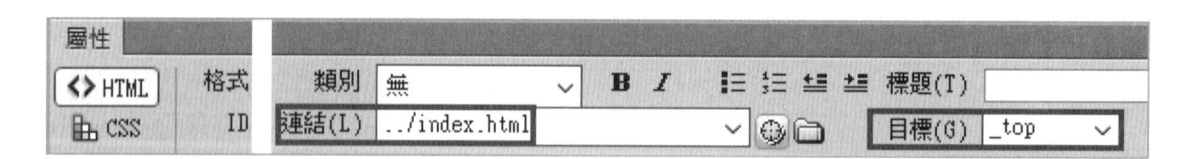

7. 按 Ctrl + S：存檔
檔案→另存新檔→park/sheipa.htm

- 完成結果如右圖：

八、sheipa.htm

1. 切換到 sheipa.html，選取圖片，設定圖片→原始檔：images/park0314.jpg

2. 開啟 others/0301.txt 複製所有內容
   貼到 sheipa.html 的第 2 個段落上
   結果如右圖：

九、頁尾版權區

1. 切換回到 index 網頁，最下方儲存格設定水平對齊：置中對齊

2. 在頁尾版權區輸入：「網頁設計及維護：03 林文恭、最近更新日期：2018/03/03」

3. 選取文字，設定 CSS 樣式：
   目標規則：行內樣式、字體：標楷體、大小：16px、顏色：#000000

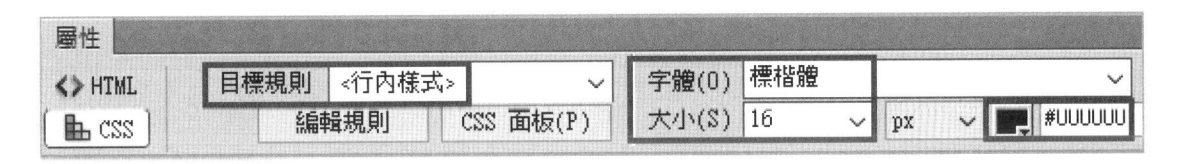

- 完成結果如下圖：

CHAPTER 4

17300-104304 網路行銷購物網

試題編號：17300-104304

主題：網路行銷購物網

軟體安裝與測試時間：30 分鐘

測試時間：120 分鐘

素材檔案：

文書檔	0401.txt、0402.txt
圖形檔	0401.jpg、0402.jpg、0403.jpg、0404.jpg、0405.jpg、0406.jpg、0407.jpg、0408.jpg、0409.jpg
音樂檔	(無)
函式庫	(無)

試題說明：

一、本試題為「網路行銷購物網」的網頁設計，其架構如圖 4-1 所示。另針對所需要製作的功能進行詳細的說明。

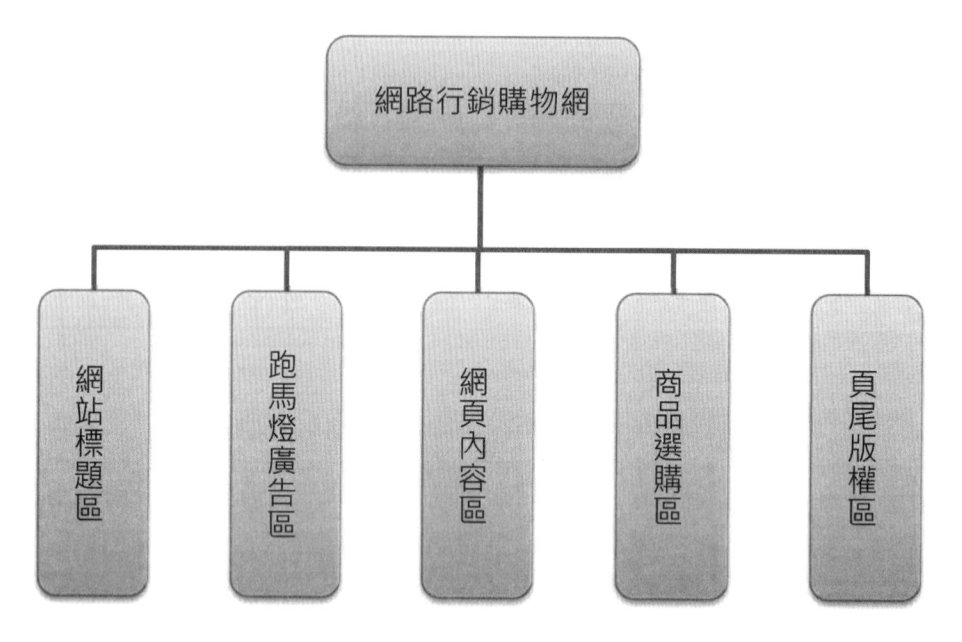

圖 4-1 網站架構圖

網路行銷購物網
- 網站標題區
- 跑馬燈廣告區
- 網頁內容區
- 商品選購區
- 頁尾版權區

二、應檢人需依照試題說明進行網頁設計，所有需用到或參考的檔案、資料均放置於 C:磁碟之中，其包含以下資料夾：

（一）「試題本」資料夾：提供技術士技能檢定網頁設計丙級術科測試試題電子檔。

（二）「素材」資料夾：提供應檢網頁設計之素材。

（三）「其他版本軟體」資料夾：提供原評鑑軟體其他版本之安裝軟體。

三、軟體安裝與設定：

（一）應檢人應使用以考場評鑑規格（詳見考場設備規格表）為主之軟體進行安裝。

（二）若選擇安裝使用考場提供「其他版本軟體」資料夾中的軟體，應檢人須自行承擔使用該版本軟體之風險。

（三）若應檢人使用自備之軟體進行安裝者，須符合「術科測試應用軟體使用須知」規定；若有任何使用權問題及風險時，其相關責任應由應檢人自行負責。

四、評分時，動作要求各項目的所有功能，只要有一細項功能不正確，則扣該項分數，但以扣一次為原則。

五、有錯別字（含標點符號、英文單字）、漏字、贅字、全型或半型格式錯誤者，每字扣 1 分。若前述導致功能不正確者，則**僅依該項動作要求扣分**。【英文大小寫視為不同，請依動作要求輸入】

17300-104304 網路行銷購物網

六、試題要求中的物件，若無特別指定則以美觀為原則，自行設定，不列入扣分項目。

七、功能要求：

（一）建立資料夾及設定網站伺服器，內容包括：

(◎)1. 在 C：磁碟建立本網站主文件資料夾「webXX」，儲存製作完成的結果。(XX 為個人檢定工作崗位號碼，如 01、02、…、30 等)

(◎)2. 整體網站版面尺寸以 1024×768px 設計，頁面水平置中。

(＊)3. 在「webXX」資料夾下建立「images」資料夾，將所有應使用的圖形檔均放置在「images」資料夾中。

(＊)4. 在「webXX」資料夾下建立「music」資料夾，將所有應使用的音樂檔均放置在「music」資料夾中。

(＊)5. 在「webXX」資料夾下建立「results」資料夾，存放 leather1.htm(l)、leather2.htm(l)、message.htm(l)、purchase.htm(l)等四個檔案。

(※)6. 應檢人需自行架設本機網站伺服器，可於瀏覽器網址列(URL)中輸入 http://127.0.0.1 或 http://localhost 以瀏覽網站。

（二）設計首頁，內容包括：

(＊)1. 首頁檔名為 index.htm(l)或 default.htm(l)，置於網站的根目錄（C:\webXX）下。

(＊)2. 首頁標題為「網路行銷購物網」。

(※)3. 背景音樂「0401.mp3」。

(◎)4. 首頁版面水平置中，包含五個區塊：網站標題區(top)、跑馬燈廣告區(marquee)、網頁內容區(content)、頁尾版權區(footer)。各個區塊的寬度、高度、內外距（padding/margin）、邊框（border）、顏色（color、background-color）等項目自行設計，可參考圖 4-2 所示。(英义標註僅供參考，不列入評分)

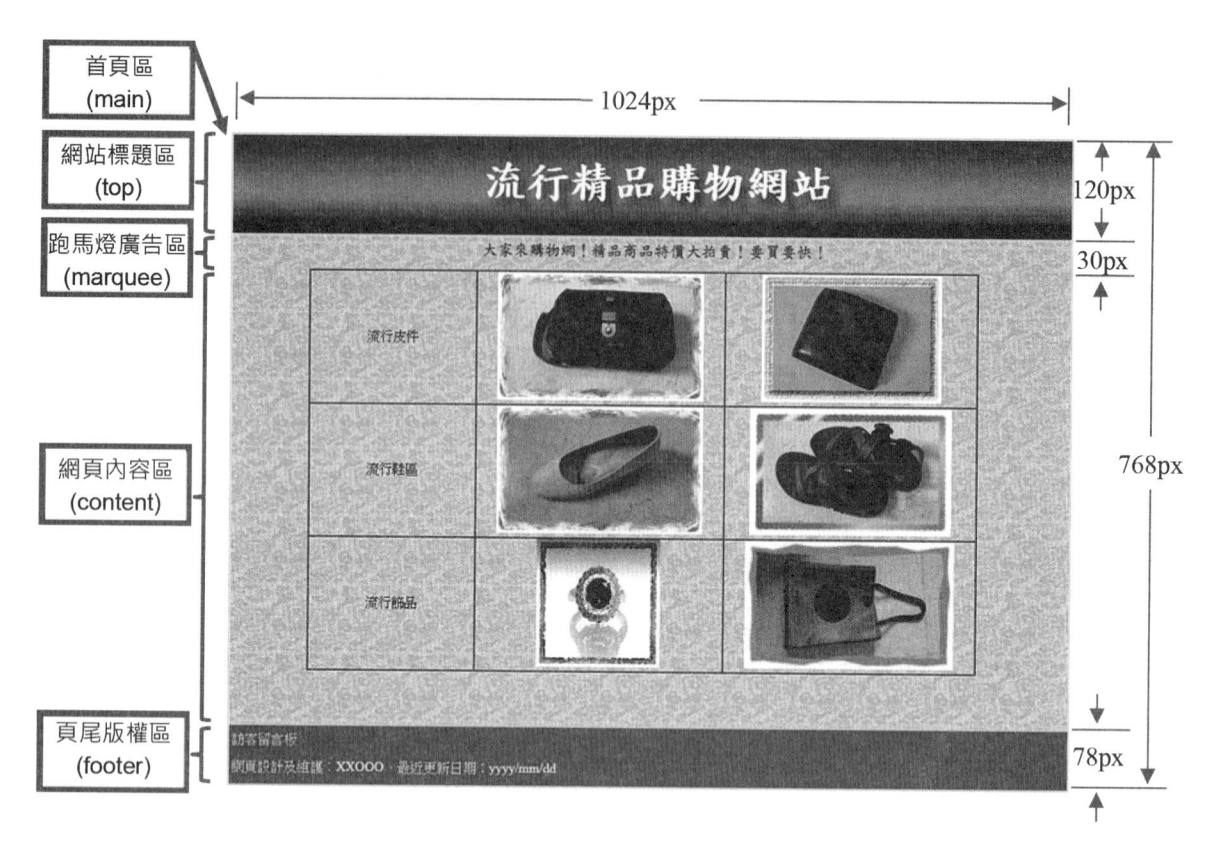

圖 4-2 版型寬度及高度之參考示意圖

（三）網站標題區需含下面的資訊：

(＊)1. 本區橫幅文字「流行精品購物網站」，背景圖片「0401.jpg」，可參考圖 4-2 所示。

(※)2. 橫幅文字放置於水平、垂直置中位置，字型大小 52px、標楷體、顏色 #FFFFFF。

(◎)3. 建立橫幅文字的陰影效果，陰影顏色#333333、偏移量 10px、模糊係數 15px。

(＊)4. 點按本區任一位置，須回到首頁 index.htm(l)或 default.htm(l)。

（四）跑馬燈廣告區需含下面的資訊：

(※)1. 跑馬燈廣告區高度 30px、寬度 100%。

(※)2. 以跑馬燈動態方式呈現文字「大家來購物網！精品商品特價大拍賣！要買要快！」，並須垂直置中對齊於本區中。（▲以每一字為扣分單位，扣分無上限）

(◎)3. 文字字型為標楷體、顏色#0000FF、大小 19px (large)。

（五）網頁內容區需含下面的資訊：

(＊)1. 設置跑馬燈廣告及網頁內容兩區共用背景圖片「0402.jpg」，以利進行整體規劃設計，避免出現分割現象。

(◎)2. 建立一個 3×3（三列三欄）表格，列高均為 150px，第一欄欄寬 200px，第二、三欄欄寬均為 300px，表格水平置中對齊，參考下圖所示。

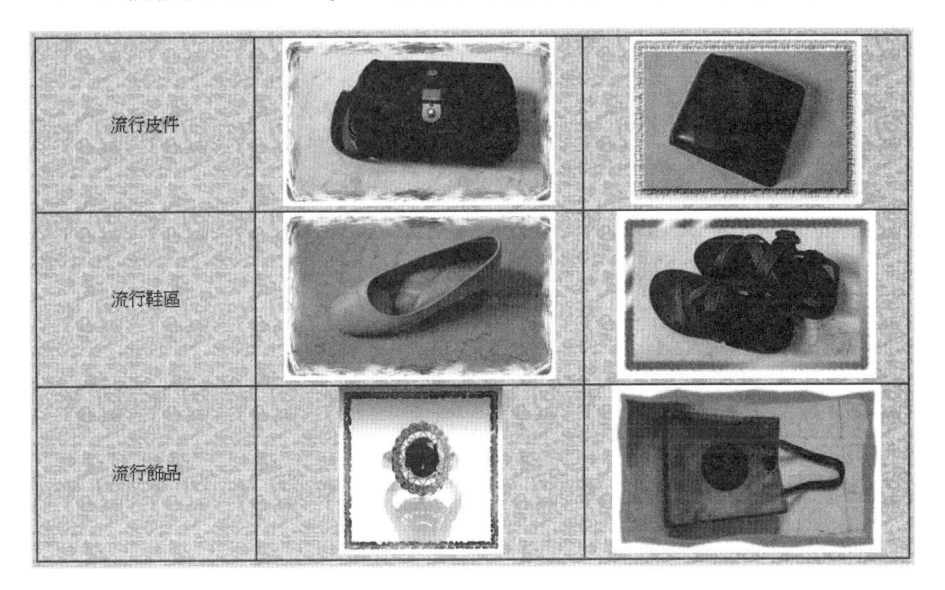

(＊)3. 表格第一列第一欄輸入文字「流行皮件」，第二欄插入圖片「0403.jpg」，第三欄插入圖片「0404.jpg」。

(＊)4. 表格第二列第一欄輸入文字「流行鞋區」，第二欄插入圖片「0405.jpg」，第三欄插入圖片「0406.jpg」。

(＊)5. 表格第三列第一欄輸入文字「流行飾品」，第二欄插入圖片「0407.jpg」，第三欄插入圖片「0408.jpg」。

(◎)6. 所有圖片高度皆設為為 150px、寬度自動縮放；所有文字及圖片皆水平、垂直置中對齊。

(＊)7. 設定滑鼠點按圖片「0403.jpg」時超連結到 leather1.htm(l)網頁，且在新視窗中開啟。

(＊)8. 設定滑鼠點按圖片「0404.jpg」時超連結到 leather2.htm(l)網頁，且在新視窗中開啟。

(◎)9. 點按文字「流行皮件」後會在網頁內容區中開啟 purchase.htm(l)網頁。

（八）頁尾版權區需含下面的資訊：

(＊)1. 背景顏色#666600。

(◎)2. 設置字型顏色#FFFFFF、標楷體，2 倍行高(line-height)，水平靠左對齊。

(◎)3. 第一列輸入「訪客留言版」，並設定超連結到 message.htm(l)網頁，且在網頁內容區中開啟。設定超連結的字型為：未點選瀏覽的顏色#FFFFFF、無底線，已點選瀏覽的顏色#FF9999。

(＊)4. 第二列輸入「網頁設計及維護：XX○○○、最近更新日期：yyyy/mm/dd」。
【XX：崗位號碼，○○○：應檢人姓名；yyyy/mm/dd 為應檢日期，其中 yyyy：西元年、mm：月份、dd：日期】

（七）purchase.htm(l)網頁需含下面的資訊（參考下圖所示）：

(＊)1. 建立一個 3×2（三列二欄）表單，背景顏色#FFFF99，第一、三列列高均為 100px，第二列列高為 150px，欄寬均為 400px，表單水平置中對齊。表單第一列第一欄輸入文字「真皮皮包」，第二欄輸入文字「真皮短夾」，文字均水平、垂直置中對齊。

(＊)2. 表單第二列第一欄插入圖片「0403.jpg」，第二欄插入圖片「0404.jpg」，圖片高度皆為 150px、寬度依原比例縮放，圖片均水平、垂直置中對齊。

(◎)3. 表單第三列第一欄插入三個表單的選項按鈕，由左到右名稱依序為「購買」、「不購買」、「考慮中」等三個同一群組的選項按鈕，預設值為「購買」，選項內容均水平、垂直置中對齊。

(◎)4. 表單第三列第二欄插入三個表單的選項按鈕，由左到右名稱依序為「購買」、「不購買」、「考慮中」等三個同一群組的選項按鈕，預設值為「考慮中」，選項內容均水平、垂直置中對齊。

(◎)5. 表單下方製作「送出」、「重置」兩個按鈕，且水平置中對齊。按下「送出」按鈕，會依據表單點選之按鈕產生兩件商品購買狀態之回應訊息對話框，預設選單之回應訊息對話框參考下圖所示。按下「重置」按鈕，重設(reset)表單所有欄位內容。

17300-104304 網路行銷購物網

(八) leather1.htm(l)網頁需含下面的資訊：

(＊)1. 背景顏色#FFFF99。

(◎)2. 插入「0403.jpg」圖片於網頁內，依原圖大小呈現，水平置中對齊，替代文字為「真皮皮包」。

(◎)3. 圖片下方匯入檔案「0401.txt」內含之文字，字型顏色#0000FF、標楷體，大小 24px (x-large、size=5)，水平置中對齊。

(◎)4. 匯入文字之下方插入圖片「0409.jpg」，水平置中對齊，點按圖片後能回到原網頁最上方（參考下圖所示）。

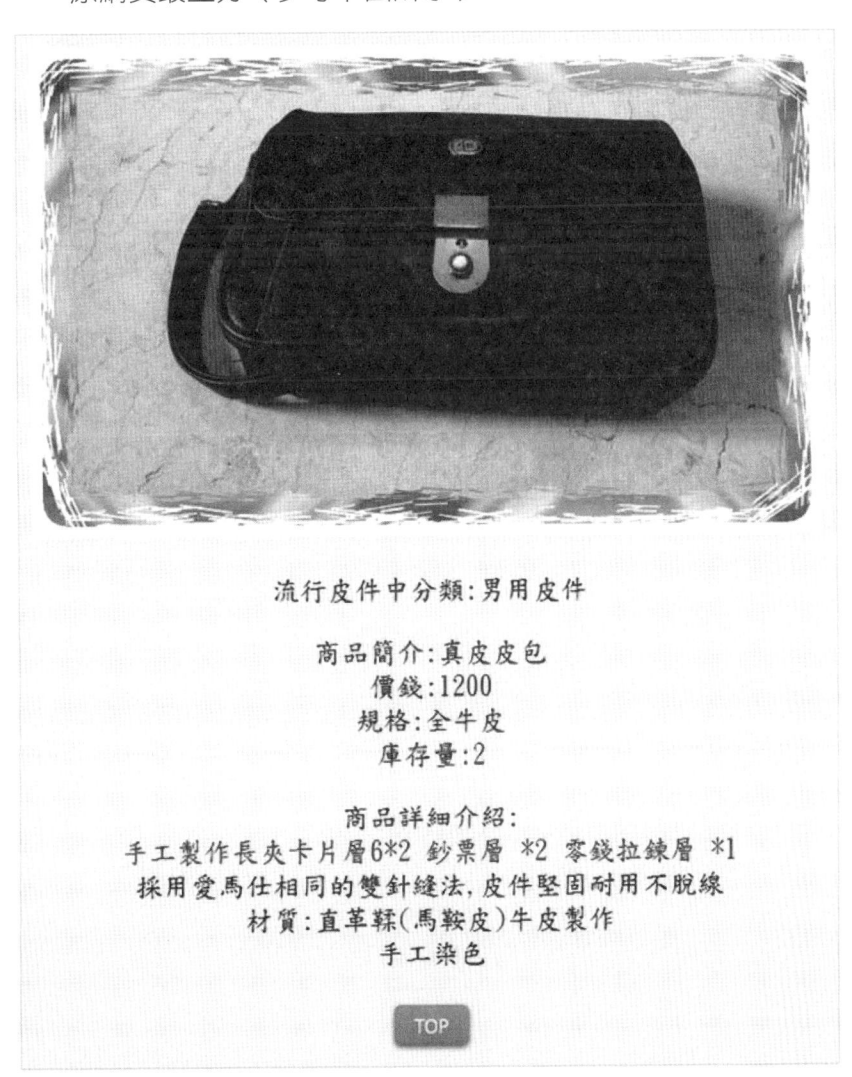

（九）leather2.htm(l)網頁需含下面的資訊：

(＊)1. 背景顏色#FFFF99。

(◎)2. 插入「0404.jpg」圖片於網頁內，依原圖大小呈現，水平置中對齊，替代文字為「真皮短夾」。

(◎)3. 圖片下方匯入檔案「0402.txt」內含之文字，字型顏色#0000FF、標楷體，大小 24px (x-large、size=5)，水平置中對齊。

(◎)4. 匯入文字之下方插入圖片「0409.jpg」，水平置中對齊，點按圖片後能回到原網頁最上方（參考下圖所示）。

（十） message.htm(l)網頁需含下面的資訊：

(◎)1. 建立一個 3×2（三列二欄）表格，第一欄欄寬 150px、第二欄欄寬 350px，背景顏色#FFDDDD，列高至少 32px，水平置中對齊，參考下圖所示。

公司名稱	大家來購物有限公司
公司電子信箱	service@test.labor.gov.tw
服務項目	網路購物服務

(＊)2. 表格第一列第一欄輸入文字「公司名稱」，水平置中對齊；第二欄輸入文字「大家來購物有限公司」，水平置中對齊。

(＊)3. 表格第二列第一欄輸入文字「公司電子信箱」，水平置中對齊；第二欄輸入文字「service@test.labor.gov.tw」，水平置中對齊。

(＊)4. 表格第三列第一欄輸入文字「服務項目」，水平置中對齊；第二欄輸入文字「網路購物服務」，水平置中對齊。

(◎)5. 前項表格下方間隔一空白列，再建立一個 3×2（三列二欄）表單，第一欄欄寬 150px、第二欄欄寬 350px，背景顏色#FFFF99，列高至少 32px，水平置中對齊，參考下圖所示。

(◎)6. 表單第一列第一欄輸入文字「客戶姓名」，水平置中對齊、垂直置中對齊；第二欄為客戶姓名的文字方塊，寬 20 字元，水平靠左對齊、垂直置中對齊。

(◎)7. 表單第二列第一欄輸入文字「電子信箱」，水平置中對齊、垂直置中對齊；第二欄為電子信箱的文字方塊，寬 30 字元，水平靠左對齊、垂直置中對齊。

(◎)8. 表單第三列第一欄輸入文字「意見留言」，水平置中對齊、垂直置中對齊；第二欄為您的意見的文字區域(TextArea)，高 5 列文字、寬 30 字元，水平靠左對齊、垂直置中對齊。

(＊)9. 表單內下方製作「送出」、「重置」等二個按鈕，且水平置中對齊。

(＊)10.點按「送出」鈕，則出現「歡迎蒞臨本網站，您的寶貴意見我們會儘速處理與回覆，謝謝！」訊息；按下「重置」按鈕，重設(reset)清除表單所有欄位內容(參考下圖所示)。

（十一）資料備份：

評分前，將製作完成的結果（整個「webXX」資料夾）備份到「檢定用隨身碟」中，應檢人若未依規定備份資料，將視為重大缺點，以不及格論。

17300-104304 解題說明

一、建立網站

📝 資料夾、網頁、檔案

1. 啟動 Dreamweaver CS6
   網站→新增網站：
   網站名稱：104304
   本機網站資料夾：C:\web04

2. 在主目錄下建立資料夾：
   images、music、results

3. 在主目錄下建立 index 首頁及 main 網頁

4. 在 results 目錄下建立新網頁：
   leather1、leather2、message、purchase

5. 開啟檔案總管，選取資料夾：
   C:\素材\17300-104304
   複製所有圖片檔案
   貼至 C:\web04\images 資料夾
   複製所有音樂檔案
   貼至 C:\web04\music 資料夾

6. 切換回到 Dreamweaver
   按重新整理鈕

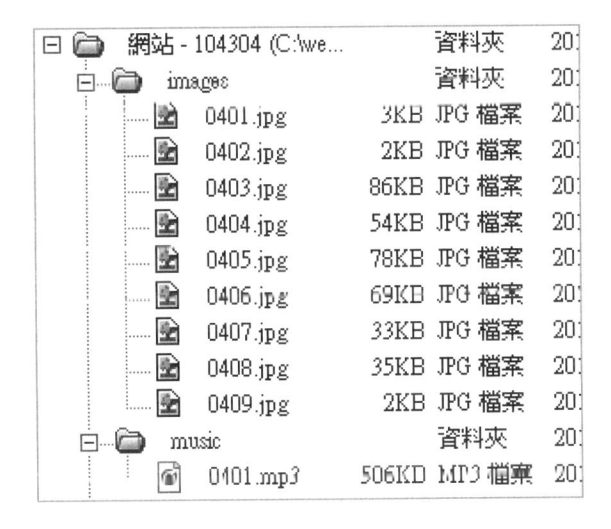

> ☕ **解說**
> main 網頁是我們根據解題需要自行建立的網頁。

4-11

📝 標題圖片：0401a.jpg

- 題目沒有規定標題圖片名稱，因此我們自行命名為 0401a.jpg

1. 檔案→開啟舊檔
   資料夾：17300-104304
   檔案：0401.jpg

2. 點選：影像→影像尺寸
   取消：強制等比例
   寬度：1024 pixels
   高度：120 pixels

3. 選取：T 文字工具
   設定：標楷體、52px、顏色#FFFFFF

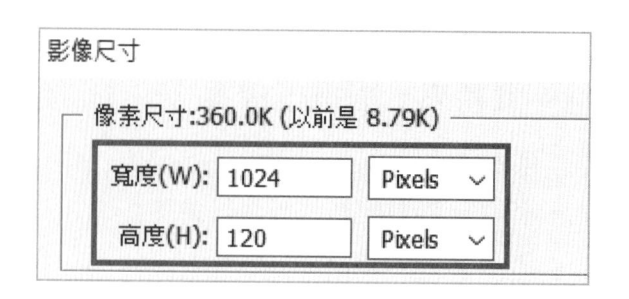

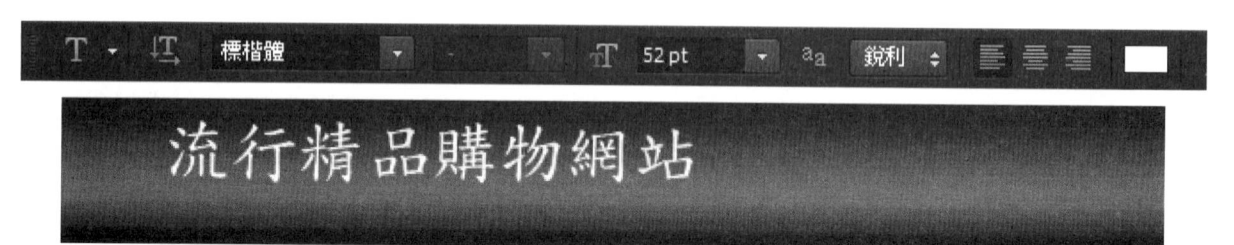

☕ 解說

題目規定字體大小是 52px，在 Photoshop 中字體大小單位是 pt。我們在 Photoshop 中自行輸入 52px，在某些版本中會自動變成 52pt，但在某些版本中會自動變成 39pt。這裡我們只要輸入 52px 即可，不管用它變什麼。

4. 在圖層 1 右邊空白處點一下
   (完成圖層 1 編輯)

5. 圖層→流行精品購物網站

6. 按住 Ctrl 鍵
   點選背景圖、流行精品購物網站

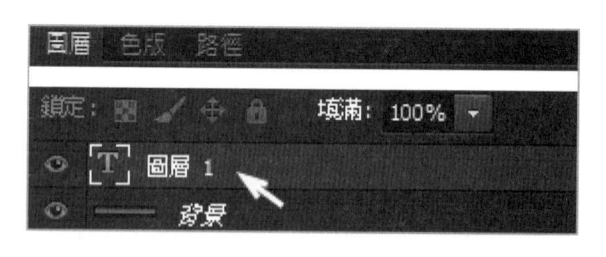

7. 選取：移動工具，點選：垂直居中、水平居中

8. 在「流行精品購物網站」圖層右邊空白處連點 2 下
   在「選項：陰影」右邊空白處點一下(不要在方框內勾選)
   設定陰影顏色#333333、間距 10、尺寸 15，如下圖：

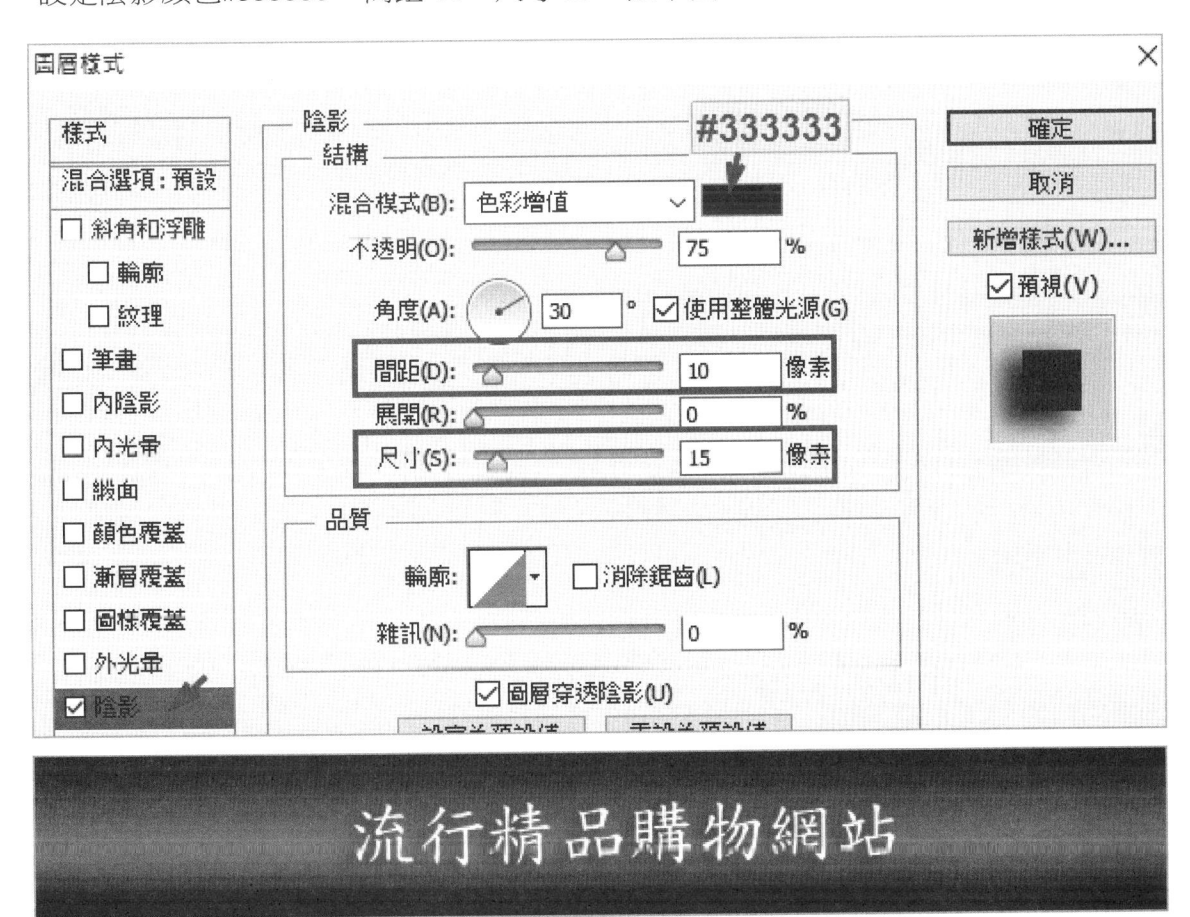

9. 檔案→另存新檔，資料夾：C:\web04\images，檔名：0401a.jpg

二、首頁設計

首頁版面規劃

- 跑馬燈區我們用 Div 來處理。

- 內容顯示區需要顯示 2 份資料：3 x 3 商品展示、purchase 網頁，因此使用 IFRAME 作為共用介面，同時我們將「3 x 3 商品展示」獨立為 main 網頁，由於並非題目所規範，因此存放在網站根目錄底下(同 index 網頁位置)。

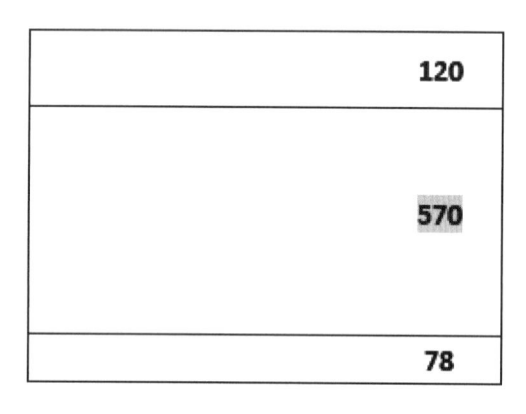

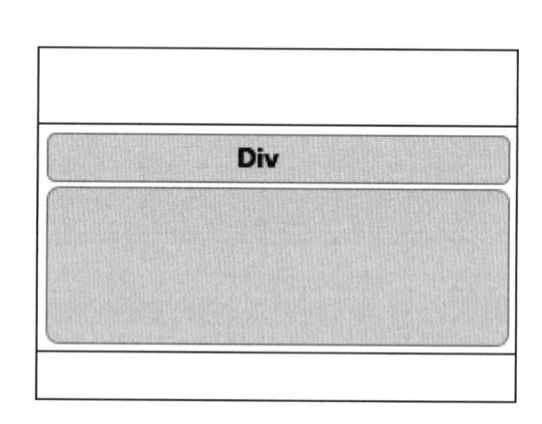

題目規定：
第 1 列高 120、第 3 列高 78、Div 高 30
推論如下：
第 2 列高 570　　(768-120-78)
IFRAME 高 540　　(570 - 30)
→Div：1024 x 30、IFRAME：1024 x 540

建立架構

1. 輸入標題文字：「網路行銷購物網」

2. 在網頁內按一下 Enter 鍵
   插入→媒體→plugin：
   music/0401.mp3

3. 選取：音效圖示
   點選：修改→編輯標籤
   勾選：自動開始及隱藏

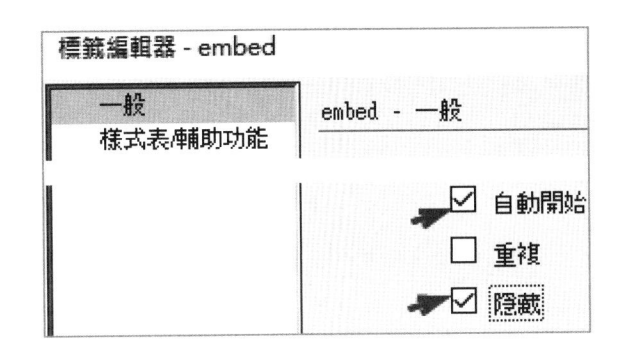

建立表格

1. 將插入點置於第 1 個段落上
   插入→表格→列：3、欄：1
   表格寬度：1024 像素
   邊框粗細：0

2. 設定表格→對齊：置中對齊

3. 設定列高：
   第 1 列：120
   第 2 列：570
   第 3 列：78

4. 設定第 2 列儲存格
   水平：置中對齊、垂直：靠上對齊
   設定第 3 列儲存格
   水平：靠左對齊、垂直：置中對齊

建立 Div

1. 將插入點置於第 2 列

2. 插入→版面物件→Div
   類別：mq
   選：新增 CSS 規則鈕
   設定方框：
   Width：1024px
   Height：30px

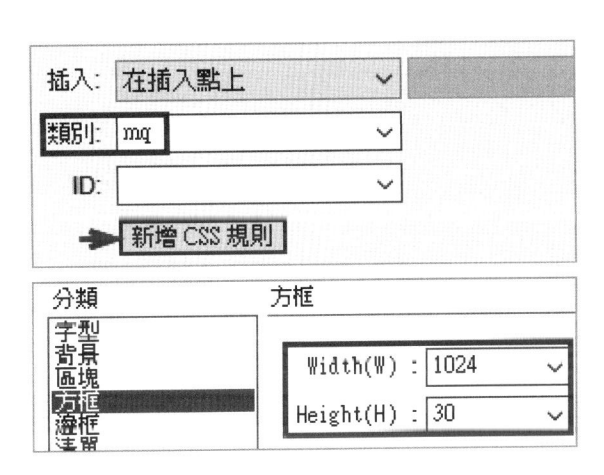

建立 IFRAME

1. 將插入點置於 Div 下方
2. 插入→標籤→HTML 標籤：iframe
   設定 IFRAME：
   來源：main.html
   名稱：imain
   寬度：1024
   高度：540
   捲動：否
   顯示邊框：取消勾選

- 完成結果如右圖：

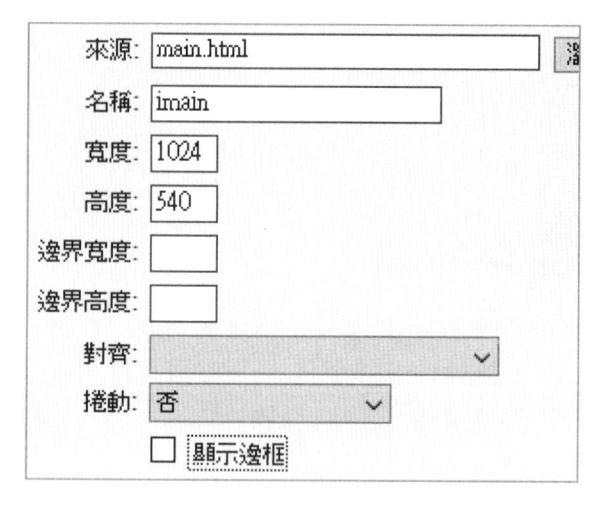

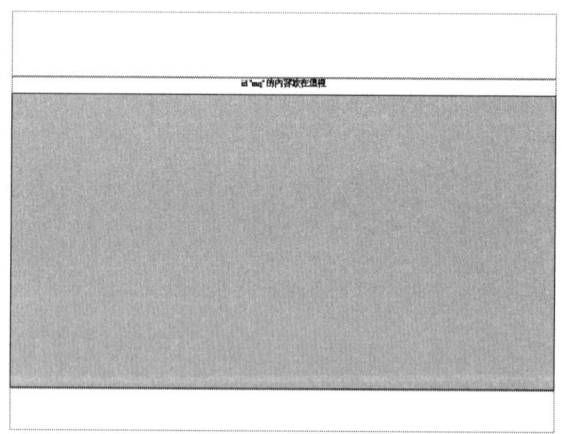

三、網站標題區

1. 將插入點置於第 1 列儲存格
   插入→影像→0401a.jpg
2. 設定圖片超連結
   連結：index.html、目標：_top

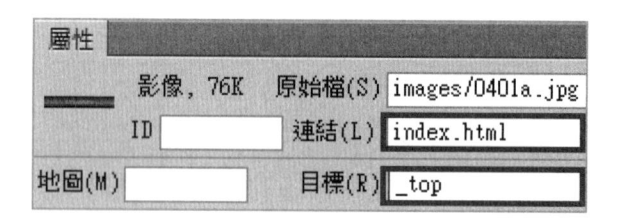

四、marquee 跑馬燈區

1. 在第 2 列儲存格的 Div 標籤內輸入：
   「大家來購物網！精品商品特價大拍賣！要買要快！」
2. 設定文字樣式：
   在樣式 .mq 上
   連點滑鼠左鍵 2 下

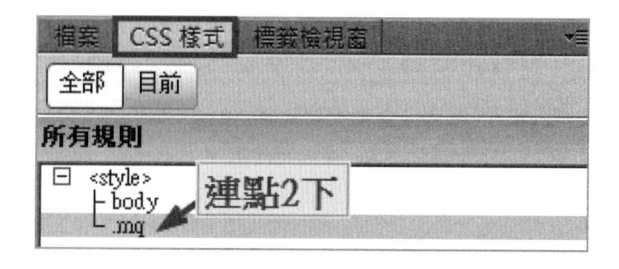

字型→字體：標楷體、大小：19px、顏色：#0000FF、列高：30

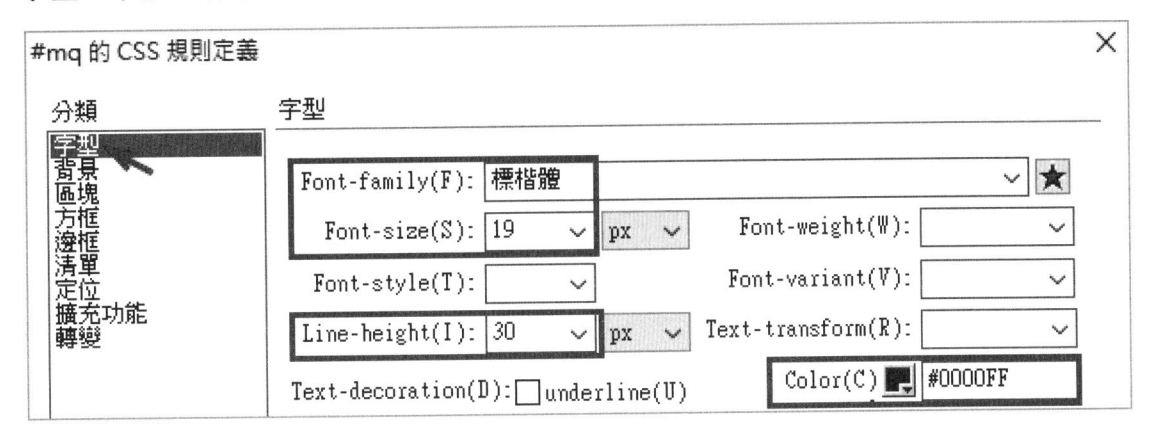

> **解說**
> Line-height(行高)設定 30 與 Div 標籤等高，便可產生垂直置中效果。

背景→背景圖片：0402.jpg

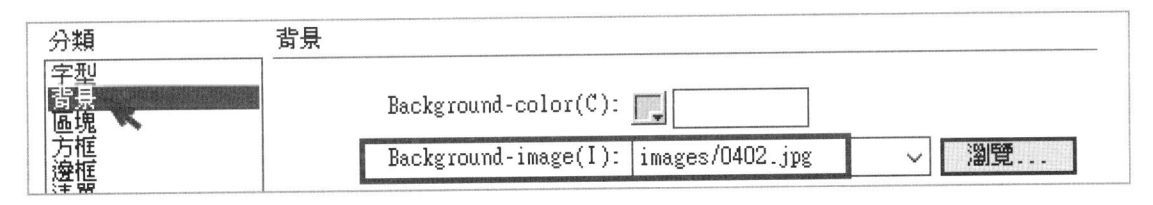

3. 選取文字，插入→標籤→HTML 標籤→marquee

五、網頁內容區

網頁內容區要顯示 2 份資料：3 x 3 商品目錄、3 x 2 Purchase 網頁，因此使用 IFRAME 作為共同顯示介面，3 x 3 商品目錄題目並沒有規範網頁名稱，我們自行命名為 main.html。

1. 開啟 main 網頁，點選：頁面屬性鈕，外觀→背景圖片：0402.jpg

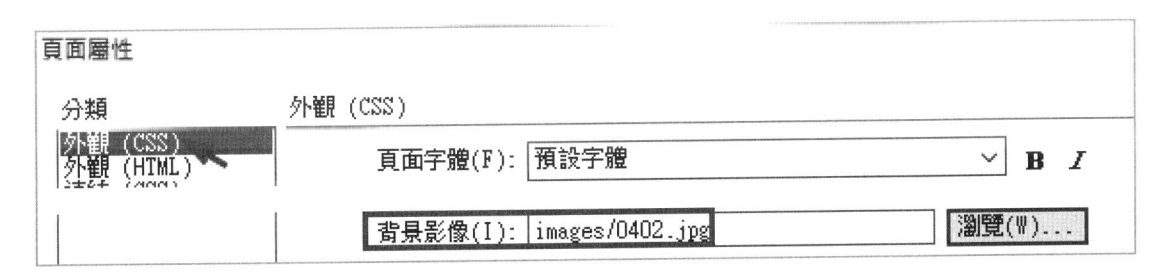

2. 插入→表格→列：3、欄：3
   表格寬度：800
   框線：1

3. 設定表格→對齊：置中對齊

4. 設定欄寬、列高
   第 1 欄寬度：200、第 2 欄寬度：300、第 3 欄寬度：300

5. 設定所有儲存格→水平：置中對齊、垂直：置中對齊

6. 依序輸入第 1 欄文字：流行皮件、流行鞋區、流行飾品

7. 第 1 列第 2 欄
   插入→影像→0403.jpg
   保持：鎖定寬高比，高度：150

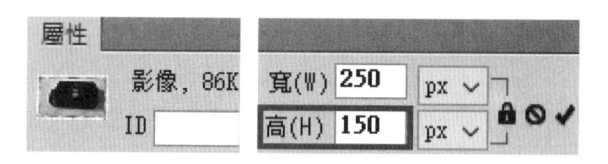

   第 1 列第 3 欄，插入→影像→0404.jpg，保持：鎖定寬高比，高度：150
   第 2 列第 2 欄，插入→影像→0405.jpg，保持：鎖定寬高比，高度：150
   第 2 列第 3 欄，插入→影像→0406.jpg，保持：鎖定寬高比，高度：150
   第 3 列第 2 欄，插入→影像→0407.jpg，保持：鎖定寬高比，高度：150
   第 3 列第 3 欄，插入→影像→0408.jpg，保持：鎖定寬高比，高度：150

8. 設定第 1 列第 2 欄圖片連結：
   連結：results/leather1.html
   目標：_blank

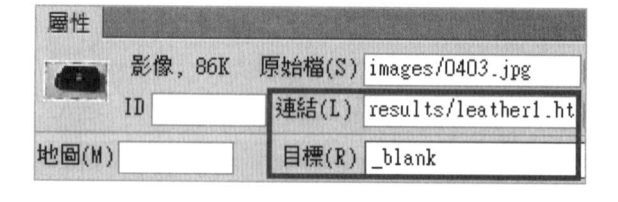

   設定第 1 列第 3 欄圖片連結→連結：results/leather2.html、目標：_blank
   設定第 1 列第 1 欄文字連結→連結：results/purchase.html、目標：imain

- 完成結果如右圖：

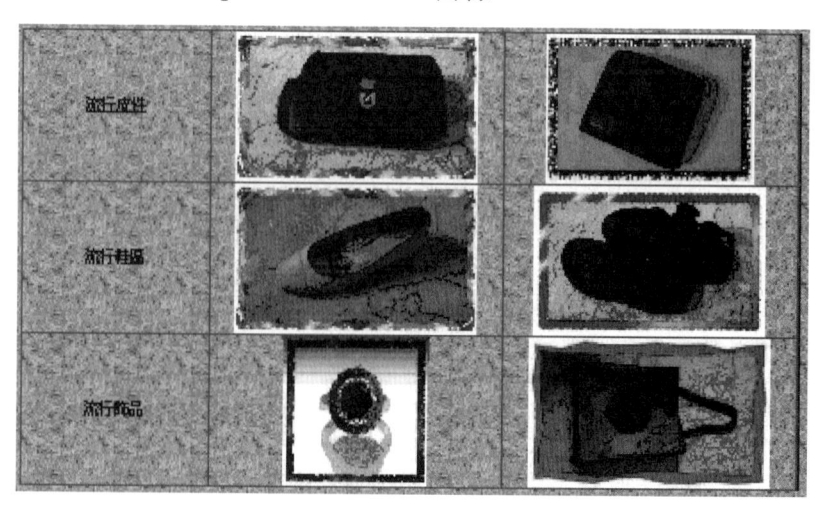

六、版權區

1. 切換回到 index 網頁
   將插入點置於第 3 列
   設定儲存格→背景顏色：#666600

2. 在儲存格內輸入：「訪客留言版」，按 Shift + Enter 鍵
   下一列輸入：「網頁設計及維護：04 林文恭、最近更新日期：2018/03/03」

3. 選取 2 列文字，設定字型(CSS)→標楷體、列高：200%、顏色：#FFFFFF

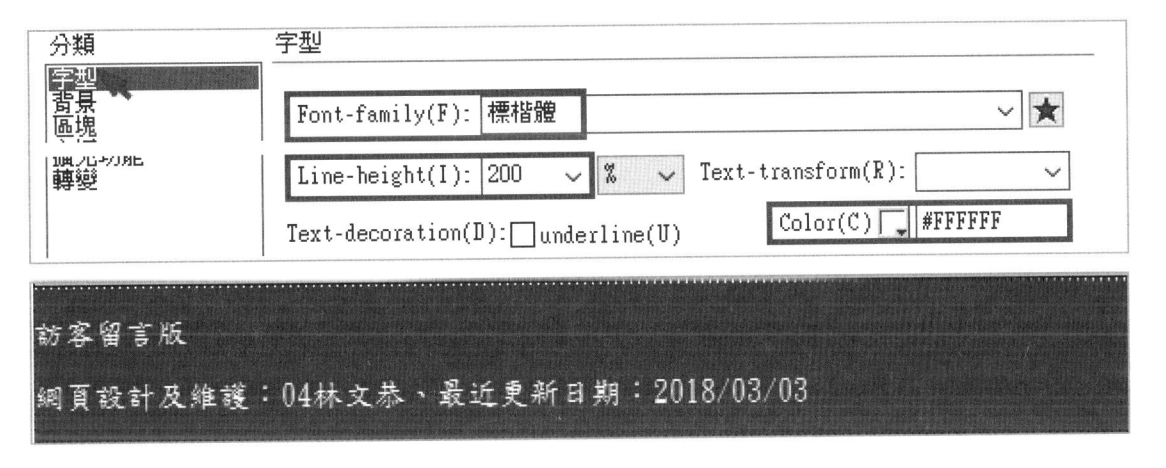

4. 設定第 1 列文字，超連結→連結：results/message.html、目標：imain

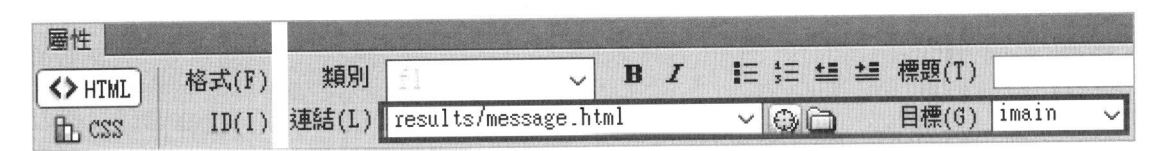

5. 點選：頁面屬性鈕→連結
   連結顏色：#FFFFFF
   查閱過連結：#FF9999
   底線樣式：永不使用底線

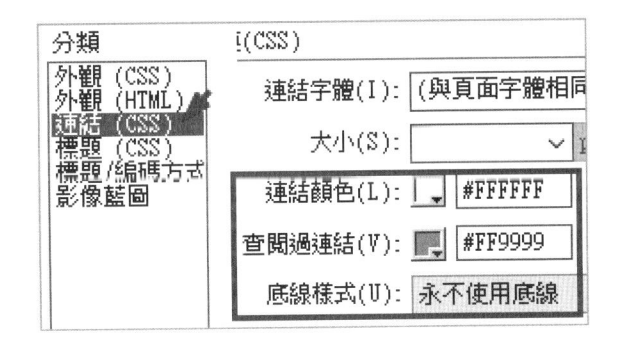

七、purchase 網頁

1. 開啟 purchase 網頁，點選：頁面屬性鈕，外觀→背景圖片：0402.jpg

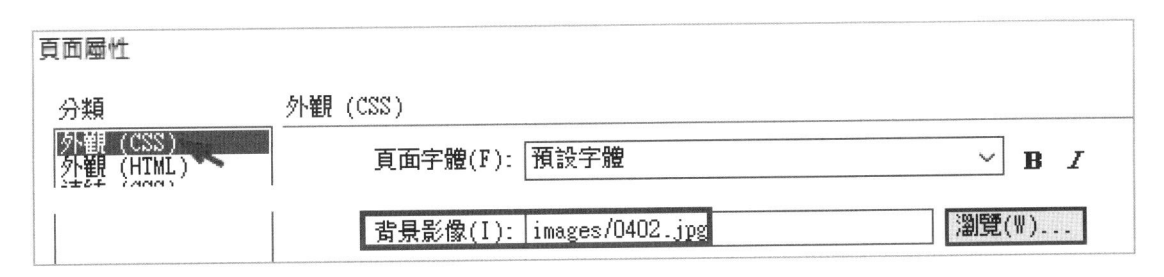

2. 插入➔表單：表單

3. 插入➔表格➔列：3、欄：2
   表格寬度：800
   框線：1

4. 設定表格➔對齊：置中對齊

5. 表格背景色設定：
   修改➔編輯標籤
   背景顏色：#FFFF99

6. 設定欄寬列高：
   第 1 欄欄寬：400
   第 1 列列高：100
   第 2 列列高：150
   第 3 列列高：100

7. 設定所有儲存格：
   水平：置中對齊、垂直：置中對齊

8. 第 1 列第 1 欄輸入：「真皮皮包」
   第 2 列第 1 欄插入圖片：0403.jpg
   設定圖片：
   維持：寬高比、高 150

9. 第 1 列第 2 欄輸入：「真皮短夾」
   第 2 列第 2 欄插入圖片：0404.jpg
   設定圖片：維持：寬高比、高 150

10. 第 3 列第 1 欄：
    插入➔表單➔選項按鈕群組
    名稱：buy1
    點選：＋鈕
    分別更改：標籤欄、值欄，如下：
    購買➔購買
    不購買➔不購買
    考慮中➔考慮中
    顯示方式：斷行符號

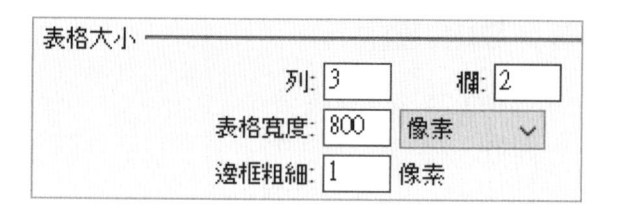

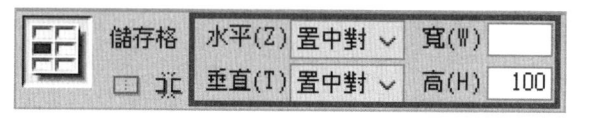

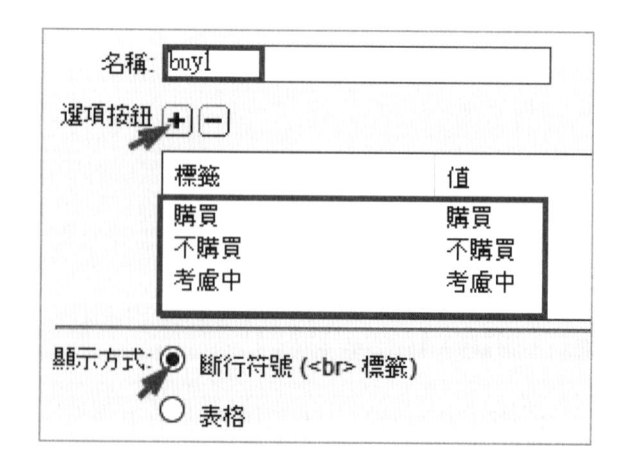

11. 分別在「購買」、「不購買」後方按 Delete 鍵，讓選項按鈕成為一列

12. 重複上面 2 個步驟，在第 3 列第 2 欄，插入 buy2 選項群組按鈕

17300-104304 網路行銷購物網

13. 選取 buy1 的「購買」選項鈕，設定初始化狀態：已核取
    選取 buy2 的「考慮中」選項鈕，設定初始化狀態：已核取

14. 在表格右邊按 Enter 鍵，插入→表單→按鈕 2 次，格式→對齊：置中對齊

15. 設定第 2 個按鈕→值：重置、動作：重設表單

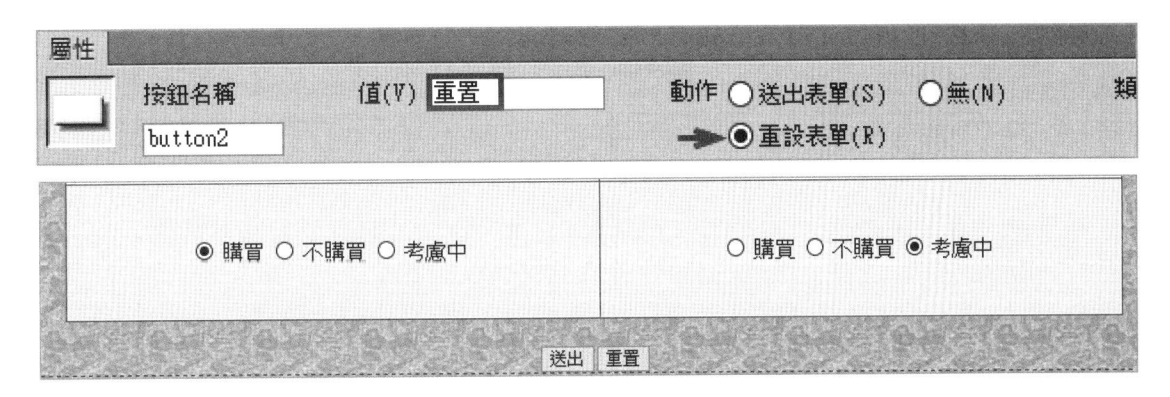

16. 選取：送出鈕
    標籤檢視窗→行為→彈出訊息
    內訊息內容：

    流行皮件選購確認：

    ●真皮皮包：
    ●真皮短夾：

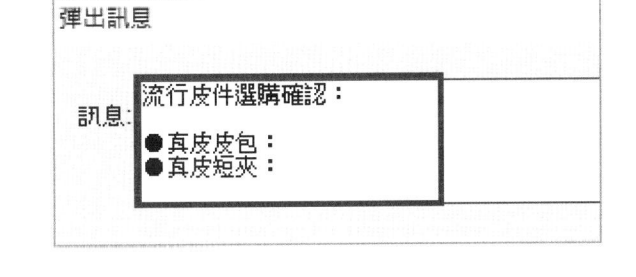

    解說

    由於真皮皮包及真皮短夾要顯示的結果並非固定，而是根據點按的不同而要自動改變對應的值，因此這裡我們暫不輸入任何值。

17. 點選送出鈕→點選分割鈕
    切換到程式碼視窗

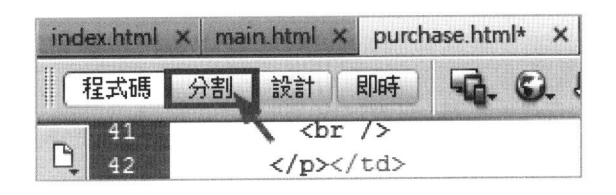

4-21

找到送出按鈕程式碼：

<input name="button" type="submit" id="button" onclick="MM_popupMsg('流行皮件選購確認：\r\r●真皮皮包：\r●真皮短夾：')" value="送出" />

修改上方框框內程式碼，結果如下：

onclick="confirm('流行皮件選購確認：\r\r●真皮皮包：'+buy1.value+'\r●真皮短夾：'+buy2.value)"

上方程式碼結構如下：

onclick="confirm('文字'+變數+'文字'+變數)"

解說

- 由於網頁訊息圖示是「確認符號」，因此我們要將 MM_popupMsg 改成 confirm。
- 程式碼中，內容為文字用單引號「'」括起來，文字與變數之間則用加號「+」來做連接。
- 變數 buy1.value 及 buy2.value 意思是抓取選項按鈕群組 buy1 被選取到的值，以及選項按鈕群組 buy2 被選取到的值。

- 瀏覽結果如下圖：

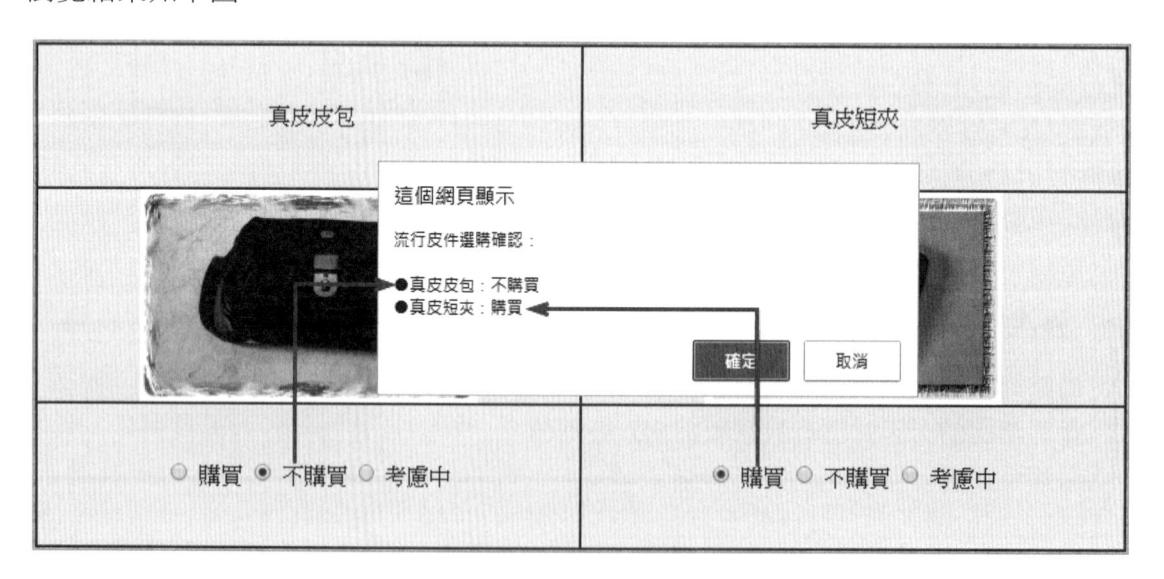

解說

點選送出鈕後，若只是螢幕閃一下，並沒有顯示對話方塊，可能錯誤為以下 2 項：

1. 參數格式錯誤，例如：文字前後的單引號不對稱。
2. 選項物件名稱與指令參數內容物件名稱不符。

八、leather1.htm

1. 點選：頁面屬性鈕→外觀(CSS)
   背景顏色：#FFFF99

2. 插入→影像→0403.jpg
   替代文字：「真皮皮包」
   格式→對齊：置中對齊

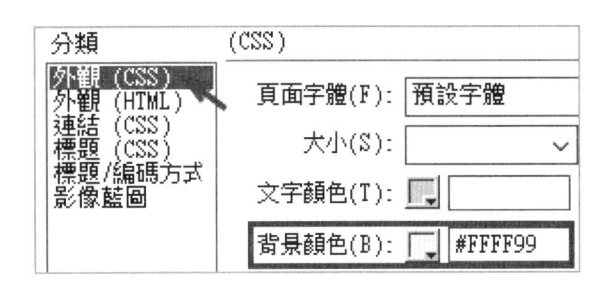

3. 開啟 0401.txt，複製所有內容，回到 leather1 網頁，在圖片下方新增空白段落並貼上
   設定字型(CSS)→f1→標楷體、大小：24px、顏色 #0000FF

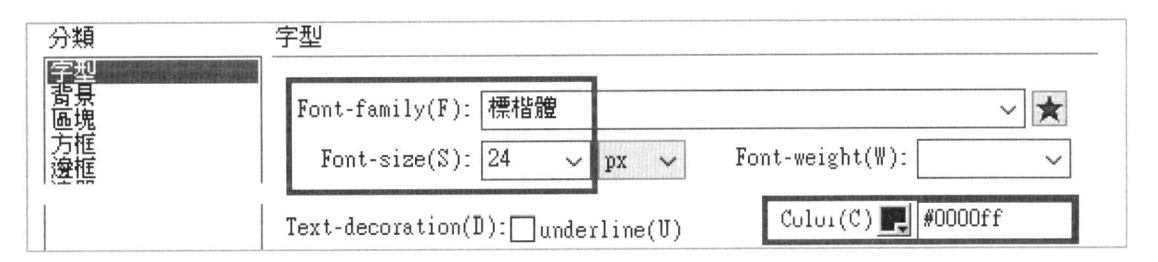

4. 在文字下方新增一空白段落
   插入→影像→0409.jpg

5. 將插入點置於 0403 圖片前方
   插入→命名錨點
   錨點名稱：top

- 完成結果如右圖：

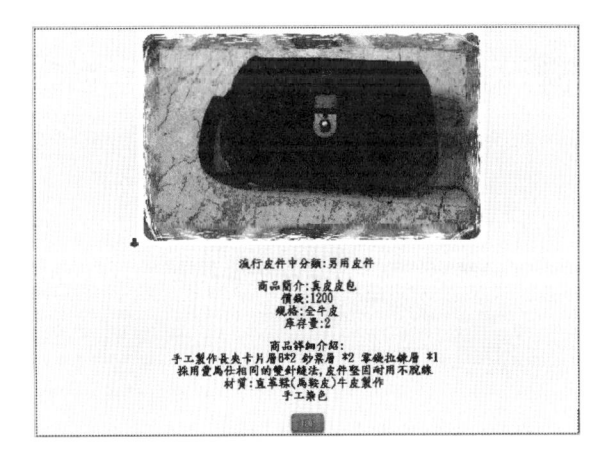

6. 選取文件最下方 0409 圖片
   設定連結連結：
   連結：#top

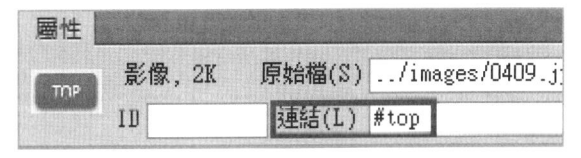

7. 按 Ctrl + S：(存檔)，檔案→另存新檔→results/leather2.html，覆蓋：是

九、leather2.htm

1. 更換網頁最上方的圖片：
   快點圖片 2 下➔點選影像 0404.jpg

2. 設定圖片替代文字：真皮短夾

3. 刪除圖片下方所有文字

4. 開啟 0402.txt，複製所有內容
   貼至本網頁 0404 圖片下方

5. 選取所有文字，套用 f1 樣式

- 完成結果如右圖：

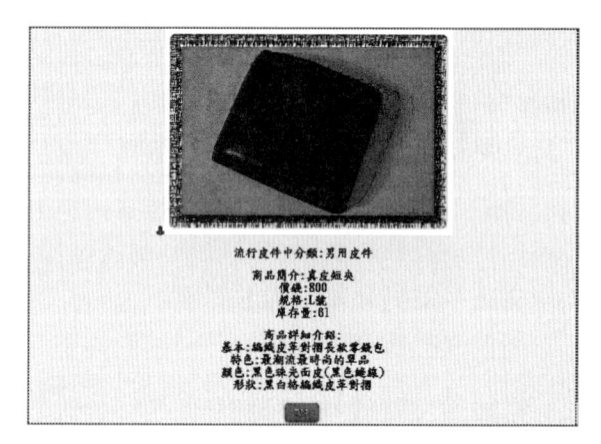

十、message.html

3 x 2 表格

1. 開啟 message 網頁，點選：頁面屬性鈕➔外觀(CSS)，背景影像：0402.jpg

解說

message 網頁要求中沒有規定背景圖片，但根據題目中的圖片，及 index 首頁題目說明，我們可以推論 message 網頁必須設定背景圖片 0402.jpg。

2. 插入➔表格,列:3、欄:2
   表格寬度:500
   框線粗細:1

3. 設定表格➔對齊:置中對齊

4. 設定背景
   修改➔編輯標籤
   背景顏色:#FFDDDD

5. 設定欄寬列高➔第 1 欄欄寬:150、所有列列高:32

6. 設定所有儲存格➔水平:置中對齊、垂直:置中對齊

7. 輸入表格資料,如下圖:

公司名稱	大家來購物有限公司
公司電子信箱	service@test.labor.gov.tw
服務項目	網路購物服務

表單

1. 將插入點置於表格下方空 1 列位置
   插入➔表單:表單

2. 複製上方的表格,貼至表單內

3. 設定表格背景顏色:#FFFF99
   逐一刪除所有儲存格文字

4. 依序輸入第 1 欄文字內容:客戶姓名、電子信箱、意見留言

5. 設定第 2 欄➔水平:靠左對齊

6. 第 1 列第 2 欄,插入➔表單➔文字欄位➔字元寬度:20
   第 2 列第 2 欄,插入➔表單➔文字欄位➔字元寬度:30
   第 3 列第 2 欄,插入➔表單➔文字區域➔字元寬度:30、行數:5

7. 在表格右邊按 1 下 Enter 鍵
   格式→對齊：置中對齊

8. 插入→表單→按鈕，2 次
   選取第 1 個按鈕
   行為→ + ：彈出訊息
   輸入訊息，如下圖：

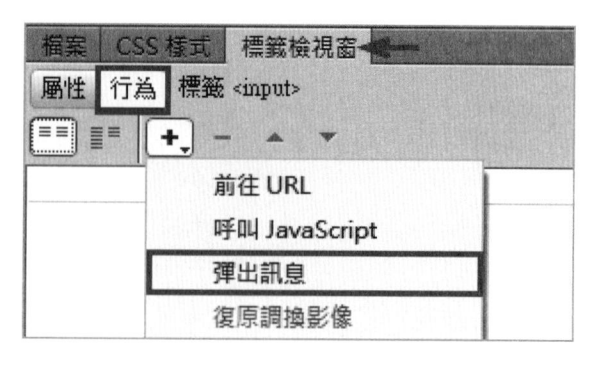

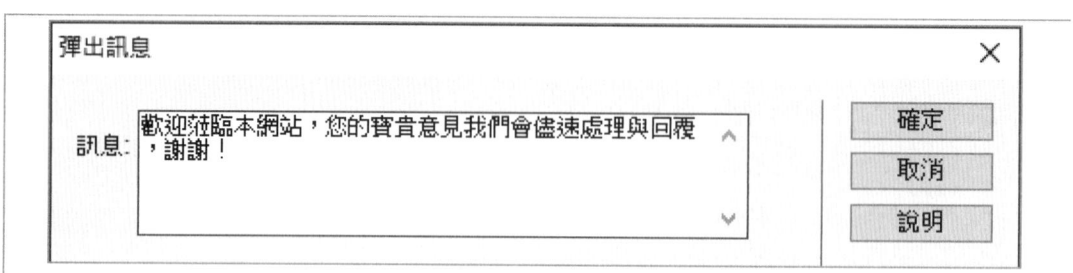

9. 設定第 2 個按鈕：
   值：重置
   動作：重設表單

- 完成結果如下：

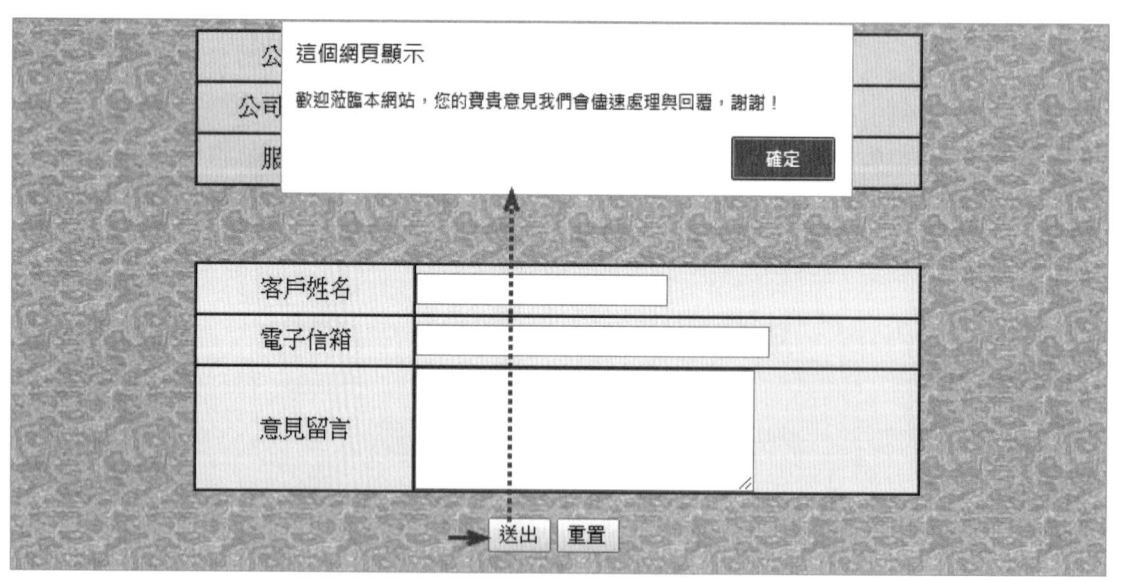

CHAPTER 5

17300-104305 書曼的旅遊相簿

試題編號：17300-104305

主題：書曼的旅遊相簿

軟體安裝與測試時間：30 分鐘

測試時間：120 分鐘

素材檔案：

文書檔	(無)
圖形檔	0501b.gif、0501r.gif、0502b.gif、0502r.gif、0503b.gif、0503r.gif、0504b.gif、0504r.gif、0505b.gif、0505r.gif、0506b.gif、0506r.gif、0507.jpg、範例 0508.gif、0509.jpg、0511.jpg、0521.jpg、0531.jpg、0541.jpg、0551.jpg、0552.jpg、0553.jpg、0554.jpg、0555.jpg
音樂檔	0501.mp3
函式庫	(無)

試題說明：

一、本試題為「書曼的旅遊相簿」的網頁設計，其架構如圖 5-1 所示。另針對所需要製作的功能進行詳細的說明。

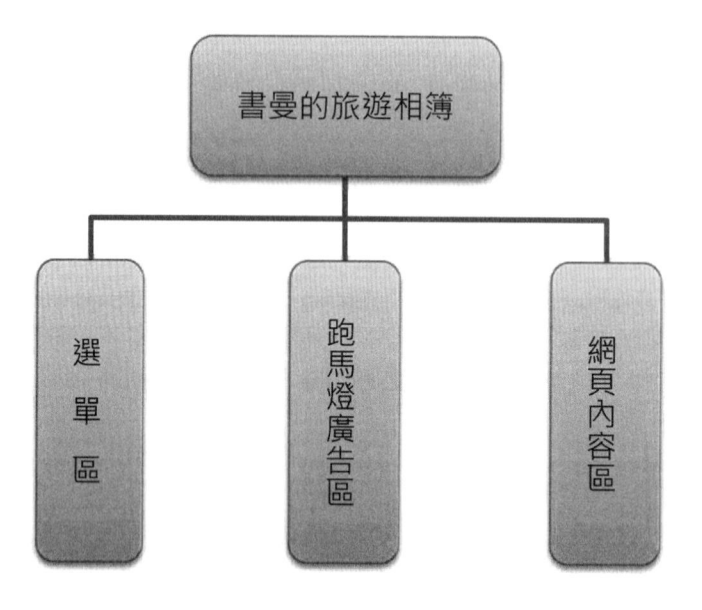

圖 5-1 網站架構圖

二、應檢人需依照試題說明進行網頁設計，所有需用到或參考的檔案、資料均放置於 C:磁碟之中，其包含以下資料夾：

（一）「試題本」資料夾：提供技術士技能檢定網頁設計丙級術科測試試題電子檔。

（二）「素材」資料夾：提供應檢網頁設計之素材。

（三）「其他版本軟體」資料夾：提供原評鑑軟體其他版本之安裝軟體。

三、軟體安裝與設定：

（一）應檢人應使用以考場評鑑規格（詳見考場設備規格表）為主之軟體進行安裝。

（二）若選擇安裝使用考場提供「其他版本軟體」資料夾中的軟體，應檢人須自行承擔使用該版本軟體之風險。

（三）若應檢人使用自備之軟體進行安裝者，須符合「術科測試應用軟體使用須知」規定；若有任何使用權問題及風險時，其相關責任應由應檢人自行負責。

四、評分時，動作要求各項目的所有功能，只要有一細項功能不正確，則扣該項分數，但以扣一次為原則。

五、有錯別字（含標點符號、英文單字）、漏字、贅字、全型或半型格式錯誤者，每字扣 1 分。若前述導致功能不正確者，則僅依該項動作要求扣分。【英文大小寫視為不同，請依動作要求輸入】

17300-104305 書曼的旅遊相簿

六、 試題要求中的物件，若無特別指定則以美觀為原則，自行設定，不列入扣分項目。

七、 功能要求：

(一) 建置資料夾、網站版面尺寸及設定網站伺服器，內容包括：

(◎)1. 在 C：磁碟建立本網站主文件資料夾「webXX」，儲存製作完成的結果。(XX 為個人檢定工作崗位號碼，如 01、02、…、30 等)

(◎)2. 整體網站版面尺寸以 1024×768px 設計，頁面水平置中。

(＊)3. 在「webXX」資料夾下建立「images」資料夾，將所有應使用的圖形檔均放置在「images」資料夾中。(有特別說明者，不在此限)

(＊)4. 在「webXX」資料夾下建立「music」資料夾，將所有應使用到的音樂檔均放置在「music」資料夾中。(有特別說明者，不在此限)

(＊)5. 在「webXX」資料夾下建立「album5」資料夾，將製作相簿時，所完成的檔案放置於「album5」資料夾中。

(※)6. 應檢人需自行架設本機網站伺服器，可於瀏覽器網址列(URL)中輸入 http://127.0.0.1/ 或 http://localhost/ 以瀏覽網站。

(二) 設計首頁，內容包括：

(＊)1. 首頁檔名為 index.htm(l)或 default.htm(l)，置於網站的根目錄（C:\webXX）下。

(＊)2. 首頁標題「書曼的旅遊相簿」。

(＊)3. 設定首頁區域內的背景顏色#FFFFCC，區域外的背景顏色#333333。

(＊)4. 網頁背景音樂「0501.mp3」。

(◎)5. 首頁版面水平置中，包含四個區塊，分別為首頁區(main)、選單區(menu)、跑馬燈廣告區(marquee)、網頁內容區(content)。各個區塊的寬度、高度、內外距（padding/margin）、邊框（border）、顏色（color、background-color）等項目，尺寸大小如圖 5-2 所示。(英文標註僅供參考，不列入評分)

5-3

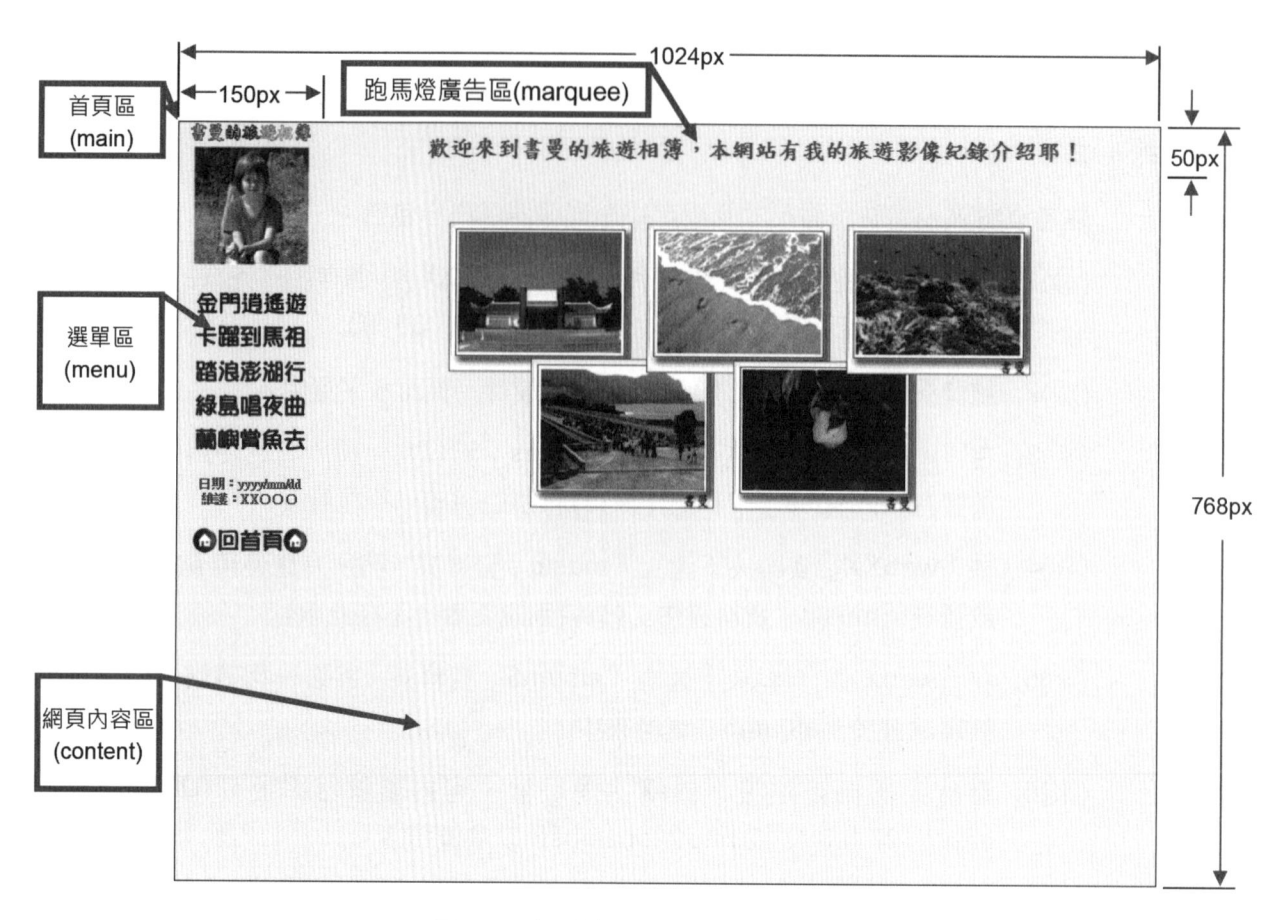

圖 5-2 版型寬度及高度之示意圖

（三）選單區需含下面的資訊：

(＊)1. 製作一個 12×1（十二列一欄）表格，表格邊框粗細為 0px，水平置中對齊。

(★)2. 製作一個「書曼的旅遊相簿」圖片，檔名為「0508.gif」、標楷體、外框字效果、背景為透明色，字體外框顏色依序如下列(A)至(D)標註，其中「書曼的」的顏色固定，「旅遊相簿」等四個字元的間隔約 1 秒輪替循環變化（結果可參考「範例 0508.gif」檔）

(A) 書(FF0000)、曼(FF0000)、的(000000)、旅(0000FF)、遊(00FF00)、相(00FFFF)、簿(FF00FF)
(B) 書(FF0000)、曼(FF0000)、的(000000)、旅(FF00FF)、遊(0000FF)、相(00FF00)、簿(00FFFF)
(C) 書(FF0000)、曼(FF0000)、的(000000)、旅(00FFFF)、遊(FF00FF)、相(0000FF)、簿(00FF00)
(D) 書(FF0000)、曼(FF0000)、的(000000)、旅(00FF00)、遊(00FFFF)、相(FF00FF)、簿(0000FF)

(＊)3. 表格第一列插入圖片「0508.gif」，寬 125px、高 20px，水平置中對齊，替代文字為「書曼的旅遊相簿」（注意：若應檢人無法完成前項之圖片「0508.gif」，需以圖片「範例 0508.gif」代替，以利完成替代文字的設定）。

(＊)4. 表格第二列插入圖片「0507.jpg」，寬 120px、高 120px，水平置中對齊，替代文字為「書曼」。

(◎)5. 表格第四列插入圖片「0501b.gif」，水平置中對齊，替代文字為「金門逍遙遊」，當滑鼠移入時交換成圖片「0501r.gif」。

(◎)6. 表格第五列插入圖片「0502b.gif」，水平置中對齊，替代文字為「卡蹓到馬祖」，當滑鼠移入時交換成圖片「0502r.gif」。

(◎)7. 表格第六列插入圖片「0503b.gif」，水平置中對齊，替代文字為「踏浪澎湖行」，當滑鼠移入時交換成圖片「0503r.gif」。

(◎)8. 表格第七列插入圖片「0504b.gif」，水平置中對齊，替代文字為「綠島唱夜曲」，當滑鼠移入時交換成圖片「0504r.gif」。

(※)9. 表格第八列插入圖片「0505b.gif」，水平置中對齊，替代文字為「蘭嶼賞魚去」，當滑鼠移入時交換成圖片「0505r.gif」，點按時，相對應之相簿內容（功能要求(六)album5）需在網頁內容區呈現。

(◎)10. 表格第十列分行輸入「日期：yyyy/mm/dd」、「維護：XX○○○」，字型大小 12px、加粗(bolder)、新細明體、顏色#FF0000，水平置中對齊。【yyyy/mm/dd 為應檢日期，其中 yyyy：西元年、mm：月份、dd：日期；XX：崗位號碼，○○○：應檢人姓名】

(※)11. 表格第十二列插入圖片「0506b.gif」，水平置中對齊，替代文字為「回首頁」，當滑鼠移入時交換成圖片「0506r.gif」；點按時，連結到預設首頁呈現整個版面。

（四）跑馬燈廣告區需含下面的資訊：

(◎)1. 跑馬燈廣告區內的上、下、左、右與邊界的內距(padding)均為 0px，且無捲動軸。

(◎)2. 區域內以跑馬燈動態方式呈現，方向由右到左呈現「歡迎來到書曼的旅遊相簿，本網站有我的旅遊影像紀錄介紹耶！」，字型大小 24px (x-large、size=5)、標楷體、加粗(bolder)、顏色#FF0000，需水平置中對齊、垂直置中對齊。

（五）網頁內容區需含下面的資訊：

(◎)1. 網頁內容呈現時，上、下、左、右內距(padding)至少須保留 36px。

(※)2. 將圖片「0511.jpg」與「0509.jpg」做影像合成，存成「0511a.jpg」，圖片寬、高均依相框規格調整，參考完成結果如下圖。

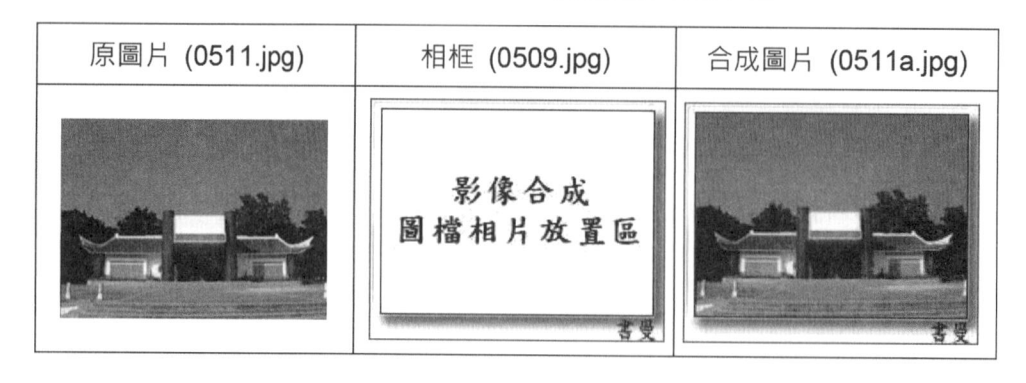

原圖片 (0511.jpg)	相框 (0509.jpg)	合成圖片 (0511a.jpg)

(※)3. 將圖片「0521.jpg」與「0509.jpg」做影像合成，存成「0521a.jpg」，圖片寬、高均依相框規格調整，參考完成結果如下圖。

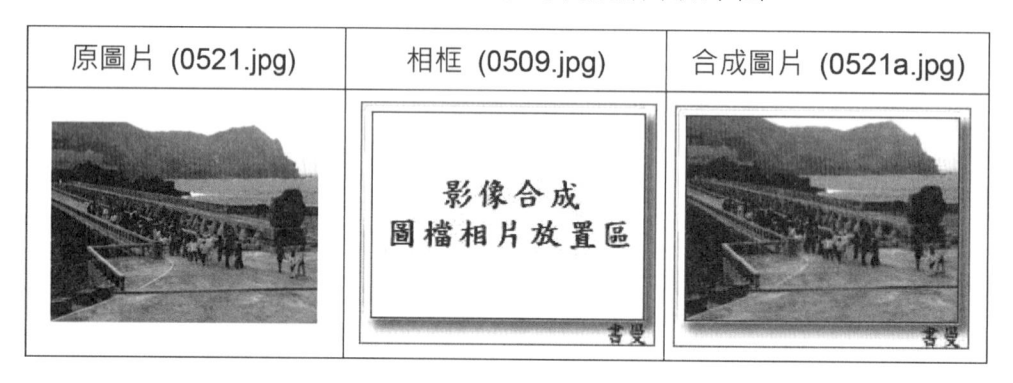

原圖片 (0521.jpg)	相框 (0509.jpg)	合成圖片 (0521a.jpg)

(※)4. 將圖片「0531.jpg」與「0509.jpg」做影像合成，存成「0531a.jpg」，圖片寬、高均依相框規格調整，參考完成結果如下圖。

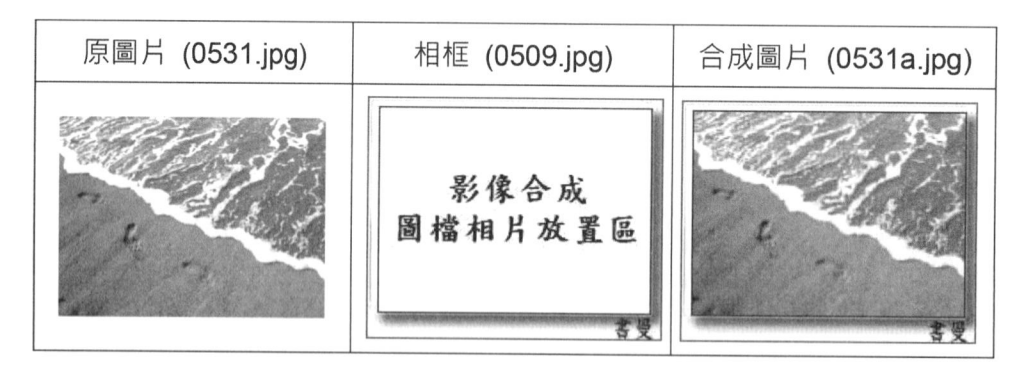

原圖片 (0531.jpg)	相框 (0509.jpg)	合成圖片 (0531a.jpg)

(※)5. 將圖片「0541.jpg」與「0509.jpg」做影像合成，存成「0541a.jpg」，圖片寬、高均依相框規格調整，參考完成結果如下圖。

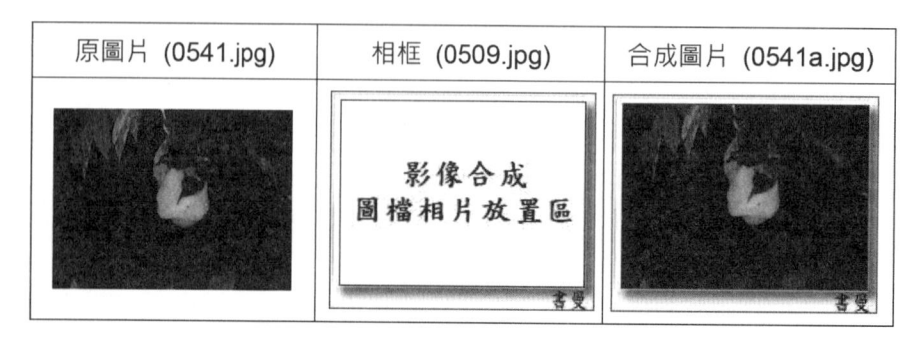

原圖片 (0541.jpg)	相框 (0509.jpg)	合成圖片 (0541a.jpg)

(※)6. 將圖片「0551.jpg」與「0509.jpg」做影像合成，存成「0551a.jpg」，圖片寬、高均依相框規格調整，參考完成結果如下圖。

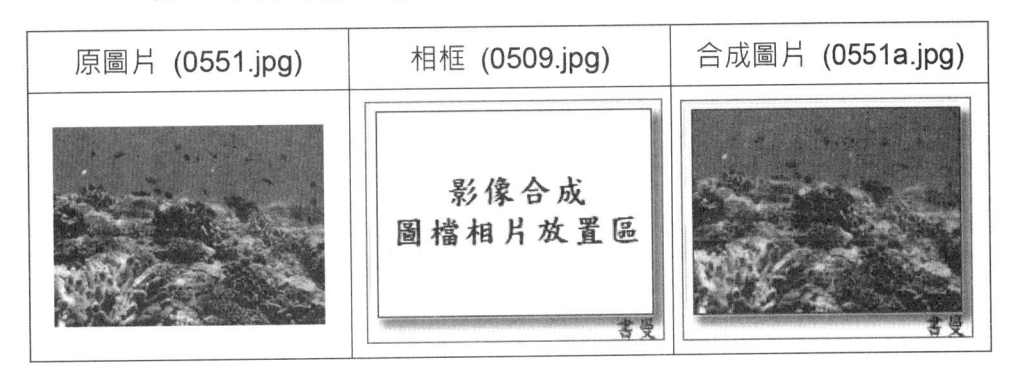

原圖片 (0551.jpg)	相框 (0509.jpg)	合成圖片 (0551a.jpg)

(※)7. 將「0511a.jpg」、「0521a.jpg」、「0531a.jpg」、「0541a.jpg」、「0551a.jpg」等五張圖片做影像合成(圖層依下圖順序排列，背景顏色為透明)，存成「0510a.gif」，參考完成結果如下圖。

(＊)8. 網頁內插入圖片「0510a.gif」，寬 610px、高 300px，水平置中對齊。

(◎)9. 圖片「0510a.gif」中之「0551a.jpg」的圖像上建立影像地圖(區域如下圖虛線部分)，點按時，相對應之相簿內容（功能要求(六)album5）需在網頁內容區中呈現。

（六）album5 需含下面的資訊：（於網頁內容區呈現，參考完成結果如下圖）

(◎)1. 背景顏色#FFFFCC，電子相簿內容皆須水平置中，並於網頁內容區呈現。

(◎)2. 將「0551.jpg」、「0552.jpg」、「0553.jpg」、「0554.jpg」、「0555.jpg」等五張圖片製作一個由左至右的電子相簿，每張小圖片寬 60px、高 45px，框線顏色#0000FF、實線(solid)、中等粗細(medium)。

(※)3. 下圖中，滑鼠移入每張小圖片時，指標為、框線顏色#00FFFF；滑鼠移出及瀏覽過後，恢復為原來的顏色#0000FF。點按時，上方呈現相對應之原圖片，其寬 400px、高 300px、框線粗細 5px、框線顏色#0000FF（例如點按第 4 張的小圖片，則出現相對應之圖片，參考結果如下圖）。

(＊)4. 原圖片上方呈現電子相簿標題文字「蘭嶼賞魚去」，字型大小 20px、標楷體、加粗(bolder)、底線、顏色#0000FF。

（七）資料備份：

評分前，將製作完成的結果（整個「webXX」資料夾）備份到「檢定用隨身碟」中，應檢人若未依規定備份資料，將視為重大缺點，以不及格論。

17300-104305 解題說明

一、建立網站

資料夾、網頁、檔案

1. 啟動 Dreamweaver CS6
   網站→新增網站：
   網站名稱：104305
   本機網站資料夾：C:\web05

2. 在主目錄下建立資料夾：
   images、music、album5

3. 在主目錄下建立 index 首頁、main 網頁，在 album5 資料夾下建立 album5 網頁

4. 開啟檔案總管，選取資料夾：
   C:\素材\17300-104305
   複製所有圖片檔案
   貼至 C:\web05\images 資料夾
   複製所有音樂檔案
   貼至 C:\web05\music 資料夾

5. 切換回到 Dreamweaver
   按重新整理鈕

書曼的旅遊相簿：0508.gif

建立文字圖層

1. 檔案→開新檔案
   名稱：0508
   寬度：125
   高度：20
   背景內容：透明

2. 選取：水平文字工具
   設定屬性：
   標楷體、18pt、黑色

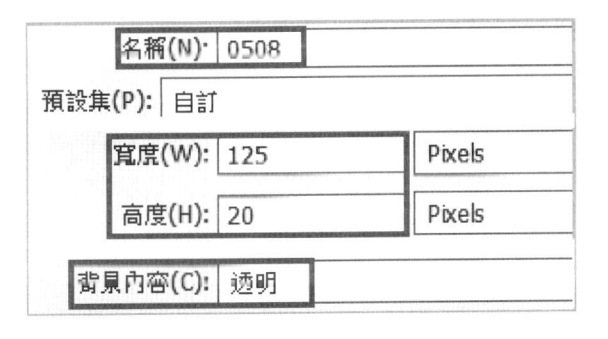

3. 在圖片內點一下
   產生圖層 1
   輸入：書曼
   在圖層 1 上點一下
   圖層 1 變成「書曼」

4. 同上個步驟
   分別建立文字圖層：
   的、旅、遊、相、簿

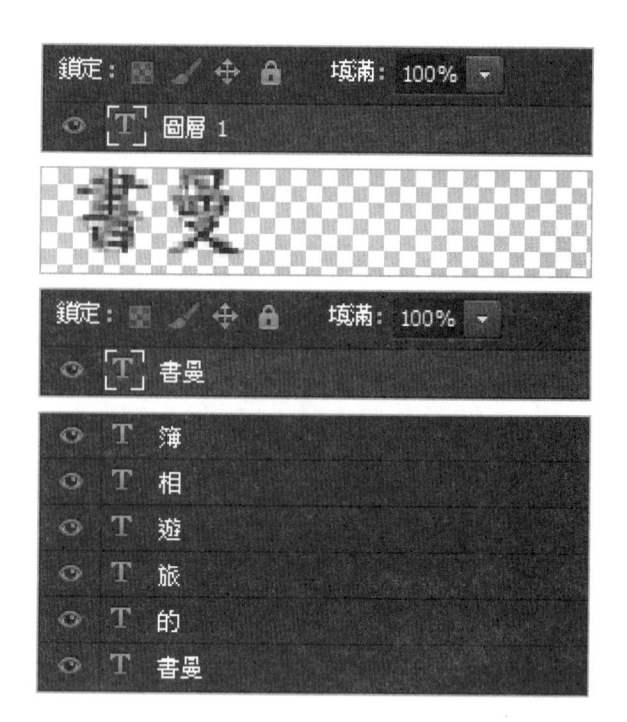

> **解說**
> 在選取文字工具狀態下，若要建立新圖層，以滑鼠在圖片點一下時，就必選擇空白處，不可以跟原有文字重疊，若重疊會被視為原有文字的編輯。

調整圖層位置

1. 選取：圖層-簿，選取：移動工具，將「簿」移到圖片的右邊
   選取：圖層-書曼，將「書曼」移到圖片的左邊

2. 選取所有圖層：
   在「圖層-簿」上點一下，按住 Shift 鍵不放，在「圖層-書曼」上點一下

3. 點選：對齊垂直居中，點選：均分水平居中

- 完成結果如右圖：

設定「書曼的」樣式

1. 選取所有圖層

2. 選取：文字工具
   設定顏色：FFFFFF(白色)
   在「圖層-書曼」上連點 2 下
   設定圖層樣式：
   樣式：畫筆
   尺寸：1 pt
   顏色：FF0000(紅色)

3. 重複上一個步驟
   設定「圖層-的」：黑色

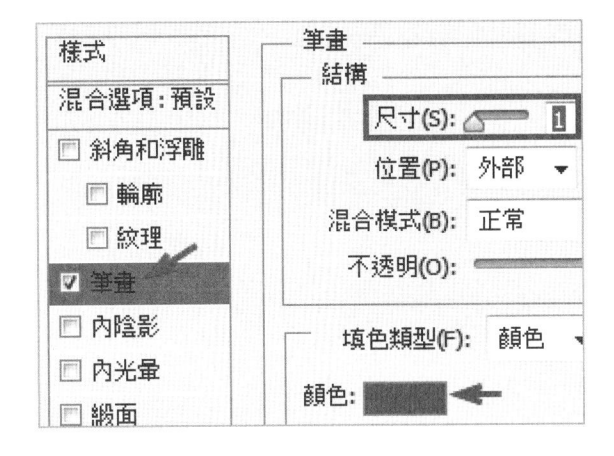

錄製 A 組「旅遊相簿」樣式

由於「旅遊相簿」4 個字必須產生顏色變換的輪播效果，因此必須完成 4x4=16 次的設定，為避免繁複的設定產生錯誤，因此我們採用 Photoshop 的「動作」功能來解題，「動作」可以將重複性的操作步驟記錄下來，需要使用到此連續步驟時，使用者只需要選取動作名稱，按下播放鈕，即可省略掉無謂繁複的重複性操作。

1. 開啟「動作」工具區
   視窗→動作

2. 選取：「圖層-旅」

3. 點選：建立新增動作
   名稱：藍 0000FF
   (紅色圓形錄影鈕亮起)

4. 圖層→圖層樣式→畫筆
   尺寸：1
   顏色：0000FF(藍)
   選取：四方形停止錄影鈕

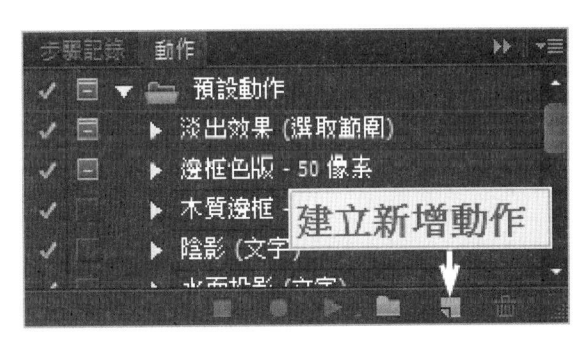

5-11

5. 重複步驟 2、3、4
   分別建立新動作：
   「圖層-遊」→動作→名稱：綠 00FF00
   「圖層-相」→動作→名稱：青 00FFFF
   「圖層-簿」→動作→名稱：桃 FF00FF

6. 點選圖層顯示區的向上鈕

7. 將每一個圖層顯示的細項摺疊
   (不顯示細項)

整理檔案

為方便後續作業程序，我們將建立 5 個群組，分別存放固定顏色的「書曼的」及 A、B、C、D 等 4 組輪播圖層。

1. 點選：建立新群組鈕
   輸入群組名稱：書曼的

2. 同上步驟，建立 A 群組

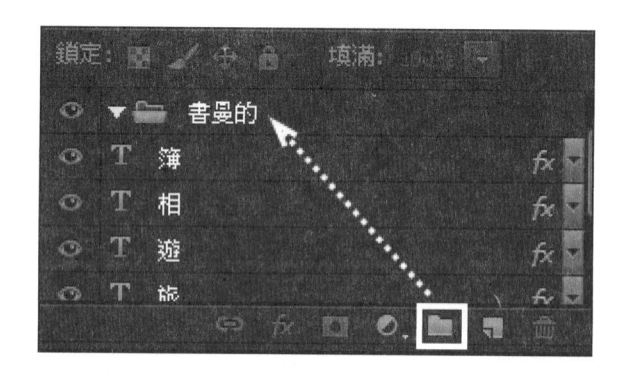

3. 拖曳「書曼」到書曼的群組內
   拖曳「的」到書曼的群組內
   拖曳「旅」到 A 群組內
   拖曳「遊」到 A 群組內
   拖曳「相」到 A 群組內
   拖曳「簿」到 A 群組內
   依序排列如右圖：

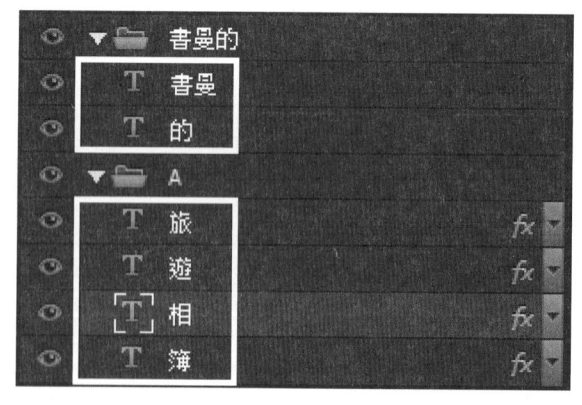

4. 在 A 群組的 A 上方按右鍵
   選取：複製群組
   為：B

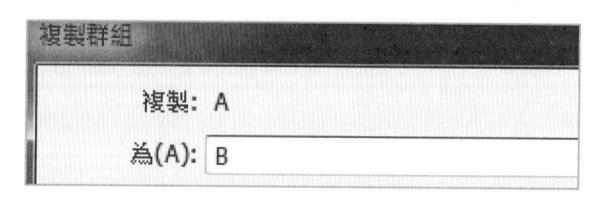

5. 以相同方法複製出 C、D 群組

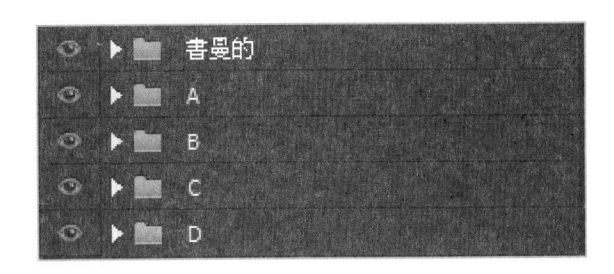

> **解說**
> 書曼的群組內有「書曼」、「的」2 個圖層，A、B、C、D 群組內都有「旅」、「遊」、「相」、「簿」4 個圖層。

利用「動作」設定 BCDE 組樣式

1. 關閉「書曼的」、「A」、「C」、「D」的顯示模式，只顯示 B 群組

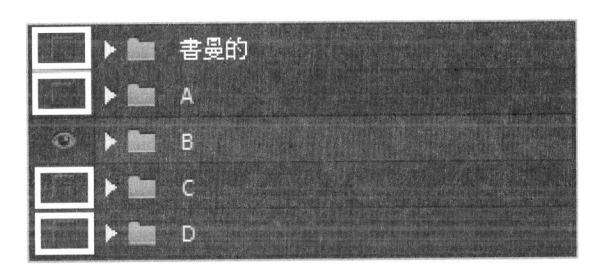

2. 展開 B 群組

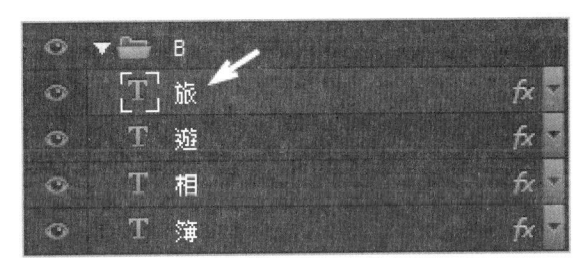

3. 選取：圖層-旅
   選取動作：桃 FF00FF
   點選：播放選取的動作

> **解說**
> 仔細觀察輪播的邏輯，A 組最後 1 個顏色就是 B 組第一個顏色，因此：
> 群組 B 動作順序：4123、群組 C 動作順序：3412、群組 D 動作順序：2341

4. 同步驟 3，選取：圖層-遊，選取動作：藍 0000FF，點選：播放選取的動作
   同步驟 3，選取：圖層-相，選取動作：綠 00FF00，點選：播放選取的動作
   同步驟 3，選取：圖層-簿，選取動作：青 00FFFF，點選：播放選取的動作

5. 同步驟 1、2、3、4，根據考題顏色表，設定 C、D 群組內圖層顏色

> **解說**
> 群組 C 的圖層顏色為：旅(00FFFF)、遊(FF00FF)、相(0000FF)、簿(00FF00)
> 群組 D 的圖層顏色為：旅(00FF00)、遊(00FFFF)、相(FF00FF)、簿(0000FF)

建立動畫

1. 視窗→時間軸
   設定動畫播放模式：永遠

2. 設定窗格播放時間：1 秒

3. 只顯示「書曼的」、「A」群組
   其餘關閉

4. 點選：複製選取窗格 3 次
   右圖共有 4 個窗格

5. 選取第 2 個窗格
   關閉「A」群組
   顯示「B」群組

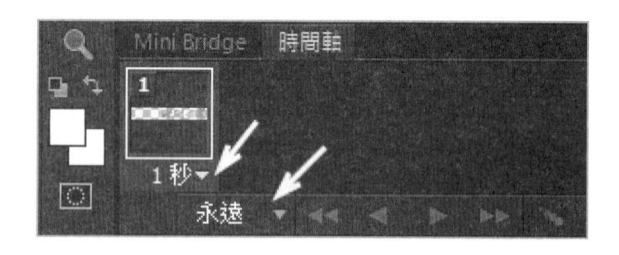

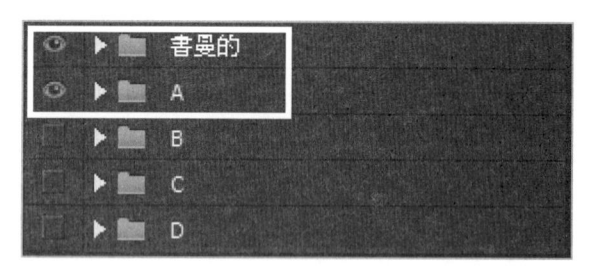

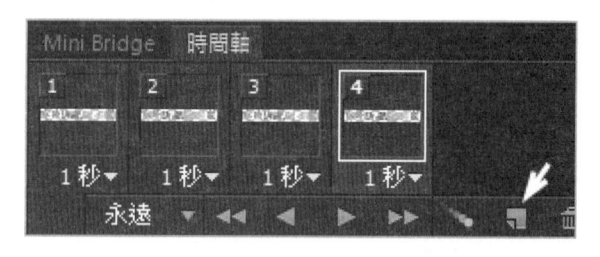

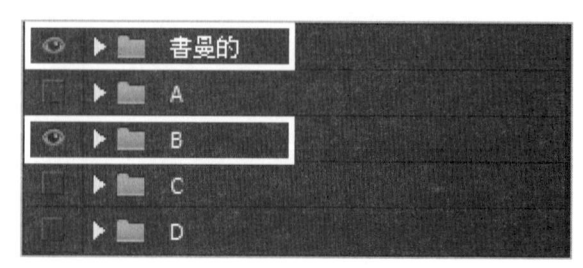

6. 同上步驟，關閉「B」群組，顯示「C」群組
   同上步驟，關閉「C」群組，顯示「D」群組

   檔案→儲存為網頁用
   資料夾：C:\web05\images

   ● 點選：播放鈕
   就可看到圖片區的輪播效果

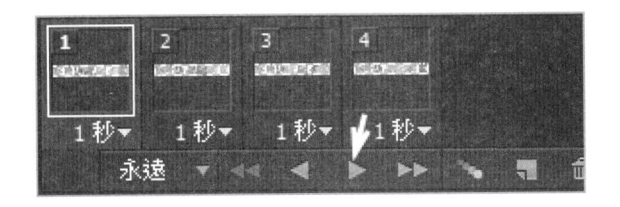

圖片合成：0510a.gif

小圖合成

1. 檔案→開啟舊檔，資料夾：C:\web05\images
   檔案：0509.jpg、0511.jpg、0521.jpg、0531.jpg、0541.jpg、0551.jpg

2. 選取：移動工具鈕，勾選：顯示變形控制項

3. 切換到 0511.jpg 圖片視窗
   按 Ctrl + A、Ctrl + C
   切換到 0509.jpg 圖片視窗
   按 Ctrl + V

4. 拖曳控制項(縮小圖片)
   讓 0511 可以塞入 0509 窗格內

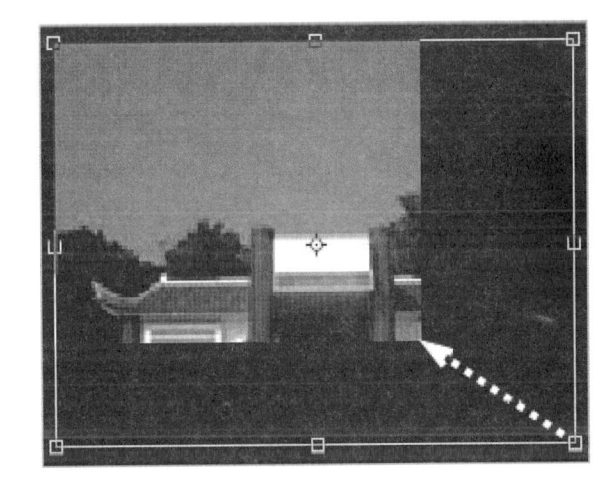

   ● 結果如右圖：

5. 點選：確認變形鈕

6. 取消：圖層 1 顯示
7. 關閉 0511 圖片

8. 重複步驟 1~7，將 0521 圖片塞入 0509 窗格內，產生圖層 2
   重複步驟 1~7，將 0531 圖片塞入 0509 窗格內，產生圖層 3
   重複步驟 1~7，將 0541 圖片塞入 0509 窗格內，產生圖層 4
   重複步驟 1~7，將 0551 圖片塞入 0509 窗格內，產生圖層 5

9. 顯示：背景、圖層 1，其餘關閉
   檔案→另存新檔
   資料夾：C:\web05\images
   檔名：0511a.jpg

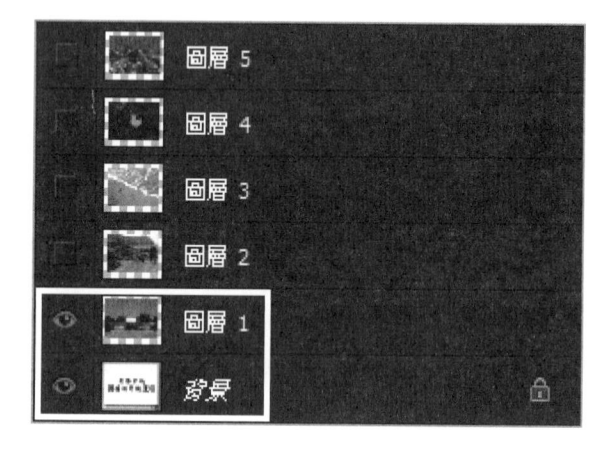

10. 重複步驟 9，只顯示：背景、圖層 2，檔名：0521a.jpg
    重複步驟 9，只顯示：背景、圖層 3，檔名：0531a.jpg
    重複步驟 9，只顯示：背景、圖層 4，檔名：0541a.jpg
    重複步驟 9，只顯示：背景、圖層 5，檔名：0551a.jpg

11. 關閉 0509.jpg，不要存檔

大圖合成

1. 檔案→開啟新檔案，檔名：0510a，寬：610、高：300，透明
   檔案→開啟舊檔，檔案：0511a、0521a、0531a、0541a、0551a

2. 切換到 0511a 視窗，按 Ctrl + A、Ctrl + C，切換到 0510a 視窗，按 Ctrl + V
   切換到 0521a 視窗，按 Ctrl + A、Ctrl + C，切換到 0510a 視窗，按 Ctrl + V
   切換到 0531a 視窗，按 Ctrl + A、Ctrl + C，切換到 0510a 視窗，按 Ctrl + V
   切換到 0541a 視窗，按 Ctrl + A、Ctrl + C，切換到 0510a 視窗，按 Ctrl + V
   切換到 0551a 視窗，按 Ctrl + A、Ctrl + C，切換到 0510a 視窗，按 Ctrl + V

> **解說**
> 請務必依序作業，因為先後順序會影響到每一個圖層的上、下疊放層次。

3. 移動每一個圖層位置

   第 1 列：圖層 1、3、5

   第 2 列：圖層 2、4

> **解說**
>
> 基本上使用目測法調整水平、垂直位置即可，重要的是圖層的上下相對位置不能錯。

4. 檔案→另存新檔，資料夾：C:\web05\images，檔案名稱：0510a.gif

二、設計首頁

首頁版面規劃

- 內容顯示區必須顯示 2 份資料：0510a.gif、album5 電子相簿，因此使用 IFRAME 作為共用介面。

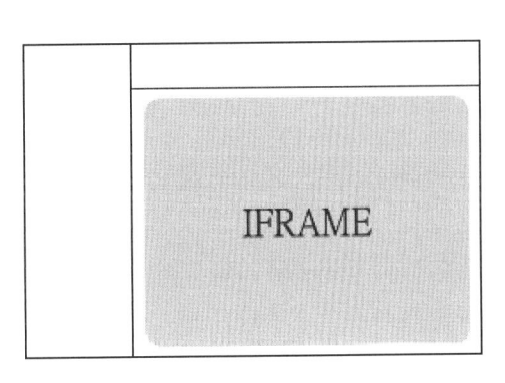

題目規定：

第 1 列高 50、選單區寬 150

推論如下：

第 2 列高 718　　(768-50)

IFRAME 高 718、寬 874 (1024-150)

5-17

建立架構

1. 輸入標題文字：「書曼的旅遊相簿」

2. 點選：頁面屬性鈕
   外觀(CSS)：
   背景：#333333

3. 在網頁內按一下 Enter 鍵
   插入→媒體→plugin：
   music/0501.mp3

4. 選取音效圖示
   點選：修改→編輯標籤
   勾選：自動開始及隱藏

5. 將插入點置於第一個段落上
   插入→表格→列：2、欄：2
   表格寬度：1024 像素
   邊框粗細：0

6. 設定表格→對齊：置中對齊

7. 選取表格
   修改→編輯標籤
   背景顏色：#FFFFCC

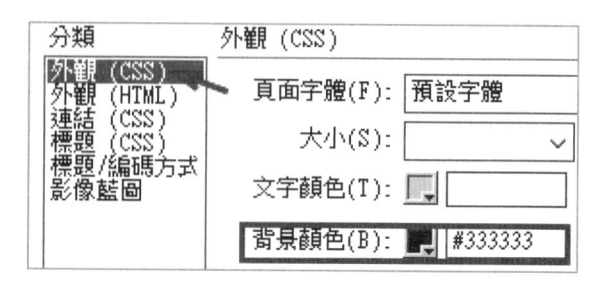

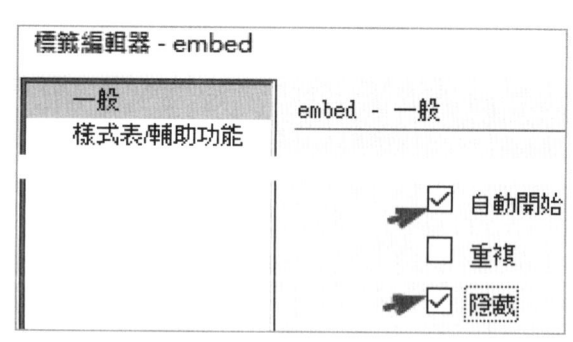

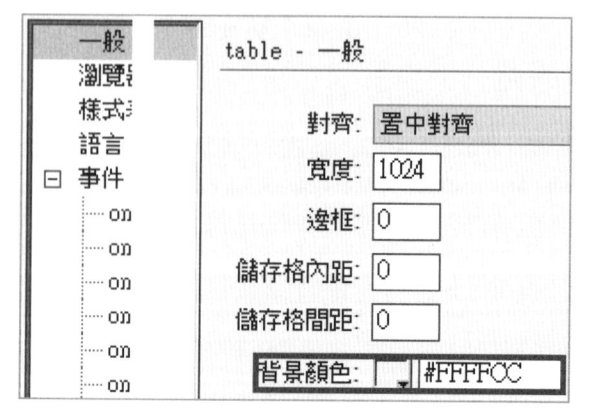

5-18

8. 設定列高：
   第 1 列列高：50
   第 2 列列高：718

9. 合併第 1 欄儲存格
   設定第 1 欄欄寬：150

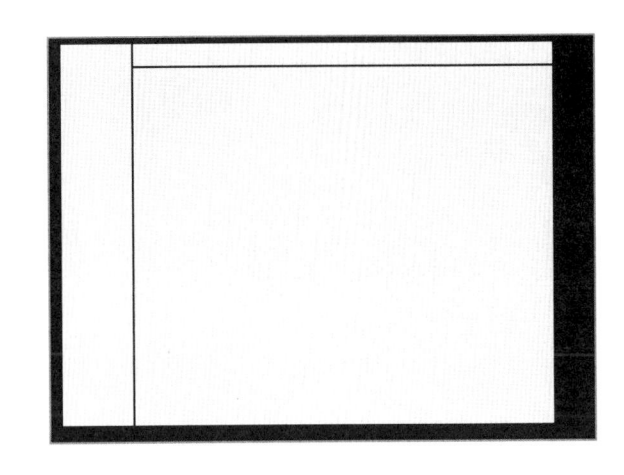

建立 IFRAME

1. 將插入點置於第 2 欄第 2 列

2. 設定儲存格：
   水平：置中對齊，垂直：置中對齊

3. 插入→標籤→HTML 標籤：iframe
   設定 IFRAME：
   來源： main.html
   名稱：imain
   寬度：800
   高度：640
   捲動：否
   顯示邊框：取消勾選

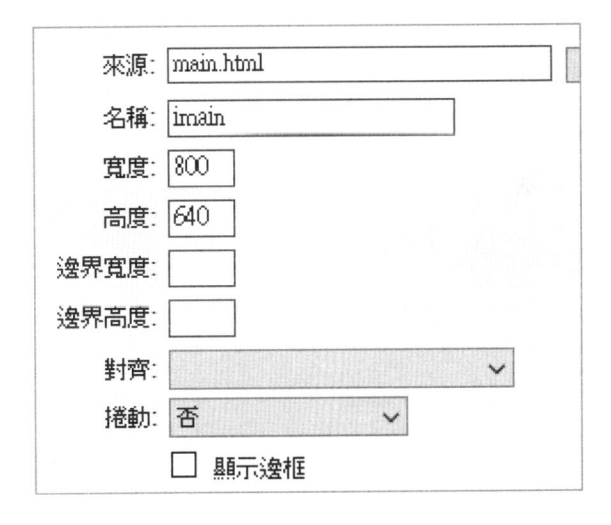

> **解說**
>
> 題目規定：「網頁內容展現時，上、下、左、右內距至少須保留 36px。」
> 因此 height = 718 – 36(左右內距)*2 = 646　約等於 640
> 　　　width = 874 – 36(上下內距) * 2 = 802　約等於 800

- 完成結果如右圖：

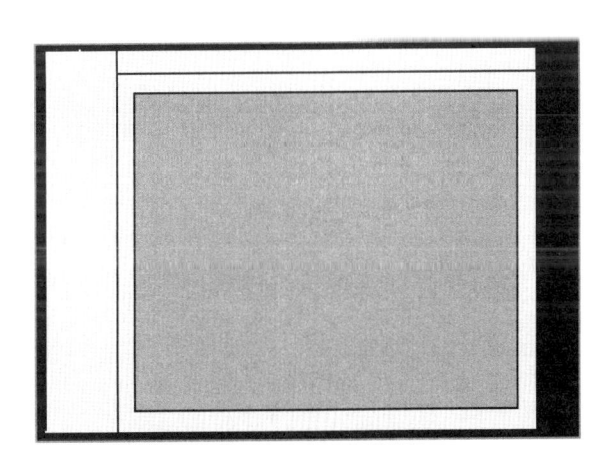

三、選單區

1. 將插入點置於選單區
   設定儲存格：
   水平：置中對齊，垂直：靠上對齊

2. 插入表格→列：12、欄：1
   表格寬度：100%
   邊框粗細：0

3. 設定所有儲存格：
   水平：置中對齊，垂直：置中對齊

4. 插入 1~2 列：一般圖片
   第 1 列：插入→影像→0508.gif、替代文字：書曼的旅遊相簿
   第 2 列：插入→影像→0507.gif、替代文字：書曼

5. 插入 4~8、12 列：動態圖片
   第 4 列：插入→影像物件→滑鼠變換影像
   原始影像：0501b.gif、滑鼠變換影像：0501r.gif、替代文字：金門逍遙遊

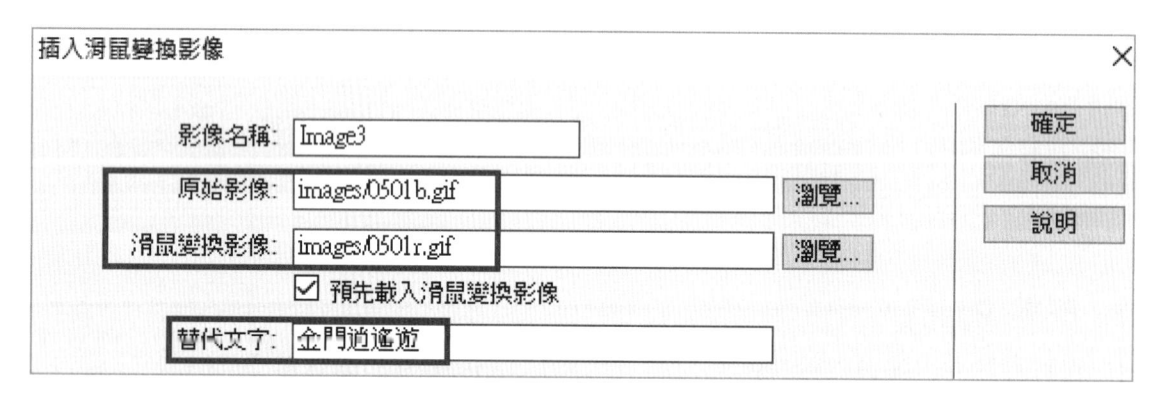

   5~8、12 列設定動態圖片方法與第 4 列相同：

列	原始影像	滑鼠變換影像	替代文字
5	0502b.gif	0502r.gif	卡蹓到馬祖
6	0503b.gif	0503r.gif	踏浪澎湖行
7	0504b.gif	0504r.gif	綠島唱夜曲
8	0505b.gif	0505r.gif	蘭嶼賞魚去
12	0506b.gif	0506r.gif	回首頁

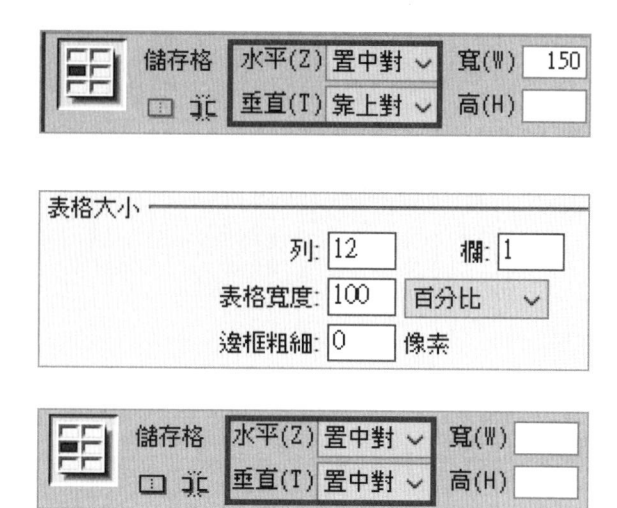

6. 設定圖片超連結

　　第 8 列→連結：album5/album5.html、目標：imain

　　第 12 列→連結：index.html、目標：_top

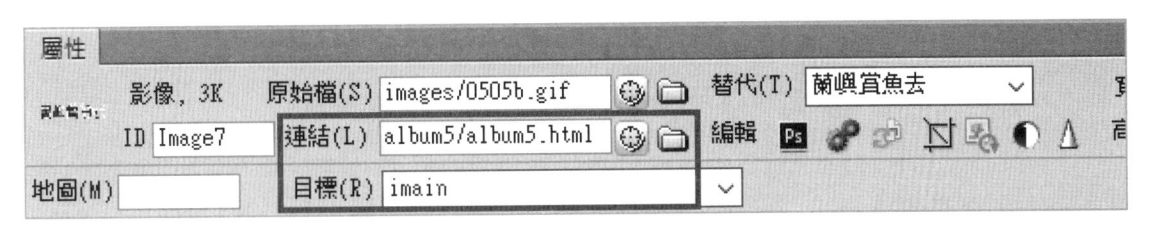

7. 第 10 列輸入：「日期：2018/03/03」

　　按 Shift + Enter 鍵，

　　輸入「維護：05 林文恭」

8. 設定字型(CSS)→新細明體、大小 12px、加粗(bolder)、顏色#FF0000

● 完成結果如右圖：

四、跑馬燈廣告區

1. 將插入點置於上方儲存格，設定儲存格→水平：置中對齊、垂直：置中對齊

2. 輸入文字：「歡迎來到書曼的旅遊相簿，本網站有我的旅遊影像紀錄介紹耶！」

3. 設定字型(CSS)→標楷體、大小 24 px、加粗(bolder)、顏色#FF0000、列高 50 px

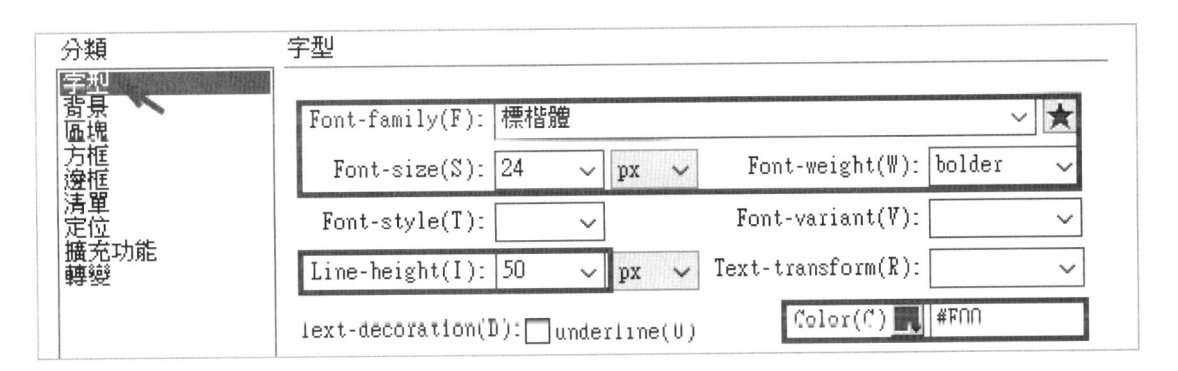

解說

題目要求垂直置中對齊，因此必須設定 Line-height 列高 = 跑馬燈區高度 50px。

4. 選取文字，插入→標籤→HTML→marquee

五、網頁內容區：main 網頁

1. 開啟 main 網頁
2. 點選：頁面屬性鈕
   外觀(CSS)：
   背景顏色：#FFFFCC 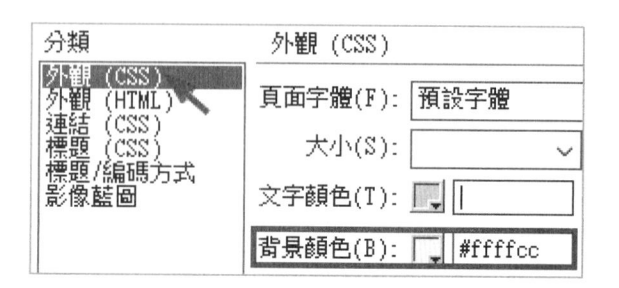
3. 格式→對齊：置中對齊
4. 插入→影像→0510a.gif
5. 選取圖片
   點選：矩形連結區域工具
   在右上角圖框範圍內拖曳對角線
   如右圖： 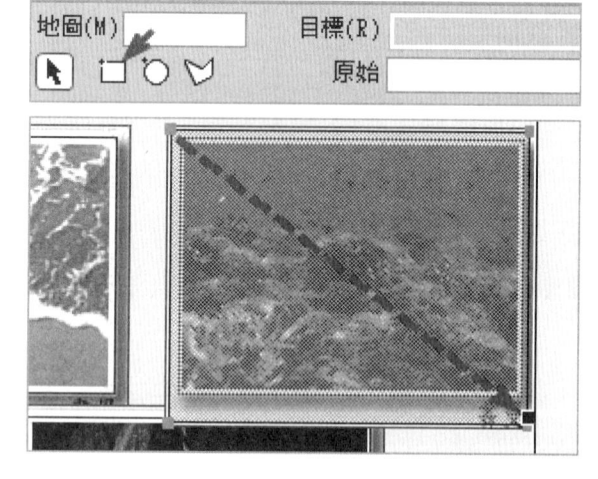
6. 設定連結區
   連結：album5.html
   目標：imain

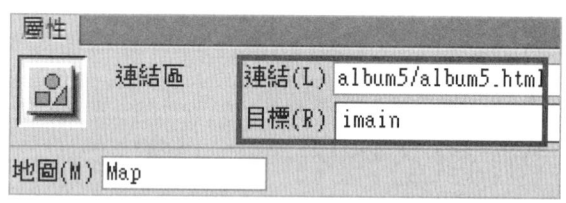

六、album5 電子相簿

1. 開啟 album5 網頁
   點選：頁面屬性鈕
   外觀(CSS)：
   背景：#FFFFCC 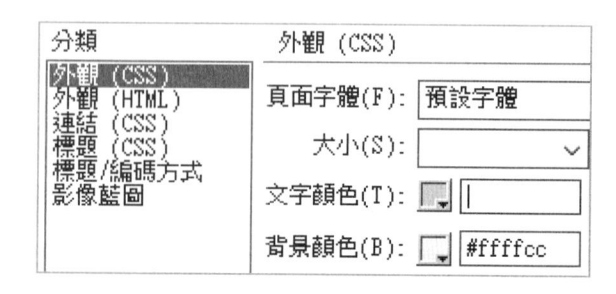
2. 格式→對齊→置中對齊，按 2 下 Enter 鍵
3. 在第 1 個段落輸入：「蘭嶼賞魚去」
   設定字型(CSS)→標楷體、大小 20px、加粗(bolder)、底線、顏色#0000FF

4. 將插入點置於第 2 列，插入→影像：images/0551.jpg

5. 選取圖片，點選：新增 CSS 樣式鈕
   選取器類型：類別、選取器名稱：big-pic，設定邊框如下圖：

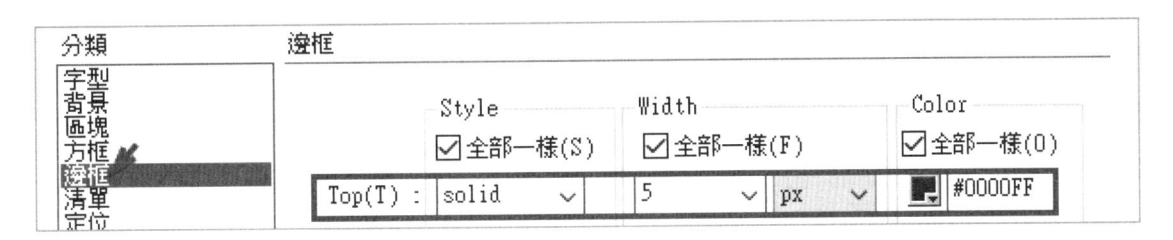

6. 選取圖片
   設定類別：big-pic

7. 在第 3 個段落
   插入→表格
   列：1、欄：5
   表格寬度 400

8. 設定表格→對齊：置中對齊

9. 選取：所有儲存格
   設定→水平：置中對齊

10. 第 1 欄，插入→影像 0551.jpg

11. 選取圖片：0551.jpg
    點選：新增 CSS 規則鈕
    選取器類型：類別
    選取器名稱：pic
    方框→寬：60、高 45

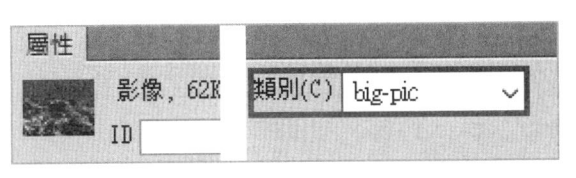

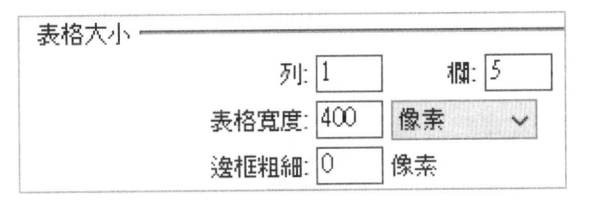

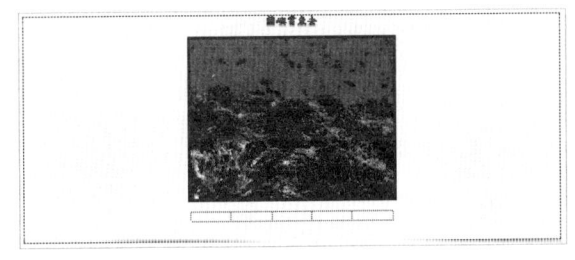

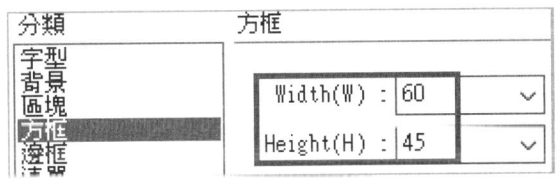

> **解說**
>
> 5 張縮圖共用 pic 樣式，選取器設定為「類別」，後面只要複製圖片即可，不需重新套樣式。

邊框→線條樣式：實線、線條寬度：medium

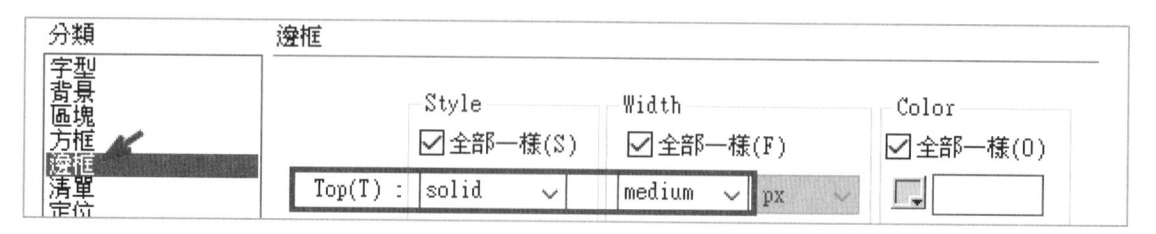

> **解說**
> 這裡我們不在 CSS 設定小圖的邊框顏色#0000FF，這裡如果先設了，後面邊框就無法變換顏色。

12. 選取圖片
    設定類別：pic

13. 複製第 1 欄圖片
    在第 2~5 欄分別貼上

14. 逐一更改 2~5 欄圖片為：
    0552、0553、0554、0555

15. 選取上方大圖片
    設定 ID：big

16. 選取第 1 欄圖片
    標籤檢視窗→行為→「＋」鈕
    選取：調換影像

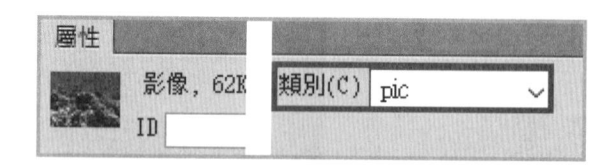

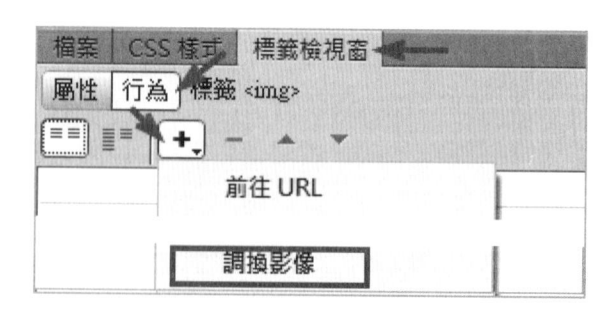

選取影像：影像"big"
設定原始檔為：images/0551.jpg
取消：滑鼠滑開時恢復影像

17. 更改行為：
    onMouseOver 變為 onClick

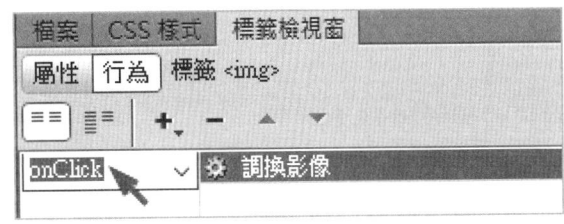

> **解說**
> 系統預設調換圖片的行為：onMouseOver(當滑鼠滑過)。
> 題目要求調換圖片的行為：onClick(按下滑鼠左鍵)。

18. 分別針對第 2~5 欄圖片，重複上 2 個步驟
    原始檔分別為：0552.jpg、0553.jpg、0554.jpg、0555.jpg

19. 分別設定 1~5 欄圖片
    連結：#

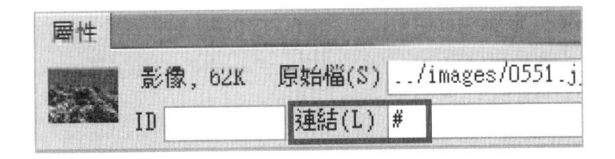

> **解說**
> 我們要利用超連結的顏色變化屬性，但又不要有真實的連結動作，因此在連結屬性對話方塊內輸入#，作為空連結。

● 完成結果如右圖：

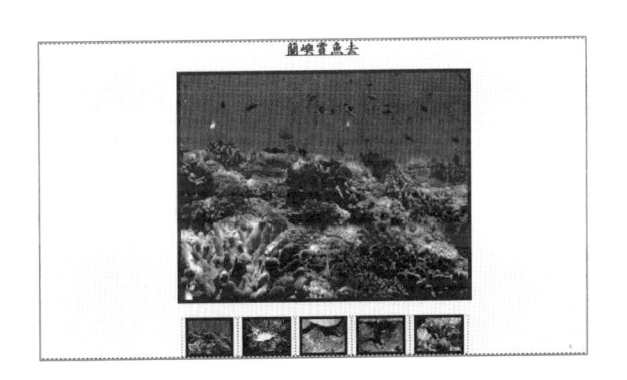

滑鼠移入動態效果

1. 將插入點置於表格外，點選：頁面屬性鈕
   設定連結(CSS)：連結顏色　→#0000FF (藍)、變換影像連結→#00FFFF(青色)
   　　　　　　　　查閱過連結→#0000FF (藍)、作用中的連結→#0000FF (藍)

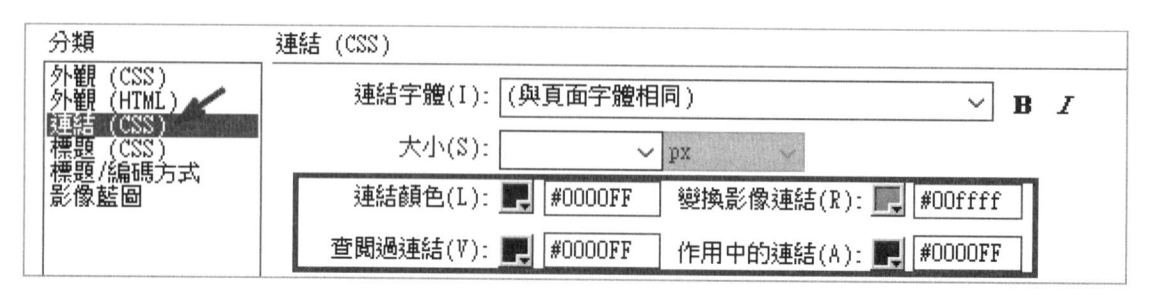

2. 瀏覽結果如右圖：

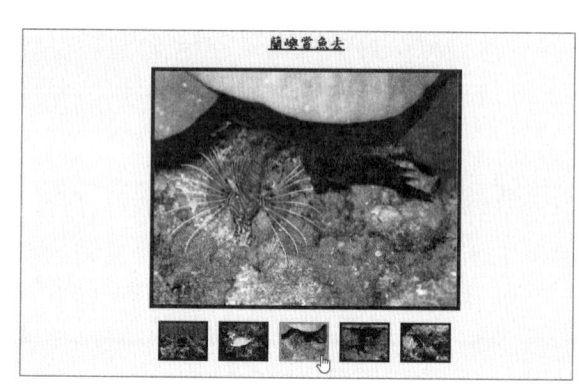

APPENDIX

附錄

附錄一：Windows 7 IIS 啟動與網站主目錄設定

附錄二：Windows 8、10、11 IIS 啟動

附錄三：PhotoImpact 圖片處理

附錄四：參考答案

附錄一：Windows 7 IIS 啟動與網站主目錄設定

Win 7、8、10、11 系統安裝後，預設已經將 IIS 包含在內，只是功能沒有開啟，考生要作的就開啟 IIS 功能，並設定網站主目錄。

Win 7、8、10、11 設定網站主目錄的步驟與方法是一樣的，但啟動控制台的程序卻差別很大，因此我們先以 Win 7 為範例介紹，稍後再補充 Win 8、10、11 啟動控制台的方法步驟。

一、啟動 IIS 功能

1. 開始鈕→控制台

2. 選取：控制台下拉鈕→程式集

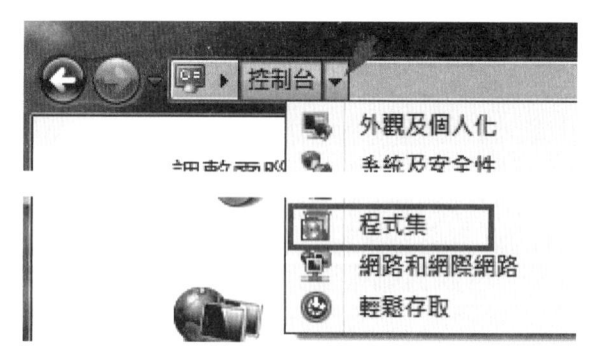

3. 選取：開啟或關閉 Windows 功能

4. 需要等待 30 秒至數分鐘，才會出現如右圖設定方塊

5. 選取：IIS
   Internet Information Service

二、設定網站伺服器主目錄

1. 開啟：檔案總管 (我的電腦)
2. 在「電腦」上按右鍵選取：管理

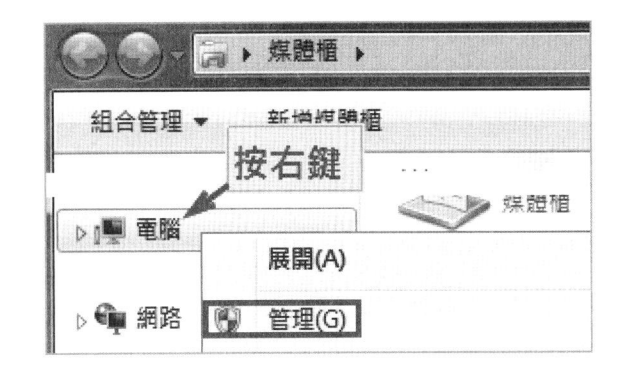

3. 視窗左邊 >>展開：服務與應用程式→選取：Internet Information Service (IIS)
   視窗中間 >>展開：連線的第 1 個項目→展開：站台

   在 Default Web Site 上按右鍵→選取：管理網站→選取：進階設定

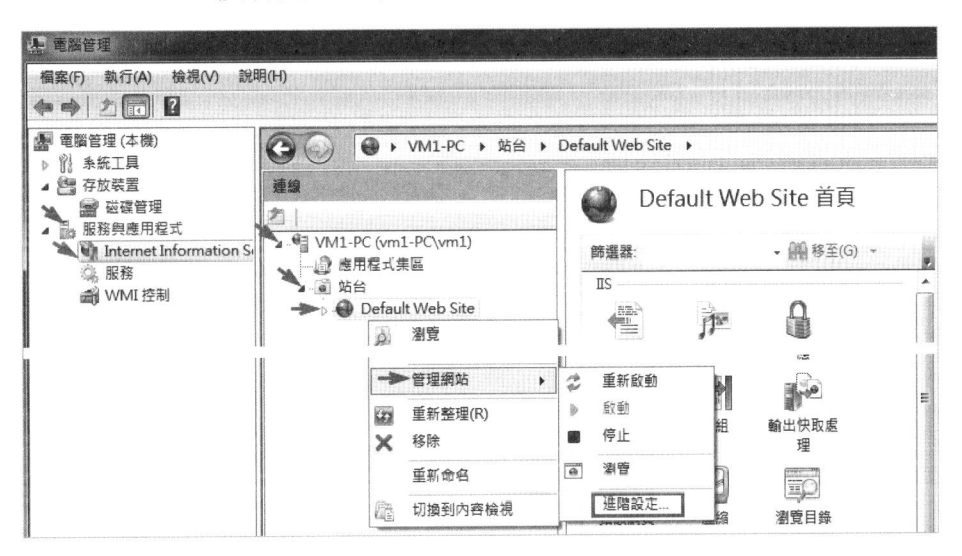

4. 設定：實體路徑 C:\WEB01

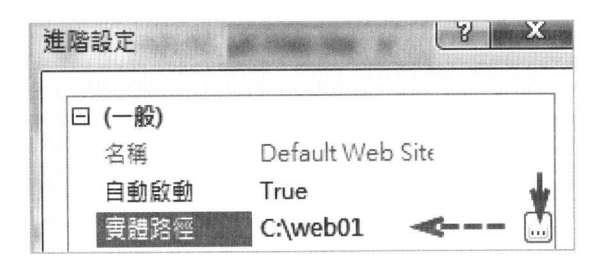

5. 在瀏覽器網址列輸入：http://127.0.0.1，考生完成的 WEB01 網站呈現出來：

附錄二：Windows 8、10、11 IIS 啟動

一、啟動 Win 8、10、11 IIS 功能

由於操作方式一樣，這裡我們以 Windows 10 作說明。

1. 點選畫面最下方工作列上的檔案總管（資料夾）圖示

2. 選取上方路徑欄位的下拉箭頭→控制台

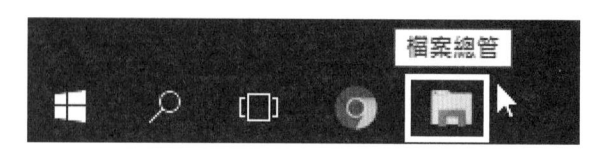

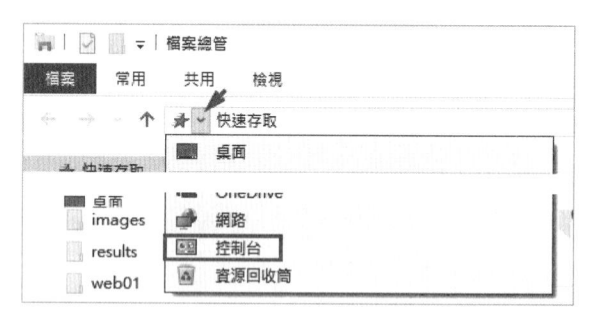

3. 選取：控制台下拉鈕→程式集

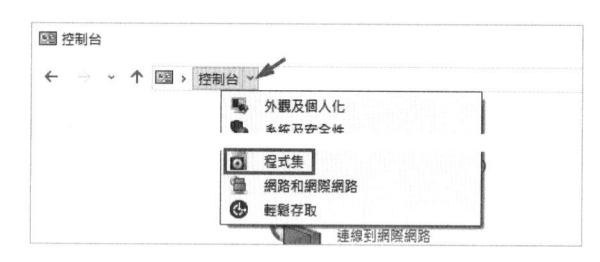

4. 選取：開啟或關閉 Windows 功能

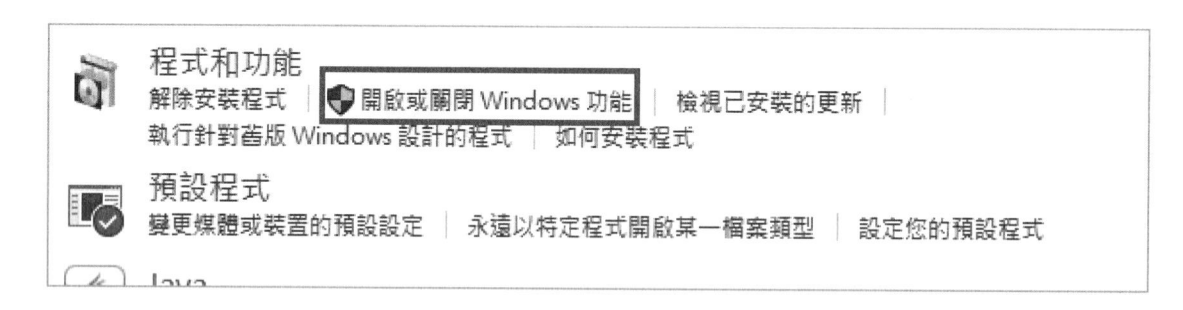

5. 需要等待 30 秒至數分鐘，才會出現如右圖設定方塊

6. 選取：IIS

    Internet Information Service

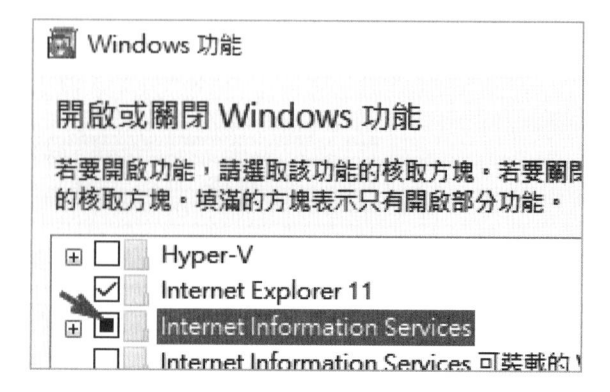

附錄三：PhotoImpact 圖片處理

一、17300-104301 試題 圖片、動畫處理

- 所有圖片、動畫的開啟、儲存，都是以本網站的 images 資料夾為標的，解題步驟中不再重複提醒。

📝 製作標題圖片 logo.png

1. 啟動 Photoimpact
   點選：開新影像鈕
   底色：白色
   寬度：994、高度：60

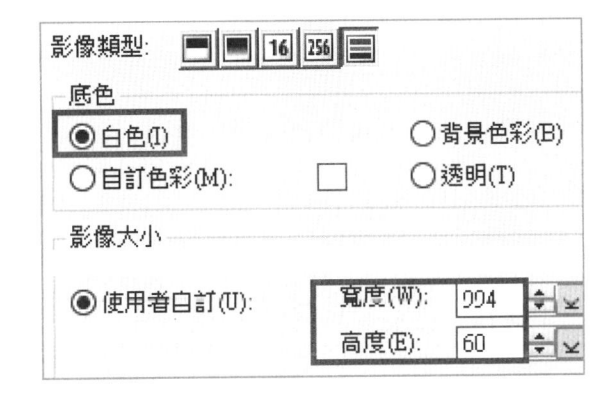

2. 點選：存檔鈕→logo.png

3. 點選：開啟鈕→logo1.png、logo2.png、logo3.png

4. 選取 logo1.png
   調整→調整大小
   單位：像素
   勾選：維持寬高比，高度：50
   以同樣步驟調整 logo3.png

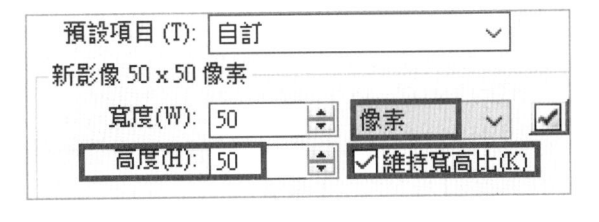

5. 選取：魔術棒工具
   點選上方面板「＋」鈕

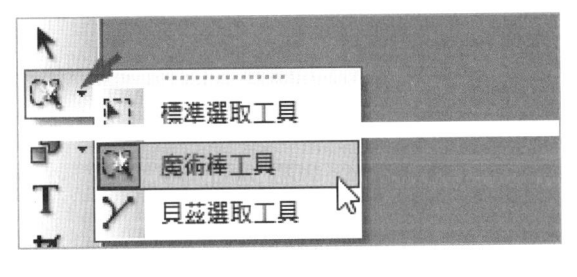

6. 分別點選 logo1 圖片中灰色部分
   點選：選取區→改選未選取部份
   點選：編輯→複製
   切換到 logo 視窗，按 Ctrl + V 貼上
   拖曳圖片到右邊空白處並調整適當位置

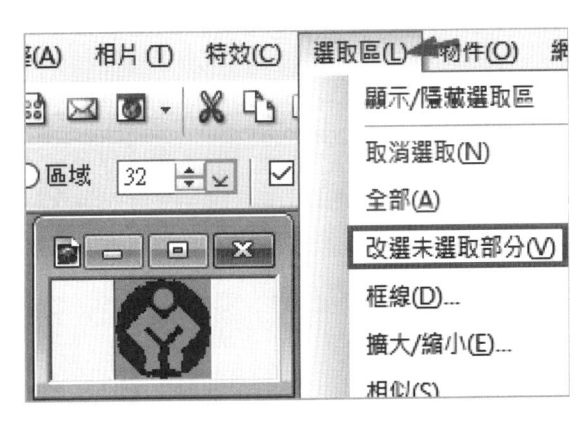

7. 分別點選 logo3 圖片中灰色部分
   點選：選取區→改選未選取部份
   點選：編輯→複製
   切換到 logo 視窗，按 Ctrl + V 貼上
   拖曳圖片到左邊空白處並調整適當位置

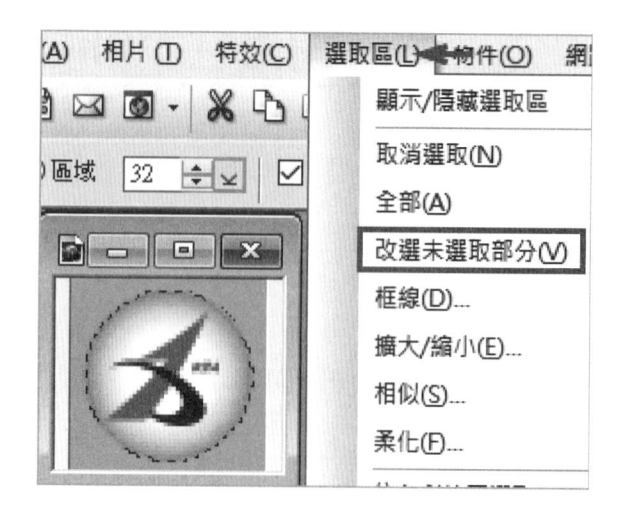

8. 複製 logo2.png 內的文字，貼到 logo.png，點選：水平垂直皆置中鈕
9. 點選：存檔鈕

製作高中校長圖片 0104.jpg

1. 點選：開啟鈕→0102.jpg、0103.jpg

2. 選取 0102.jpg
   選取：魔術棒工具，分別點選 0102 圖片中人像以外的灰色部分
   點選：選取區→改選未選取部份
   點選：編輯→複製
   切換到 0103.jpg 視窗，按 Ctrl + V 貼上

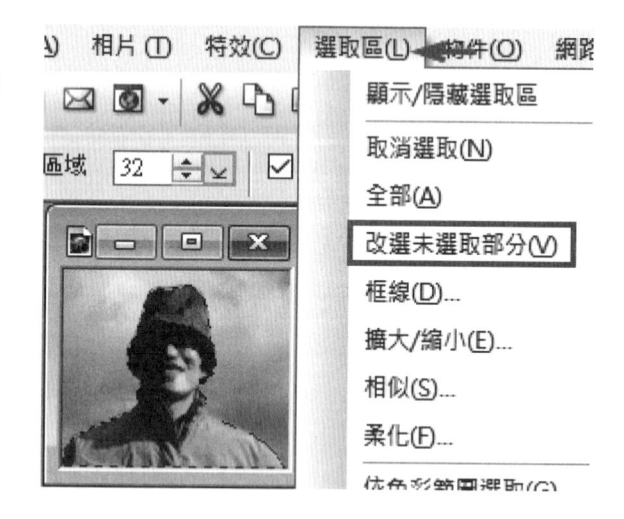

3. 選取 0103.jpg 視窗，點選：檔案→另存新檔→0104.jpg

> **解說**
> 題目要求 0104 圖片大小,我們在插入到網頁中再去作修改。

二、17300-104302 試題 圖片、動畫處理

- 所有圖片、動畫的開啟、儲存,都是以本網站的 images 資料夾為標的,解題步驟中不再重複提醒。

製作標題區橫幅文字

> 題組二標題區橫幅文字規定:
> 以不採用影像編輯軟體處理方式,直接將橫幅文字繪製成圖片

製作圖片展示區大圖片

> (※)(4) 點按圖片展示區中的縮圖時,上方應及時<u>完整呈現相對應的原圖</u>並不得出現裁切的現象,持續至點按下一張縮圖才結束。

題目要求呈現「原圖」,因此不可以在繪圖軟體解題,必須在網頁中以設定圖片大小的方式解題。

> **解說**
> 基於以上二點,因此題組二完全用不到影像編輯軟體。

三、17300-104303 試題 圖片、動畫處理

- 所有圖片、動畫的開啟、儲存，都是以本網站的 images 資料夾為標的，解題步驟中不再重複提醒。

製作標題圖片 a0.gif (自行命名)

1. 點選：開啟鈕，開啟 park0307.jpg、park0308.jpg、park0309.jpg、park0310.jpg 四個檔案，並適當排列如下圖：

2. 點選：第 1 張圖片
   調整→調整大小：
   取消：維持寬高比
   寬度：65 像素
   高度：65 像素

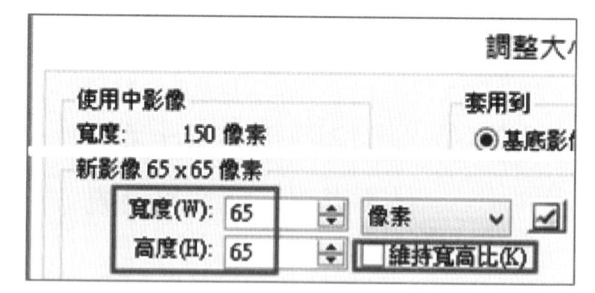

3. 以步驟 2 相同方法，調整第 2、3、4 張圖片：

4. 將上列 4 張圖片分別命名為：1.jpg、2.jpg、3.jpg、4.jpg

5. 視窗→切換→Gif Animator
   點選：動畫精靈

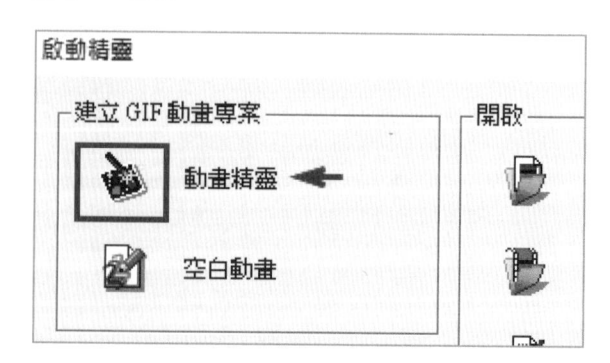

6. 設定底框
   寬度：65
   高度：65
   點選：下一步鈕

7. 設定來源檔案
   點選：新增影像鈕
   選取：1、2、3、4 圖片
   點選：下一步鈕

8. 設定播放速度
   每秒畫格數：1
   點選：下一步鈕
   點選：完成鈕

9. 檔案→另存新檔→Gif→a0.gif

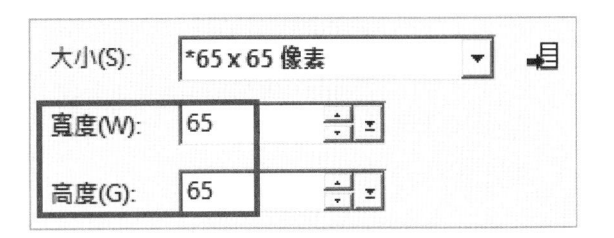

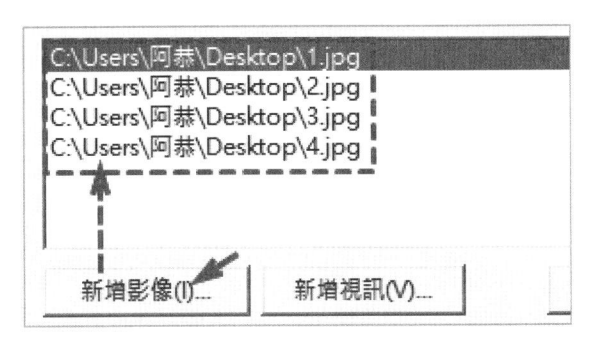

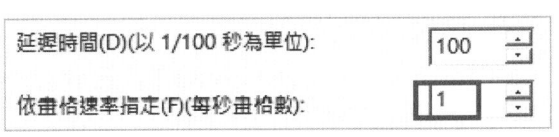

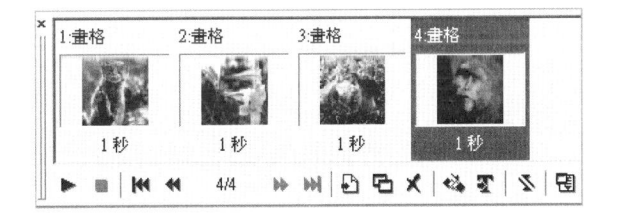

製作變色圖片 park0302a.jpg～park0305a.jpg (自行命名)

1. 點選：開啟鈕→park0302.jpg、park0303.jpg、park0304.jpg、park0305.jpg
   開啟 4 個檔案，並適當排列如下圖：

2. 點選：第 1 張圖片
   相片→色彩→色相與彩度：
   點選：上色鈕
   重複執行在第 2~4 張圖片

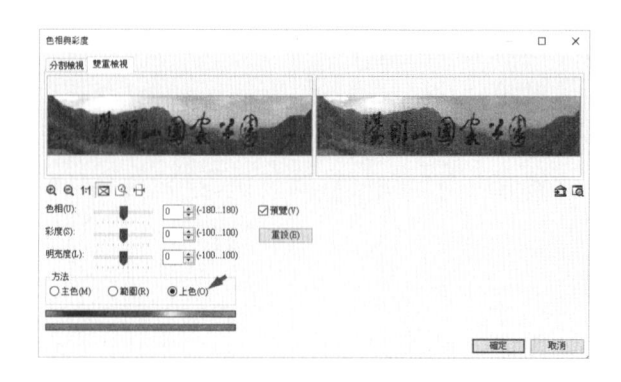

3. 分別選取 4 張圖片，檔案→另存新檔，檔案名稱分別為：
   park0302a.jpg、park0303a.jpg、park0304a.jpg、park0305a.jpg

製作 park0314.jpg 圖片

1. 點選：開新影像鈕
   底色：白色
   寬度：340
   高度：280

2. 物件→插入影像物件→從檔案
   選取檔案：park0306.jpg
   將圖片移至下方
   設定：水平置中

3. 物件→插入影像物件→從檔案
   選取檔案：park0303.jpg
   將圖片移至上方
   設定：水平置中

4. 檔案→另存新檔→park0314.jpg

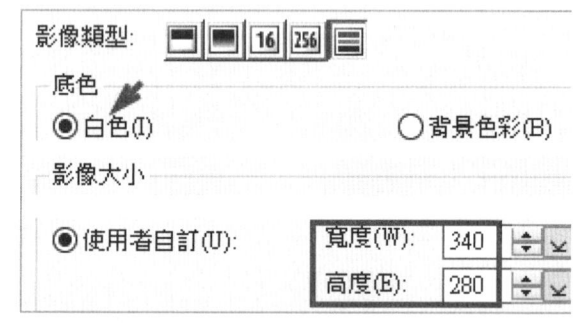

四、17300-104304 試題 圖片、動畫處理

- 所有圖片、動畫的開啟、儲存，都是以本網站的 images 資料夾為標的，解題步驟中不再重複提醒。

製作標題文字圖片 0401a.jpg (自行命名)

1. 點選：開啟鈕→0401.jpg
   調整→調整大小
   取消：維持寬高比
   寬度：1024、高度：120

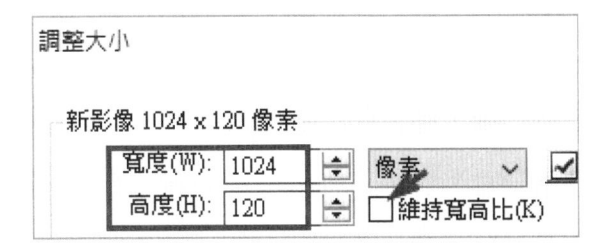

2. 點選：文字工具鈕，必須設定的功能圖示如下：
   字體顏色：#FFFFFF，字型：標楷體，大小：52
   框線色彩：#000000，勾選：陰影

3. 將滑鼠指標在新影像內點一下，輸入文字：「流行精品購物網站」
   點選：選取工具，設定：水平垂直皆置中

4. 點選：陰影色彩鈕
   顏色：#333333

5. 點選：陰影設定鈕
   x 位移：10
   y 位移：10
   柔邊：15

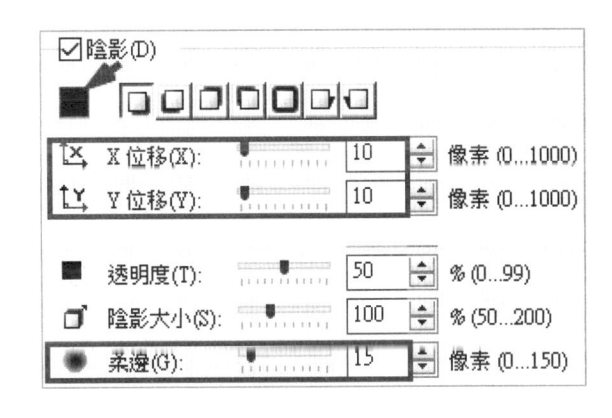

6. 檔案→另存新檔→0401a.jpg

五、17300-104305 試題 圖片、動畫處理

- 所有圖片、動畫的開啟、儲存，都是以本網站的 images 資料夾為標的，解題步驟中不再重複提醒。

製作動畫圖片 0508.gif

1. 點選：開新影像鈕
   底色：透明
   寬度：125
   高度：20

2. 點選：文字工具鈕，必須設定的功能圖示如下：
   字體顏色：#FFFFFF，字型：標楷體，大小：16
   勾選：框線，框線顏色：#FF0000

3. 將滑鼠指標在新影像內點一下，輸入文字：「書曼的旅遊相簿」
   點選：選取工具，設定：水平垂直皆置中

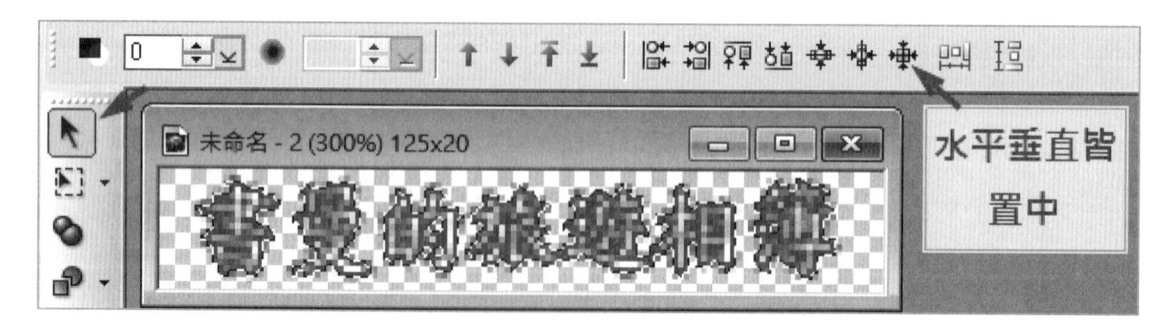

4. 點選：文具工具，點選：顯示工具設定鈕，分割文字：字、點選：分割鈕

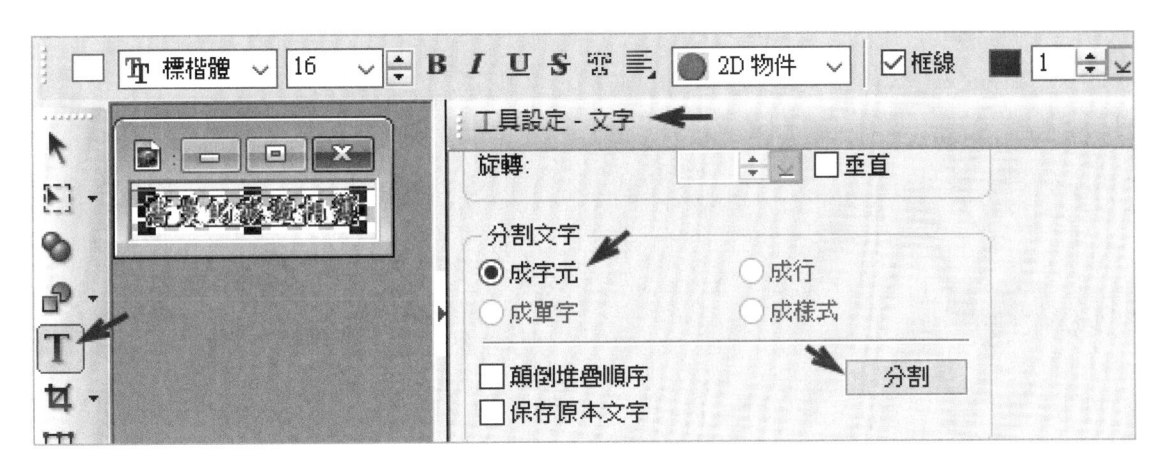

5. 點選：選取工具，以滑鼠指標在新影像內空白處點一下(取消：文字選取)
   選取第 3 個字，設定框線顏色：#000000

6. 編輯→再製→基底與影像物件，連續作 3 次(畫面上有 4 張影像)
   將 4 張影像垂直對齊排列(方便顏色設定)

7. 點選：第 1 張影像第 4 個字「旅」，更改邊框顏色：#0000FF(藍)
   點選：第 2 張影像第 5 個字「遊」，更改邊框顏色：#0000FF(藍)
   點選：第 3 張影像第 6 個字「相」，更改邊框顏色：#0000FF(藍)
   點選：第 4 張影像第 7 個字「簿」，更改邊框顏色：#0000FF(藍)

8. 以相同邏輯設定綠色字
   以相同邏輯設定青色字
   以相同邏輯設定桃紅色字
   結果如右圖：

9. 將 4 張影像依序命名為：
   1.gif、2.gif、3.gif、4.gif

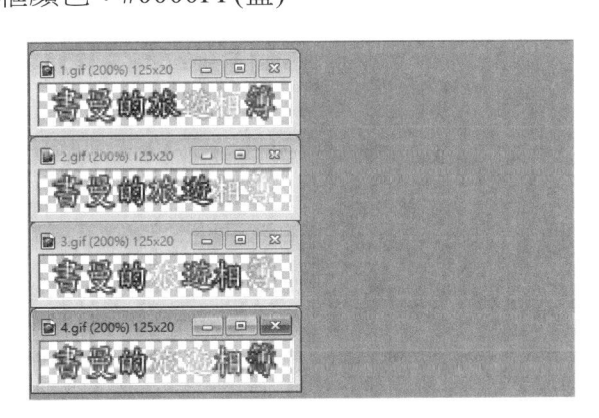

10. 視窗→切換→Gif Animator
    點選：動畫精靈

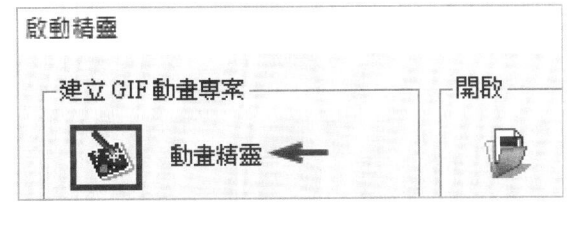

11. 設定底框
    寬度：125
    高度：20
    點選：下一步鈕

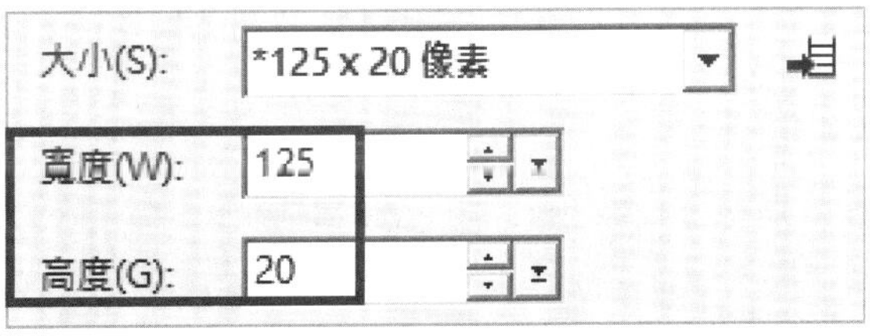

A-13

12. 設定來源檔案

    點選：新增影像鈕

    選取：1、2、3、4 圖片

13. 點選：下一步鈕

14. 設定播放速度

    每秒畫格數：1

    點選：下一步鈕

    點選：完成鈕

15. 檔案→另存新檔→Gif

    檔案名稱：0508.gif

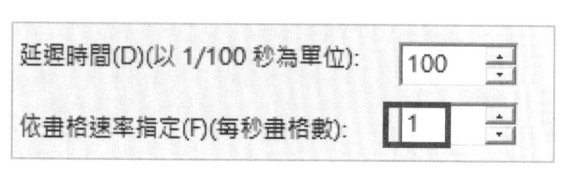

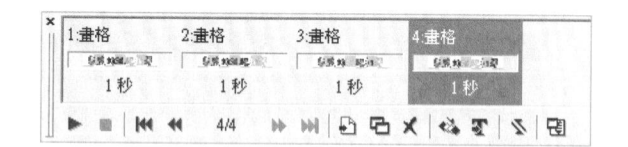

製作影像合成圖片 0511a、0521a、0531a、0541a、0551a.jpg

1. 點選：開啟鈕→0509.jpg

   點選：標準選取工具，在 0509 圖片「影像合成區內拖曳一矩形

   將選取的範圍拖曳到圖片外，可以看到區域的大小約為：170 x120

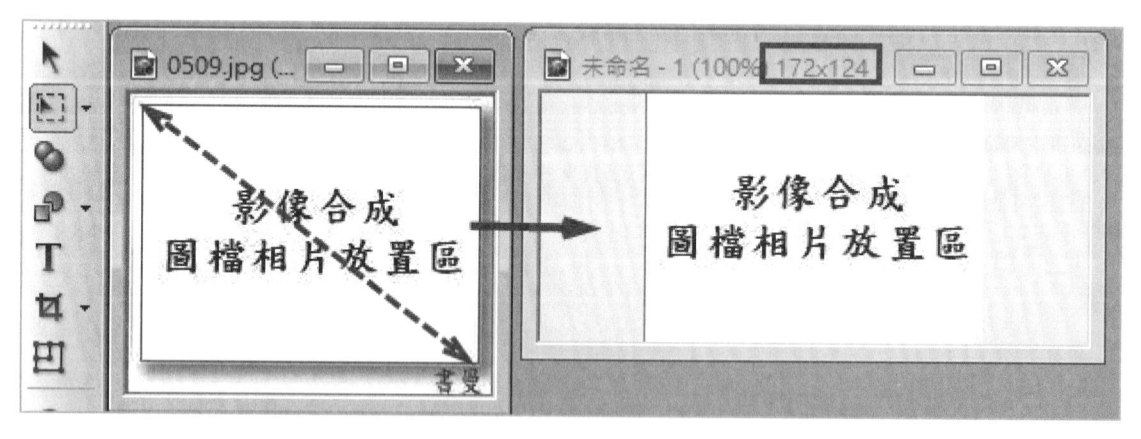

2. 刪除步驟 1 拖曳出來的未命名影像

3. 點選 0509.jpg 的標題列，編輯→再製→基底影像與物件，連續 5 次

   關閉 0509.jpg，分別將 5 張新影像命名為：0511a.jpg、0521a.jpg、0531a.jpg、0541a.jpg、0551a.jpg，並排列如下圖：

4. 開啟檔案：0511.jpg、0521.jpg、0531.jpg、0541.jpg、0551.jpg

    選取 0511 圖片，調整→調整大小→取消：維持寬高比，寬：170、高：120

    選取 0521 圖片，調整→調整大小→按 Enter 鍵

    選取 0531 圖片，調整→調整大小→按 Enter 鍵

    選取 0541 圖片，調整→調整大小→按 Enter 鍵

    選取 0551 圖片，調整→調整大小→按 Enter 鍵

    將 5 張圖片並排列如下圖：

5. 點選 0511 標題列，按 Ctrl + C，點選 0511a 標題列，按 Ctrl + V

    將貼上的圖片拖曳至方框中心

    以同樣方式處理圖片 0521、0531、5041、0551，結果如下圖：

製作影像合成圖片 0510a.gif

1. 點選：開新影像鈕

    底色：透明

    寬度：610

    高度：300

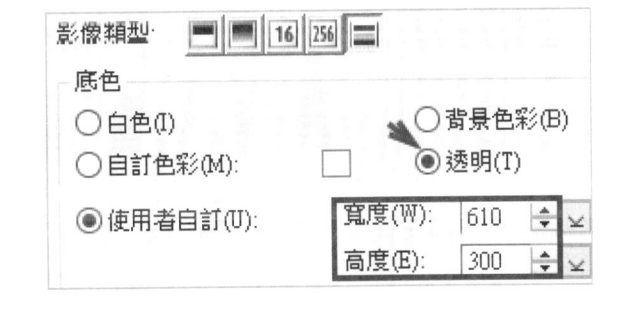

2. 物件→插入影像物件→從檔案→0511a.jpg

    依序插入：0521a.jpg、0531a.jpg、0541a.jpg、0551a.jpg

3. 檔案→另存新檔→0510a.gif，調整圖片位置，如下圖：

附錄四：參考答案

104301參考答案

index.html

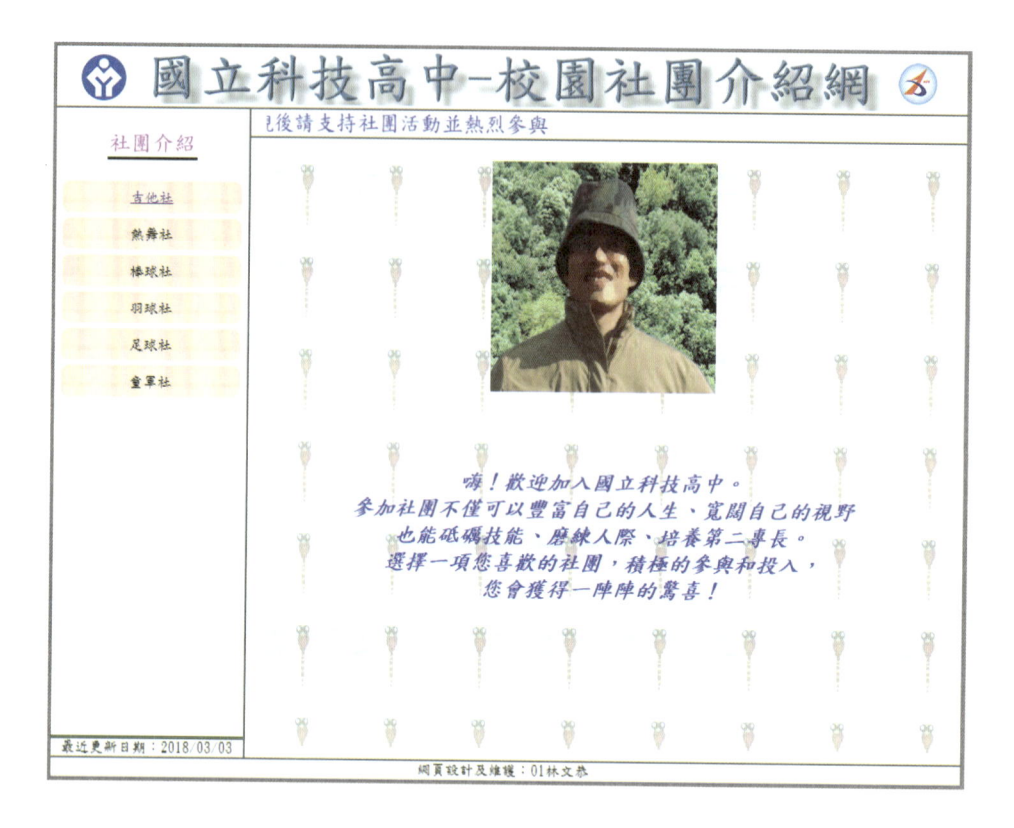

吉他社超連結

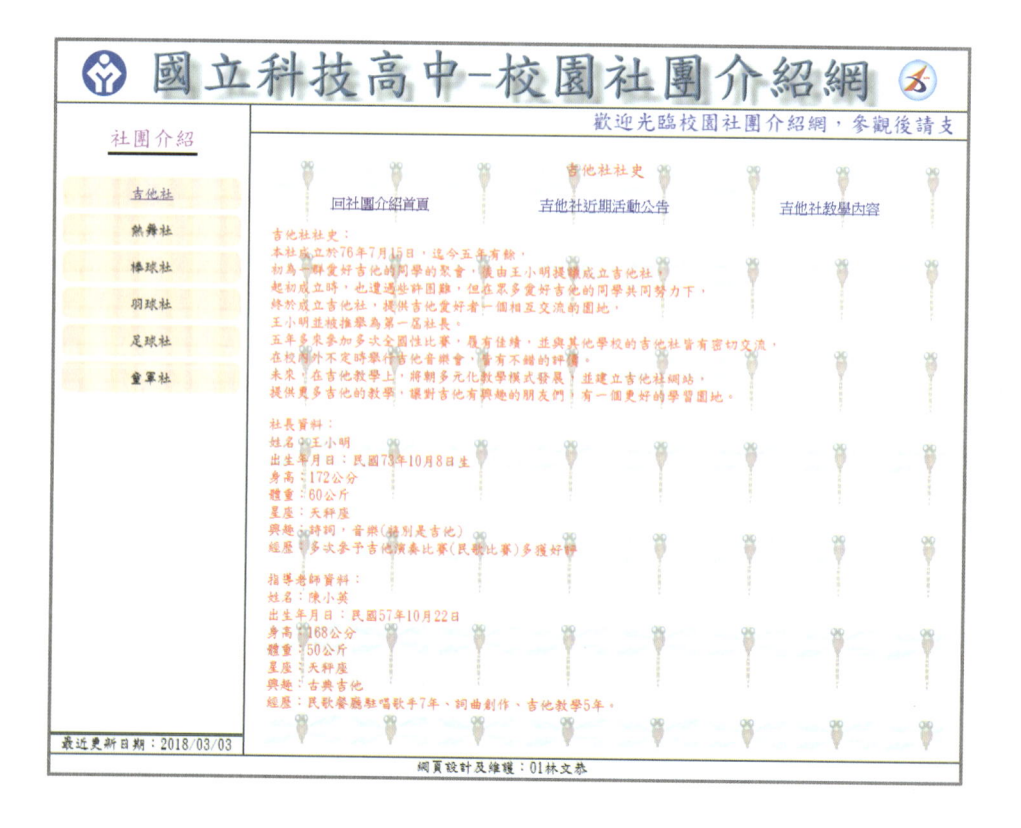

吉他社近期活動公告超連結

吉他社教學內容超連結

104302參考答案

index.html

電子相簿超連結

健康新天地超連結

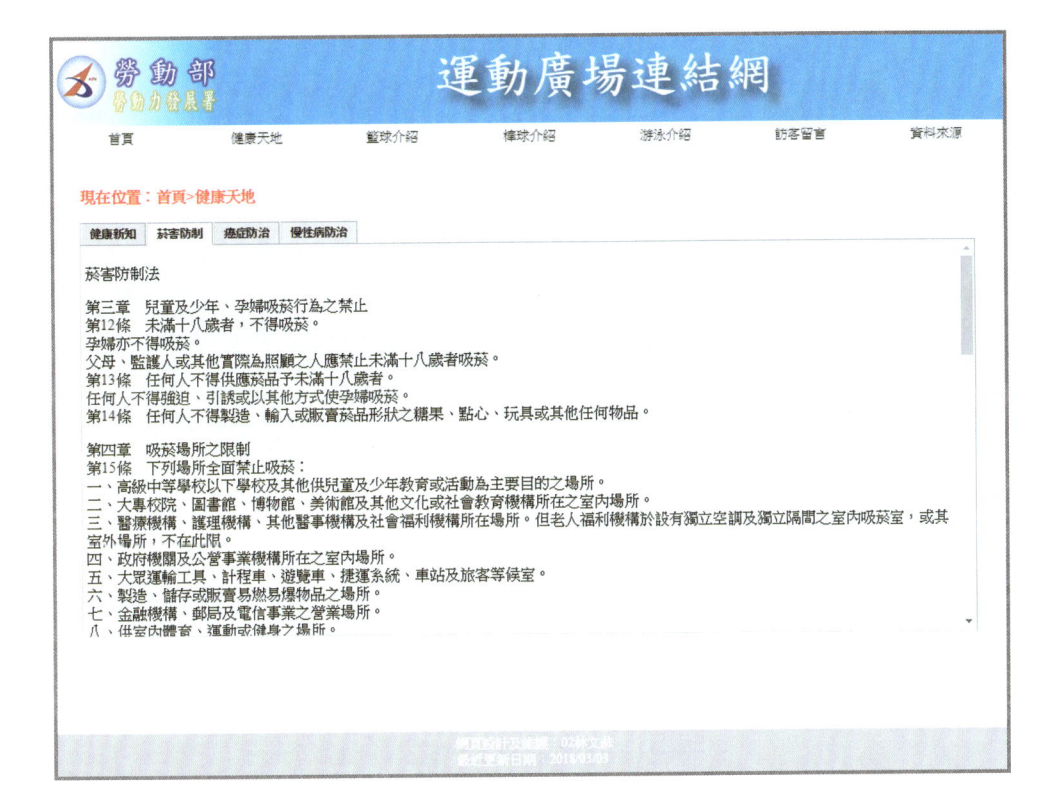

籃球介紹超連結

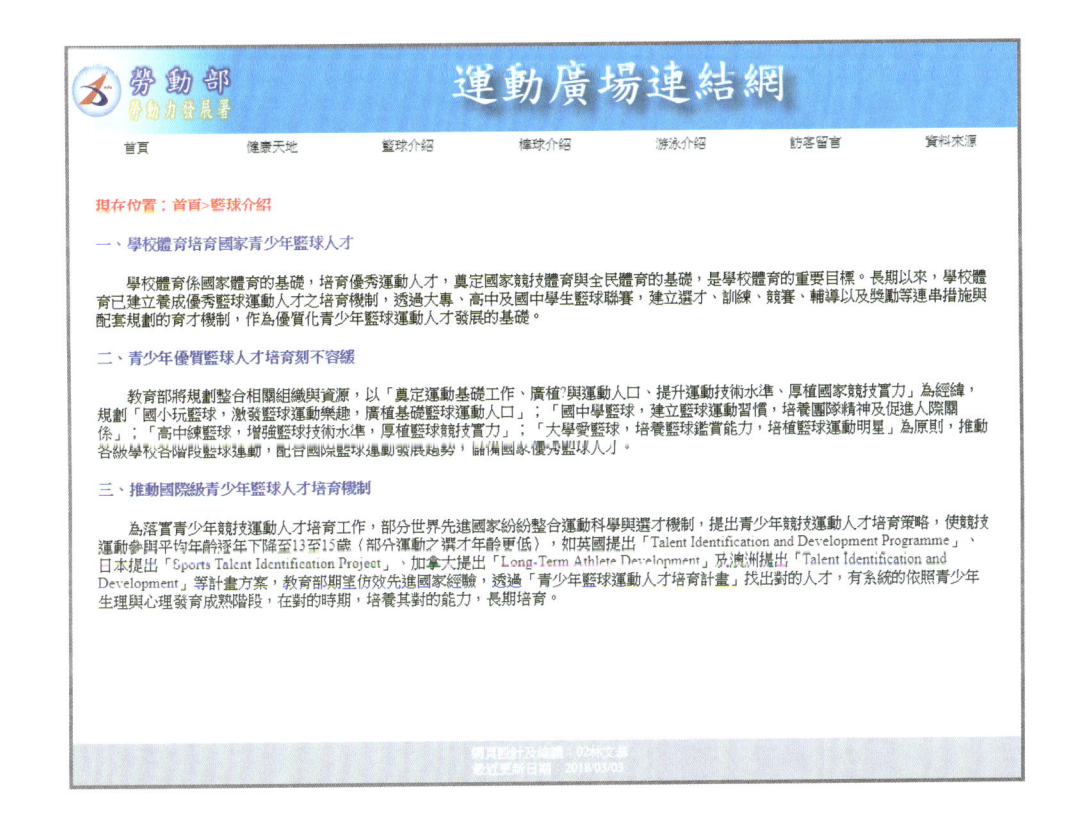

棒球介紹超連結

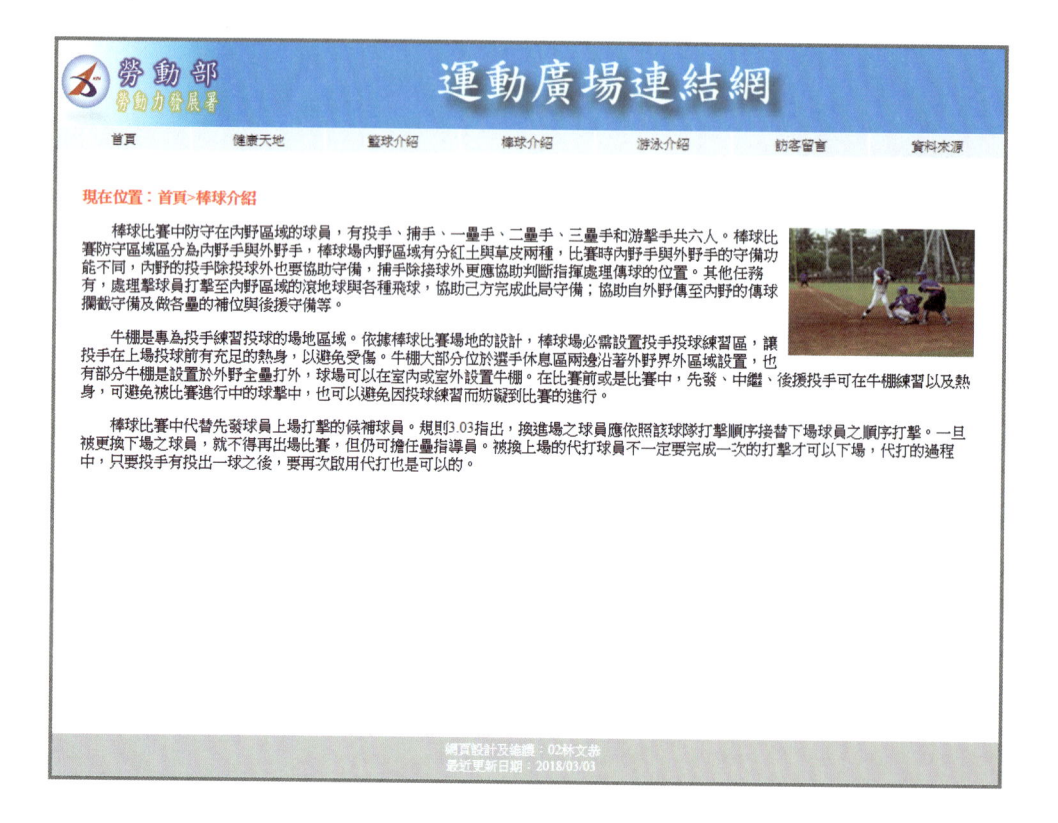

游泳介紹超連結

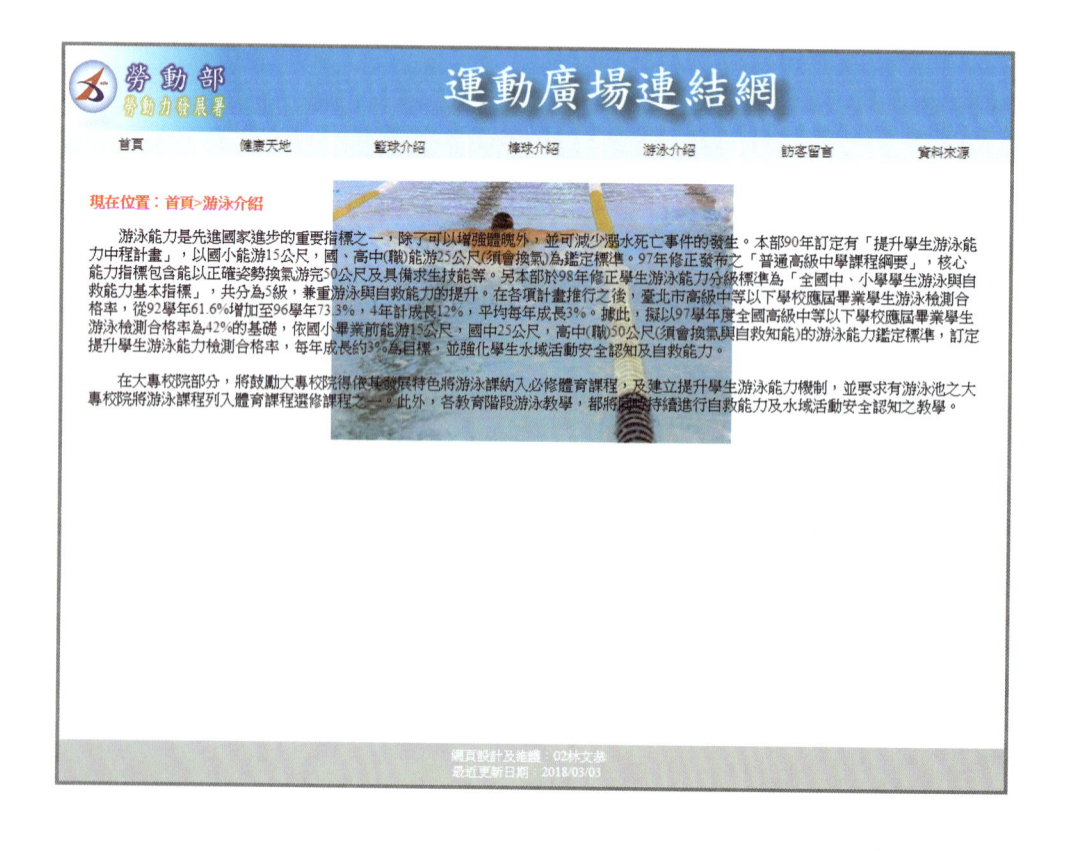

附錄

訪客留言超連結

資料來源超連結

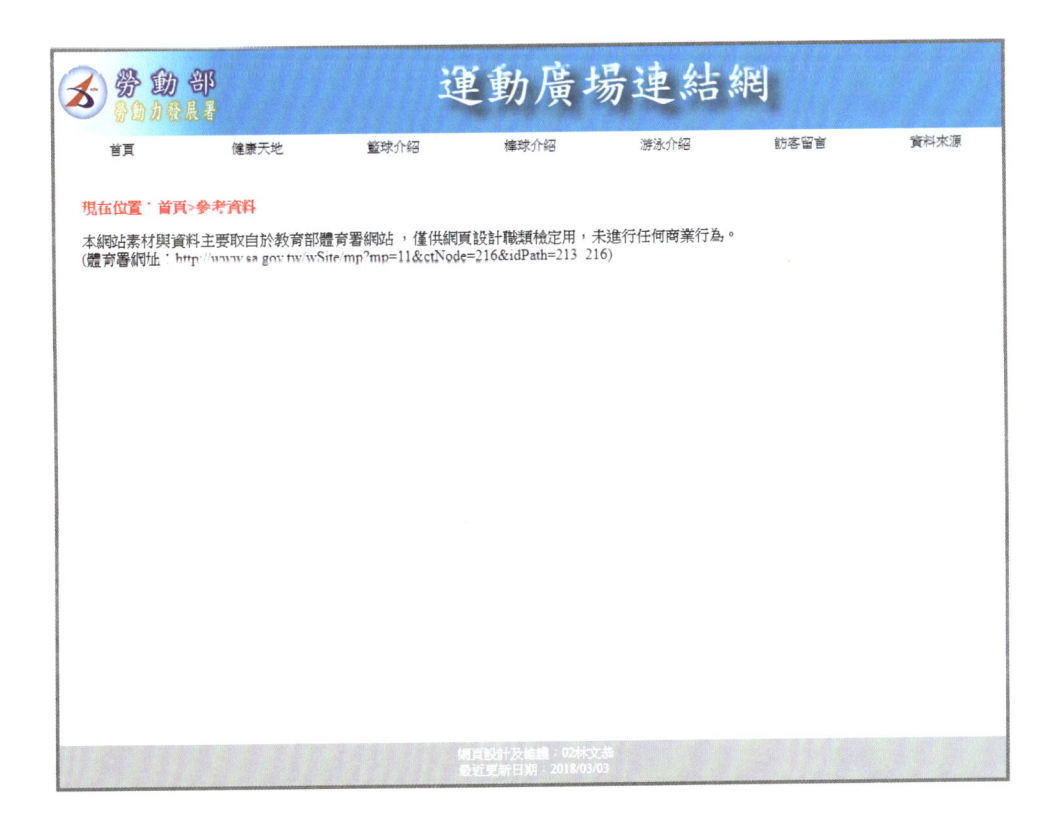

A-21

104303參考答案

index.html

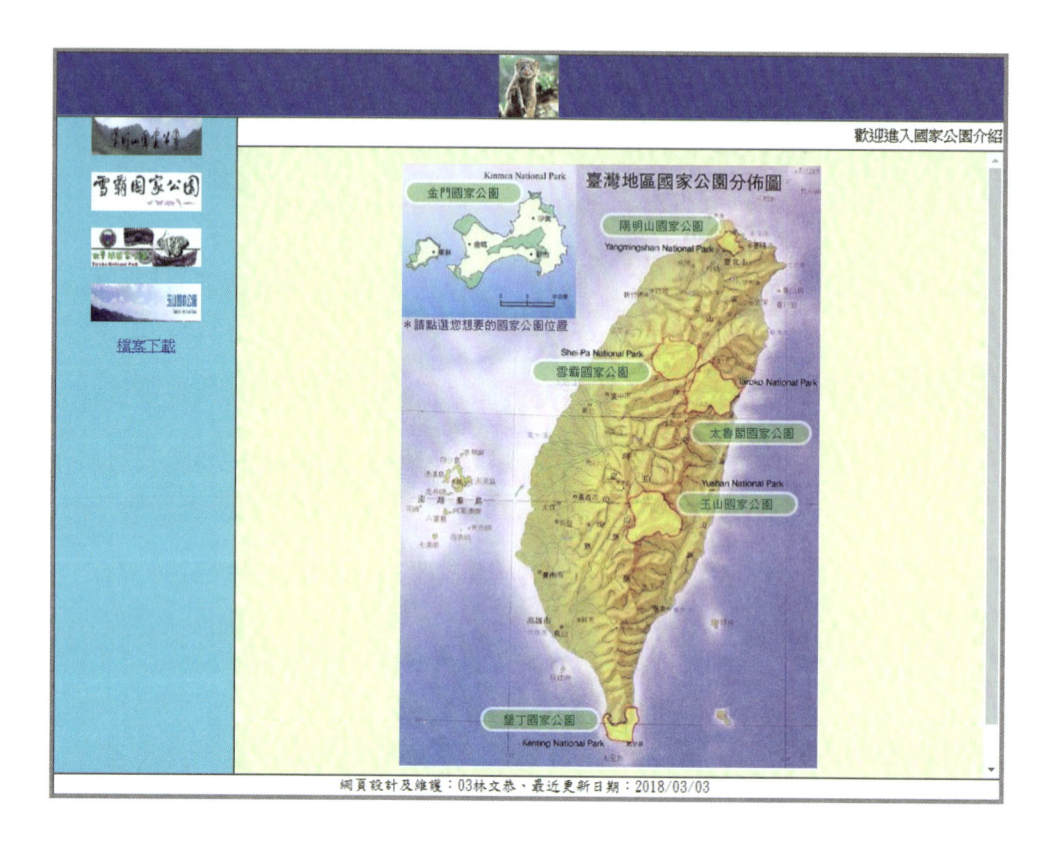

陽明山國家公園超連結

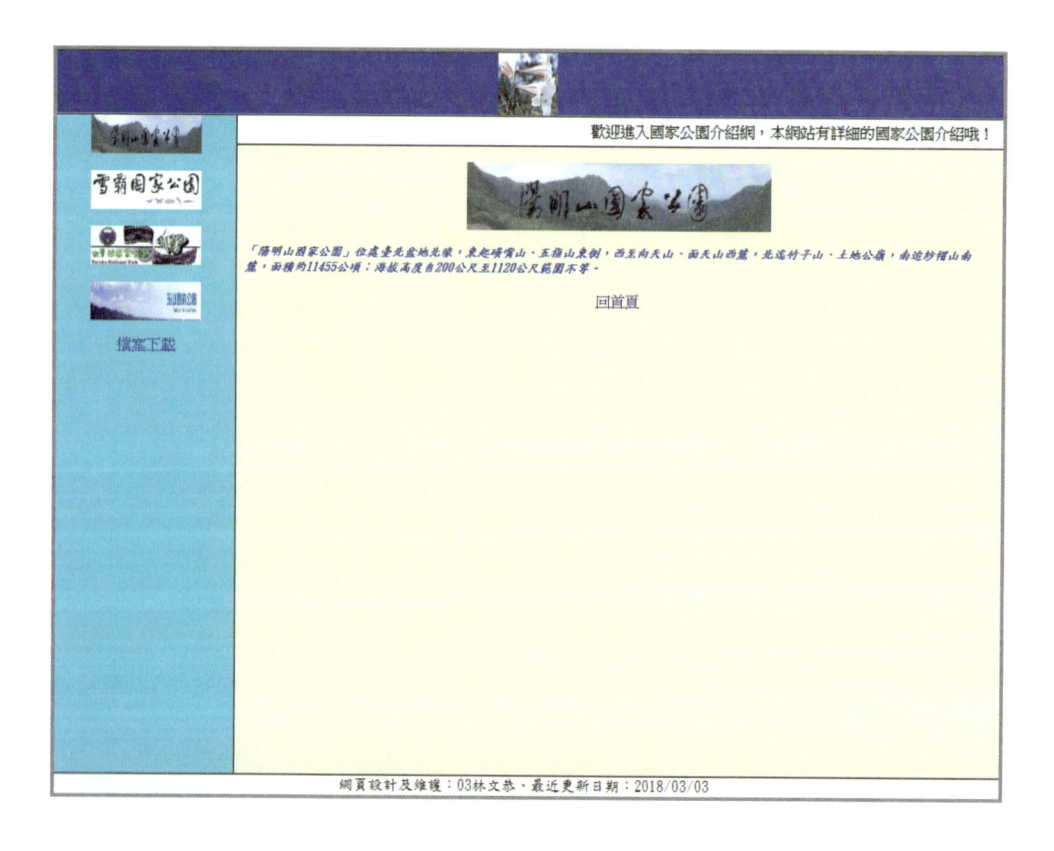

雪霸國家公園超連結

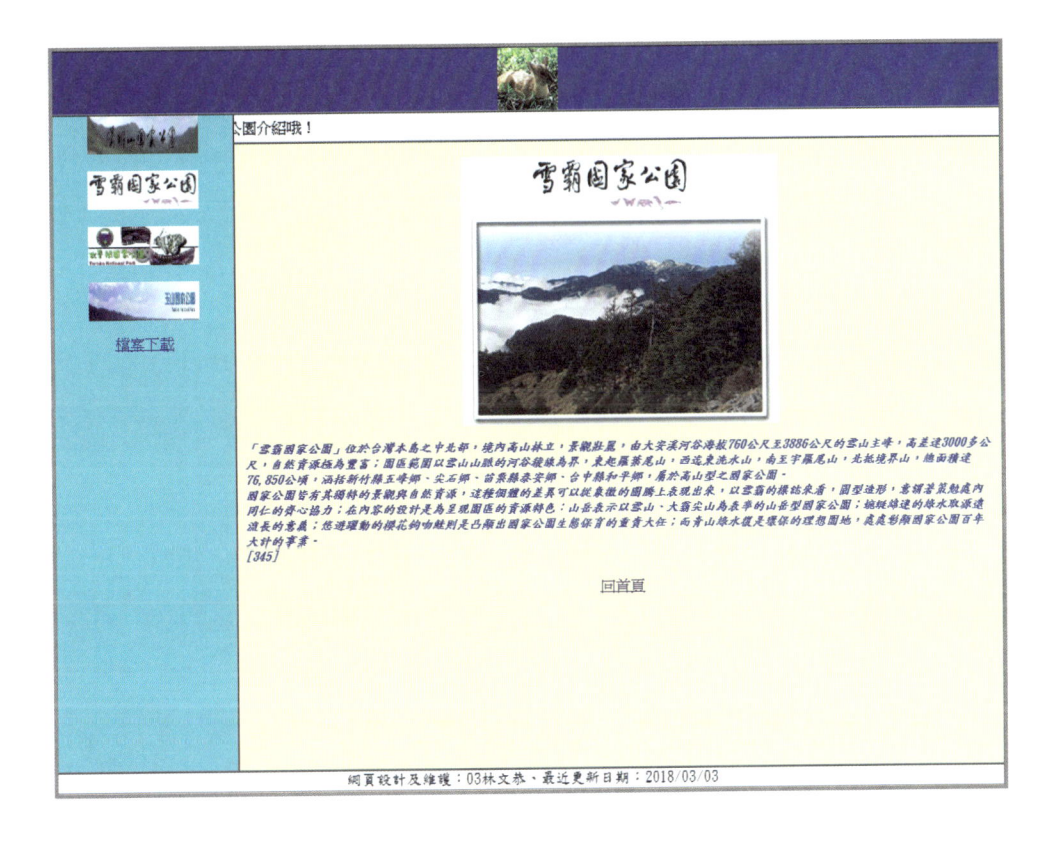

檔案下載超連結

104304參考答案

index.html

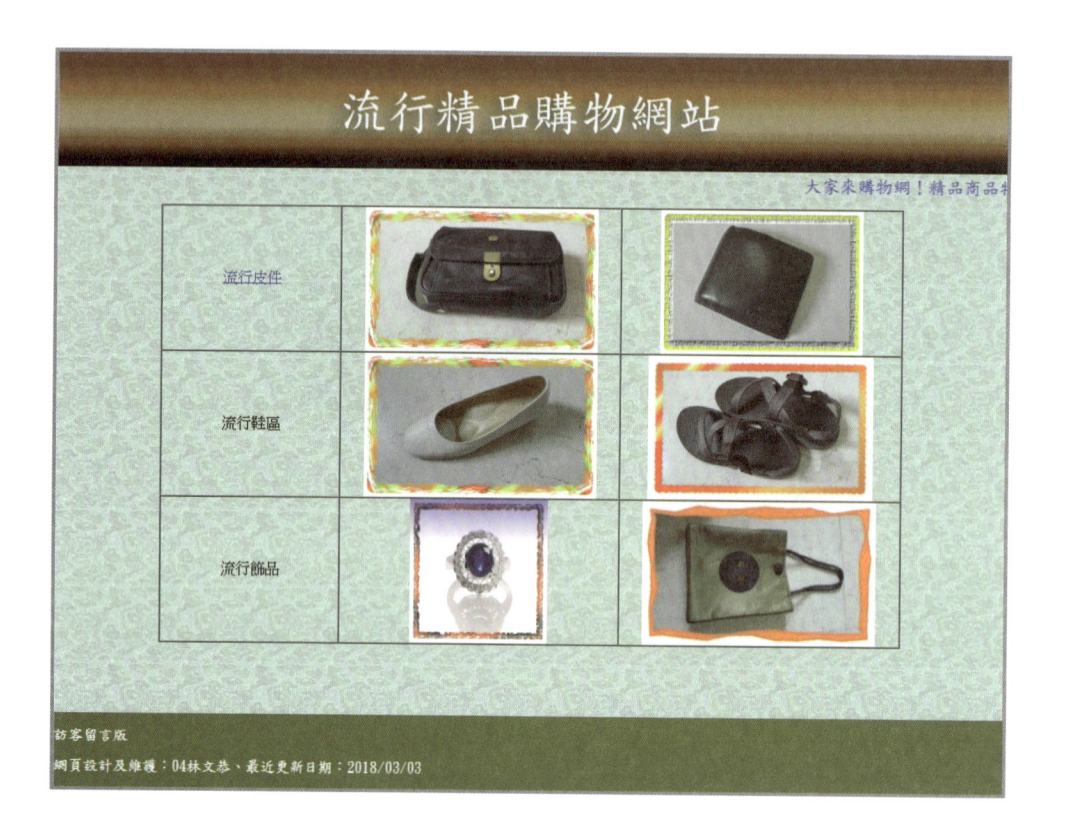

流行皮件超連結

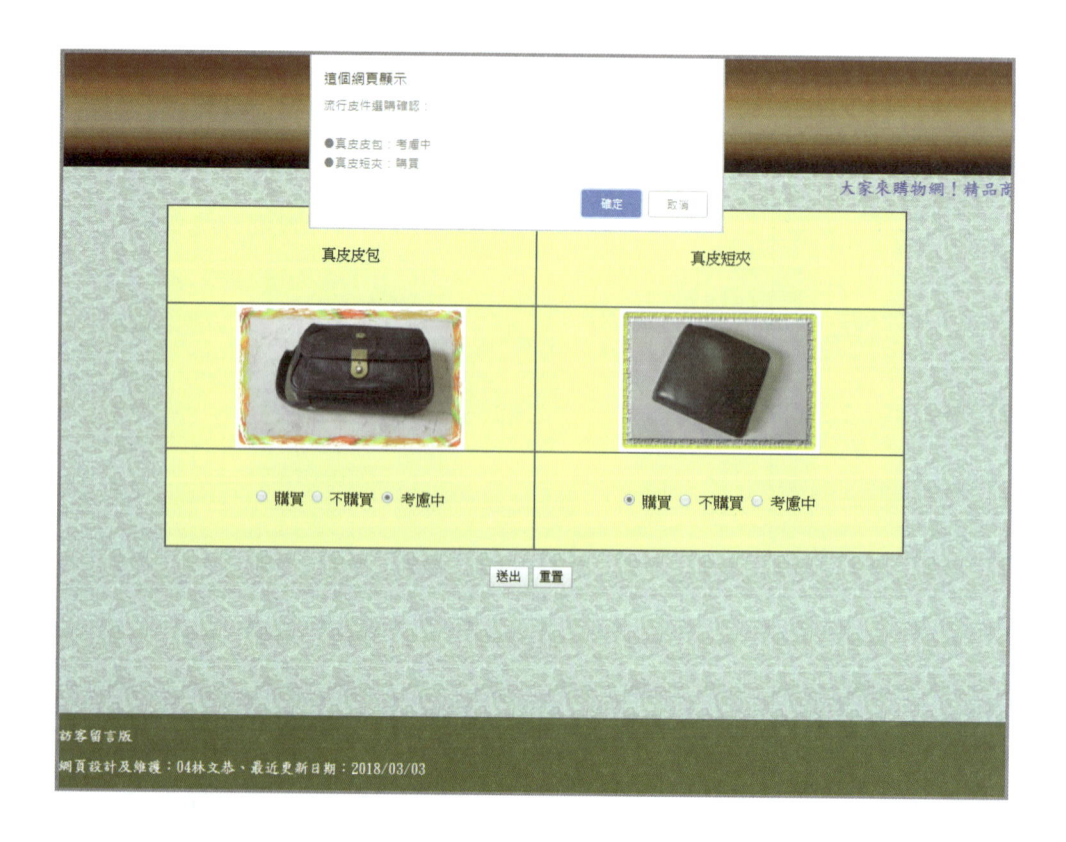

真皮長夾超連結

流行皮件中分類:男用皮件

商品簡介:真皮皮包
價錢:1200
規格:全牛皮
庫存量:?

商品詳細介紹:
手工製作長夾卡片層6*2 鈔票層 *2 零錢拉鍊層 *1
採用愛馬仕相同的雙針縫法,皮件堅固耐用不脫線
材質:直革鞣(馬鞍皮)牛皮製作
手工染色

TOP

真皮皮包超連結

流行皮件中分類:男用皮件

商品簡介:真皮短夾
價錢:800
規格:L號
庫存量:61

商品詳細介紹.
基本:編織皮革對摺長款零錢包
特色:最潮流最時尚的單品
顏色:黑色珠光面皮(黑色縫線)
形狀:黑白格編織皮革對摺

TOP

訪客留言超連結

104305參考答案

index.html

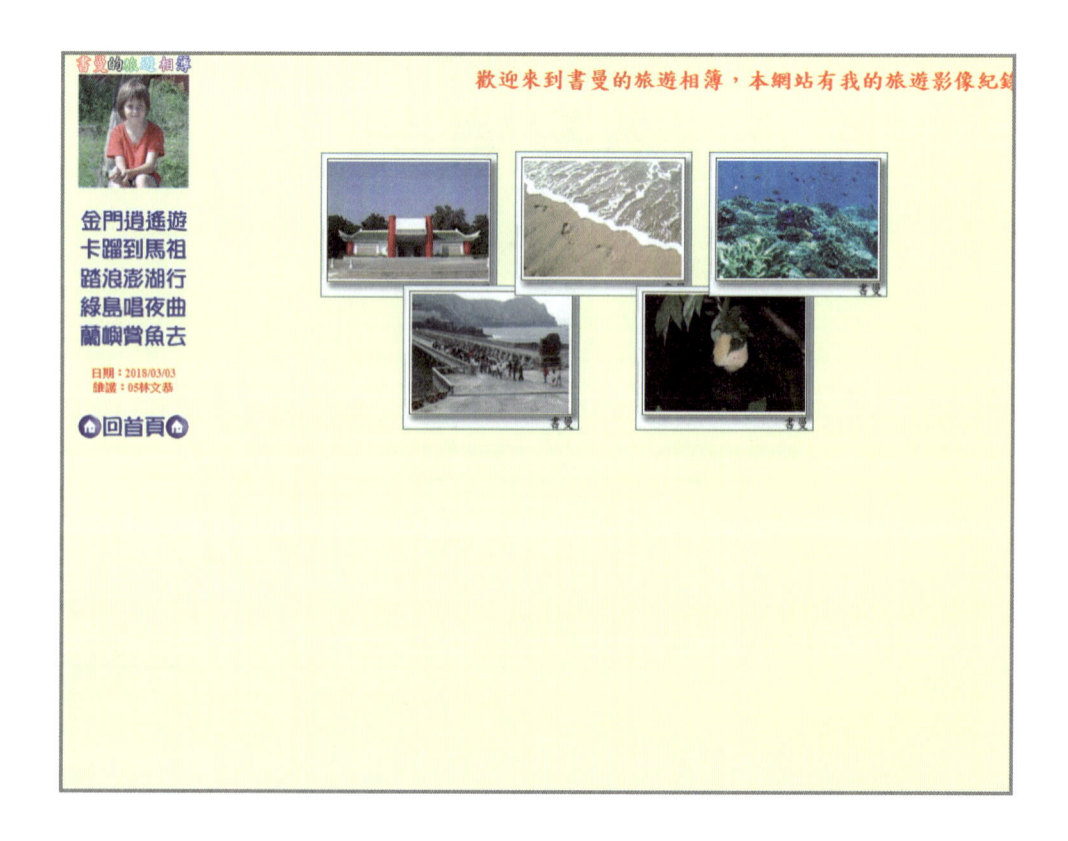

蘭嶼賞魚去超連結

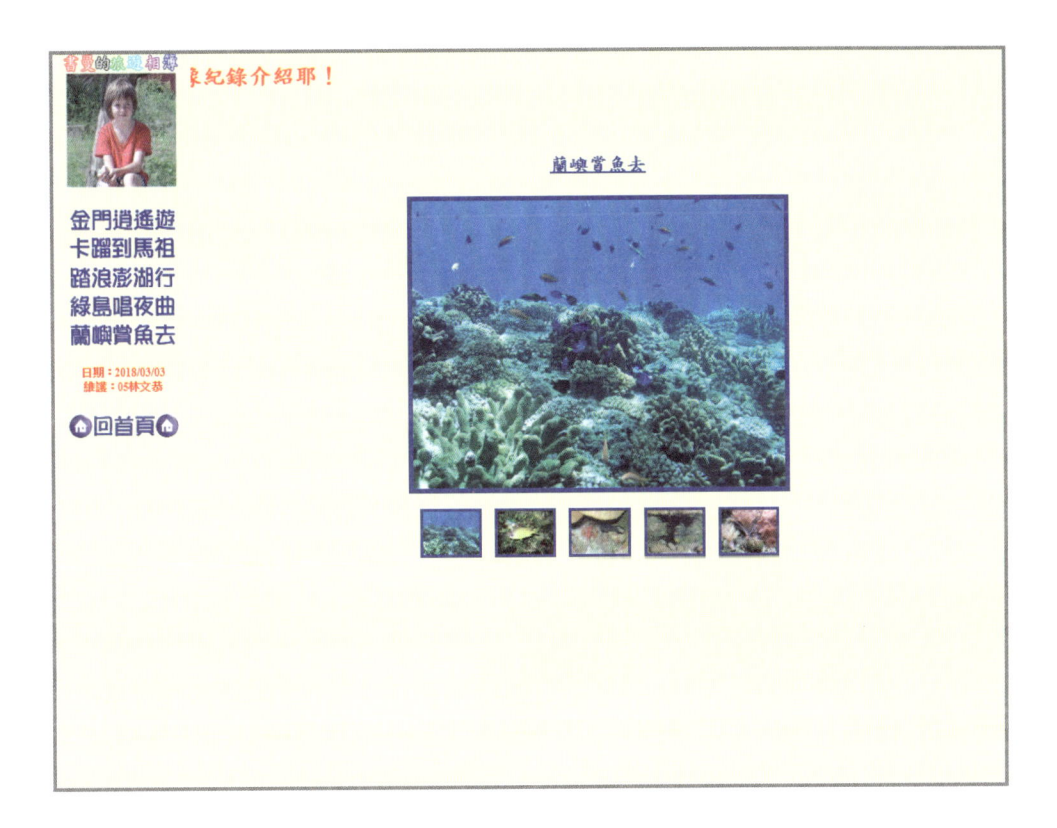

電子相簿超連結

網頁設計丙級檢定學術科解題教本｜2025 版

作　　者：	林文恭 / 葉冠君
企劃編輯：	郭季柔
文字編輯：	王雅雯
設計裝幀：	張寶莉
發 行 人：	廖文良
發 行 所：	碁峰資訊股份有限公司
地　　址：	台北市南港區三重路 66 號 7 樓之 6
電　　話：	(02)2788-2408
傳　　真：	(02)8192-4433
網　　站：	www.gotop.com.tw
書　　號：	AER061231
版　　次：	2025 年 07 月初版
建議售價：	NT$450

國家圖書館出版品預行編目資料

網頁設計丙級檢定學術科解題教本.2025 版 / 林文恭, 葉冠君著.
-- 初版. -- 臺北市：碁峰資訊, 2025.07
　面；　公分
ISBN 978-626-425-126-6(平裝)
1.CST：電腦　2.CST：網頁設計

114009545

商標聲明：本書所引用之國內外公司各商標、商品名稱、網站畫面，其權利分屬合法註冊公司所有，絕無侵權之意，特此聲明。

版權聲明：本著作物內容僅授權合法持有本書之讀者學習所用，非經本書作者或碁峰資訊股份有限公司正式授權，不得以任何形式複製、抄襲、轉載或透過網路散佈其內容。
版權所有‧翻印必究

本書是根據寫作當時的資料撰寫而成，日後若因資料更新導致與書籍內容有所差異，敬請見諒。若是軟、硬體問題，請您直接與軟、硬體廠商聯絡。

蘭嶼賞魚去超連結

電子相簿超連結

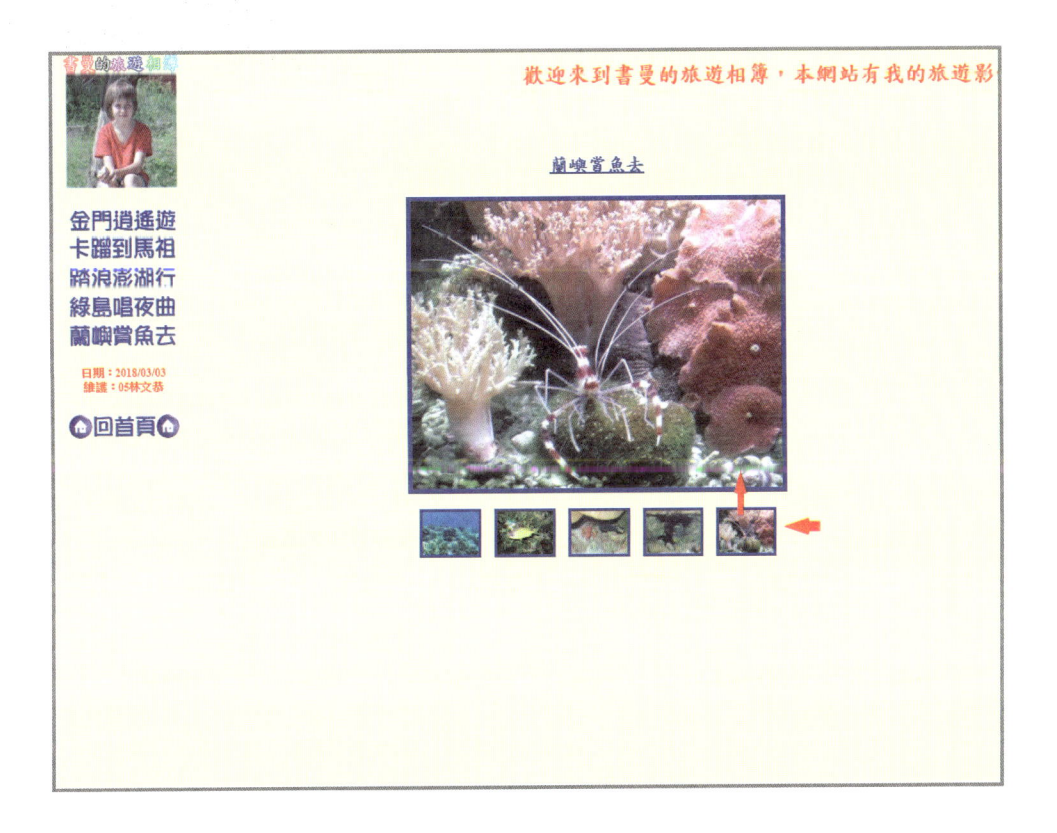

網頁設計丙級檢定學術科解題教本｜2025 版

作　　者：林文恭 / 葉冠君
企劃編輯：郭季柔
文字編輯：王雅雯
設計裝幀：張寶莉
發 行 人：廖文良

發 行 所：碁峰資訊股份有限公司
地　　址：台北市南港區三重路 66 號 7 樓之 6
電　　話：(02)2788-2408
傳　　真：(02)8192-4433
網　　站：www.gotop.com.tw
書　　號：AER061231
版　　次：2025 年 07 月初版
建議售價：NT$450

國家圖書館出版品預行編目資料

網頁設計丙級檢定學術科解題教本.2025 版 / 林文恭，葉冠君著.
-- 初版.-- 臺北市：碁峰資訊, 2025.07
　　面；　公分
　　ISBN 978-626-425-126-6(平裝)
　　1.CST：電腦　2.CST：網頁設計

商標聲明：本書所引用之國內外公司各商標、商品名稱、網站畫面，其權利分屬合法註冊公司所有，絕無侵權之意，特此聲明。

版權聲明：本著作物內容僅授權合法持有本書之讀者學習所用，非經本書作者或碁峰資訊股份有限公司正式授權，不得以任何形式複製、抄襲、轉載或透過網路散佈其內容。
版權所有・翻印必究

本書是根據寫作當時的資料撰寫而成，日後若因資料更新導致與書籍內容有所差異，敬請見諒。若是軟、硬體問題，請您直接與軟、硬體廠商聯絡。